# 數學

## (4)

莊紹容・楊精松　編著

東華書局

國家圖書館出版品預行編目資料

數學 / 莊紹容, 楊精松編著. -- 初版. -- 臺北市：
臺灣東華, 民 99.07-民 101.01

第 4 冊；19x26 公分

　ISBN 978-957-483-610-9 (第 1 冊：平裝). --
ISBN 978-957-483-611-6 (第 2 冊：平裝). --
ISBN 978-957-483-657-4 (第 3 冊：平裝). --
ISBN 978-957-483-694-9 (第 4 冊：平裝)

1.數學

310　　　　　　　　　　　　　　　99014466

## 版權所有・翻印必究

中華民國一〇一年元月初版

## 數學 (4)

定價　新臺幣肆佰元整
（外埠酌加運費匯費）

| | |
|---|---|
| 編著者 | 莊紹容・楊精松 |
| 發行人 | 卓　劉　慶　弟 |
| 出版者 | 臺灣東華書局股份有限公司 |
| | 臺北市重慶南路一段一四七號三樓 |
| | 電話：(02) 2311-4027 |
| | 傳真：(02) 2311-6615 |
| | 郵撥：0 0 0 6 4 8 1 3 |
| | 網址：www.tunghua.com.tw |
| 直營門市 1 | 臺北市重慶南路一段七十七號一樓 |
| | 電話：(02) 2371-9311 |
| 直營門市 2 | 臺北市重慶南路一段一四七號一樓 |
| | 電話：(02) 2382-1762 |

# 編輯大意

一、本書是依據教育部頒佈之五年制專科學校數學課程標準，予以重新整合並合併前後相同的教材，編輯而成．

二、本書分為四冊，可供五年制工業類專科學校一、二年級使用．

三、本書旨在提供學生基本的數學知識，使學生具有運用數學的能力．一、二冊每冊均附有隨堂練習，以增加學生的學習成效．

四、本書編寫著重從實例出發，使學生先有具體的概念，再做理論的推演，互相印證，以便達到由淺入深、循序漸進的功效．

五、本書雖經編者精心編著，惟謬誤之處在所難免，尚祈學者先進大力斧正，以匡不逮．

## 第 1 章　不定型，瑕積分　　1

1-1　不定型 $\dfrac{0}{0}$ 與 $\dfrac{\infty}{\infty}$　　2

1-2　不定型 $0 \cdot \infty$ 與 $\infty - \infty$　　13

1-3　不定型 $0^0$、$\infty^0$ 與 $1^\infty$　　17

1-4　瑕積分　　21

## 第 2 章　定積分的應用　　35

2-1　平面區域的面積　　36

2-2　體　積　　45

2-3　平面曲線的長度　　64

2-4　旋轉曲面的面積　　70

2-5　液壓與力　　75

2-6　功　　80

2-7　平面區域的力矩與形心　　86

## 第 3 章　參數方程式與極坐標　　95

- 3-1　平面曲線的參數方程式　　96
- 3-2　極坐標　　113
- 3-3　曲率與曲率圓　　132

## 第 4 章　三維空間的向量幾何　　139

- 4-1　三維直角坐標系　　140
- 4-2　三維空間向量　　144
- 4-3　三維空間向量之點積與叉積　　147
- 4-4　三維空間之直線與曲線方程式　　157
- 4-5　三維空間之平面與曲線方程式　　162
- 4-6　柱面坐標與球面坐標　　171
- 4-7　向量函數之微分與積分　　177

## 第 5 章　偏導函數　　189

- 5-1　多變數函數　　190
- 5-2　極限與連續　　194
- 5-3　偏導函數　　201
- 5-4　偏導函數之幾何意義　　210
- 5-5　全微分　　215
- 5-6　連鎖法則　　223
- 5-7　方向導數，梯度　　231
- 5-8　極大值與極小值　　242
- 5-9　拉格蘭吉乘數　　254

## 第 6 章　多重積分　　265

- 6-1　二重積分　　266
- 6-2　用極坐標表二重積分　　287
- 6-3　三重積分　　293
- 6-4　用柱面坐標與球面坐標表三重積分　　300
- 6-5　重積分的應用　　307
- 6-6　重積分的變數變換　　316

## 第 7 章　無窮級數　　325

- 7-1　無窮數列　　326
- 7-2　無窮級數　　337
- 7-3　正項級數　　342
- 7-4　交錯級數，絕對收斂，條件收斂　　348
- 7-5　冪級數　　352
- 7-6　泰勒級數與麥克勞林級數　　359

## 習題答案　　369

# 1

# 不定型，瑕積分

## 本章學習目標

- 能夠利用羅必達法則求函數的極限
- 瞭解瑕積分的意義與其計算

## ▶▶ 1-1 不定型 $\dfrac{0}{0}$ 與 $\dfrac{\infty}{\infty}$

在本節中，我們將詳述求函數極限的一個重要的新方法.

在極限 $\lim\limits_{x \to 2} \dfrac{x^2-4}{x-2}$ 與 $\lim\limits_{x \to 0} \dfrac{\sin x}{x}$ 的每一者中，分子與分母皆趨近 0. 習慣上，將這種極限描述為不定型 $\dfrac{0}{0}$. 使用"不定"這個字是因為要作更進一步的分析，才能對極限的存在與否下結論. 第一個極限可用代數的處理而獲得，即，

$$\lim_{x \to 2} \dfrac{x^2-4}{x-2} = \lim_{x \to 2} \dfrac{(x+2)(x-2)}{x-2} = \lim_{x \to 2}(x+2) = 4$$

又我們已在三冊第 7 章中利用幾何證明 $\lim\limits_{x \to 0} \dfrac{\sin x}{x} = 1$. 因代數方法與幾何方法僅適合問題的限制範圍，我們介紹一個處理不定型的方法，稱為**羅必達法則**. 若 $\lim\limits_{x \to a} f(x) = 0$ 且 $\lim\limits_{x \to a} g(x) = 0$，則稱 $\lim\limits_{x \to a} \dfrac{f(x)}{g(x)}$ 為**不定型** $\dfrac{0}{0}$. 若 $\lim\limits_{x \to a} f(x) = \infty$ （或 $-\infty$）且 $\lim\limits_{x \to a} g(x) = \infty$ （或 $-\infty$），則稱 $\lim\limits_{x \to a} \dfrac{f(x)}{g(x)}$ 為**不定型** $\dfrac{\infty}{\infty}$.

此法則的證明需要應用到均值定理的推廣定理，稱為**柯西均值定理**，其以著名的法國數學家柯西 (1789～1857) 來命名.

### 定理 1-1　柯西均值定理

設兩函數 $f$ 與 $g$ 在 $[a, b]$ 皆為連續且在 $(a, b)$ 皆為可微分. 若 $g'(x) \neq 0$ 對於 $(a, b)$ 中的所有 $x$ 皆成立，則在 $(a, b)$ 中存在一數 $c$ 使得

$$\dfrac{f(b)-f(a)}{g(b)-g(a)} = \dfrac{f'(c)}{g'(c)}.$$

**證** 由於 $g'(x) \neq 0$, $\forall x \in (a, b)$, 且 $g$ 在 $[a, b]$ 為連續, 故 $g(b) \neq g(a)$. 否則, 若 $g(b) = g(a)$, 則依洛爾定理可知, 存在一數 $x_0 \in (a, b)$ 使得 $g'(x_0) = 0$, 此與假設矛盾.

定義函數

$$F(x) = f(x) - f(a) - \frac{f(b) - f(a)}{g(b) - g(a)} [g(x) - g(a)]$$

因 $F$ 在 $[a, b]$ 為連續, 在 $(a, b)$ 為可微分, 且 $F(a) = F(b) = 0$, 故依洛爾定理可知, 存在一數 $c \in (a, b)$, 使得

$$F'(c) = 0$$

現在,

$$0 = F'(c) = f'(c) - \frac{f(b) - f(a)}{g(b) - g(a)} g'(c)$$

則

$$\frac{f(b) - f(a)}{g(b) - g(a)} = \frac{f'(c)}{g'(c)}$$

若取 $g(x) = x$, 則 $g'(x) = 1$, 定理 1-1 的結果化成

$$\frac{f(b) - f(a)}{b - a} = f'(c)$$

此恰為均值定理的結果.

**例題 1** **解題指引** ☺ 利用柯西均值定理

試對函數 $f(x) = \sin x$ 與 $g(x) = \cos x$, $x \in \left[0, \dfrac{\pi}{2}\right]$, 求柯西均值定理中的 $c$ 值.

**解** $\dfrac{f(b) - f(a)}{g(b) - g(a)} = \dfrac{\sin \dfrac{\pi}{2} - \sin 0}{\cos \dfrac{\pi}{2} - \cos 0} = \dfrac{\cos c}{-\sin c}$

即, $-1 = -\cot c$, $c = \dfrac{\pi}{4}$.

數學 (四)

## 定理 1-2　羅必達法則

設兩函數 $f$ 與 $g$ 在某包含 $a$ 的開區間 $I$ 為可微分 (可能在 $a$ 除外)，且 $x \neq a$ 時，$g'(x) \neq 0$，又 $\lim\limits_{x \to a} \dfrac{f(x)}{g(x)}$ 為不定型 $\dfrac{0}{0}$ 或 $\dfrac{\infty}{\infty}$. 若 $\lim\limits_{x \to a} \dfrac{f'(x)}{g'(x)}$ 存在或 $\lim\limits_{x \to a} \dfrac{f'(x)}{g'(x)} = \infty$ (或 $-\infty$)，則 $\lim\limits_{x \to a} \dfrac{f(x)}{g(x)} = \lim\limits_{x \to a} \dfrac{f'(x)}{g'(x)}$.

**證**　設 $\lim\limits_{x \to a} f(x) = 0$ 且 $\lim\limits_{x \to a} g(x) = 0$. 令

$$L = \lim_{x \to a} \frac{f'(x)}{g'(x)}$$

我們必須證明 $\lim\limits_{x \to a} \dfrac{f(x)}{g(x)} = L$. 定義

$$F(x) = \begin{cases} f(x), & x \neq a \\ 0, & x = a \end{cases}, \quad G(x) = \begin{cases} g(x), & x \neq a \\ 0, & x = a \end{cases}$$

因 $f$ 在 $\{x \in I \mid x \neq a\}$ 為連續，且

$$\lim_{x \to a} F(x) = \lim_{x \to a} f(x) = 0 = F(a)$$

故 $F$ 在 $I$ 為連續. 同理，$G$ 在 $I$ 為連續. 令 $x \in I$ 且 $x > a$，則 $F$ 與 $G$ 在 $[a, x]$ 皆為連續且在 $(a, x)$ 皆為可微分，而對 $t \in (a, x)$，$G'(t) \neq 0$ (因 $F' = f'$，$G' = g'$). 所以，依柯西均值定理，存在一數 $y$ 使得當 $a < y < x$ 時，

$$\frac{F'(y)}{G'(y)} = \frac{F(x) - F(a)}{G(x) - G(a)} = \frac{F(x)}{G(x)}$$

今令 $x \to a^+$，則 $y \to a^+$ (因 $a < y < x$)，故

$$\lim_{x \to a^+} \frac{f(x)}{g(x)} = \lim_{x \to a^+} \frac{F(x)}{G(x)} = \lim_{y \to a^+} \frac{F'(y)}{G'(y)} = \lim_{y \to a^+} \frac{f'(y)}{g'(y)} = L$$

同理，可證得

$$\lim_{x \to a^-} \frac{f(x)}{g(x)} = L$$

故 $$\lim_{x \to a} \frac{f(x)}{g(x)} = L.$$ ✽

對於不定型 $\frac{\infty}{\infty}$ 的證明較困難，可以在高等微積分教本中找到，在此從略．

註：**1.** 羅必達法則對於單邊極限與在正無限的極限或在負無限的極限也成立，即，在定理 1-2 中，$x \to a$ 可代以下列的任一者：$x \to a^+$, $x \to a^-$, $x \to \infty$, $x \to -\infty$.

**2.** 有時，在同一問題中，必須使用多次羅必達法則．

**3.** 若 $f(a) = g(a) = 0$，$f'$ 與 $g'$ 皆為連續，且 $g'(a) \neq 0$，則羅必達法則也成立．事實上，我們可得

$$\lim_{x \to a} \frac{f'(x)}{g'(x)} = \frac{f'(a)}{g'(a)} = \frac{\lim_{x \to a} \frac{f(x)-f(a)}{x-a}}{\lim_{x \to a} \frac{g(x)-g(a)}{x-a}} = \lim_{x \to a} \frac{\frac{f(x)-f(a)}{x-a}}{\frac{g(x)-g(a)}{x-a}}$$

$$= \lim_{x \to a} \frac{f(x)-f(a)}{g(x)-g(a)} = \lim_{x \to a} \frac{f(x)}{g(x)}.$$

**例題 2** 〔解題指引〕 不定型 $\frac{0}{0}$

求 $\lim_{x \to 0} \frac{\cos x + 2x - 1}{3x}$．

**解** $$\lim_{x \to 0} \frac{\frac{d}{dx}(\cos x + 2x - 1)}{\frac{d}{dx}(3x)} = \lim_{x \to 0} \frac{-\sin x + 2}{3} = \frac{2}{3}$$

於是，依羅必達法則，$\lim_{x \to 0} \dfrac{\cos x + 2x - 1}{3x} = \dfrac{2}{3}$．

**例題 3** 解題指引 😊 不定型 $\dfrac{0}{0}$

求 $\lim\limits_{x\to 0}\dfrac{6^x-3^x}{x}$．

**解** 依羅必達法則，

$$\lim_{x\to 0}\dfrac{6^x-3^x}{x}=\lim_{x\to 0}\dfrac{6^x\ln 6-3^x\ln 3}{1}=\ln 6-\ln 3=\ln 2.$$

註：為了更加嚴密，在此計算中的第一個等式要到其右邊的極限存在才是正確的．然而，為了簡便起見，當應用羅必達法則時，我們通常排列出所示的計算．

**例題 4** 解題指引 😊 不定型 $\dfrac{0}{0}$

求 $\lim\limits_{x\to 1}\dfrac{4x^3-12x^2+12x-4}{4x^3-9x^2+6x-1}$．

**解** 依羅必達法則，

$$\lim_{x\to 1}\dfrac{4x^3-12x^2+12x-4}{4x^3-9x^2+6x-1}=\lim_{x\to 1}\dfrac{12x^2-24x+12}{12x^2-18x+6}$$

然而，上式右邊的極限又為不定型 $\dfrac{0}{0}$，故再利用羅必達法則，可得

$$\lim_{x\to 1}\dfrac{12x^2-24x+12}{12x^2-18x+6}=\lim_{x\to 1}\dfrac{24x-24}{24x-18}=0$$

於是， $\lim\limits_{x\to 1}\dfrac{4x^3-12x^2+12x-4}{4x^3-9x^2+6x-1}=0.$

**例題 5** 解題指引 😊 不定型 $\dfrac{0}{0}$

求 $\lim\limits_{x\to 0}\dfrac{e^x+e^{-x}-2}{1-\cos 2x}$．

**解** 依羅必達法則，

$$\lim_{x \to 0} \frac{e^x + e^{-x} - 2}{1 - \cos 2x} = \lim_{x \to 0} \frac{e^x - e^{-x}}{2 \sin 2x} \quad \left(\frac{0}{0} 型\right)$$

$$= \lim_{x \to 0} \frac{e^x + e^{-x}}{4 \cos 2x} = \frac{1}{2}.$$

**例題 6** 解題指引☺ 不定型 $\dfrac{0}{0}$

計算 $\lim\limits_{x \to 1^-} \dfrac{x^2 - x}{x - 1 - \ln x}$.

**解** 依羅必達法則，

$$\lim_{x \to 1^-} \frac{x^2 - x}{x - 1 - \ln x} = \lim_{x \to 1^-} \frac{2x - 1}{1 - \dfrac{1}{x}} = \lim_{x \to 1^-} \frac{2x^2 - x}{x - 1} = -\infty.$$

**例題 7** 解題指引☺ 不定型 $\dfrac{\infty}{\infty}$

求 $\lim\limits_{x \to 0^+} \dfrac{\ln x}{\ln(e^x - 1)}$.

**解** 因所予極限為不定型 $\dfrac{\infty}{\infty}$，故依羅必達法則，

$$\lim_{x \to 0^+} \frac{\ln x}{\ln(e^x - 1)} = \lim_{x \to 0^+} \frac{\dfrac{1}{x}}{\dfrac{e^x}{e^x - 1}} = \lim_{x \to 0^+} \frac{1 - e^{-x}}{x} \quad \left(\frac{0}{0} 型\right)$$

$$= \lim_{x \to 0} e^{-x} = 1.$$

**例題 8** 解題指引☺ 不定型 $\dfrac{\infty}{\infty}$

計算 $\lim\limits_{x \to 0^+} \dfrac{\cot x}{\ln x}$.

**解** 依羅必達法則，

$$\lim_{x\to 0^+}\frac{\cot x}{\ln x}=\lim_{x\to 0^+}\frac{-\csc^2 x}{\frac{1}{x}}=-\lim_{x\to 0^+}\frac{x}{\sin^2 x} \qquad \left(\frac{0}{0}\text{型}\right)$$

$$=-\lim_{x\to 0^+}\frac{1}{2\sin x\cos x}=-\infty.$$

**例題 9** 解題指引 ☺ 羅必達法則不適用

求 $\displaystyle\lim_{x\to\infty}\frac{x+\sin x}{x}$.

**解** 所予極限為不定型 $\dfrac{\infty}{\infty}$，但是

$$\lim_{x\to\infty}\frac{\dfrac{d}{dx}(x+\sin x)}{\dfrac{d}{dx}(x)}=\lim_{x\to\infty}(1+\cos x)$$

此極限不存在．於是，羅必達法則在此不適用．我們另外處理如下：

$$\lim_{x\to\infty}\frac{x+\sin x}{x}=\lim_{x\to\infty}\left(1+\frac{\sin x}{x}\right)=1+\lim_{x\to\infty}\frac{\sin x}{x}=1$$

$$\left(\text{因 } \lim_{x\to\infty}\frac{\sin x}{x}=0，可令 x=\frac{1}{t}，利用夾擠定理證明之．\right)$$

註：羅必達法則只說明當 $\displaystyle\lim_{x\to a}\frac{f'(x)}{g'(x)}$ 存在且等於 $L$ 時，那麼 $\displaystyle\lim_{x\to a}\frac{f(x)}{g(x)}$ 也存在且為 $L$ (有限或無限)．換句話說，在遇到 $\displaystyle\lim_{x\to a}\frac{f'(x)}{g'(x)}$ 不存在時，並不能斷定 $\displaystyle\lim_{x\to a}\frac{f(x)}{g(x)}$ 也不存在，只是此時不能利用羅必達法則，而需用其它方法去討論 $\displaystyle\lim_{x\to a}\frac{f(x)}{g(x)}$.

**例題 10** 解題指引 ☺ 利用夾擠定理

求 $\displaystyle\lim_{x\to\infty}\frac{\sin x\ln x}{\sqrt{x}}$.

**解** 因 $-1 \leq \sin x \leq 1$，故對 $x > 1$，

$$-\frac{\ln x}{\sqrt{x}} \leq \frac{\ln x}{\sqrt{x}} \sin x \leq \frac{\ln x}{\sqrt{x}}$$

又 $\lim\limits_{x \to \infty} \frac{\ln x}{\sqrt{x}} = \lim\limits_{x \to \infty} \frac{\frac{1}{x}}{\frac{1}{2}x^{-1/2}} = \lim\limits_{x \to \infty} \frac{2\sqrt{x}}{x} = \lim\limits_{x \to \infty} \frac{2}{\sqrt{x}} = 0$

同理，$\lim\limits_{x \to \infty} \left(-\frac{\ln x}{\sqrt{x}}\right) = 0$

可知 $\lim\limits_{x \to \infty} \frac{\sin x \ln x}{\sqrt{x}} = 0.$

## 例題 11　解題指引 ☺ 利用微積分基本定理 (1)

求 $\lim\limits_{x \to 0} \frac{1}{x} \int_a^{a+x} \frac{dt}{t + \sqrt{t^2 + 1}}$.

**解** 依羅必達法則，

$$\lim\limits_{x \to 0} \frac{1}{x} \int_a^{a+x} \frac{dt}{t + \sqrt{t^2 + 1}} = \lim\limits_{x \to 0} \frac{\frac{d}{dx}\left(\int_a^{a+x} \frac{dt}{t + \sqrt{t^2 + 1}}\right)}{\frac{d}{dx} x}$$

$$= \lim\limits_{x \to 0} \frac{1}{a + x + \sqrt{(a+x)^2 + 1}}$$

$$= \frac{1}{a + \sqrt{a^2 + 1}}.$$

## 例題 12　解題指引 ☺ 利用微積分基本定理 (1)

求 $\lim\limits_{x \to \infty} \frac{\int_1^x \ln t\, dt}{x \ln x}$.

**解** 原式 $= \lim\limits_{x\to\infty} \dfrac{\dfrac{d}{dx}\int_1^x \ln t\, dt}{\dfrac{d}{dx}(x\ln x)} = \lim\limits_{x\to\infty} \dfrac{\ln x}{x\cdot\dfrac{1}{x}+\ln x}$   $\left(\dfrac{\infty}{\infty}\text{ 型}\right)$

$= \lim\limits_{x\to\infty} \dfrac{\ln x}{1+\ln x} = \lim\limits_{x\to\infty} \dfrac{\dfrac{1}{x}}{\dfrac{1}{x}} = 1.$

**例題 13** **解題指引** ☺ 非不定型

下列的極限計算使用羅必達法則是錯誤的，試說明錯誤的原因.

$$\lim_{x\to 0} \dfrac{x^2}{\cos x} = \lim_{x\to 0} \dfrac{2x}{-\sin x} = \lim_{x\to 0} \dfrac{2}{-\cos x} = -2.$$

**解** 因 $\lim\limits_{x\to 0} \dfrac{x^2}{\cos x}$ 並非不定型 $\dfrac{0}{0}$ 或 $\dfrac{\infty}{\infty}$，故不能使用羅必達法則. 正確的計算應為：

$$\lim_{x\to 0} \dfrac{x^2}{\cos x} = \dfrac{\lim\limits_{x\to 0} x^2}{\lim\limits_{x\to 0} \cos x} = \dfrac{0}{1} = 0.$$

**例題 14** **解題指引** ☺ 不定型 $\dfrac{\infty}{\infty}$ 但羅必達法則不適用

求 $\lim\limits_{x\to 0} \dfrac{x^2 \sin\left(\dfrac{1}{x}\right)}{\sin x}$.

**解** 因 $\lim\limits_{x\to 0} x^2 \sin\left(\dfrac{1}{x}\right) = 0$ （可利用夾擠定理證明之），$\lim\limits_{x\to 0} \sin x = 0$，可知極限具有不定型 $\dfrac{0}{0}$，故

$$\lim_{x\to 0} \dfrac{x^2 \sin\left(\dfrac{1}{x}\right)}{\sin x} = \lim_{x\to 0} \dfrac{\dfrac{d}{dx}\left(x^2 \sin\left(\dfrac{1}{x}\right)\right)}{\dfrac{d}{dx}(\sin x)}$$

$$= \lim_{x \to 0} \frac{2x\sin\left(\frac{1}{x}\right) - \cos\left(\frac{1}{x}\right)}{\cos x}$$

$$= -\lim_{x \to 0} \cos\left(\frac{1}{x}\right)$$

因為 $\lim_{x \to 0} \cos\left(\frac{1}{x}\right)$ 不存在，所以羅必達法則失效．但是，原極限存在，計算如下：

$$\lim_{x \to 0} \frac{x^2 \sin\left(\frac{1}{x}\right)}{\sin x} = \lim_{x \to 0} \frac{x \sin\left(\frac{1}{x}\right)}{\frac{\sin x}{x}} = \frac{\lim_{x \to 0} x \sin\left(\frac{1}{x}\right)}{\lim_{x \to 0} \frac{\sin x}{x}} = \frac{0}{1} = 0.$$

**例題 15** **解題指引** ☺ **不方便利用羅必達法則**

求 $\lim_{x \to \infty} \dfrac{2^x}{e^{x^2}}$．

**解**

$$\lim_{x \to \infty} \frac{2^x}{e^{x^2}} = \lim_{x \to \infty} \frac{2^x \ln 2}{2x e^{x^2}} = \lim_{x \to \infty} \frac{2^x (\ln 2)^2}{(4x^2 + 2)e^{x^2}} = \cdots$$

本題使用羅必達法則時，愈來愈繁，故改以其它方法解之．

令 $y = \dfrac{2^x}{e^{x^2}}$，則

$$\lim_{x \to \infty} \ln y = \lim_{x \to \infty} (\ln 2^x - \ln e^{x^2})$$
$$= \lim_{x \to \infty} (x \ln 2 - x^2 \ln e)$$
$$= \lim_{x \to \infty} x(\ln 2 - x) = -\infty$$

可得 $\lim_{x \to \infty} y = e^{\lim_{x \to \infty} \ln y} = e^{-\infty} = 0$．所以，$\lim_{x \to \infty} \dfrac{2^x}{e^{x^2}} = 0$．

## 習題 1-1

求 1～21 題中的極限.

1. $\displaystyle\lim_{x\to 5}\frac{\sqrt{x-1}-2}{x^2-25}$

2. $\displaystyle\lim_{x\to 0}\frac{3^{\sin x}-1}{x}$

3. $\displaystyle\lim_{x\to 1}\frac{\sin(x-1)}{x^2+x-2}$

4. $\displaystyle\lim_{x\to 0}\frac{\sin x - x}{\tan x - x}$

5. $\displaystyle\lim_{x\to 0}\frac{x+1-e^x}{x^2}$

6. $\displaystyle\lim_{x\to 0}\frac{x-\sin x}{x^3}$

7. $\displaystyle\lim_{x\to\frac{\pi}{2}}\frac{1-\sin x}{\cos x}$

8. $\displaystyle\lim_{x\to\left(\frac{\pi}{2}\right)^-}\frac{2+\sec x}{3\tan x}$

9. $\displaystyle\lim_{x\to 0^+}\frac{\ln \sin x}{\ln \sin 2x}$

10. $\displaystyle\lim_{x\to 0}\frac{e^x-e^{-x}-2\sin x}{x\sin x}$

11. $\displaystyle\lim_{x\to 0}\frac{x-\tan^{-1}x}{x\sin x}$

12. $\displaystyle\lim_{x\to\infty}\frac{2x^2+3x+1}{5x^2+x-4}$

13. $\displaystyle\lim_{x\to\infty}\frac{\ln(\ln x)}{\ln x}$

14. $\displaystyle\lim_{x\to\infty}\frac{x^3}{2^x}$

15. $\displaystyle\lim_{x\to 0^+}\frac{\cot x}{\ln x}$

16. $\displaystyle\lim_{x\to\infty}\frac{x}{(\ln x)^p}\ (p\in N)$

17. $\displaystyle\lim_{x\to 0}\frac{\int_{x^2}^{x^3}\sqrt{t^4+1}\,dt}{x^2}$

18. $\displaystyle\lim_{x\to 0}\frac{1}{x^3}\int_0^x \sin t^2\,dt$

19. $\displaystyle\lim_{x\to 3}\frac{x\int_3^x\frac{\sin t}{t}dt}{x-3}$

20. $\displaystyle\lim_{x\to 0^+}\frac{\int_0^{\sin x}\sqrt{t}\,dt}{\int_0^{\tan x}\sqrt{t}\,dt}$

21. $\displaystyle\lim_{h\to 0}\frac{\int_1^{x+h}\sqrt{\sin t}\,dt-\int_1^x\sqrt{\sin t}\,dt}{h}$

22. 求 $a$ 與 $b$ 的值使得 $\displaystyle\lim_{x\to 0}(x^{-3}\sin 3x + ax^{-2}+b)=0$.

23. 求 $a$、$b$ 與 $c$ 的值使得 $\displaystyle\lim_{x\to 1}\frac{ax^4+bx^3-1}{(x-1)\sin \pi x}=c$.

## ▶▶ 1-2　不定型 $0 \cdot \infty$ 與 $\infty - \infty$

若 $\lim\limits_{x \to a} f(x) = 0$ 且 $\lim\limits_{x \to a} g(x) = \infty$ 或 $-\infty$，則稱 $\lim\limits_{x \to a} [f(x)\, g(x)]$ 為不定型 $0 \cdot \infty$.

通常，我們寫成 $f(x)\, g(x) = \dfrac{f(x)}{\dfrac{1}{g(x)}}$ 以便轉換成 $\dfrac{0}{0}$ 型，或寫成 $f(x)\, g(x) = \dfrac{g(x)}{\dfrac{1}{f(x)}}$ 以便轉換成 $\dfrac{\infty}{\infty}$ 型.

**例題 1**　**解題指引** ☺　不定型 $0 \cdot \infty$ 轉換成 $\dfrac{0}{0}$ 型

求 $\lim\limits_{x \to \infty} x \sin \dfrac{1}{x}$.

**解**　方法 1：因所予極限為不定型 $0 \cdot \infty$，故將它轉換成 $\dfrac{0}{0}$ 型，並利用羅必達法則如下：

$$\lim_{x \to \infty} x \sin \frac{1}{x} = \lim_{x \to \infty} \frac{\sin \dfrac{1}{x}}{\dfrac{1}{x}} = \lim_{x \to \infty} \frac{-\dfrac{1}{x^2} \cos \dfrac{1}{x}}{-\dfrac{1}{x^2}}$$

$$= \lim_{x \to \infty} \cos \frac{1}{x} = \cos 0 = 1.$$

方法 2：$\lim\limits_{x \to \infty} x \sin \dfrac{1}{x} = \lim\limits_{x \to \infty} \dfrac{\sin \dfrac{1}{x}}{\dfrac{1}{x}}$

$$= \lim_{h \to 0^+} \frac{\sin h}{h} \qquad \left(\text{令 } h = \frac{1}{x}\right)$$

$$= 1.$$

**例題 2** 解題指引 ☺ 不定型 $0 \cdot \infty$ 轉換成 $\dfrac{0}{0}$ 型

求 $\lim\limits_{x \to \frac{\pi}{4}} (1-\tan x) \sec 2x$.

**解** 所予極限為不定型 $0 \cdot \infty$，我們將它轉換成 $\dfrac{0}{0}$ 型，並利用羅必達法則如下：

$$\lim_{x \to \frac{\pi}{4}} (1-\tan x) \sec 2x = \lim_{x \to \frac{\pi}{4}} \frac{1-\tan x}{\cos 2x} \qquad \left(\dfrac{0}{0}\text{型}\right)$$

$$= \lim_{x \to \frac{\pi}{4}} \frac{-\sec^2 x}{-2 \sin 2x} = \frac{-2}{-2} = 1.$$

**例題 3** 解題指引 ☺ 不定型 $0 \cdot \infty$ 轉換成 $\dfrac{0}{0}$ 型

求 $\lim\limits_{x \to \infty} x \ln\left(\dfrac{x-1}{x+1}\right)$.

**解** 所予極限為不定型 $0 \cdot \infty$，我們將它轉換成 $\dfrac{0}{0}$ 型，並利用羅必達法則如下：

$$\lim_{x \to \infty} x \ln\left(\frac{x-1}{x+1}\right) = \lim_{x \to \infty} \frac{\ln\left(\dfrac{x-1}{x+1}\right)}{\dfrac{1}{x}} = \lim_{x \to \infty} \frac{\dfrac{x+1}{x-1} \dfrac{d}{dx}\left(\dfrac{x-1}{x+1}\right)}{-\dfrac{1}{x^2}}$$

$$= \lim_{x \to \infty} \frac{\dfrac{x+1}{x-1} \cdot \dfrac{2}{(x+1)^2}}{-\dfrac{1}{x^2}} = \lim_{x \to \infty} \frac{\dfrac{2}{x^2-1}}{-\dfrac{1}{x^2}}$$

$$= \lim_{x \to \infty} \frac{-2x^2}{x^2-1} = \lim_{x \to \infty} \frac{-2}{1-\dfrac{1}{x^2}} = -2.$$

若 $\lim\limits_{x \to a} f(x) = \infty$ 且 $\lim\limits_{x \to a} g(x) = \infty$，則稱 $\lim\limits_{x \to a} [f(x)-g(x)]$ 為不定型 $\infty - \infty$. 在此情形下，若適當改變 $f(x)-g(x)$ 的表示式，則可利用前面幾種不定型之一來處理.

## 例題 4 解題指引 ☺ 不定型 $\infty-\infty$ 轉換成 $\dfrac{0}{0}$ 型

求 $\lim\limits_{x\to 0}\left(\dfrac{1}{x}-\dfrac{1}{\sin x}\right)$.

**解** 因 $\lim\limits_{x\to 0^+}\dfrac{1}{x}=\infty$ 且 $\lim\limits_{x\to 0^+}\dfrac{1}{\sin x}=\infty$，又 $\lim\limits_{x\to 0^-}\dfrac{1}{x}=-\infty$ 且 $\lim\limits_{x\to 0^-}\dfrac{1}{\sin x}=-\infty$，故所予極限為不定型 $\infty-\infty$. 利用通分可得

$$\lim_{x\to 0}\left(\dfrac{1}{x}-\dfrac{1}{\sin x}\right)=\lim_{x\to 0}\dfrac{\sin x-x}{x\sin x} \quad \left(\dfrac{0}{0}\text{型}\right)$$

$$=\lim_{x\to 0}\dfrac{\cos x-1}{x\cos x+\sin x} \quad \left(\dfrac{0}{0}\text{型}\right)$$

$$=\lim_{x\to 0}\dfrac{-\sin x}{-x\sin x+\cos x+\cos x}$$

$$=\dfrac{0}{2}=0.$$

## 例題 5 解題指引 ☺ 不定型 $\infty-\infty$ 轉換成 $\dfrac{0}{0}$ 型

求 $\lim\limits_{x\to 0}\left(\dfrac{1}{x}-\dfrac{1}{e^x-1}\right)$.

**解** 因 $\lim\limits_{x\to 0^+}\dfrac{1}{x}=\infty$ 且 $\lim\limits_{x\to 0^+}\dfrac{1}{e^x-1}=\infty$，又 $\lim\limits_{x\to 0^-}\dfrac{1}{x}=-\infty$ 且 $\lim\limits_{x\to 0^-}\dfrac{1}{e^x-1}=-\infty$，故所予極限為不定型 $\infty-\infty$. 利用通分可得

$$\lim_{x\to 0}\left(\dfrac{1}{x}-\dfrac{1}{e^x-1}\right)=\lim_{x\to 0}\dfrac{e^x-x-1}{xe^x-x} \quad \left(\dfrac{0}{0}\text{型}\right)$$

$$=\lim_{x\to 0}\dfrac{e^x-1}{xe^x+e^x-1} \quad \left(\dfrac{0}{0}\text{型}\right)$$

$$=\lim_{x\to 0}\dfrac{e^x}{xe^x+e^x+e^x}=\dfrac{1}{2}.$$

## 例題 6  解題指引 😊 不定型 $\infty - \infty$ 轉換成 $\dfrac{0}{0}$ 型

求 $\lim\limits_{x \to \left(\frac{\pi}{2}\right)^-} (\sec x - \tan x)$.

**解**

$$\lim_{x \to \left(\frac{\pi}{2}\right)^-} (\sec x - \tan x) = \lim_{x \to \left(\frac{\pi}{2}\right)^-} \left( \frac{1}{\cos x} - \frac{\sin x}{\cos x} \right)$$

$$= \lim_{x \to \left(\frac{\pi}{2}\right)^-} \frac{1 - \sin x}{\cos x} \quad \left(\frac{0}{0} \text{ 型}\right)$$

$$= \lim_{x \to \left(\frac{\pi}{2}\right)^-} \frac{-\cos x}{-\sin x}$$

$$= 0.$$

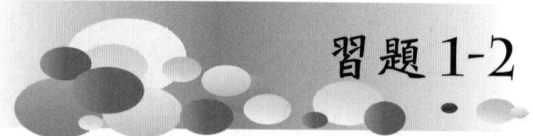

## 習題 1-2

求 1～17 題中的極限.

1. $\lim\limits_{x \to \left(\frac{\pi}{2}\right)^-} \tan x \ln \sin x$

2. $\lim\limits_{x \to \infty} x(e^{1/x} - 1)$

3. $\lim\limits_{x \to 0^+} \sin x \ln \sin x$

4. $\lim\limits_{x \to \infty} x \sin \dfrac{1}{x}$

5. $\lim\limits_{x \to \infty} (\sqrt{x^2 + x} - x)$

6. $\lim\limits_{x \to 0^+} x^\alpha \ln x,\ \alpha > 0$

7. $\lim\limits_{x \to 1^+} (1 - x) \tan \dfrac{\pi x}{2}$

8. $\lim\limits_{x \to 0^+} x \ln \sin x$

9. $\lim\limits_{x \to 0^+} (\cot x - \csc x)$

10. $\lim\limits_{x \to 1} \left( \dfrac{1}{x - 1} - \dfrac{1}{\ln x} \right)$

11. $\lim\limits_{x \to 0} (\csc x - \cot x)$

12. $\lim\limits_{x \to 0} \left( \dfrac{1}{x^2} - \dfrac{1}{x^2 \sec x} \right)$

13. $\lim\limits_{n \to \infty} n(\sqrt[n]{a} - 1),\ a > 0$

14. $\lim\limits_{x \to \pi} (x - \pi) \cot x$

15. $\lim\limits_{x \to 0^+} (\csc x - \cot x + \cos x)$

16. $\lim\limits_{x \to 0} \left( \dfrac{1}{x \sin^{-1} x} - \dfrac{1}{x^2} \right)$

17. $\lim\limits_{x \to 0} \left( \dfrac{4}{x^2} - \dfrac{2}{1 - \cos x} \right)$

## 1-3 不定型 $0^0$、$\infty^0$ 與 $1^\infty$

不定型 $0^0$、$\infty^0$ 與 $1^\infty$ 是由極限 $\lim\limits_{x \to a} [f(x)]^{g(x)}$ 所產生.

1. 若 $\lim\limits_{x \to a} f(x) = 0$ 且 $\lim\limits_{x \to a} g(x) = 0$，則 $\lim\limits_{x \to a} [f(x)]^{g(x)}$ 為不定型 $0^0$.
2. 若 $\lim\limits_{x \to a} f(x) = \infty$ 且 $\lim\limits_{x \to a} g(x) = 0$，則 $\lim\limits_{x \to a} [f(x)]^{g(x)}$ 為不定型 $\infty^0$.
3. 若 $\lim\limits_{x \to a} f(x) = 1$ 且 $\lim\limits_{x \to a} g(x) = \infty$ 或 $-\infty$，則 $\lim\limits_{x \to a} [f(x)]^{g(x)}$ 為不定型 $1^\infty$.

上述任一情形可用自然對數處理如下：

令 $y = [f(x)]^{g(x)}$，則 $\ln y = g(x) \ln f(x)$

或將函數寫成指數形式：

$$[f(x)]^{g(x)} = e^{g(x) \ln f(x)}$$

在這兩個方法的任一者中，需要先求出 $\lim\limits_{x \to a} [g(x) \ln f(x)]$，其為不定型 $0 \cdot \infty$.

在求極限時若為不定型為 $0^0$、$\infty^0$ 或 $1^\infty$，則求 $\lim\limits_{x \to a} [f(x)]^{g(x)}$ 的步驟如下：

1. 令 $y = [f(x)]^{g(x)}$.
2. 取自然對數：$\ln y = \ln [f(x)]^{g(x)} = g(x) \ln f(x)$.
3. 求 $\lim\limits_{x \to a} \ln y$ (若極限存在).
4. 若 $\lim\limits_{x \to a} \ln y = L$，則 $\lim\limits_{x \to a} y = e^L$.

若 $x \to \infty$、$x \to -\infty$ 或對單邊極限，這些步驟仍可使用.

**例題 1**　解題指引☺　不定型 $0^0$

求 $\lim\limits_{x \to 0^+} x^x$.

**解**　方法 1：利用前述步驟，

(1) $y = x^x$

(2) $\ln y = \ln x^x = x \ln x$

(3) $\lim\limits_{x\to 0^+} \ln y = \lim\limits_{x\to 0^+} (x \ln x) = \lim\limits_{x\to 0^+} \dfrac{\ln x}{\dfrac{1}{x}} = \lim\limits_{x\to 0^+} \dfrac{\dfrac{1}{x}}{-\dfrac{1}{x^2}} = -\lim\limits_{x\to 0^+} x = 0$

(4) $\lim\limits_{x\to 0^+} x^x = \lim\limits_{x\to 0^+} y = e^0 = 1$

方法 2：

$$\lim_{x\to 0^+} x^x = \lim_{x\to 0^+} e^{\ln x^x} = \lim_{x\to 0^+} e^{x \ln x} = e^{\lim\limits_{x\to 0^+} x \ln x} = e^0 = 1.$$

### 例題 2　解題指引☺ 不定型 $0^0$

求 $\lim\limits_{x\to 0^+} x^{\sin x}$.

**解**

$$\lim_{x\to 0^+} x^{\sin x} = \lim_{x\to 0^+} e^{\ln x^{\sin x}} = \lim_{x\to 0^+} e^{\sin x \ln x} = e^{\lim\limits_{x\to 0^+} \sin x \ln x}$$

$$= e^{\lim\limits_{x\to 0^+} \frac{\ln x}{\csc x}} = e^{\lim\limits_{x\to 0^+} \frac{\frac{1}{x}}{-\csc x \cot x}}$$

$$= e^{-\left(\lim\limits_{x\to 0^+} \frac{\sin x}{x}\right)\left(\lim\limits_{x\to 0^+} \tan x\right)} = e^0 = 1.$$

### 例題 3　解題指引☺ 不定型 $\infty^0$

求 $\lim\limits_{x\to\infty} (1+2x)^{\frac{1}{2\ln x}}$.

**解**

$$\lim_{x\to\infty} (1+2x)^{\frac{1}{2\ln x}} = \lim_{x\to\infty} e^{\frac{\ln(1+2x)}{2\ln x}} = e^{\lim\limits_{x\to\infty} \frac{\ln(1+2x)}{2\ln x}}$$

又 $\lim\limits_{x\to\infty} \dfrac{\ln(1+2x)}{2\ln x}$ 為不定型 $\dfrac{\infty}{\infty}$，故

$$\lim_{x\to\infty} \frac{\ln(1+2x)}{2\ln x} = \lim_{x\to\infty} \frac{\frac{2}{1+2x}}{\frac{2}{x}} = \lim_{x\to\infty} \frac{x}{1+2x} = \frac{1}{2}$$

所以，$\lim\limits_{x\to\infty} (1+2x)^{\frac{1}{2\ln x}} = e^{\frac{1}{2}}.$

**例題 4** 解題指引 ☺ 不定型 $1^\infty$

求 $\lim\limits_{x\to 0}(1+x)^{\frac{1}{x}}$.

**解** $\lim\limits_{x\to 0}(1+x)^{\frac{1}{x}}=\lim\limits_{x\to 0}e^{\frac{\ln(1+x)}{x}}=e^{\lim\limits_{x\to 0}\frac{\ln(1+x)}{x}}=e^{\lim\limits_{x\to 0}\frac{1}{1+x}}=e.$

**例題 5** 解題指引 ☺ 作函數的圖形

作 $f(x)=x^x$ 的圖形.

**解** (1) 定義域為 $(0,\infty)$.

(2) 無 $x$-截距與 $y$-截距.

(3) 無對稱性.

(4) 因 $\lim\limits_{x\to\infty}x^x=\infty$, 故無水平漸近線.

$$\lim\limits_{x\to 0^+}x^x=\lim\limits_{x\to 0^+}e^{x\ln x}=e^{\lim\limits_{x\to 0^+}x\ln x}=e^{\lim\limits_{x\to 0^+}\frac{\ln x}{\frac{1}{x}}}=e^{\lim\limits_{x\to 0^+}\frac{\frac{1}{x}}{-\frac{1}{x^2}}}$$
$$=e^{\lim\limits_{x\to 0^+}(-x)}=e^0=1.$$

(5) $f'(x)=x^x(1+\ln x)$

當 $x>\dfrac{1}{e}$ 時, $f'(x)>0$, 而當 $0<x<\dfrac{1}{e}$ 時, $f'(x)<0$. 於是, $f$ 在 $\left(0,\dfrac{1}{e}\right]$ 為遞減, 而在 $\left[\dfrac{1}{e},0\right)$ 為遞增.

(6) 由 $f'(x)=0$, 可得 $f$ 的臨界數為 $\dfrac{1}{e}$. 依一階導數檢驗法, $f\left(\dfrac{1}{e}\right)=e^{-1/e}$ 為 $f$ 的相對極小值, 也為絕對極小值.

(7) $f''(x)=x^x(1+\ln x)^2+x^{x-1}>0$, $x>0$. 因此, 圖形在 $(0,\infty)$ 為上凹, 而無反曲點. 圖形如圖 1-1 所示.

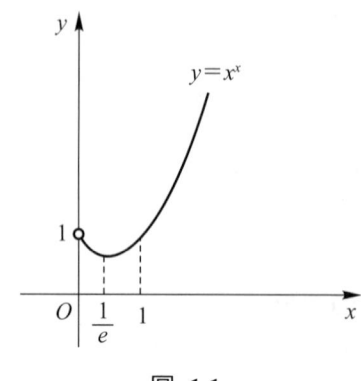

圖 1-1

## 習題 1-3

求 1～19 題中的極限.

1. $\lim\limits_{x \to 0^+} (\sin x)^x$

2. $\lim\limits_{x \to 0^+} (e^x - 1)^x$

3. $\lim\limits_{x \to 0^+} \left(\dfrac{1}{x}\right)^{\sin x}$

4. $\lim\limits_{x \to \left(\frac{\pi}{2}\right)^-} (\tan x)^{\cos x}$

5. $\lim\limits_{x \to 1^-} (1-x)^{\ln x}$

6. $\lim\limits_{x \to \infty} (1+e^x)^{e^{-x}}$

7. $\lim\limits_{x \to 0} (1+ax)^{1/x}$

8. $\lim\limits_{x \to 0} (1+ax)^{b/x}$

9. $\lim\limits_{x \to 0} \left(\dfrac{x}{\sin x}\right)^{1/x^2}$

10. $\lim\limits_{x \to 0} \left(\dfrac{2^x+3^x}{2}\right)^{2/x}$

11. $\lim\limits_{x \to \infty} [\cos(x^{-2})]^{x^4}$

12. $\lim\limits_{x \to 0} (1+\sin x)^{2/x}$

13. $\lim\limits_{x \to 0} (\cos x)^{1/x^2}$

14. $\lim\limits_{x \to 0^+} (x^x)^x$

15. $\lim\limits_{x \to \infty} (x+e^x)^{1/x}$

16. $\lim\limits_{x \to \infty} (1+2x)^{1/\ln x}$

17. $\lim\limits_{x \to e^+} (\ln x)^{1/(x-e)}$

18. $\lim\limits_{x \to 0} \dfrac{2^{1/x}}{\left(1-\dfrac{1}{x}\right)^x}$

19. $\lim\limits_{x \to 0} \left(\dfrac{\sin x}{x}\right)^{1/x^2}$

20. 當 $x \neq 0$ 時, $f(x)=(\cos x)^{1/x}$, 若 $f(x)$ 在 $x=0$ 為連續, 則 $f(0)=$ ?

在 21～22 題中，作各函數的圖形.

**21.** $f(x)=e^{-x^2}$　　　　**22.** $f(x)=xe^{-x}$

## ▶▶ 1-4　瑕積分

在第五章中，我們所涉及到的定積分具有兩個重要的假設：

**1.** 區間 $[a, b]$ 必須為有限.
**2.** 被積分函數 $f$ 在 $[a, b]$ 必須為連續，或者，若不連續，也得在 $[a, b]$ 中為有界.

若不合乎此等假設之一者，就稱為**瑕積分**或**廣義積分**.

### 一、積分區間為無限的積分

因函數 $f(x)=\dfrac{1}{x^2}$ 在 $[1, \infty)$ 為連續且非負值，故在 $f$ 的圖形下方由 $1$ 到 $t$ 的面積 $A(t)$ 為

$$A(t)=\int_1^t \frac{1}{x^2}\,dx = -\frac{1}{x}\Big|_1^t = 1-\frac{1}{t}$$

其圖形如圖 1-2 所示.

無論我們選擇多大的 $t$ 值，$A(t) < 1$，且

$$\lim_{t\to\infty} A(t) = \lim_{t\to\infty}\left(1-\frac{1}{t}\right)=1$$

上式的極限可以解釋為位於 $f$ 的圖形下方與 $x$-軸上方以及 $x=1$ 右方的無界區域的

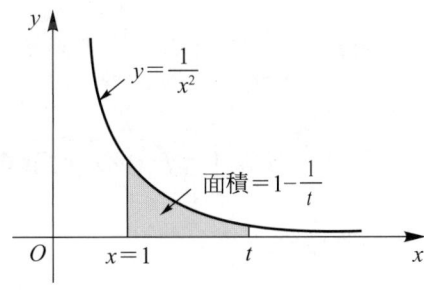

圖 **1-2**

面積，並以符號 $\int_1^\infty \frac{1}{x^2}\,dx$ 來表示此數值，故

$$\int_1^\infty \frac{1}{x^2}\,dx = \lim_{t\to\infty}\int_1^t \frac{1}{x^2}\,dx = 1$$

因此，我們有下面的定義.

## 定義 1-1

(1) 對每一數 $t \geq a$，若 $\int_a^t f(x)\,dx$ 存在，則定義

$$\int_a^\infty f(x)\,dx = \lim_{t\to\infty}\int_a^t f(x)\,dx.$$

(2) 對每一數 $t \leq b$，若 $\int_t^b f(x)\,dx$ 存在，則定義

$$\int_{-\infty}^b f(x)\,dx = \lim_{t\to-\infty}\int_t^b f(x)\,dx$$

以上各式若極限存在，則稱該瑕積分**收斂**或**收斂積分**，而極限值即為積分的值. 若極限不存在，則稱該瑕積分**發散**或**發散積分**.

(3) 若 $\int_c^\infty f(x)\,dx$ 與 $\int_{-\infty}^c f(x)\,dx$ 皆收斂，則稱瑕積分 $\int_{-\infty}^\infty f(x)\,dx$ **收斂**或**收斂積分**，定義為

$$\int_{-\infty}^\infty f(x)\,dx = \int_{-\infty}^c f(x)\,dx + \int_c^\infty f(x)\,dx$$

若上式等號右邊任一積分發散，則稱 $\int_{-\infty}^\infty f(x)\,dx$ **發散**或**發散積分**.

上述的瑕積分皆稱為**第一類型瑕積分**.

**例題 1** **解題指引** ☺ 計算函數在無限區間上的瑕積分

求 $\displaystyle\int_1^\infty \frac{dx}{\sqrt{x}\,(1+x)}$.

**解** $\displaystyle\int_1^\infty \frac{dx}{\sqrt{x}\,(1+x)} = \lim_{t\to\infty}\int_1^t \frac{dx}{\sqrt{x}\,(1+x)}$

令 $u=\sqrt{x}$，則 $u^2=x$，$2u\,du=dx$，故

$$\lim_{t\to\infty}\int_1^t \frac{dx}{\sqrt{x}\,(1+x)} = \lim_{t\to\infty}\int_1^{\sqrt{t}} \frac{2u\,du}{u(1+u^2)} = 2\lim_{t\to\infty}\int_1^{\sqrt{t}} \frac{du}{1+u^2}$$

$$= 2\lim_{t\to\infty}\left(\tan^{-1} u\,\Big|_1^{\sqrt{t}}\right) = 2\lim_{t\to\infty}(\tan^{-1}\sqrt{t}-\tan^{-1}1)$$

$$= 2\left(\frac{\pi}{2}-\frac{\pi}{4}\right) = \frac{\pi}{2}.$$

**例題 2** **解題指引** ☺ 計算函數在無限區間上的瑕積分

已知 $\displaystyle\int_0^\infty e^{-x^2}\,dx=\frac{\sqrt{\pi}}{2}$，試求下列瑕積分的值.

(1) $\displaystyle\int_0^\infty x\,e^{-x^2}\,dx$      (2) $\displaystyle\int_0^\infty x^2\,e^{-x^2}\,dx$

**解** (1) $\displaystyle\int_0^\infty x\,e^{-x^2}\,dx = \lim_{t\to\infty}\int_0^t x\,e^{-x^2}\,dx = -\frac{1}{2}\lim_{t\to\infty}\int_0^t e^{-x^2}\,d(-x^2)$

$$= -\frac{1}{2}\lim_{t\to\infty} e^{-x^2}\,\Big|_0^t = -\frac{1}{2}\lim_{t\to\infty}(e^{-t^2}-1) = \frac{1}{2}.$$

(2) $\displaystyle\int_0^\infty x^2\,e^{-x^2}\,dx = \lim_{t\to\infty}\int_0^t x^2\,e^{-x^2}\,dx = -\frac{1}{2}\lim_{t\to\infty}\int_0^t x\,d(e^{-x^2})$

令 $u=x$，$dv=d(e^{-x^2})$，則 $du=dx$，$v=e^{-x^2}$，

故　　$-\dfrac{1}{2}\lim\limits_{t\to\infty}\int_0^t x\,d(e^{-x^2}) = -\dfrac{1}{2}\lim\limits_{t\to\infty}\left[xe^{-x^2}\Big|_0^t - \int_0^t e^{-x^2}\,dx\right]$

$= -\dfrac{1}{2}\lim\limits_{t\to\infty} te^{-t^2} + \dfrac{1}{2}\int_0^\infty e^{-x^2}\,dx$

$= -\dfrac{1}{2}\lim\limits_{t\to\infty} \dfrac{t}{e^{t^2}} + \dfrac{1}{2}\cdot\dfrac{\sqrt{\pi}}{2}$

$= -\dfrac{1}{2}\lim\limits_{t\to\infty} \dfrac{1}{2te^{t^2}} + \dfrac{\sqrt{\pi}}{4} = \dfrac{\sqrt{\pi}}{4}$

所以，$\int_0^\infty x^2 e^{-x^2}\,dx = \dfrac{\sqrt{\pi}}{4}$.

**例題 3**　**解題指引** ☺　計算函數在無限區間上的瑕積分

計算 $\int_{-\infty}^0 xe^x\,dx$.

**解**　$\int_{-\infty}^0 xe^x\,dx = \lim\limits_{t\to-\infty}\int_t^0 xe^x\,dx$

利用分部積分法，令 $u=x$, $dv=e^x\,dx$, 則 $du=dx$, $v=e^x$, 所以，

$\int_t^0 xe^x\,dx = xe^x\Big|_t^0 - \int_t^0 e^x\,dx = -te^t - 1 + e^t$

我們知道當 $t\to-\infty$ 時，$e^t\to 0$，利用羅必達法則可得

$\lim\limits_{t\to-\infty} te^t = \lim\limits_{t\to-\infty} \dfrac{t}{e^{-t}} = \lim\limits_{t\to-\infty} \dfrac{1}{-e^{-t}} = \lim\limits_{t\to-\infty}(-e^t) = 0$

故　　$\int_{-\infty}^0 xe^x\,dx = \lim\limits_{t\to-\infty}(-te^t - 1 + e^t) = -1$.

**例題 4**　**解題指引** ☺　求 $p$ 值使瑕積分 $\int_1^\infty \dfrac{1}{x^p}\,dx$ 收斂

試求使瑕積分 $\int_1^\infty \dfrac{1}{x^p}\,dx$ 收斂的 $p$ 值.

**解**　I. 設 $p\neq 1$, 則 $\int_1^\infty \dfrac{1}{x^p}\,dx = \lim\limits_{t\to\infty}\int_1^t \dfrac{1}{x^p}\,dx = \lim\limits_{t\to\infty}\left(\dfrac{x^{-p+1}}{-p+1}\Big|_1^t\right)$

$$=\lim_{t\to\infty}\frac{1}{1-p}\left(\frac{1}{t^{p-1}}-1\right)$$

(1) 若 $p > 1$，則 $p-1 > 0$，而當 $t \to \infty$ 時，$\frac{1}{t^{p-1}} \to 0$. 所以,

$$\int_1^\infty \frac{1}{x^p}\,dx = \lim_{t\to\infty}\int_1^t \frac{1}{x^p}\,dx = = \frac{1}{p-1}.$$

(2) 若 $p < 1$，則 $1-p > 0$，而當 $t \to \infty$ 時，$\frac{1}{t^{p-1}} = t^{1-p} \to \infty$. 所以,

$$\int_1^\infty \frac{1}{x^p}\,dx = \lim_{t\to\infty}\int_1^t \frac{1}{x^p}\,dx = \infty.$$

II. 若 $p=1$，則 $\int_1^\infty \frac{1}{x}\,dx = \lim_{t\to\infty}\int_1^t \frac{1}{x}\,dx = \lim_{t\to\infty}\left(\ln x \Big|_1^t\right)$

$$=\lim_{t\to\infty}(\ln t - \ln 1)=\infty.$$

綜合此例題的結果，可得下面的結論：

若 $p > 1$，則 $\int_1^\infty \frac{1}{x^p}\,dx$ 收斂；若 $p \leq 1$，則 $\int_1^\infty \frac{1}{x^p}\,dx$ 發散.

**例題 5** **解題指引** ☺ gamma 函數

**gamma** 函數定義為

$$\Gamma(x)=\int_0^\infty t^{x-1}e^{-t}\,dt,\ x > 0$$

試證：(1) $\Gamma(x+1)=x\Gamma(x)$ (2) $\Gamma(n+1)=n!,\ n\in\mathbb{N}$

**解** (1) 利用分部積分法可得

$$\Gamma(x+1)=\int_0^\infty t^x e^{-t}\,dt=\lim_{b\to\infty}\int_0^b t^x e^{-t}\,dt$$

$$=\lim_{b\to\infty}\left[-t^x e^{-t}\Big|_0^b - \int_0^b (-e^{-t})(xt^{x-1})\,dt\right]$$

$$= \lim_{b\to\infty}\left(-b^x e^{-b}+x\int_0^b t^{x-1} e^{-t}\,dt\right)$$

$$= -\lim_{b\to\infty}\frac{b^x}{e^b}+x\int_0^\infty t^{x-1} e^{-t}\,dt$$

$$= 0+x\Gamma(x) \qquad\text{(第一項的極限利用羅必達法則)}$$

(2) 因 $\Gamma(1)=\int_0^\infty e^{-t}\,dt=\lim_{b\to\infty}\int_0^b e^{-t}\,dt=\lim_{b\to\infty}\left(-e^{-t}\Big|_0^b\right)=-\lim_{b\to\infty}(e^{-b}-1)=1$

故 $\Gamma(n+1)=n\Gamma(n)=n(n-1)\Gamma(n-1)$

$\qquad\qquad = n(n-1)(n-2)\Gamma(n-2)$

$\qquad\qquad = \cdots = n(n-1)(n-2)(n-3)\cdots 3\cdot 2\cdot 1\cdot\Gamma(1)$

$\qquad\qquad = n!\,\Gamma(1)=n! \qquad (n\in\mathbb{N})$.

**例題 6** 　**解題指引** ☺ 利用 gamma 函數

求 $\int_0^\infty x^6 e^{-2x}\,dx$.

**解** 令 $y=2x$, 則 $dx=\dfrac{1}{2}dy$, 故

$$\int_0^\infty x^6 e^{-2x}\,dx = \frac{1}{2}\int_0^\infty \left(\frac{y}{2}\right)^6 e^{-y}\,dy = \frac{1}{2^7}\int_0^\infty y^6 e^{-y}\,dy$$

$$= \frac{\Gamma(7)}{2^7}=\frac{6!}{2^7}=\frac{45}{8}.$$

## 二、瑕積分比較檢驗法

有時候，我們無法求得瑕積分的正確值，但想知道瑕積分是收斂抑或發散的確很重要，在此情況之下，我們可利用下列定理來檢驗，但其證明省略．

## 定理 1-3　比較檢驗法

令 $f$ 與 $g$ 在 $[a, \infty)$ 為連續且對所有 $x \geq a$ 恆有 $0 \leq f(x) \leq g(x)$，則

(1) 若 $\displaystyle\int_a^\infty g(x)\,dx$ 收斂，則 $\displaystyle\int_a^\infty f(x)\,dx$ 收斂.

(2) 若 $\displaystyle\int_a^\infty f(x)\,dx$ 發散，則 $\displaystyle\int_a^\infty g(x)\,dx$ 發散.

**例題 7**　解題指引　利用比較檢驗法

判斷 $\displaystyle\int_1^\infty \frac{\sin^2 x}{x^2}\,dx$ 的斂散性.

**解**　因 $0 \leq \dfrac{\sin^2 x}{x^2} \leq \dfrac{1}{x^2}$，$\forall\, x \in [1, \infty)$，

又 $\displaystyle\int_1^\infty \frac{1}{x^2}\,dx$ 收斂，故 $\displaystyle\int_1^\infty \frac{\sin^2 x}{x^2}\,dx$ 亦收斂.

**例題 8**　解題指引　利用比較檢驗法

試證：$\displaystyle\int_0^\infty e^{-x^2}\,dx$ 收斂.

**解**　$\displaystyle\int_0^\infty e^{-x^2}\,dx = \int_0^1 e^{-x^2}\,dx + \int_1^\infty e^{-x^2}\,dx$

$\displaystyle\int_0^1 e^{-x^2}\,dx$ 表曲線 $y = e^{-x^2}$ 與 $x = 0$ 及 $x = 1$ 所圍成區域的面積，故為定值. 在第二個積分中，對 $x \geq 1$，我們得知 $x^2 \geq x$，故 $-x^2 \leq -x$，於是 $e^{-x^2} \leq e^{-x}$，如圖 1-3 所示.

$$\int_1^\infty e^{-x}\,dx = \lim_{t \to \infty} \int_1^t e^{-x}\,dx = \lim_{t \to \infty} \left( -e^{-x} \Big|_1^t \right)$$

$$=-\lim_{t\to\infty}(e^{-t}-e^{-1})=\frac{1}{e}$$

可知 $\int_{1}^{\infty}e^{-x}\,dx$ 收斂，所以，$\int_{1}^{\infty}e^{-x^2}\,dx$ 亦收斂。因此，$\int_{0}^{\infty}e^{-x^2}\,dx$ 為收斂.

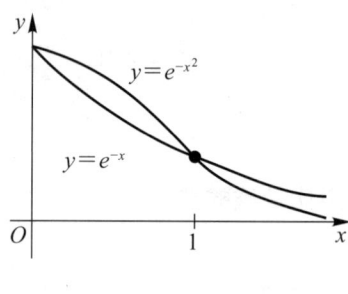

圖 1-3

## 定理 1-4　極限比較檢驗法

若正值函數 $f$ 與 $g$ 在 $[a, \infty)$ 皆為連續且

$$\lim_{x\to\infty}\frac{f(x)}{g(x)}=L \quad (0<L<\infty),$$

則 $\int_{a}^{\infty}f(x)\,dx$ 與 $\int_{a}^{\infty}g(x)\,dx$ 同時收斂抑或同時發散.

**例題 9**　**解題指引** 利用極限比較檢驗法

判斷 $\int_{1}^{\infty}\dfrac{3}{e^x+5}\,dx$ 的斂散性.

**解**　因 $\lim\limits_{x\to\infty}\dfrac{\dfrac{1}{e^x}}{\dfrac{3}{e^x+5}}=\lim\limits_{x\to\infty}\dfrac{e^x+5}{3e^x}=\lim\limits_{x\to\infty}\left(\dfrac{1}{3}+\dfrac{5}{3e^x}\right)=\dfrac{1}{3}>0$,

又 $\int_{1}^{\infty}\dfrac{1}{e^x}\,dx$ 收斂，故 $\int_{1}^{\infty}\dfrac{3}{e^x+5}\,dx$ 亦收斂.

## 三、不連續被積分函數的積分

若函數 $f$ 在閉區間 $[a, b]$ 為連續，則定積分 $\int_a^b f(x)\,dx$ 存在．若 $f$ 在區間內某一數的值為無限，則仍有可能求得積分值．例如，我們假設 $f$ 在半開區間 $[a, b)$ 為連續且不為負值，而 $\lim_{x \to b^-} f(x) = \infty$．若 $a < t < b$，則在 $f$ 的圖形下方由 $a$ 到 $t$ 的面積 $A(t)$ 為

$$A(t) = \int_a^t f(x)\,dx$$

如圖 1-4 所示．當 $t \to b^-$ 時，若 $A(t)$ 趨近一個定數 $A$，則

$$\int_a^b f(x)\,dx = \lim_{t \to b^-} \int_a^t f(x)\,dx$$

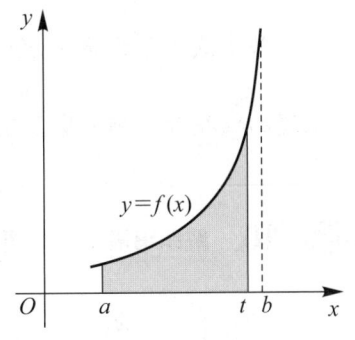

**圖 1-4**

若 $\lim_{t \to b^-} \int_a^t f(x)\,dx$ 存在，則此極限可解釋為在 $f$ 的圖形下方且在 $x$-軸上方以及 $x = a$ 與 $x = b$ 之間的無界區域的面積．

## 定義 1-2

(1) 若 $f$ 在 $[a, b)$ 為連續且當 $x \to b^-$ 時，$|f(x)| \to \infty$，則定義

$$\int_a^b f(x)\,dx = \lim_{t \to b^-} \int_a^t f(x)\,dx.$$

(2) 若 $f$ 在 $(a, b]$ 為連續且當 $x \to a^+$ 時，$|f(x)| \to \infty$，則定義

$$\int_a^b f(x)\,dx = \lim_{t \to a^+} \int_t^b f(x)\,dx.$$

以上各式若極限存在，則稱該瑕積分為**收斂**或**收斂積分**，而極限值即為積分的值．若極限不存在，則稱該瑕積分為**發散**或**發散積分**．

(3) 若 $x \to c$ 時，$|f(x)| \to \infty$，且 $\int_a^c f(x)\,dx$ 與 $\int_c^b f(x)\,dx$ 皆收斂，則稱瑕積分 $\int_a^b f(x)\,dx$ 為收斂或收斂積分，定義為

$$\int_a^b f(x)\,dx = \int_a^c f(x)\,dx + \int_c^b f(x)\,dx$$

若上式等號右邊任一積分發散，則稱 $\int_a^b f(x)\,dx$ 為發散或發散積分。

上述的瑕積分皆稱為**第二類型瑕積分**。

**例題 10**　解題指引 ☺ 不連續被積分函數的積分

計算 $\int_0^1 \dfrac{dx}{\sqrt{1-x^2}}$。

**解**　$\int_0^1 \dfrac{dx}{\sqrt{1-x^2}} = \lim\limits_{t \to 1^-} \int_0^t \dfrac{dx}{\sqrt{1-x^2}} = \lim\limits_{t \to 1^-} \left( \sin^{-1} x \,\Big|_0^t \right)$

$= \lim\limits_{t \to 1^-} \sin^{-1} t = \dfrac{\pi}{2}$。

**例題 11**　解題指引 ☺ 利用定義 1-2(2)

判斷 $\int_1^3 \dfrac{dx}{(x-1)^{4/3}}$ 的斂散性。

**解**　因被積分函數在 $x=1$ 的值變為無限大，則利用定義 1-2(2) 如下：

$\int_1^3 \dfrac{dx}{(x-1)^{4/3}} = \lim\limits_{t \to 1^+} \int_t^3 \dfrac{dx}{(x-1)^{4/3}} = \lim\limits_{t \to 1^+} \left( -\dfrac{3}{(x-1)^{1/3}} \,\Big|_t^3 \right)$

$= -\lim\limits_{t \to 1^+} \left( \dfrac{3}{\sqrt[3]{2}} - \dfrac{3}{(t-1)^{1/3}} \right) = -\dfrac{3}{\sqrt[3]{2}} + \infty = \infty$。

故所予瑕積分發散。

## 例題 12　解題指引 😊 利用定義 1-2(3)

判斷 $\displaystyle\int_0^\pi \frac{\cos x}{\sqrt{1-\sin x}}\,dx$ 的斂散性.

**解**　因被積分函數在 $x=\dfrac{\pi}{2}$ 的值變為無限大, 則利用定義 1-2(3) 如下:

$$\int_0^\pi \frac{\cos x}{\sqrt{1-\sin x}}\,dx = \int_0^{\frac{\pi}{2}} \frac{\cos x}{\sqrt{1-\sin x}}\,dx + \int_{\frac{\pi}{2}}^\pi \frac{\cos x}{\sqrt{1-\sin x}}\,dx$$

$$= \lim_{t\to\left(\frac{\pi}{2}\right)^-} \int_0^t \frac{\cos x}{\sqrt{1-\sin x}}\,dx + \lim_{t\to\left(\frac{\pi}{2}\right)^+} \int_t^\pi \frac{\cos x}{\sqrt{1-\sin x}}\,dx$$

$$= -\lim_{t\to\left(\frac{\pi}{2}\right)^-} \int_0^t \frac{d(1-\sin x)}{\sqrt{1-\sin x}} - \lim_{t\to\left(\frac{\pi}{2}\right)^+} \int_t^\pi \frac{d(1-\sin x)}{\sqrt{1-\sin x}}$$

$$= -\lim_{t\to\left(\frac{\pi}{2}\right)^-} \left(2\sqrt{1-\sin x}\,\Big|_0^t\right) - \lim_{t\to\left(\frac{\pi}{2}\right)^+} \left(2\sqrt{1-\sin x}\,\Big|_t^\pi\right)$$

$$= -\lim_{t\to\left(\frac{\pi}{2}\right)^-} (2\sqrt{1-\sin t}-2) - \lim_{t\to\left(\frac{\pi}{2}\right)^+} (2\sqrt{1-\sin\pi}-2\sqrt{1-\sin t})$$

$$= 2-2 = 0$$

故所予瑕積分收斂.

## 例題 13　解題指引 😊 利用定義 1-2(3)

求 $\displaystyle\int_{-1}^1 \ln|x|\,dx$.

**解**　$\displaystyle\int_{-1}^1 \ln|x|\,dx = \int_{-1}^0 \ln(-x)\,dx + \int_0^1 \ln x\,dx$

$$\int_0^1 \ln x\,dx = \lim_{t\to 0^+} \int_t^1 \ln x\,dx = \lim_{t\to 0^+} \left(x\ln x - x\,\Big|_t^1\right) = -1 - \lim_{t\to 0^+}(t\ln t - t)$$

又 $$\lim_{t\to 0^+} t\ln t = \lim_{t\to 0^+} \frac{\ln t}{\frac{1}{t}} = \lim_{t\to 0^+} \frac{\frac{1}{t}}{-\frac{1}{t^2}} = -\lim_{t\to 0^+} t = 0$$

故 $$\int_0^1 \ln x\, dx = -1.$$

令 $u = -x$, 則 $dx = -du$, 可得

$$\int_{-1}^0 \ln(-x)\, dx = \int_1^0 \ln u(-du) = \int_0^1 \ln u\, du = \int_0^1 \ln x\, dx = -1$$

所以, $$\int_{-1}^1 \ln|x|\, dx = -2.$$

**例題 14** **解題指引** ☺ 求 $p$ 值使瑕積分 $\int_0^1 \dfrac{1}{x^p}\, dx$ 收斂

試求使 $\int_0^1 \dfrac{1}{x^p}\, dx$ 收斂的 $p$ 值.

**解** I. 若 $p \neq 1$, 則

$$\int_0^1 \frac{1}{x^p}\, dx = \lim_{t\to 0^+} \int_t^1 \frac{1}{x^p}\, dx = \lim_{t\to 0^+} \left( \frac{x^{-p+1}}{-p+1} \bigg|_t^1 \right)$$

$$= \lim_{t\to 0^+} \frac{1}{1-p}\left(1 - \frac{1}{t^{p-1}}\right) = \begin{cases} \dfrac{1}{1-p}, & \text{若 } p < 1 \\ \infty, & \text{若 } p > 1 \end{cases}$$

II. 若 $p = 1$, 則

$$\int_0^1 \frac{1}{x}\, dx = \lim_{t\to 0^+} \int_t^1 \frac{1}{x}\, dx = \lim_{t\to 0^+} \left( \ln x \bigg|_t^1 \right)$$

$$= \lim_{t\to 0^+} (-\ln t) = \infty.$$

綜合此例題的結果，可得下面的結論：

若 $p < 1$，則 $\int_0^1 \dfrac{1}{x^p} dx$ 收斂；若 $p \geq 1$，則 $\int_0^1 \dfrac{1}{x^p} dx$ 發散.

## 習題 1-4

判斷 1～22 題中，何者為收斂積分？發散積分？並計算收斂積分的值.

1. $\displaystyle\int_1^\infty \dfrac{dx}{x^{4/3}}$

2. $\displaystyle\int_0^\infty \dfrac{dx}{x^2+a^2}$

3. $\displaystyle\int_{-\infty}^0 \dfrac{dx}{(2x-1)^3}$

4. $\displaystyle\int_{-\infty}^\infty \dfrac{x}{x^4+9} dx$

5. $\displaystyle\int_2^\infty \dfrac{dx}{x(\ln x)^2}$

6. $\displaystyle\int_{-\infty}^\infty \dfrac{x}{e^{|x|}} dx$

7. $\displaystyle\int_3^\infty \dfrac{dx}{x^2-1}$

8. $\displaystyle\int_0^\infty xe^{-x} dx$

9. $\displaystyle\int_{-\infty}^0 \dfrac{dx}{x^2-3x+2}$

10. $\displaystyle\int_0^{1/2} \dfrac{x^2}{\sqrt{1-4x^2}} dx$

11. $\displaystyle\int_0^{\pi/2} \dfrac{\sin x}{1-\cos x} dx$

12. $\displaystyle\int_0^1 \dfrac{\ln x}{x} dx$

13. $\displaystyle\int_0^{1/2} \dfrac{dx}{x(\ln x)^2}$

14. $\displaystyle\int_0^2 \dfrac{dx}{(x-1)^2}$

15. $\displaystyle\int_0^4 \dfrac{dx}{x^2-x-2}$

16. $\displaystyle\int_{-\infty}^\infty \dfrac{dx}{1+x^2}$

17. $\displaystyle\int_2^\infty \dfrac{x+3}{(x-1)(x^2+1)} dx$

18. $\displaystyle\int_0^{\pi/2} \dfrac{dx}{1-\cos x}$

19. $\displaystyle\int_0^1 \sqrt{\dfrac{1+x}{1-x}}\, dx$

20. $\displaystyle\int_0^\infty \dfrac{dx}{\sqrt{x}\,(1+x)}$

21. $\displaystyle\int_1^\infty \dfrac{\ln x}{x^2} dx$

22. $\displaystyle\int_{-\infty}^\infty \dfrac{dx}{x^2+2x+10}$

23. 求 $p$ 的值使 $\displaystyle\int_e^\infty \dfrac{dx}{x(\ln x)^p}$ 收斂.

**24.** 利用瑕積分的比較檢驗法判斷下列積分的斂散性.

(1) $\displaystyle\int_1^\infty \frac{dx}{\sqrt{x^2-0.1}}$   (2) $\displaystyle\int_0^1 \frac{e^{-x}}{\sqrt{x}}\,dx$   (3) $\displaystyle\int_1^\infty \frac{dx}{x+e^{2x}}$

**25.** 已知 $\displaystyle\int_0^\infty e^{-x^2}\,dx = \frac{\sqrt{\pi}}{2}$，求 $\Gamma\left(\dfrac{1}{2}\right)$.

**26.** 求 $\displaystyle\int_0^\infty \sqrt{y}\,e^{-y^3}\,dy$.

# 2

# 定積分的應用

## 本章學習目標

- 能夠求平面區域之面積
- 瞭解立體體積之求法：
  (1) 切薄片法
  (2) 圓盤法
  (3) 墊圈法
  (4) 圓柱殼法
- 瞭解平面曲線弧長的求法
- 瞭解旋轉曲面面積的求法
- 瞭解平面區域的力矩與形心

## 2-1 平面區域的面積

到目前為止，我們已定義並計算位於函數圖形下方的區域面積. 在本節裡，我們將利用定積分來討論求面積的各種方法.

### 一、曲線與 x-軸所圍成區域的面積

若函數 $y=f(x)$ 在 $[a, b]$ 為連續，且對每一 $x \in [a, b]$, $f(x) \geq 0$，則由曲線 $y=f(x)$、$x$-軸與直線 $x=a$ 及 $x=b$ 所圍成平面區域之面積為

$$A=\int_a^b f(x)\,dx \tag{2-1}$$

如圖 2-1 所示.

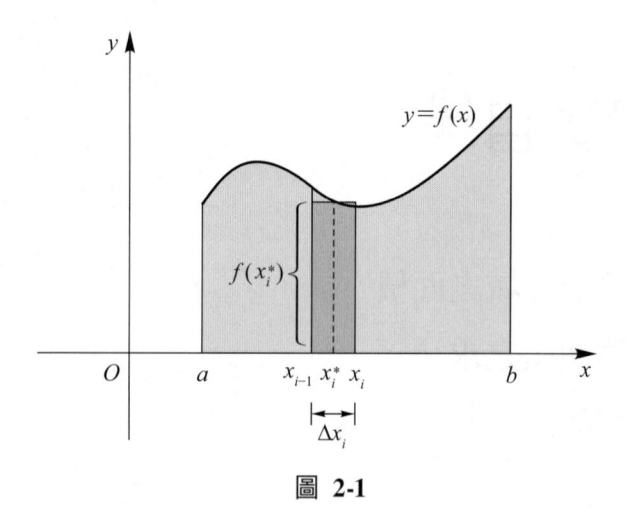

**圖 2-1**

假設對每一 $x \in [a, b]$, $f(x) \leq 0$，則由曲線 $y=f(x)$、$x$-軸與直線 $x=a$ 及 $x=b$ 所圍成平面區域之面積為

$$A=-\int_a^b f(x)\,dx \tag{2-2}$$

但有時，若 $f(x)$ 在 $[a, b]$ 內一部分為正值，一部分為負值，即曲線一部分在 $x$-軸之上方，一部分在 $x$-軸之下方. 如圖 2-2 所示，則面積為

第二章　定積分的應用

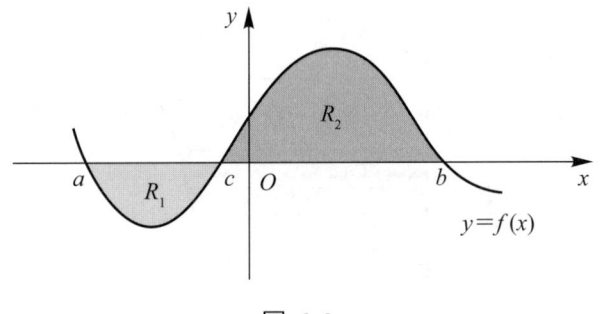

圖 2-2

$$A=\int_a^b |f(x)|\, dx = -\int_a^c f(x)\, dx + \int_c^b f(x)\, dx \tag{2-3}$$

其中 $-\int_a^c f(x)\, dx$ 表區域 $R_1$ 的面積，$\int_c^b f(x)\, dx$ 表區域 $R_2$ 的面積。

**例題 1**　**解題指引** ☺ 利用 (2-1) 式求面積

求曲線 $\sqrt{x}+\sqrt{y}=\sqrt{a}$ $(a>0)$ 與兩坐標軸所圍成區域的面積。

**解**　區域如圖 2-3 所示。

對 $\sqrt{x}+\sqrt{y}=\sqrt{a}$ 解 $y$，可得 $y=(\sqrt{a}-\sqrt{x})^2=a-2\sqrt{ax}+x$ 所求的面積為

$$\begin{aligned} A &= \int_0^a (a-2\sqrt{ax}+x)\, dx \\ &= \left. ax - \frac{4\sqrt{a}}{3}x^{3/2} + \frac{x^2}{2}\right|_0^a \\ &= a^2 - \frac{4a^2}{3} + \frac{a^2}{2} \\ &= \frac{a^2}{6}. \end{aligned}$$

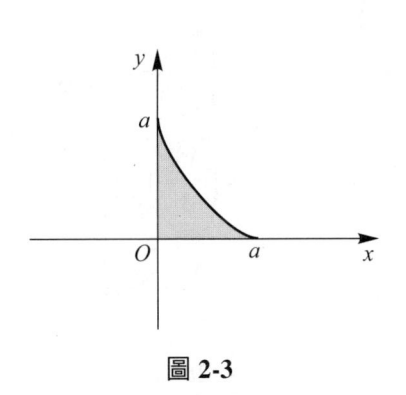

圖 2-3

## 二、曲線與 $y$-軸所圍成區域的面積

若函數 $x=f(y)$ 在 $[c,\ d]$ 為連續，對每一 $y\in[c,\ d]$，$f(y)\geq 0$，則由曲線 $x=f(y)$、$y$-軸，與直線 $y=c$ 及 $y=d$ 所圍成平面區域（見圖 2-4）的面積為

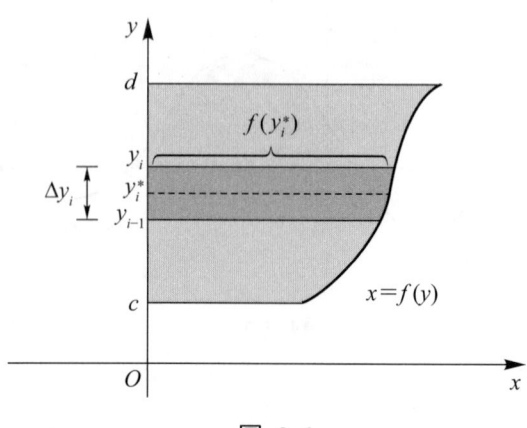

$$A = \int_c^d f(y)\,dy. \tag{2-4}$$

### 例題 2  解題指引 ☺ 利用 (2-4) 式求面積

求由曲線 $y^2 = x - 1$、$y$-軸與兩直線 $y = -2$、$y = 2$ 所圍成區域的面積.

**解** 區域如圖 2-5 所示，所求的面積可以表示為函數 $x = f(y) = y^2 + 1$ 之定積分，故面積為

$$\begin{aligned}
A &= \int_{-2}^{2} (y^2 + 1)\,dy \\
&= \left(\frac{y^3}{3} + y\right)\bigg|_{-2}^{2} \\
&= \frac{8}{3} + 2 - \left(-\frac{8}{3} - 2\right) \\
&= \frac{28}{3}.
\end{aligned}$$

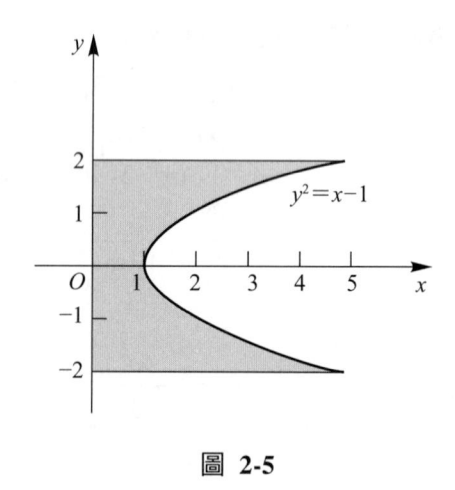

圖 2-5

## 三、兩曲線間所圍成區域的面積

設一平面區域是由兩連續曲線 $y = f(x)$、$y = g(x)$ 與兩直線 $x = a$、$x = b$ $(a < b)$ 所

圍成，且對任一 $x \in [a, b]$，皆有 $f(x) \geq g(x)$，如圖 2-6 所示．

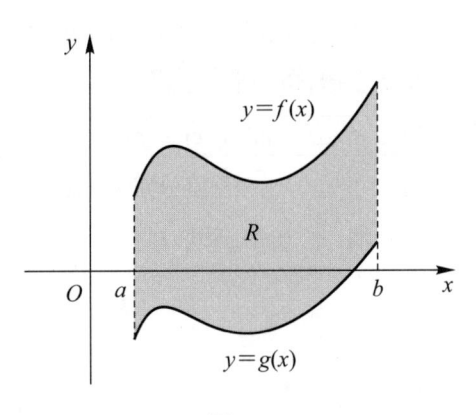

圖 2-6

我們將 $[a, b]$ 分成 $n$ 個子區間，分點為 $x_i$，並取 $[x_{i-1}, x_i]$ 中的點 $x_i^*$，則每一個長條形之面積近似於 $[f(x_i^*) - g(x_i^*)] \Delta x_i$，如圖 2-7 所示．

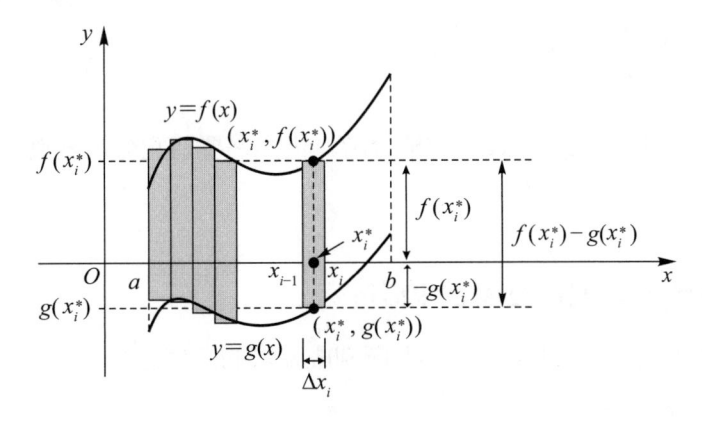

圖 2-7

這些 $n$ 個長條形面積的和為

$$\sum_{i=1}^{n} [f(x_i^*) - g(x_i^*)] \Delta x_i$$

因 $f(x)$ 與 $g(x)$ 在 $[a, b]$ 皆為連續，可知 $f(x) - g(x)$ 在 $[a, b]$ 亦連續且極限存在，故平面區域的面積為

$$A = \lim_{n \to \infty} \sum_{i=1}^{n} [f(x_i^*) - g(x_i^*)] \Delta x_i = \int_a^b [f(x) - g(x)] \, dx. \tag{2-5}$$

讀者應注意 $f(x)-g(x)$ 表示每一細條矩形之高度，甚至於當 $g(x)$ 之圖形位於 $x$-軸之下方亦是．此時由於 $g(x) < 0$，所以減去 $g(x)$ 等於加上一個正數．倘若 $f(x)$ 及 $g(x)$ 皆為負的時候，$f(x)-g(x)$ 亦為細條矩形之高度．

如果 $f(x) \geq g(x)$ 對於某些 $x$ 成立，而 $g(x) \geq f(x)$ 對於某些 $x$ 成立，則將所予區域 $R$ 分割成許多子區域 $R_1, R_2, \cdots, R_n$，面積分別為 $A_1, A_2, \cdots, A_n$，如圖 2-8 所示．最後，我們定義區域 $R$ 的面積 $A$ 為子區域 $R_1, R_2, \cdots, R_n$ 的面積和：

$$A = A_1 + A_2 + \cdots + A_n$$

因

$$|f(x)-g(x)| = \begin{cases} f(x)-g(x), & \text{當 } f(x) \geq g(x) \\ g(x)-f(x), & \text{當 } g(x) \geq f(x) \end{cases}$$

所以，區域 $R$ 的面積為

$$A = \int_a^b |f(x)-g(x)|\, dx \tag{2-6}$$

圖 2-8

可是，當我們計算 (2-6) 式中的積分時，仍然需要將它分成對應 $A_1, A_2, \cdots, A_n$ 的積分．

## 例題 3　解題指引 ☺ 利用 (2-5) 式求面積

求兩拋物線 $y = x^2$ 與 $y = 2x - x^2$ 所圍成區域的面積．

**解**　此兩拋物線的交點為 $(0, 0)$ 與 $(1, 1)$，而區域如圖 2-9 所示.

所求的面積為

$$A = \int_0^1 [(2x-x^2) - x^2]\, dx$$
$$= \int_0^1 (2x-2x^2)\, dx = x^2 - \frac{2}{3}x^3 \Big|_0^1$$
$$= 1 - \frac{2}{3} = \frac{1}{3}.$$

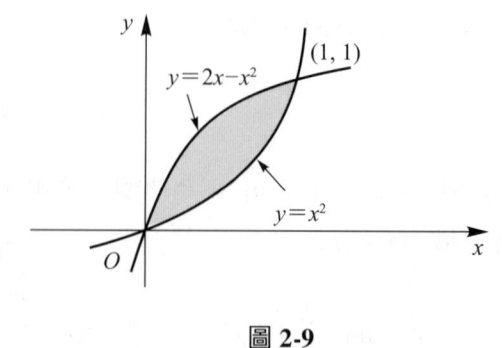

圖 2-9

## 例題 4 解題指引 ☺ 利用 (2-6) 式求面積

求由兩曲線 $y = \sin x$、$y = \cos x$ 與兩直線 $x = 0$、$x = \dfrac{\pi}{2}$ 所圍成區域的面積.

**解** 此兩曲線的交點為 $\left(\dfrac{\pi}{4}, \dfrac{\sqrt{2}}{2}\right)$，區域如圖 2-10 所示．當 $0 \le x \le \dfrac{\pi}{4}$ 時，

$\cos x \ge \sin x$；當 $\dfrac{\pi}{4} \le x \le \dfrac{\pi}{2}$ 時，$\sin x \ge \cos x$．因此，所求的面積為

$$A = \int_0^{\pi/2} |\cos x - \sin x|\, dx$$

$$= \int_0^{\pi/4} (\cos x - \sin x)\, dx + \int_{\pi/4}^{\pi/2} (\sin x - \cos x)\, dx$$

$$= (\sin x + \cos x)\Big|_0^{\pi/4} + (-\cos x - \sin x)\Big|_{\pi/4}^{\pi/2}$$

$$= \left(\dfrac{\sqrt{2}}{2} + \dfrac{\sqrt{2}}{2} - 1\right) + \left(-1 + \dfrac{\sqrt{2}}{2} + \dfrac{\sqrt{2}}{2}\right) = 2(\sqrt{2} - 1).$$

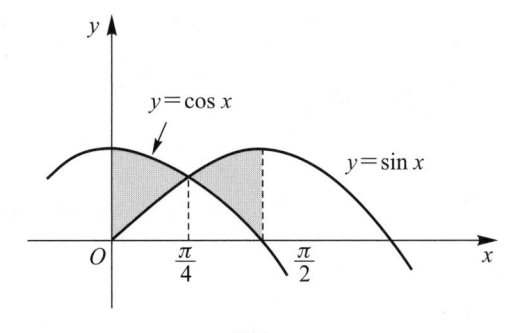

圖 2-10

## 例題 5 解題指引 ☺ 圓的面積

求半徑為 $r$ 之圓區域的面積.

**解** 圓區域如圖 2-11 所示．所求的面積為

$$A = 4 \int_0^r \sqrt{r^2 - x^2}\, dx$$

令 $x = r \sin \theta$, $0 \leq \theta \leq \dfrac{\pi}{2}$, 則 $dx = r \cos \theta \, d\theta$,

故 $\begin{aligned} A &= 4 \int_0^{\pi/2} \sqrt{r^2 - r^2 \sin^2 \theta} \; r \cos \theta \, d\theta \\ &= 4 \int_0^{\pi/2} r^2 \cos^2 \theta \, d\theta = 4r^2 \int_0^{\pi/2} \dfrac{1 + \cos 2\theta}{2} \, d\theta \\ &= 2r^2 \int_0^{\pi/2} (1 + \cos 2\theta) \, d\theta = 2r^2 \left( \theta + \dfrac{1}{2} \sin 2\theta \right) \bigg|_0^{\pi/2} \\ &= \pi r^2. \end{aligned}$

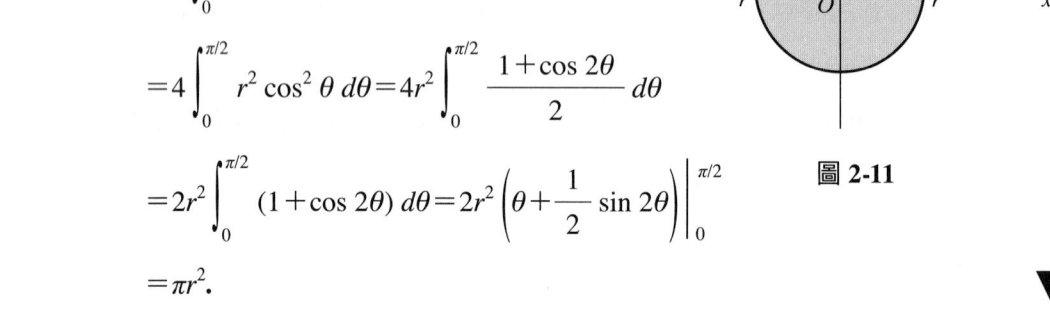

圖 2-11

### 例題 6　解題指引 ☺ 橢圓的面積

求橢圓 $\dfrac{x^2}{a^2} + \dfrac{y^2}{b^2} = 1$ $(a > 0,\; b > 0)$ 如圖 2-12 所示，所圍成區域的面積.

**解** 　對 $\dfrac{x^2}{a^2} + \dfrac{y^2}{b^2} = 1$ 解 $y$,

可得 $y = \pm \dfrac{b}{a} \sqrt{a^2 - x^2}$

因橢圓對稱於 $x$-軸，故所求的面積為

$\begin{aligned} A &= 2 \int_{-a}^{a} \dfrac{b}{a} \sqrt{a^2 - x^2} \, dx \\ &= \dfrac{2b}{a} \int_{-a}^{a} \sqrt{a^2 - x^2} \, dx \\ &= \dfrac{2b}{a} \cdot \dfrac{\pi a^2}{2} = \pi ab. \end{aligned}$

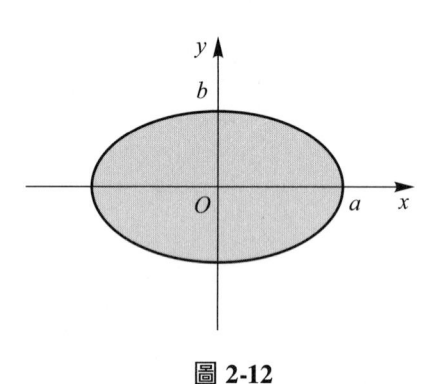

圖 2-12

$\left( \int_{-a}^{a} \sqrt{a^2 - x^2} \, dx = \text{圓心在原點且半徑為 } a \text{ 的上半圓區域的面積} \right)$

### 例題 7　解題指引 ☺ 利用 (2-5) 式

求 $y = 2^x$、$x + y = 1$、$x = 1$ 等圖形所圍成區域的面積.

**解** 如圖 2-13 所示，所求面積為

$$A = \int_0^1 [2^x - (1-x)]\, dx$$

$$= \left(\frac{2^x}{\ln 2} - x + \frac{x^2}{2}\right)\Big|_0^1$$

$$= \frac{2}{\ln 2} - 1 + \frac{1}{2} - \frac{1}{\ln 2}$$

$$= \frac{1}{\ln 2} - \frac{1}{2} = \frac{2 - \ln 2}{2\ln 2}.$$

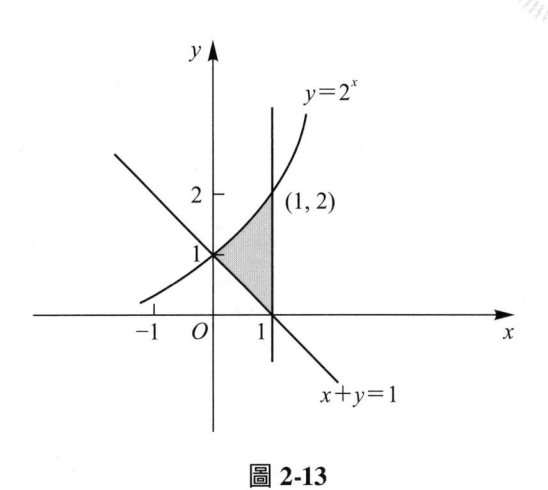

圖 2-13

### 例題 8  解題指引 😊 分段積分

求拋物線 $y^2 = 9 - x$ 與直線 $y = x - 3$ 所圍成區域的面積．

**解** 求 $y^2 = 9 - x$ 與 $y = x - 3$ 的解，可得 $x = 0$ 或 $5$，於是，交點為 $(0, -3)$ 與 $(5, 2)$，區域如圖 2-14 所示．所求的面積為

$$A = \int_0^5 [(x-3) - (-\sqrt{9-x})]\, dx$$

$$+ \int_5^9 [\sqrt{9-x} - (-\sqrt{9-x})]\, dx$$

$$= \left[\frac{x^2}{2} - 3x - \frac{2}{3}(9-x)^{3/2}\right]\Big|_0^5 - \frac{4}{3}(9-x)^{3/2}\Big|_5^9$$

$$= \frac{125}{6}.$$

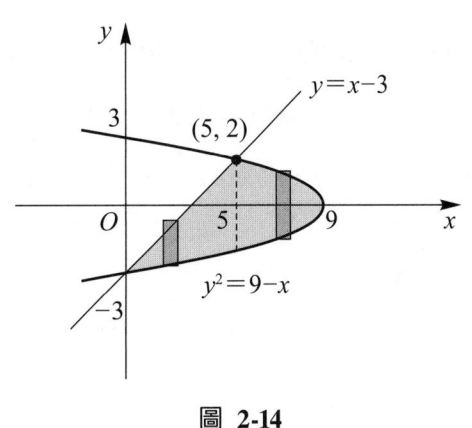

圖 2-14

求解例題 8 有一個比較簡易的方法．我們不用視 $y$ 為 $x$ 的函數，而是視 $x$ 為 $y$ 的函數．一般，若一區域是由兩曲線 $x = f(y)$、$x = g(y)$ 與兩直線 $y = c$、$y = d$ 所圍成，此處 $f$ 與 $g$ 在 $[c, d]$ 皆為連續，且 $f(y) \geq g(y)$ 對 $c \leq y \leq d$ 皆成立 (圖 2-15)，則

其面積為

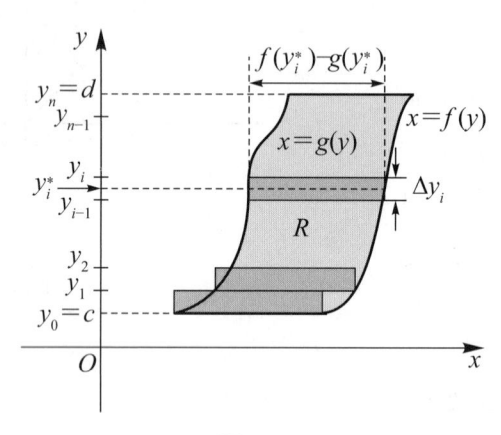

$$A = \lim_{\|P\|\to 0} \sum_{i=1}^{n} [f(y_i^*) - g(y_i^*)] \Delta y_i = \int_c^d [f(y) - g(y)] \, dy. \tag{2-7}$$

圖 2-15

### 例題 9  解題指引 ☺ 利用 (2-7) 式求面積

試對 $y$ 積分求例題 8 的面積.

**解** 區域的左邊界為 $x = y + 3$，而右邊界為 $x = 9 - y^2$，如圖 2-16 所示. 由 (2-7) 式可得

$$A = \int_{-3}^{2} [9 - y^2 - (y + 3)] \, dy$$

$$= \int_{-3}^{2} (-y^2 - y + 6) \, dy$$

$$= \left( -\frac{y^3}{3} - \frac{y^2}{2} + 6y \right) \Big|_{-3}^{2}$$

$$= \frac{125}{6}.$$

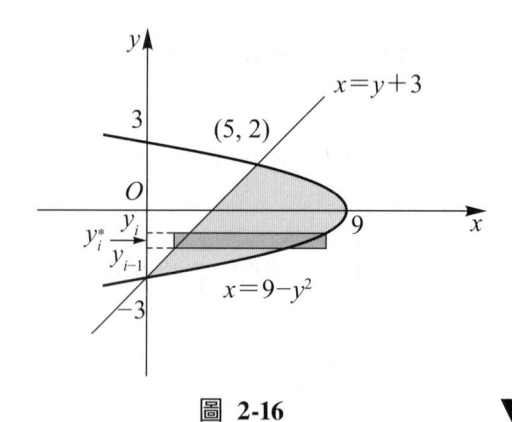

圖 2-16

## 習題 2-1

在 1～13 題中，繪出所予方程式的圖形所圍成的區域，並求其面積.

1. $y=\sqrt{x}$，$y=-x$，$x=1$，$x=4$
2. $x=y^2$，$x-y=-2$，$y=-2$，$y=3$
3. $y=4-x^2$，$y=-4$
4. $y=x^3$，$y=x^2$
5. $y=x^2$，$y=x^3+2x^2-2x$
6. $x+y=3$，$x^2+y=3$
7. $x=y^2$，$x-y-2=0$
8. $x-y+1=0$，$7x-y-17=0$，$2x+y+2=0$
9. $x=y^{2/3}$，$x=y^2$
10. $y=\sqrt{x}$，$y=-x+6$，$y=1$
11. $y=x$，$y=4x$，$y=-x+2$
12. $x=y^3-y$，$x=0$
13. $y=x^3-2x^2$，$y=2x^2-3x$，$x=0$，$x=3$
14. 求曲線 $y=\sin x$、$y=\cos x$、$x=0$ 與 $x=2\pi$ 所圍成區域的面積.
15. 求 $y=e^{-x}$、$xy=1$、$x=1$ 與 $x=2$ 等圖形所圍成平面區域的面積.
16. 求 $y=\dfrac{x^2+x+1}{x^2+1}$ 的圖形與兩坐標軸及直線 $x=3$ 所圍成平面區域的面積.

## ▶▶ 2-2  體　積

在本節中，我們將利用定積分求三維空間中立體的體積.

我們定義柱體（或稱正柱體）為沿著與平面區域垂直的直線或軸移動該區域所生成的立體．在柱體中，與其軸垂直的所有截面的大小與形狀皆相同．若一柱體是由將面積 $A$ 的平面區域移動距離 $h$ 而生成的（圖 2-17），則柱體的體積 $V$ 為 $V=Ah$.

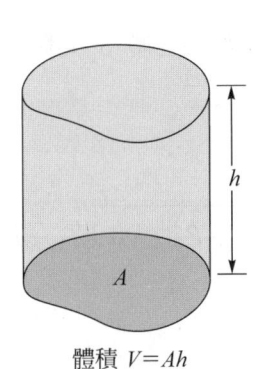

體積 $V=Ah$

圖 2-17

### 一、薄片法

不是柱體也不是由有限個柱體所組成的立體體積可由所謂"薄片法"求得．我們

圖 2-18

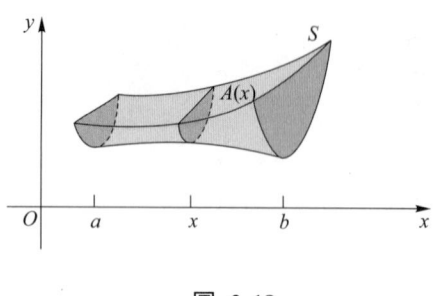

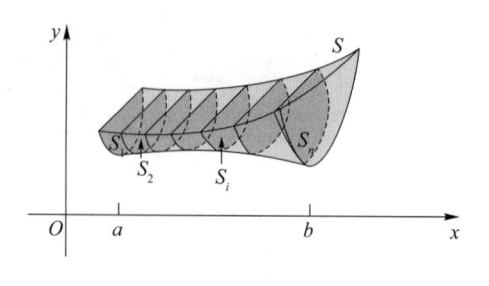

圖 2-19

假設立體 $S$ 沿著 $x$-軸延伸，而左界與右界分別為在 $x=a$ 與 $x=b$ 處垂直於 $x$-軸的平面，如圖 2-18 所示．因 $S$ 並非假定為一柱體，故與 $x$-軸垂直的截面會改變，我們以 $A(x)$ 表示在 $x$ 處的截面面積（圖 2-18）．

我們用點 $x_i$ 作區間 $[a, b]$ 的分割 $P$，使得 $a=x_0<x_1<x_2<\cdots<x_n=b$，將 $[a, b]$ 分割成寬為 $\Delta x_1, \Delta x_2, \cdots, \Delta x_n$ 的 $n$ 個子區間，並通過每一分割點做出垂直於 $x$-軸的平面，如圖 2-19 所示，這些平面將立體 $S$ 截成 $n$ 個薄片 $S_1, S_2, \cdots, S_n$，我們現在考慮典型的薄片 $S_i$．一般，此薄片可能不是柱體，因它的截面會改變．然而，若薄片很薄，則截面不會改變很多．所以若我們在第 $i$ 個子區間 $[x_{i-1}, x_i]$ 中任取一點 $x_i^*$，則薄片 $S_i$ 的每一截面大約與在 $x_i^*$ 處的截面相同，而我們以厚為 $\Delta x_i$ 且截面面積為 $A(x_i^*)$ 的柱體近似薄片 $S_i$．於是，薄片 $S_i$ 的體積 $V_i$ 約為 $A(x_i^*)\Delta x_i$，即，

$$V_i \approx A(x_i^*)\Delta x_i$$

而整個立體 $S$ 的體積 $V$ 約為 $\sum_{i=1}^{n}A(x_i^*)\Delta x_i$，即，

$$V \approx \sum_{i=1}^{n}A(x_i^*)\Delta x_i$$

當 $\|P\|\to 0$ 時，薄片會變得愈薄而近似值變得更佳，於是，

$$V=\lim_{\|P\|\to 0}\sum_{i=1}^{n}A(x_i^*)\Delta x_i$$

因上式右邊正好是定積分 $\int_a^b A(x)\,dx$，故我們有下面的定義．

## 定義 2-1

若一有界立體夾在兩平面 $x=a$ 與 $x=b$ 之間，且在 $[a, b]$ 中的每一 $x$ 處垂直於 $x$-軸之截面的面積為 $A(x)$，則該立體的體積為

$$V=\int_a^b A(x)\,dx$$

倘若 $A(x)$ 為可積分.

對垂直於 $y$-軸的截面有一個類似的結果.

## 定義 2-2

若一有界立體夾在兩平面 $y=c$ 與 $y=d$ 之間，且在 $[c, d]$ 中的每一 $y$ 處垂直於 $y$-軸之截面的面積為 $A(y)$，則該立體的體積為

$$V=\int_c^d A(y)\,dy$$

倘若 $A(y)$ 為可積分.

**例題 1** 解題指引 ☺ 利用定義 2-1

求高為 $h$ 且底是邊長為 $a$ 之正方形的正角錐體的體積.

**解** 如圖 2-20(i) 所示，我們將原點 $O$ 置於角錐的頂點且 $x$-軸沿著它的中心軸. 在 $x$ 處垂直於 $x$-軸的平面截交角錐所得截面為一正方形區域，而令 $s$ 表示此正方形一邊的長，則由相似三角形 (圖 2-20(ii)) 可知

$$\frac{s}{a}=\frac{x}{h} \quad \text{或} \quad s=\frac{a}{h}x$$

於是，在 $x$ 處之截面的面積為

$$A(x)=s^2=\frac{a^2}{h^2}x^2$$

(i) (ii)

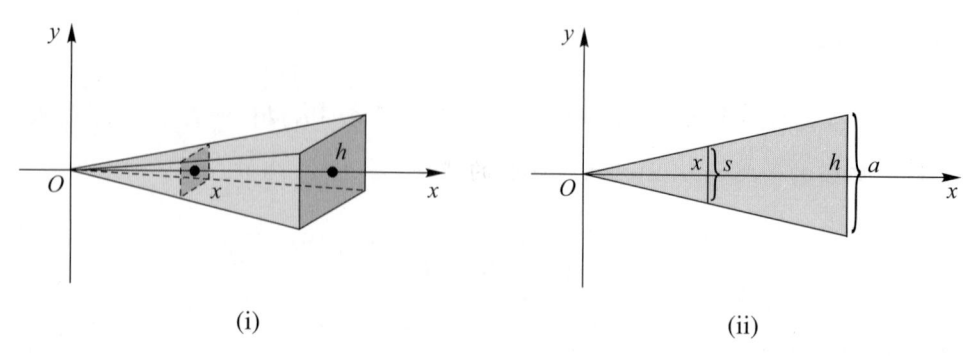

圖 2-20

故角錐的體積為

$$V=\int_0^h A(x)\,dx=\int_0^h \frac{a^2}{h^2}x^2\,dx=\frac{a^2}{3h^2}x^3\bigg|_0^h=\frac{1}{3}a^2h.$$

**例題 2** 解題指引 ☺ 利用定義 2-1

試證：半徑為 $r$ 之球的體積為 $V=\dfrac{4}{3}\pi r^3$.

**解** 若我們將球心置於原點，如圖 2-21 所示，則在 $x$ 處垂直於 $x$-軸的平面截交該球所得截面為一圓區域，其半徑為 $y=\sqrt{r^2-x^2}$，故截面的面積為

$$A(x)=\pi y^2=\pi(r^2-x^2)$$

所以，球的體積為

$$\begin{aligned}V&=\int_{-r}^{r}A(x)\,dx=\int_{-r}^{r}\pi(r^2-x^2)\,dx\\&=2\pi\int_0^r(r^2-x^2)\,dx\\&=2\pi\left(r^2 x-\frac{x^3}{3}\right)\bigg|_0^r=\frac{4}{3}\pi r^3.\end{aligned}$$

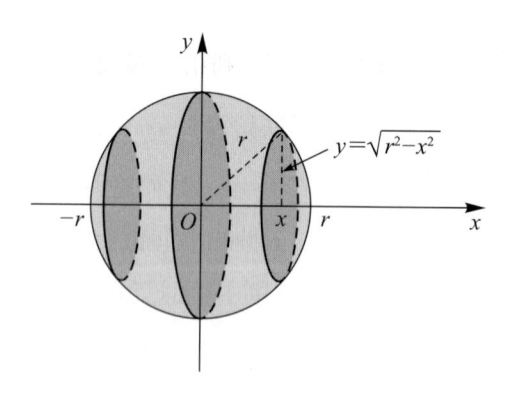

圖 2-21

## 例題 3　解題指引 😊 利用定義 2-1

已知一立體的底為在 $xy$-平面上由 $x^2+y^2=r^2$ $(r>0)$ 的圖形所圍成的圓形區域，若垂直於底的每一截面為正三角形區域，求此立體的體積．

**解**　距離原點 $x$ 的一個典型截面示於圖 2-22，若點 $P(x,y)$ 在此圓上，則正三角形的一邊長為 $2y$ 而高為 $\sqrt{3}\,y$．因此，三角形的面積為

$$A(x)=\frac{1}{2}(2y)(\sqrt{3}\,y)=\sqrt{3}\,y^2$$
$$=\sqrt{3}\,(r^2-x^2)$$

故立體的體積為

$$V=\int_{-r}^{r}\sqrt{3}\,(r^2-x^2)\,dx$$
$$=\sqrt{3}\left(r^2x-\frac{x^3}{3}\right)\Big|_{-r}^{r}$$
$$=\frac{4\sqrt{3}}{3}r^3.$$

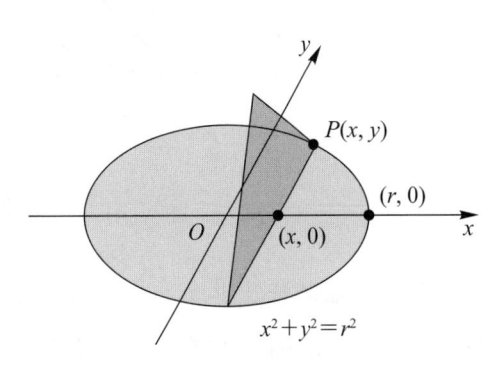

圖 2-22

## 例題 4　解題指引 😊 利用定義 2-1

求兩圓柱體 $x^2+y^2\leq r^2$ 與 $x^2+z^2\leq r^2$ 所共有的體積．

**解**　圖 2-23 所示為第一卦限中共有的部分，其體積為所要求體積的 1/8．通過點 $M(x,0,0)$ 作垂直於 $x$-軸的截面，可得一正方形區域，其邊長為 $\sqrt{r^2-x^2}$，故截面的面積為

$$A(x)=r^2-x^2$$

因此，所求的體積為

$$A=8\int_{0}^{r}A(x)\,dx=8\int_{0}^{r}(r^2-x^2)\,dx=8\left(r^2x-\frac{x^3}{3}\right)\Big|_{0}^{r}=\frac{16}{3}r^3.$$

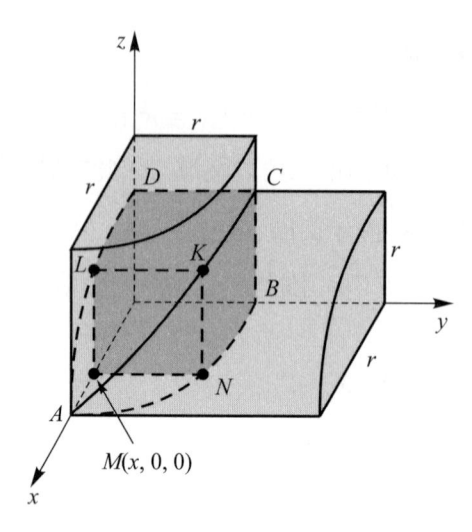

圖 2-23

平面上一區域繞此平面上一直線（區域位於直線的一側）旋轉一圈所得的立體稱為**旋轉體**，而此立體稱為由該區域所產生，該直線稱為**旋轉軸**。若 $f$ 在 $[a, b]$ 為非負值且連續的函數，則由 $f$ 的圖形、$x$-軸、兩直線 $x=a$ 與 $x=b$ 所圍成區域（圖 2-24(i)）繞 $x$-軸旋轉所產生的立體，如圖 2-24(ii) 所示。例如，若 $f$ 為常數函數，則區域為矩形，而所產生的立體為一正圓柱體。若 $f$ 的圖形是直徑兩端點在點 $(a, 0)$ 與點 $(b, 0)$ 的半圓，其中 $b > a$，則旋轉體為直徑 $b-a$ 的球。若已知區域為一直角三角形，其底在 $x$-軸上，兩頂點在點 $(a, 0)$ 與 $(b, 0)$，且直角位在此兩點中的一點，則產生正圓錐。

(i) (ii)

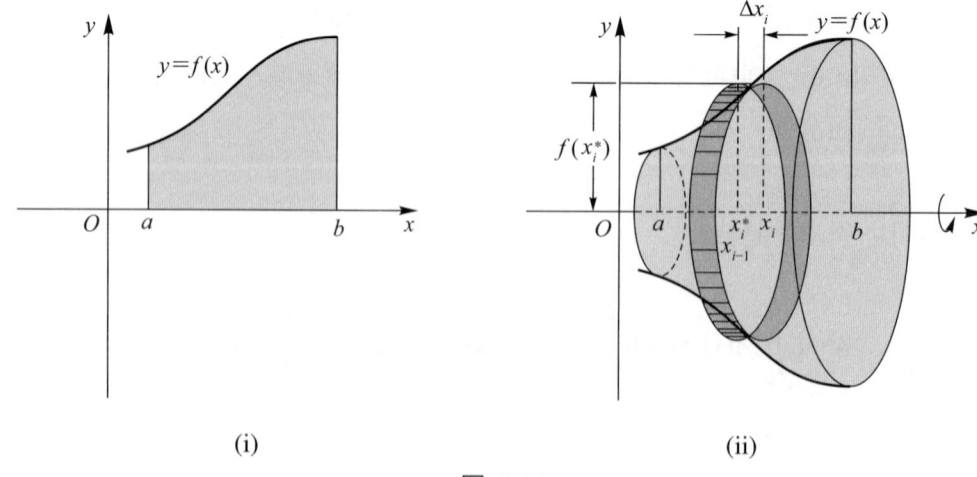

圖 2-24

## 二、圓盤法

令函數 $f$ 在 $[a, b]$ 為連續，則由曲線 $y=f(x)$、$x$-軸與兩直線 $x=a$、$x=b$ 所圍成區域繞 $x$-軸旋轉時，生成具有圓截面的立體．因在 $x$ 處之截面的半徑為 $f(x)$，故截面的面積為 $A(x)=\pi[f(x)]^2$．所以，由定義 2-1 可知旋轉體的體積為

$$V=\int_a^b \pi[f(x)]^2 \, dx \qquad (2\text{-}8)$$

因截面為圓盤形，故此公式的應用稱為**圓盤法**．

**例題 5**　**解題指引** ☺ 利用 (2-8) 式

求在曲線 $y=\sqrt{x}$ 下方且在區間 $[1, 4]$ 上方的區域繞 $x$-軸旋轉所得旋轉體的體積．

**解**　體積為

$$V=\int_1^4 \pi(\sqrt{x})^2 \, dx = \int_1^4 \pi x \, dx = \left.\frac{\pi x^2}{2}\right|_1^4$$

$$= 8\pi - \frac{\pi}{2} = \frac{15\pi}{2}.$$

(2-8) 式中的函數 $f$ 不必為非負，若 $f$ 對某一 $x$ 的值為負，如圖 2-25(i) 所示，且由 $f$ 的圖形、$x$-軸與兩直線 $x=a$、$x=b$ 所圍成區域繞 $x$-軸旋轉，則得圖 2-25(ii) 所示的立體．此立體與在 $y=|f(x)|$ 的圖形下方由 $a$ 到 $b$ 所圍成區域繞 $x$-軸旋轉所產生的立體相同．因 $|f(x)|^2=[f(x)]^2$，故其體積與 (2-8) 式相同．

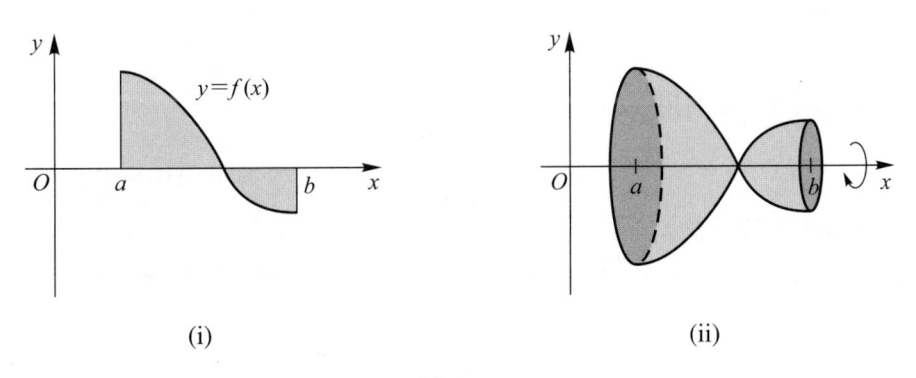

圖 2-25

## 例題 6   解題指引 ☺ 利用 (2-8) 式

求由 $y=x^3$、$x$-軸、$x=-1$ 與 $x=2$ 等圖形所圍成區域繞 $x$-軸旋轉所得旋轉體的體積.

**解** 體積為

$$V=\int_{-1}^{2}\pi(x^3)^2\,dx=\pi\int_{-1}^{2}x^6\,dx=\frac{\pi}{7}x^7\Big|_{-1}^{2}=\frac{\pi}{7}(128+1)=\frac{129\pi}{7}.$$

式 (2-8) 僅適用於旋轉軸是 $x$-軸的情形. 但如圖 2-26 所示，若由 $x=g(y)$ 的圖形、$y$-軸與兩直線 $y=c$、$y=d$ 所圍成區域繞 $y$-軸旋轉，則由定義 2-2 可得旋轉體的體積為

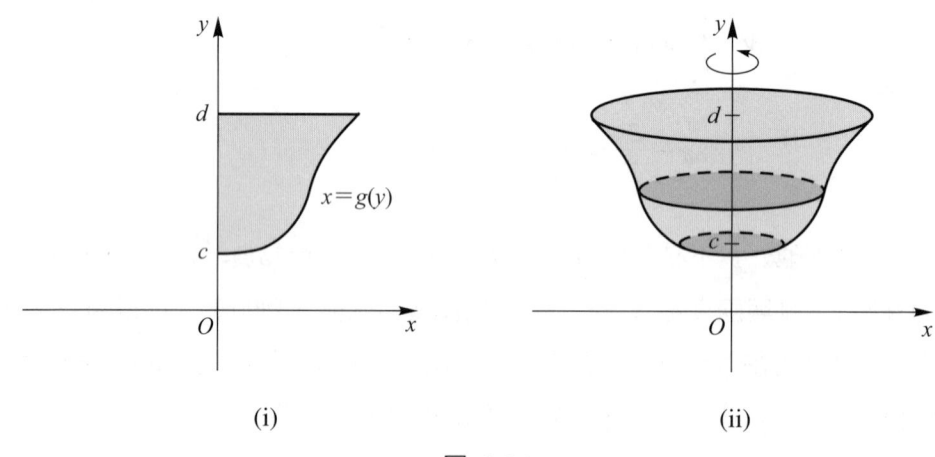

$$V=\int_{c}^{d}\pi[g(y)]^2\,dy. \tag{2-9}$$

圖 2-26

## 例題 7   解題指引 ☺ 利用 (2-9) 式

求由 $y=\sqrt{x}$、$y=2$ 與 $x=0$ 等圖形所圍成區域繞 $y$-軸旋轉所得旋轉體的體積.

**解** 圖形如圖 2-27 所示.

我們首先必須改寫 $y=\sqrt{x}$ 為 $x=y^2$. 令 $g(y)=y^2$，則所求的體積為

$$V=\int_{0}^{2}\pi(y^2)^2\,dy=\pi\int_{0}^{2}y^4\,dy=\frac{\pi}{5}y^5\Big|_{0}^{2}=\frac{32\pi}{5}.$$

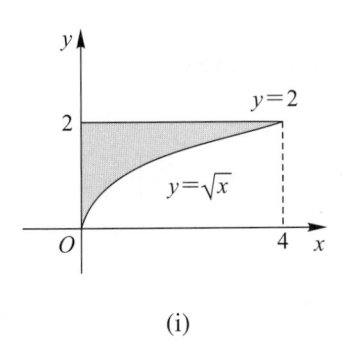

第二章　定積分的應用　53

(i) 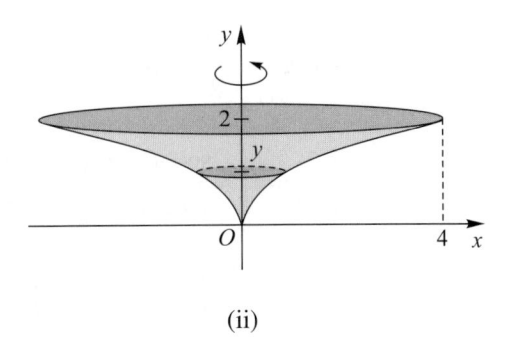　(ii)

圖 2-27

例題 8　**解題指引** ☺ 先求面積函數與體積函數

設平面區域 $R(t)=\left\{(x, y) \;\middle|\; 0 \leq x \leq t,\; 0 \leq y \leq \dfrac{1}{1+x^2}\right\}$，$A(t)$ 為 $R(t)$ 的面積.

且令 $V(t)$ 為 $R(t)$ 繞 $x$-軸旋轉所得旋轉體的體積，試求：

(1) $\displaystyle\lim_{t\to\infty} A(t)$　　(2) $\displaystyle\lim_{t\to\infty} V(t)$

**解**　(1) $A(t)=\displaystyle\int_0^t \dfrac{1}{1+x^2}\,dx=\tan^{-1} x\,\Big|_0^t=\tan^{-1} t$，如圖 2-28 所示.

$$\lim_{t\to\infty} A(t)=\lim_{t\to\infty}\tan^{-1} t=\dfrac{\pi}{2}.$$

(2) 如圖 2-29 所示，

$$V(t)=\int_0^t \pi(f(x))^2\,dx=\pi\int_0^t \dfrac{1}{(1+x^2)^2}\,dx$$

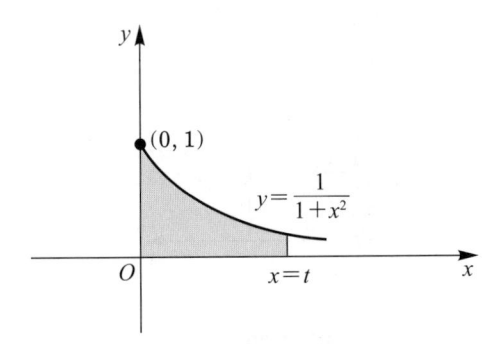

圖 2-28 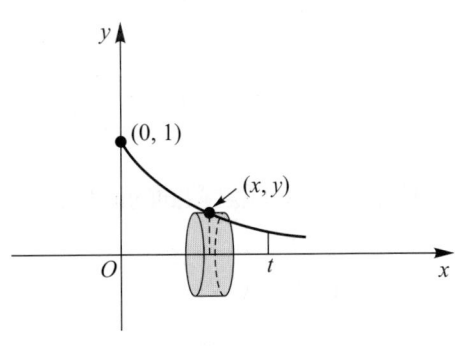　圖 2-29

令 $x = \tan\theta$, $-\dfrac{\pi}{2} < \theta < \dfrac{\pi}{2}$, 則 $dx = \sec^2\theta\,d\theta$, 可得

$$\int \dfrac{dx}{(1+x^2)^2} = \int \dfrac{\sec^2\theta\,d\theta}{(\sec^2\theta)^2} = \int \dfrac{d\theta}{\sec^2\theta} = \int \cos^2\theta\,d\theta = \dfrac{1}{2}\int (1+\cos 2\theta)\,d\theta$$

$$= \dfrac{1}{2}\left(\theta + \dfrac{1}{2}\sin 2\theta\right) = \dfrac{1}{2}(\theta + \sin\theta\cos\theta)$$

$$= \dfrac{1}{2}\left(\tan^{-1}x + \dfrac{x}{\sqrt{1+x^2}}\dfrac{1}{\sqrt{1+x^2}}\right)$$

$$= \dfrac{1}{2}\left(\tan^{-1}x + \dfrac{x}{1+x^2}\right)$$

所以

$$V(t) = \int_0^t \pi(f(x))^2\,d\theta = \pi\left(\dfrac{1}{2}\tan^{-1}x + \dfrac{1}{2}\dfrac{x}{1+x^2}\right)\Big|_0^t$$

$$= \pi\left(\dfrac{1}{2}\tan^{-1}t + \dfrac{1}{2}\dfrac{t}{1+t^2}\right)$$

$$\lim_{t\to\infty} V(t) = \dfrac{\pi}{2}\lim_{t\to\infty}\tan^{-1}t = \dfrac{\pi^2}{4}.$$

**例題 9** **解題指引** ☺ 利用 (2-9) 式

導出底半徑為 $r$ 且高為 $h$ 的正圓錐體的體積公式.

**解** 我們以 $(0, 0)$、$(0, h)$ 與 $(r, h)$ 為三頂點的三角形繞 $y$-軸旋轉可得該正圓錐體. 利用相似三角形,

$$\dfrac{x}{r} = \dfrac{y}{h} \quad \text{或} \quad x = \dfrac{r}{h}y$$

於是, 在 $y$ 處之截面的面積為

$$A(y) = \pi x^2 = \dfrac{\pi r^2}{h^2} y^2$$

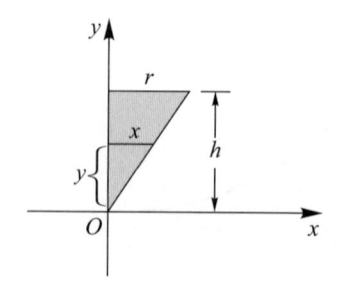

圖 2-30

故體積為 $V = \dfrac{\pi r^2}{h^2} \displaystyle\int_0^h y^2 \, dy = \dfrac{1}{3} \pi r^2 h.$

## 三、墊圈法

我們現在考慮更一般的旋轉體．假設 $f$ 與 $g$ 在 $[a, b]$ 皆為非負值且連續的函數使得對 $a \leq x \leq b$ 恆有 $g(x) \leq f(x)$，並令 $R$ 為這些函數的圖形，兩直線 $x = a$ 與 $x = b$ 所圍成的區域（圖 2-31(i)）．當此區域繞 $x$-軸旋轉時，生成具有環形或墊圈形截面的立體（圖 2-31(ii)），因在 $x$ 處的截面之內半徑為 $g(x)$ 而外半徑為 $f(x)$，故其面積為

$$A(x) = \pi [f(x)]^2 - \pi [g(x)]^2 = \pi \{[f(x)]^2 - [g(x)]^2\}$$

所以，由定義 2-1 可得立體的體積為

$$V = \int_a^b \pi \{[f(x)]^2 - [g(x)]^2\} \, dx \tag{2-10}$$

此公式的應用稱為**墊圈法**．

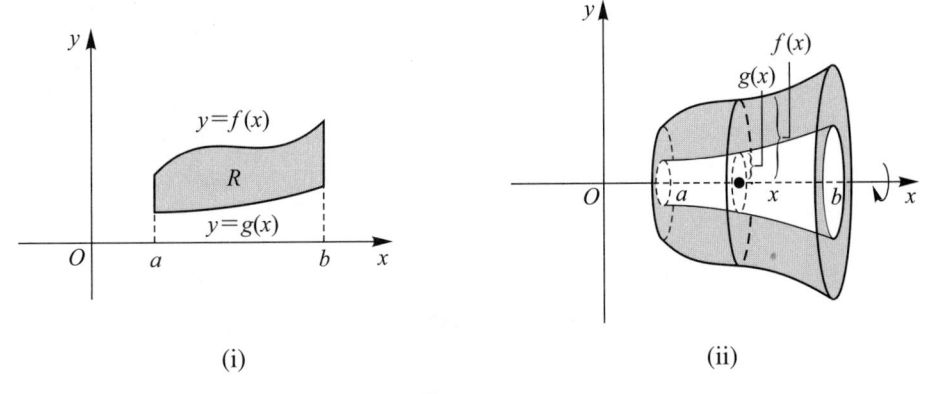

圖 2-31

### 例題 10  解題指引☺ 利用 (2-10) 式

求由曲線 $y = x^2 + 1$ 與直線 $y = -x + 3$ 所圍成區域繞 $x$-軸旋轉所得旋轉體的體積．

**解** 解 $x^2 + 1 = -x + 3$，可得

$$x^2+x-2=0$$
$$(x+2)(x-1)=0$$
$$x=-2, \quad x=1.$$

當 $x=-2$ 時，$y=5$；當 $x=1$ 時，$y=2$. 因在 $x$ 處的截面為環形，其內半徑為 $x^2+1$ 而外半徑為 $-x+3$，如圖 2-32(i) 所示. 截面的面積為

$$A(x)=\pi(-x+3)^2-\pi(x^2+1)^2=\pi(8-6x-x^2-x^4)$$

可得體積為

$$V=\int_{-2}^{1} \pi(8-6x-x^2-x^4)\,dx = \pi\left(8x-3x^2-\frac{x^3}{3}-\frac{x^5}{5}\right)\Big|_{-2}^{1}=\frac{117\pi}{5}.$$

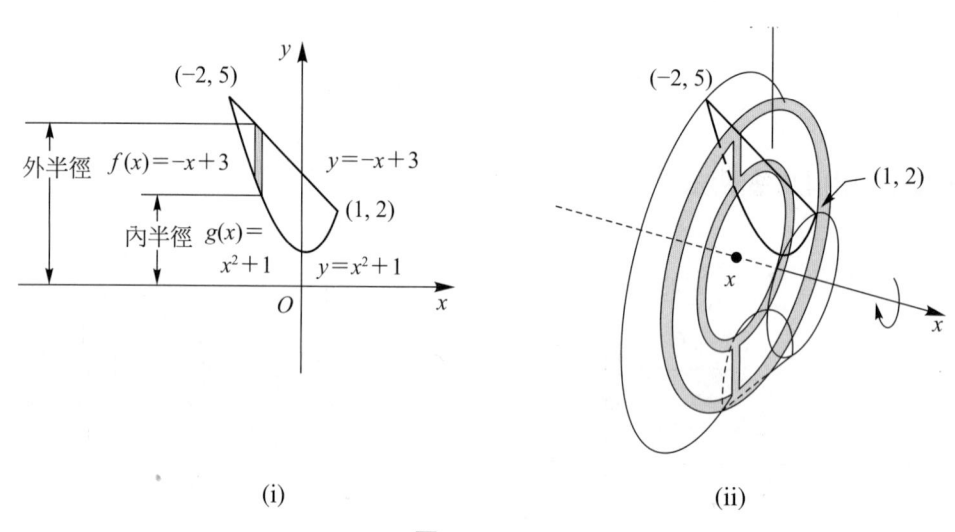

圖 2-32

### 例題 11　解題指引 ☺ 利用 (2-10) 式

求由拋物線 $y=x^2$ 與直線 $y=x$ 所圍成區域繞直線 $y=2$ 旋轉所得旋轉體的體積.

**解** 立體與截面示於圖 2-33 中. 因截面為環形，其內半徑為 $2-x$ 而外半徑為 $2-x^2$，故截面的面積為

$$A(x)=\pi(2-x^2)^2-\pi(2-x)^2=\pi(x^4-5x^2+4x)$$

第二章　定積分的應用

所以，體積為

$$V=\int_0^1 \pi(x^4-5x^2+4x)\,dx = \pi\left(\frac{1}{5}x^5-\frac{5}{3}x^3+2x\right)\Big|_0^1 = \frac{8\pi}{15}.$$

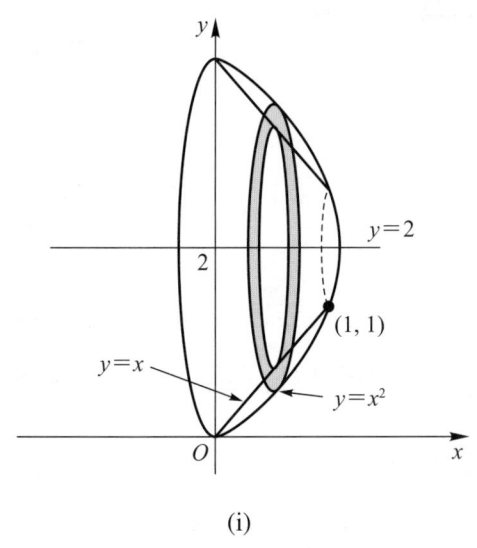

圖 2-33

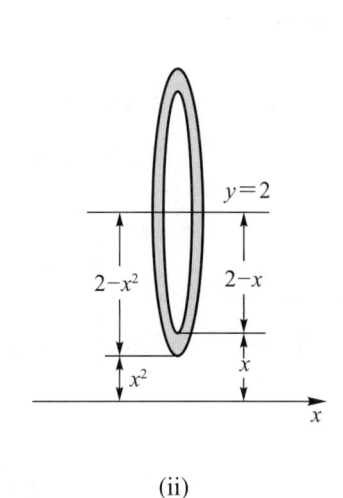

經由互換 $x$ 與 $y$ 的位置，同樣可以去求以區域繞 $y$-軸或平行 $y$-軸的直線旋轉所產生立體的體積，如下例所示.

### 例題 12　解題指引 ☺ 對 $y$ 積分

求由拋物線 $y=x^2$ 與直線 $y=x$ 所圍成區域繞 $y$-軸旋轉所得旋轉體的體積.

**解**　圖 2-34 指出垂直於 $y$-軸的截面為圓環形，其內半徑為 $y$ 而外半徑為 $\sqrt{y}$，故截面的面積為

$$A(y)=\pi(\sqrt{y})^2-\pi y^2=\pi(y-y^2)$$

所以，體積為

$$V=\int_0^1 \pi(y-y^2)\,dy = \pi\left(\frac{y^2}{2}-\frac{y^3}{3}\right)\Big|_0^1 = \frac{\pi}{6}.$$

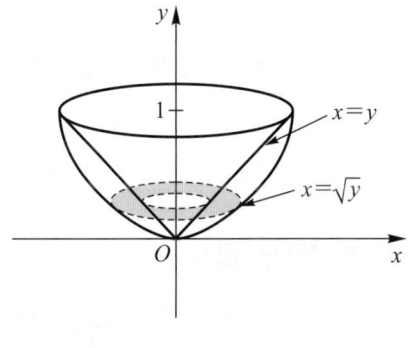

圖 2-34

## 四、圓柱殼法

求旋轉體體積的另一方法在某些情形下較前面所討論的方法簡單，稱為**圓柱殼法**．

一圓柱殼是介於兩個同心正圓柱之間的立體（圖 2-35）．內半徑為 $r_1$ 且外半徑為 $r_2$，以及高為 $h$ 的圓柱殼體積為

$$V = \pi r_2^2 h - \pi r_1^2 h = \pi (r_2^2 - r_1^2) h$$
$$= \pi (r_2 + r_1)(r_2 - r_1) h$$
$$= 2\pi \left( \frac{r_2 + r_1}{2} \right) h (r_2 - r_1)$$

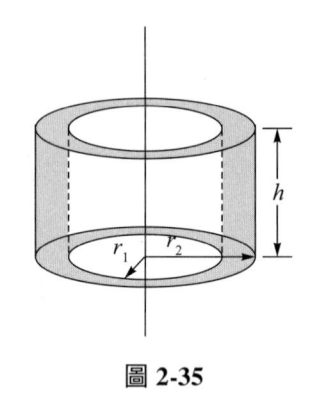

**圖 2-35**

若令 $\Delta r = r_2 - r_1$（殼的厚度），$r = \frac{1}{2}(r_1 + r_2)$（殼的平均半徑），則圓柱殼的體積變成

$$V = 2\pi r h \, \Delta r$$

即，　　　　　　　　殼的體積 $= 2\pi$（平均半徑）（高度）（厚度）．

設 $S$ 為由連續曲線 $y = f(x) \geq 0$ 與 $y = 0$、$x = a$、$x = b$ 等圖形所圍成區域 $R$（圖 2-36(i)）繞 $y$-軸旋轉所產生的立體，該立體的體積近似於圓柱殼體積的和．一典型圓柱殼的平均半徑為 $x_i^* = \frac{1}{2}(x_{i-1} + x_i)$，高度為 $f(x_i^*)$，厚度為 $\Delta x_i$，其體積為

$$\Delta V_i = 2\pi \,（平均半徑）\cdot（高度）\cdot（厚度）= 2\pi x_i^* f(x_i^*) \Delta x_i$$

所以，$S$ 的體積 $V$ 近似於 $\sum\limits_{i=1}^{n} \Delta V_i$，即，

$$V \approx \sum_{i=1}^{n} \Delta V_i = \sum_{i=1}^{n} 2\pi x_i^* f(x_i^*) \Delta x_i$$

所得旋轉體的體積為

$$V = \lim_{\|P\| \to 0} \sum_{i=1}^{n} 2\pi x_i^* f(x_i^*) \Delta x_i = \int_a^b 2\pi x \, f(x) \, dx$$

第二章 定積分的應用

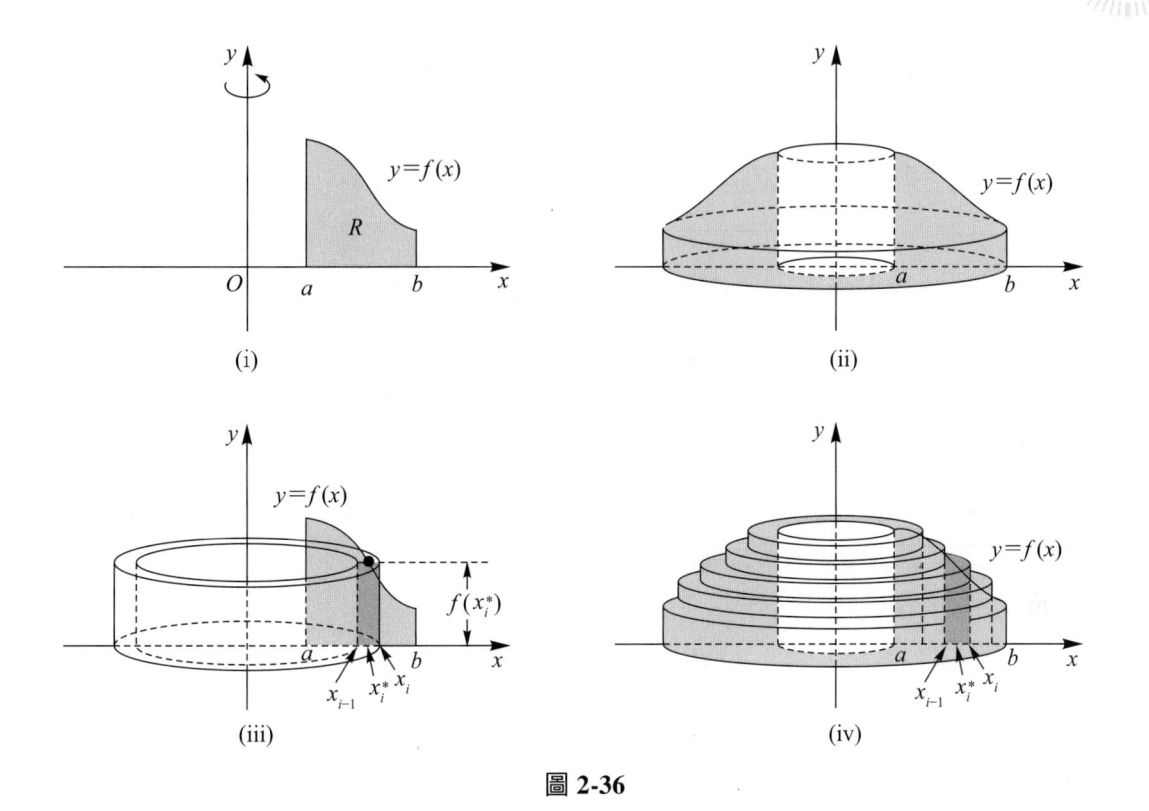

圖 2-36

依此，我們有下面的定義.

## 定義 2-3

令函數 $y=f(x)$ 在 $[a, b]$ 為連續，此處 $0 \leq a < b$，則由 $f$ 的圖形、$x$-軸與兩直線 $x=a$、$x=b$ 所圍成區域繞 $y$-軸旋轉所得旋轉體的體積為

$$V=\int_a^b 2\pi x f(x)\,dx.$$

**例題 13** 解題指引 ☺ 利用定義 2-3

求由 $y=2x-x^2$ 的圖形與 $x$-軸所圍成區域繞 $y$-軸旋轉所得旋轉體的體積.

**解** $y=2x-x^2$ 的圖形與 $x$-軸的交點為 $(0, 0)$ 與 $(2, 0)$，如圖 2-37 所示. 於是，所求體積為

$$V = \int_0^2 2\pi x\,(2x-x^2)\,dx$$

$$= 2\pi \int_0^2 (2x^2-x^3)\,dx$$

$$= 2\pi \left(\frac{2}{3}x^3 - \frac{1}{4}x^4\right)\bigg|_0^2$$

$$= \frac{8\pi}{3}.$$

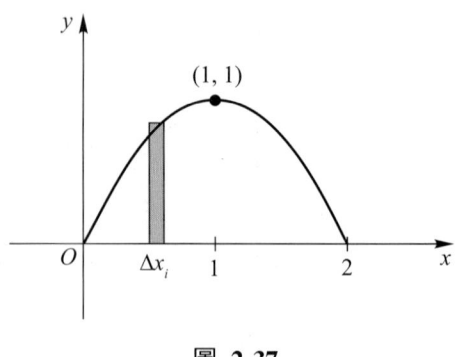

圖 2-37

一般，在兩曲線 $y=f(x)$ 與 $y=g(x)$ 之間由 $a$ 到 $b$ 的區域（此處 $f(x) \geq g(x)$ 且 $0 \leq a < b$）繞 $y$-軸旋轉所得旋轉體的體積為

$$V = \int_a^b 2\pi x\,[f(x)-g(x)]\,dx. \tag{2-11}$$

**例題 14** 解題指引☺ 利用 (2-11) 式

求由 $y=x$ 與 $y=x^2$ 等圖形所圍成區域繞 $y$-軸旋轉所得旋轉體的體積.

**解** 所求的體積為

$$V = \int_0^1 2\pi x\,(x-x^2)\,dx = 2\pi \int_0^1 (x^2-x^3)\,dx = 2\pi \left(\frac{x^3}{3} - \frac{x^4}{4}\right)\bigg|_0^1 = \frac{\pi}{6}.$$

### 定義 2-4

令函數 $x=g(y)$ 在 $[c, d]$ 為連續，此處 $0 \leq c < d$，則由 $g$ 的圖形、$y$-軸與兩直線 $y=c$、$y=d$ 所圍成區域繞 $x$-軸旋轉所得旋轉體的體積為

$$V = \int_c^d 2\pi y\,g(y)\,dy.$$

## 例題 15　解題指引 ☺ 利用定義 2-4

利用圓柱殼法求橢圓 $\dfrac{x^2}{a^2}+\dfrac{y^2}{b^2}=1$ $(a>0,\ b>0)$ 在第一象限內所圍成區域繞 $x$-軸旋轉所得旋轉體的體積.

**解**　如圖 2-38 所示，可得

$$x=g(y)=\dfrac{b}{a}\sqrt{b^2-y^2}$$

故旋轉體的體積為

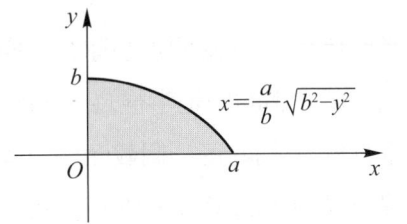

圖 2-38

$$V=\int_a^b 2\pi y\, g(y)\, dy = 2\pi\int_a^b y\left(\dfrac{b}{a}\sqrt{b^2-y^2}\right)dy = \dfrac{\pi a}{b}\int_b^0 (b^2-y^2)^{1/2}(-2y)\, dy$$

$$=\dfrac{\pi a}{b}\int_b^0 (b^2-y^2)^{1/2}\, d(b^2-y^2)=\dfrac{\pi a}{b}\left[\dfrac{2}{3}(b^2-y^2)^{3/2}\Big|_b^0\right]=\dfrac{2\pi ab^2}{3}.$$

一般，在兩曲線 $y=f(x)$ 與 $y=g(x)$ 之間由 $a$ 到 $b$ 的區域 (此處 $f(x)\geq g(x)$ 且 $0\leq a<b$) 繞 $y$-軸旋轉所得旋轉體的體積為

$$V=\int_a^b 2\pi x\,[f(x)-g(x)]\,dx. \tag{2-12}$$

## 例題 16　解題指引 ☺ 利用 (2-12) 式

求由 $y=x$ 與 $y=x^2$ 等圖形所圍成區域繞 $y$-軸旋轉所得旋轉體的體積.

**解**　所求的體積為

$$V=\int_0^1 2\pi x\,(x-x^2)\,dx = 2\pi\int_0^1 (x^2-x^3)\,dx = 2\pi\left(\dfrac{x^3}{3}-\dfrac{x^4}{4}\right)\Big|_0^1$$

$$=\dfrac{\pi}{6}.$$

## 習題 2-2

1. 半徑皆為 $r$ 的兩個實心球互相通過對方的球心，求該兩個球相交部分的體積.

2. 已知某立體的底是半徑為 3 的圓區域，且垂直於 $x$-軸的每一個截面是一個其中有一邊為橫過底的等邊三角形區域，求該立體的體積.

3. 如右圖所示，一楔子是以兩平面從半徑為 $r$ 的正圓柱截得，其中一平面垂直於圓柱的軸，而另一平面沿著截面的直徑與第一個平面形成一個角 $\theta$，求楔子的體積.

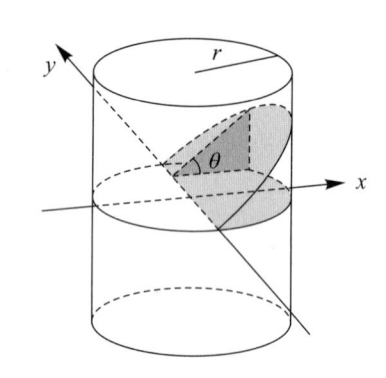

4. 某立體的底是由曲線 $y=\sin x$ 與兩直線 $x=\dfrac{\pi}{4}$ 及 $x=\dfrac{3\pi}{4}$ 所圍成的區域，且垂直於 $x$-軸的每一橫截面是其中有一個邊橫過該底的正方形區域，求該立體的體積.

在 5～10 題中，求由所予方程式的圖形所圍成區域繞 $x$-軸旋轉所得旋轉體的體積.

5. $y=\dfrac{1}{x}$, $y=0$, $x=1$, $x=4$

6. $y=\sin x$, $y=\cos x$, $x=0$, $x=\dfrac{\pi}{4}$

7. $y=x^2+1$, $y=x+3$

8. $y=x^2$, $y=x^3$

9. $y=3-x$, $y=0$, $x=1$, $x=2$

10. $y=\sec x$, $y=0$, $x=-\dfrac{\pi}{3}$, $x=\dfrac{\pi}{3}$

在 11～16 題中，求由所予方程式的圖形所圍成區域繞 $y$-軸旋轉所得旋轉體的體積.

11. $x=\sqrt{\cos y}$, $x=0$, $y=0$, $y=\dfrac{\pi}{2}$

12. $y=\dfrac{2}{x}$, $y=1$, $y=3$, $x=0$

13. $x=\sqrt{9-y^2}$, $x=0$, $y=1$, $y=3$

14. $y=x^2$, $x=y^2$

15. $y=e^{-x^2}$, $y=0$, $x=0$, $x=1$

16. $y=\csc y$, $x=0$, $y=\dfrac{\pi}{4}$, $y=\dfrac{3\pi}{4}$

17. 求由 $x=y^2$ 與 $x=y$ 所圍成區域繞下列直線旋轉所得旋轉體的體積.
    (1) 直線 $x=-1$
    (2) 直線 $y=-1$

18. 求在 $x$-軸上方且在曲線 $\dfrac{x^2}{a^2}+\dfrac{y^2}{b^2}=1$ $(a>0,\ b>0)$ 下方的區域繞 $x$-軸旋轉所得旋轉體的體積.

在 19～20 題中，利用圓柱殼法求由所予方程式的圖形所圍成區域繞 $x$-軸旋轉所得旋轉體的體積.

19. $y^2=x$, $y=1$, $x=0$
20. $y=x^2$, $x=1$, $y=0$

在 21～22 題中，利用圓柱殼法求由所予方程式的圖形所圍成區域繞 $y$-軸旋轉所得旋轉體的體積.

21. $y=\sqrt{x}$, $x=4$, $x=9$, $y=0$
22. $x=y^2$, $y=x^2$

23. 求由 $y=x-x^2$ 的圖形與 $x$-軸所圍成區域繞直線 $x=2$ 旋轉所得旋轉體的體積.

24. 利用圓柱殼法求在 $y=x^2$ 下方且在區間 $[0,\ 2]$ 上方的區域繞 $x$-軸旋轉所得旋轉體的體積.

25. 求由 $y=4-x^2$ 與 $y=0$ 等圖形所圍成區域繞下列的軸旋轉所得旋轉體的體積.
    (1) 直線 $x=2$  (2) 直線 $x=-3$

26. 利用圓柱殼法求頂點為 $(0,\ 0)$、$(0,\ r)$ 與 $(h,\ 0)$ 的三角形繞 $x$-軸旋轉所得圓錐體的體積，此處 $r>0$ 且 $h>0$.

27. 利用圓盤法及圓柱殼法求曲線 $y=e^{-x^2}$ 與 $x$-軸所圍成區域繞 $y$-軸旋轉所得旋轉體的體積.

28. 若半徑為 $a$ 的孔道穿過半徑為 $r$ 的球心並使孔道的軸與球的直徑重合，試利用圓柱殼法求剩下部分的體積 (假設 $r>a$).

29. 求由圓 $x^2+y^2=a^2$ 所圍成區域繞直線 $x=b$ 旋轉所得旋轉體的體積，此處 $0<a<b$.

30. 已知半徑為 $r$ 的半球體容器裝滿了水，今慢慢地將它傾斜 30°，求流出水量的體積.

## ▶▶ 2-3 平面曲線的長度

欲解某些科學上的問題，考慮函數圖形的長度是絕對必要的．例如，一拋射體沿著一拋物線方向運動，我們希望決定它在某指定時間區間內所經過的距離．同理，求一條易彎曲的扭曲電線的長度，只需將它拉直而用直尺 (或距離公式) 求其長度；然而，求一條不易彎曲的扭曲電線的長度，必須利用其它方法．我們將看出，定義函數圖形之長度的關鍵是將函數圖形分成許多小段，然後，以線段近似每一小段．其次，我們將所有如此線段的長度的和取極限，可得一個定積分．欲保證積分存在，我們必須對函數加以限制．

若函數 $f$ 的導函數 $f'$ 在某區間為連續，則稱 $y=f(x)$ 的圖形在該區間為一**平滑曲線** (或 $f$ 為**平滑函數**)．在本節裡，我們將討論平滑曲線的長度．

若函數 $f$ 在 $[a, b]$ 為平滑，則如圖 2-39 所示，我們考慮由 $a=x_0$, $x_1$, $x_2$, $\cdots$, $x_n=b$ 對 $[a, b]$ 所決定的分割 $P$，且令點 $P_i$ 的坐標為 $(x_i, f(x_i))$．若以線段連接這些點，則可得一條多邊形路徑，它可視為曲線 $y=f(x)$ 的近似．假使再增加點數使得所有線段的長趨近零，那麼多邊形路徑的長將趨近曲線的長．

在多邊形路徑的第 $i$ 個線段的長 $L_i$ 為

$$L_i=\sqrt{(\Delta x_i)^2+[f(x_i)-f(x_{i-1})]^2} \tag{2-13}$$

利用均值定理，在 $x_{i-1}$ 與 $x_i$ 之間存在一點 $x_i^*$ 使得

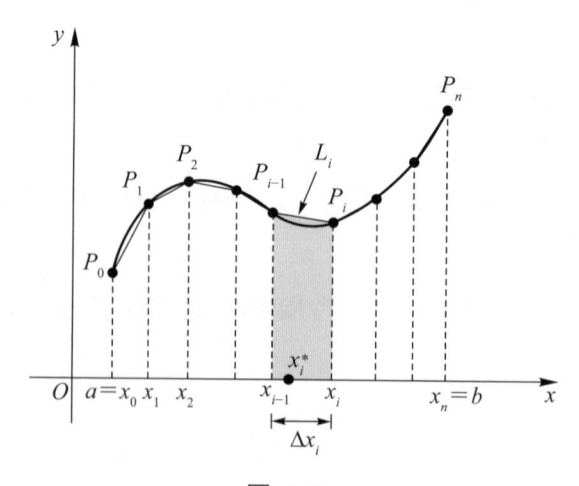

圖 **2-39**

$$f(x_i) - f(x_{i-1}) = f'(x_i^*) \Delta x_i$$

於是，(2-13) 式可改寫成

$$L_i = \sqrt{1 + [f'(x_i^*)]^2} \, \Delta x_i$$

這表示整個多邊形路徑的長為

$$\sum_{i=1}^{n} L_i = \sum_{i=1}^{n} \sqrt{1 + [f'(x_i^*)]^2} \, \Delta x_i$$

當 $\|P\| \to 0$ 時，多邊形路徑的長將趨近曲線 $y = f(x)$ 在 $[a, b]$ 上方的長度. 於是，

$$L = \lim_{\|P\| \to 0} \sum_{i=1}^{n} \sqrt{1 + [f'(x_i^*)]^2} \, \Delta x_i \qquad \text{(2-14)}$$

因 (2-14) 式的右邊正是定積分 $\int_a^b \sqrt{1 + [f'(x)]^2} \, dx$，故我們有下面的定義.

## 定義 2-5

若 $f$ 在 $[a, b]$ 為平滑函數，則曲線 $y = f(x)$ 由 $x = a$ 到 $x = b$ 的長度 (或弧長) 為

$$L = \int_a^b \sqrt{1 + [f'(x)]^2} \, dx = \int_a^b \sqrt{1 + \left(\frac{dy}{dx}\right)^2} \, dx.$$

**例題 1** **解題指引** ☺ 利用定義 2-5

求半立方拋物線 $y^2 = x^3$ 由 $x = 1$ 到 $x = 4$ 的長度.

**解** 圖形如圖 2-40 所示. 曲線的上半部為 $y = x^{3/2}$，可得 $\dfrac{dy}{dx} = \dfrac{3}{2} x^{1/2}$. 所以，長度為

$$L = \int_1^4 \sqrt{1 + \left(\frac{dy}{dx}\right)^2} \, dx = \int_1^4 \sqrt{1 + \frac{9}{4} x} \, dx$$

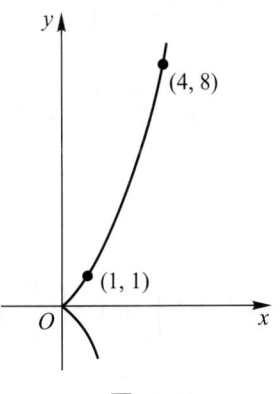

圖 2-40

$$= \left[ \frac{8}{27}\left(1+\frac{9}{4}x\right)^{3/2} \right]\Bigg|_1^4 = \frac{8}{27}\left[ 10^{3/2} - \left(\frac{13}{4}\right)^{3/2} \right]$$

$$= \frac{1}{27}(80\sqrt{10} - 13\sqrt{13}).$$

**例題 2** 解題指引 ☺ 利用定義 2-5

求曲線 $y = \ln \sin x$ 由 $x = \dfrac{\pi}{6}$ 到 $x = \dfrac{\pi}{3}$ 的長度.

**解** $\dfrac{dy}{dx} = \dfrac{\cos x}{\sin x} = \cot x$, $1 + \left(\dfrac{dy}{dx}\right)^2 = 1 + \cot^2 x = \csc^2 x.$

所以，長度為

$$L = \int_{\pi/6}^{\pi/3} \sqrt{1+\left(\frac{dy}{dx}\right)^2}\, dx = \int_{\pi/6}^{\pi/3} \csc x\, dx = \ln|\csc x - \cot x|\Big|_{\pi/6}^{\pi/3}$$

$$= \ln\left|\frac{2}{\sqrt{3}} - \frac{1}{\sqrt{3}}\right| - \ln|2 - \sqrt{3}| = \ln\frac{1}{\sqrt{3}(2-\sqrt{3})} = \ln\frac{2+\sqrt{3}}{\sqrt{3}}$$

$$= \ln\left(1 + \frac{2}{\sqrt{3}}\right).$$

**例題 3** 解題指引 ☺ 利用定義 2-5

求曲線 $y = \displaystyle\int_1^x \sqrt{t^3 - 1}\, dt\ (1 \le x \le 4)$ 的長度.

**解** $y = \displaystyle\int_1^x \sqrt{t^3 - 1}\, dt \Rightarrow \dfrac{dy}{dx} = \sqrt{x^3 - 1} \Rightarrow 1 + \left(\dfrac{dy}{dx}\right)^2 = 1 + (x^3 - 1) = x^3$

所以，長度為

$$L = \int_1^4 \sqrt{1+\left(\frac{dy}{dx}\right)^2}\, dx = \int_1^4 x^{3/2}\, dx = \frac{2}{5}x^{5/2}\Big|_1^4 = \frac{2}{5}(32 - 1) = \frac{62}{5}.$$

**例題 4** 　**解題指引** ☺ 利用第二類型瑕積分

求半徑為 $r$ 之圓的周度.

**解**
$$L = 4\int_0^r \sqrt{1+\left(\frac{dy}{dx}\right)^2}\, dx = 4\int_0^r \frac{r}{\sqrt{r^2-x^2}}\, dx$$
$$= 4\lim_{t\to r^-}\int_0^t \frac{r}{\sqrt{r^2-x^2}}\, dx$$

令 $x = r\sin\theta,\ 0 < \theta < \dfrac{\pi}{2}$,則 $dx = r\cos\theta\, d\theta$,

故 $L = 4\lim_{t\to r^-}\int_0^{\sin^{-1}(t/r)} \dfrac{r}{r\cos\theta}\, r\cos\theta\, d\theta$
$$= 4r\lim_{t\to r^-}\int_0^{\sin^{-1}(t/r)} d\theta = 4r\lim_{t\to r^-}\sin^{-1}\left(\frac{t}{r}\right)$$
$$= 4r\left(\frac{\pi}{2}\right) = 2\pi r.$$

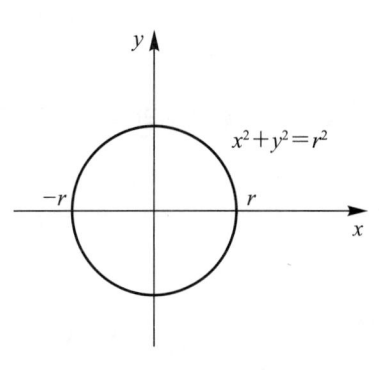

圖 2-41

## 定義 2-6

令函數 $g$ 定義為 $x = g(y)$,此處 $g$ 在 $[c, d]$ 為平滑,則曲線 $x = g(y)$ 由 $y = c$ 到 $y = d$ 的弧長為

$$L = \int_c^d \sqrt{1+[g'(y)]^2}\, dy = \int_c^d \sqrt{1+\left(\frac{dx}{dy}\right)^2}\, dy.$$

**例題 5** 　**解題指引** ☺ 利用定義 2-6

求曲線 $y = x^{2/3}$ 由 $x = 0$ 到 $x = 8$ 的長度.

**解** 　對 $y = x^{2/3}$ 求解 $x$,可得 $x = y^{3/2}$,於是,$\dfrac{dx}{dy} = \dfrac{3}{2}y^{1/2}$.

當 $x = 0$ 時,$y = 0$;當 $x = 8$ 時,$y = 4$. 於是,所求的長度為

$$L = \int_0^4 \sqrt{1+\left(\frac{dx}{dy}\right)^2}\,dy = \int_0^4 \sqrt{1+\frac{9}{4}y}\,dy$$

$$= \frac{8}{27}\left(1+\frac{9}{4}y\right)^{3/2}\bigg|_0^4 = \frac{8}{27}(10\sqrt{10}-1).$$

**例題 6** 解題指引 ☺ 利用定義 2-6

求曲線 $x = \int_0^y \sqrt{\sec^4 t - 1}\,dt$ $\left(-\dfrac{\pi}{4} \le y \le \dfrac{\pi}{4}\right)$ 的長度.

**解** $\dfrac{dx}{dy} = \dfrac{d}{dy}\int_0^y \sqrt{\sec^4 t - 1}\,dt = \sqrt{\sec^4 y - 1} \Rightarrow \left(\dfrac{dx}{dy}\right)^2 = \sec^4 y - 1$

故 $L = \int_{-\pi/4}^{\pi/4} \sqrt{1+\left(\dfrac{dx}{dy}\right)^2}\,dy = \int_{-\pi/4}^{\pi/4} \sqrt{1+(\sec^4 y - 1)}\,dy$

$$= \int_{-\pi/4}^{\pi/4} \sec^2 y\,dy = \tan y\bigg|_{-\pi/4}^{\pi/4} = \tan\left(\frac{\pi}{4}\right) - \tan\left(-\frac{\pi}{4}\right)$$

$$= 1 - (-1) = 2.$$

**例題 7** 解題指引 ☺ 利用弧長函數

試證：通過原點的曲線自原點至其上面任一點 $(x, y)$ 之間的長度為 $L = e^x + y - 1$.

**解** 設 $y = f(x)$ 表所求的曲線，則

$$\int_0^x \sqrt{1+[f'(t)]^2}\,dt = e^x + f(x) - 1$$

等號兩端對 $x$ 微分，可得

$$\sqrt{1+[f'(x)]^2} = e^x + f'(x)$$

$$1 + [f'(x)]^2 = e^{2x} + 2e^x f'(x) + [f'(x)]^2$$

即, $$f'(x) = \frac{1-e^{2x}}{2e^{2x}} = \frac{e^{-x}-e^x}{2}$$

因此，$$f'(x)=\frac{-e^{-x}-e^x}{2}+C=-\frac{e^x+e^{-x}}{2}+C$$

又 $f(0)=-1+C=0$，可得 $C=1$.

故所求曲線方程式為 $$y=-\frac{e^x+e^{-x}}{2}+1.$$

## 習題 2-3

在 1～3 題中，求所予方程式的圖形由 $A$ 到 $B$ 的長度.

1. $(y+1)^2=(x-4)^3$；$A(5,\ 0)$, $B(8,\ 7)$

2. $y=5-\sqrt{x^3}$；$A(1,\ 4)$, $B(4,\ -3)$

3. $x=\dfrac{y^4}{16}+\dfrac{1}{2y^2}$；$A\left(\dfrac{9}{8},\ -2\right)$, $B\left(\dfrac{9}{16},\ -1\right)$

4. 求曲線 $y=3x^{3/2}-1$ 由 $x=0$ 到 $x=1$ 的長度.

5. 求曲線 $x=\dfrac{1}{3}(y^2+2)^{3/2}$ 由 $y=0$ 到 $y=1$ 的長度.

6. 求曲線 $y=\dfrac{x^3}{6}+\dfrac{1}{2x}$ 在區間 $\left[\dfrac{1}{2},\ 2\right]$ 中的長度.

7. 求曲線 $(y-1)^3=x^2$ 在區間 $[0,\ 8]$ 中的長度.

8. 求曲線 $y=\ln(\cos x)$ 由 $x=0$ 到 $x=\dfrac{\pi}{4}$ 的長度.

9. 求曲線 $y=2\sqrt{x}$ 由 $x=0$ 到 $x=1$ 的長度.

10. 求曲線 $y=\displaystyle\int_{\pi/6}^{x}\sqrt{64\sin^2 u\cos^4 u-1}\,du$ $\left(\dfrac{\pi}{6}\leq x\leq\dfrac{\pi}{3}\right)$ 的長度.

11. 求曲線 $6xy-y^4-3=0$ 由 $\left(\dfrac{19}{12},\ 2\right)$ 到 $\left(\dfrac{14}{3},\ 3\right)$ 之間的長度.

**70** 數學 (四)

12. 已知一曲線通過點 (1, 1) 且其長度為 $L=\int_{1}^{4}\sqrt{1+\dfrac{1}{4x}}\,dx$，求該曲線的方程式.

13. 求曲線 $x^{2/3}+y^{2/3}=a^{2/3}$ $(a>0)$ 的長度.

## ▶▶ 2-4 旋轉曲面的面積

在同一平面上，若一平面曲線 $C$ 繞一直線旋轉，則會產生一**旋轉曲面**. 例如，若一圓繞其直徑旋轉，則可獲得一個球面. 假設 $C$ 是相當規則，則可求得曲面的面積公式.

首先，我們以某些簡單的曲面開始. 底半徑為 $r$ 且高為 $h$ 的正圓柱的側表面積為 $S=2\pi rh$，因我們可將圓柱切開並展開（見圖 2-42），而獲得具有尺寸為 $2\pi r$ 與 $h$ 的矩形.

同樣地，我們將底半徑為 $r$ 且斜高為 $l$ 的正圓錐沿著虛線切開，如圖 2-43 所示，並將它放平形成半徑為 $l$ 且圓心角為 $\theta=\dfrac{2\pi r}{l}$ 的扇形. 因半徑為 $l$ 且圓心角為 $\theta$ 之扇形的面積為 $\dfrac{1}{2}l^2\theta$，故

$$S=\dfrac{1}{2}l^2\theta=\dfrac{1}{2}l^2\left(\dfrac{2\pi r}{l}\right)=\pi rl \tag{2-15}$$

所以，圓錐的側表面積為 $S=\pi rl$.

圖 2-44 所示者為斜高 $l$ 且上半徑 $r_1$、下半徑 $r_2$ 的圓錐台，其側表面積為

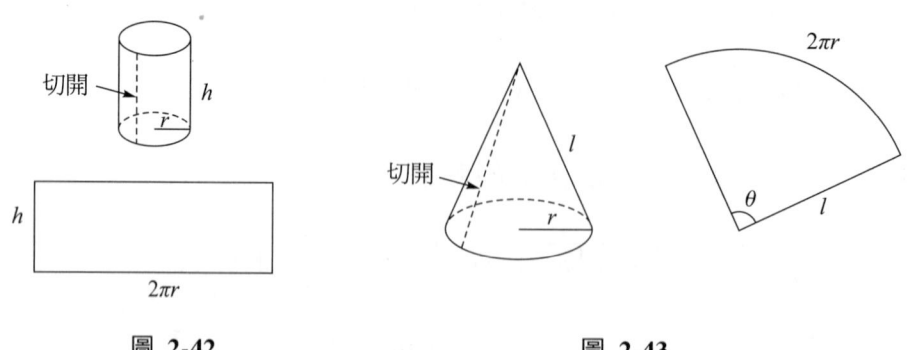

**圖 2-42**

**圖 2-43**

$$S = \pi r_2(l_1+l) - \pi r_1 l_1 = \pi[(r_2-r_1)l_1 + r_2 l]$$

由相似三角形可得

$$\frac{l_1}{r_1} = \frac{l_1+l}{r_2}$$

即,  $r_2 l_1 = r_1 l_1 + r_1 l$

或  $(r_2 - r_1)l_1 = r_1 l$

可得  $A = \pi(r_1 + r_2)l.$

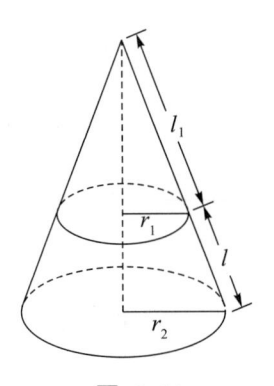

**圖 2-44**

現在，我們考慮由曲線 $y=f(x)$ $(a \leq x \leq b)$[圖 2-45(i)] 繞 $x$-軸旋轉所得的旋轉曲面 (圖 2-45(ii))，此處 $f$ 為正值函數且有連續的導函數．為了定義此曲面的面積，我們利用類似於弧長的方法．考慮由 $a=x_0, x_1, x_2, \cdots, x_n=b$ 對 $[a, b]$ 所決定的分割 $P$，並令 $y_i=f(x_i)$ 使得 $P_i(x_i, y_i)$ 位於該曲線上．曲面在 $x_{i-1}$ 與 $x_i$ 之間的部分可由線段 $P_{i-1}P_i$ 繞 $x$-軸旋轉所得的曲面來近似，因此，第 $i$ 個圓錐台的側表面積為

$$S_i = \pi[f(x_{i-1}) + f(x_i)]\sqrt{(\Delta x_i)^2 + [f(x_i) - f(x_{i-1})]^2}$$

依均值定理，在 $[x_{i-1}, x_i]$ 中存在一數 $x_i^*$ 使得

$$f'(x_i^*) = \frac{f(x_i) - f(x_{i-1})}{x_i - x_{i-1}}$$

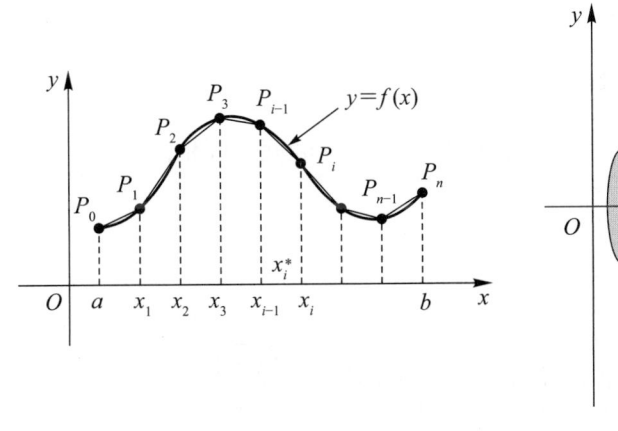

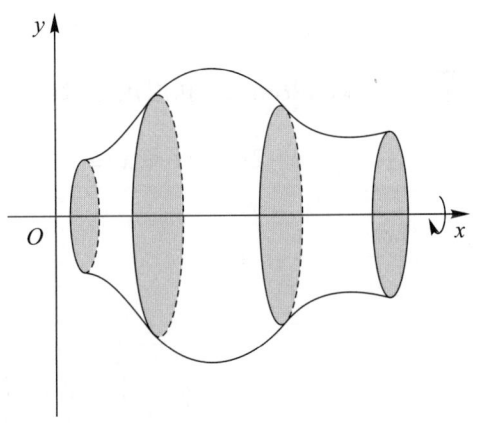

(i)  (ii)

**圖 2-45**

或
$$f(x_i)-f(x_{i-1})=f'(x_i^*)\Delta x_i$$

於是，
$$S_i=\pi[f(x_{i-1})+f(x_i)]\sqrt{1+[f'(x_i^*)]^2}\,\Delta x_i$$

依 $f$ 的連續性，當 $\Delta x \to 0$ 時，$f(x_i) \approx f(x_i^*)$，$f(x_{i-1}) \approx f(x_i^*)$。所以，
$$S_i \approx 2\pi f(x_i^*)\sqrt{1+[f'(x_i^*)]^2}\,\Delta x_i$$

整個旋轉曲面的面積為
$$S \approx \sum_{i=1}^{n} 2\pi f(x_i^*)\sqrt{1+[f'(x_i^*)]^2}\,\Delta x_i$$

當 $\|P\| \to 0$ 時，可得該旋轉曲面的面積為
$$\lim_{\|P\|\to 0}\sum_{i=1}^{n} 2\pi f(x_i^*)\sqrt{1+[f'(x_i^*)]^2}\,\Delta x_i = \int_a^b 2\pi f(x)\sqrt{1+[f'(x)]^2}\,dx$$

於是，我們有下面的定義.

## 定義 2-7

令 $f$ 在 $[a, b]$ 為平滑且非負值函數，則曲線 $y=f(x)$ 在 $x=a$ 與 $x=b$ 之間的部分繞 $x$-軸旋轉所得旋轉曲面的面積為

$$S=\int_a^b 2\pi f(x)\sqrt{1+[f'(x)]^2}\,dx.$$

**例題 1** **解題指引** ☺ 利用定義 2-7

求曲線 $y=2\sqrt{x}$ $(1 \leq x \leq 2)$ 繞 $x$-軸旋轉所得旋轉曲面的面積.

**解** $\dfrac{dy}{dx}=\dfrac{1}{\sqrt{x}}$，則

$$\sqrt{1+\left(\dfrac{dy}{dx}\right)^2}=\sqrt{1+\left(\dfrac{1}{\sqrt{x}}\right)^2}=\sqrt{1+\dfrac{1}{x}}=\dfrac{\sqrt{x+1}}{\sqrt{x}}$$

故旋轉曲面的面積為

$$S = \int_1^2 2\pi \cdot 2\sqrt{x} \, \frac{\sqrt{x+1}}{\sqrt{x}} \, dx = 4\pi \int_1^2 \sqrt{x+1} \, dx$$

$$= \frac{8\pi}{3}(x+1)^{3/2} \Big|_1^2 = \frac{8\pi}{3}(3\sqrt{3} - 2\sqrt{2}).$$

對曲線 $x = g(y)$ 而言，若 $g$ 在 $[c, d]$ 為平滑且非負值函數，則曲線 $x = g(y)$ 由 $y = c$ 到 $y = d$ 的部分繞 $y$-軸旋轉所得旋轉曲面的面積 $S$ 為

$$S = \int_c^d 2\pi g(y) \sqrt{1 + [g'(y)]^2} \, dy.$$

### 定義 2-8

令 $f$ 在 $[a, b]$ 為平滑且非負值函數，若 $a \geq 0$，則曲線 $y = f(x)$ 由 $x = a$ 到 $x = b$ 的部分繞 $y$-軸旋轉所得旋轉曲面的面積為

$$S = \int_a^b 2\pi x \sqrt{1 + [f'(x)]^2} \, dx.$$

**例題 2**　解題指引☺ 利用定義 2-8

求曲線 $y = x^2$ 由 $x = 0$ 到 $x = \sqrt{6}$ 的部分繞 $y$-軸旋轉所得旋轉曲面的面積.

**解**　旋轉曲面的面積為

$$S = \int_0^{\sqrt{6}} 2\pi x \sqrt{1 + 4x^2} \, dx = \frac{\pi}{6}(1 + 4x^2)^{3/2} \Big|_0^{\sqrt{6}} = \frac{62\pi}{3}.$$

**例題 3**　解題指引☺ 利用兩種不同的方法

求半徑為 $r$ 之球的表面積.

**解**　方法 1：將圓的上半部繞 $x$-軸旋轉，可得球的表面積.

若 $y=f(x)=\sqrt{r^2-x^2}$, $-r \leq x \leq r$, 則 $\dfrac{dy}{dx}=\dfrac{-x}{\sqrt{r^2-x^2}}$, 故

$$S=2\pi\int_{-r}^{r}\sqrt{r^2-x^2}\sqrt{1+\left(\dfrac{-x}{\sqrt{r^2-x^2}}\right)^2}\,dx=2\pi\int_{-r}^{r}\sqrt{r^2-x^2}\sqrt{\dfrac{r^2}{r^2-x^2}}\,dx$$

$$=2\pi\int_{-r}^{r}r\,dx=2\pi r\int_{-r}^{r}dx=4\pi r^2.$$

方法 2：將圓的右半部繞 $y$-軸旋轉，亦可得球的表面積.

若 $x=g(y)=\sqrt{r^2-y^2}$, $-r \leq y \leq r$, 則 $\dfrac{dx}{dy}=\dfrac{-y}{\sqrt{r^2-y^2}}$, 故

$$S=2\pi\int_{-r}^{r}\sqrt{r^2-y^2}\sqrt{1+\left(\dfrac{-y}{\sqrt{r^2-y^2}}\right)^2}\,dy$$

$$=2\pi\int_{-r}^{r}\sqrt{r^2-y^2}\,\dfrac{r}{\sqrt{r^2-y^2}}\,dy=2\pi r\int_{-r}^{r}dy=4\pi r^2.$$

## 習題 2-4

在 1～4 題中，求由所予曲線繞 $x$-軸旋轉所得旋轉曲面的面積.

**1.** $y=\sqrt{x}$；由 $x=1$ 到 $x=4$   **2.** $x=\sqrt[3]{y}$；由 $x=1$ 到 $x=2$

**3.** $y=\sqrt{2-x^2}$；由 $x=-1$ 到 $x=1$   **4.** $y=e^{-x}$；由 $x=0$ 到 $x=1$

在 5～8 題中，求由所予曲線繞 $y$-軸旋轉所得旋轉曲面的面積.

**5.** $x^2=16y$；由點 $(0, 0)$ 到點 $(8, 4)$   **6.** $8x=y^3$；由點 $(1, 2)$ 到點 $(8, 4)$

**7.** $y=\ln x$；由 $x=1$ 到 $x=2$   **8.** $x=|y-11|$；由 $y=0$ 到 $y=2$

**9.** 求曲線 $y=\sqrt[3]{3x}$ $(0 \leq y \leq 2)$ 繞 $y$-軸旋轉所得旋轉曲面的面積.

10. 求曲線 $y = e^x$ $(0 \leq x \leq 1)$ 繞 $x$-軸旋轉所得旋轉曲面的面積.

11. 求曲線 $x = \dfrac{1}{2\sqrt{2}}(y^2 - \ln y)$ $(1 \leq y \leq 2)$ 繞 $y$-軸旋轉所得旋轉曲面的面積.

12. 求曲線 $x = a \cosh\left(\dfrac{y}{a}\right)$ $(-a \leq y \leq a)$ 繞 $y$-軸旋轉所得旋轉曲面的面積.

13. 求曲線 $y = \dfrac{x^2}{4} - \dfrac{\ln x}{2}$ $(1 \leq x \leq 4)$ 繞 $x$-軸旋轉所得旋轉曲面的面積.

14. 試證：底半徑為 $r$ 且高為 $h$ 的正圓錐的側表面積為 $\pi r \sqrt{r^2 + h^2}$.

15. 求曲線 $y = e^{-x}$ $(x \geq 0)$ 繞 $x$-軸旋轉所得旋轉曲面的面積.

## ▶▶ 2-5 液壓與力

在物理學中，若面積 (以平方呎計) 為 $A$ 的平坦薄板水平浸入密度為 $\rho$ (以磅／立方呎計) 的液體內的深度 $h$ (以呎計) 處，則在該板上方的液體重量施於表面的力 $F$ (以磅計) 為

$$F = \rho h A \qquad (2\text{-}16)$$

在 (2-16) 式中的力 $F$ 與容器的形狀及大小無關是一個物理的事實．於是，若圖 2-46 中的三個容器有相同面積的底，且裝有相同高度 $h$ 的液體，則在每個容器的底部具有相同的力，水的密度為 62.5 磅／立方呎．

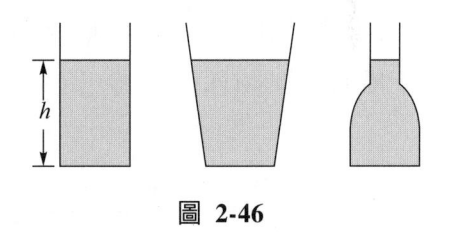

圖 2-46

壓力定義為每單位面積的力．於是，由 (2-16) 式，若面積 $A$ 的平板水平浸於深度 $h$ 之處，則施於其上面每一點的壓力為

$$P = \dfrac{F}{A} = \rho h. \qquad (2\text{-}17)$$

**例題 1** 解題指引 ☺ 利用 (2-16) 式

若半徑為 2 呎的圓平板水平浸於水中，使得上表面在 5 呎的深度，則在平板上表面的力為

$$F = \rho h A = \rho h(\pi r^2) = (62.5)(5)(4\pi) = 1250\pi \text{ 磅}$$

而在平板面上每一點的壓力為

$$P = \rho h = (62.5)(5) = 312.5 \text{ 磅／平方呎}.$$

由實驗可證明，在相同的深度，各方向的壓力相等．於是，若平板水平 (或垂直或傾斜) 浸入，則在深為 $h$ 之點處的壓力皆相同 (圖 2-47)；然而，我們不能利用 (2-16) 式去求作用在不是水平浸入的平板上的總力，因在表面上點到點的深度 $h$ 會改變．

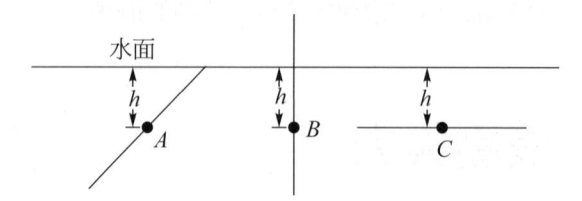

依巴斯卡原理，在三點 $A$、$B$ 與 $C$ 的壓力皆相同

**圖 2-47**

假設我們要計算正對著浸入的垂直面的力，如圖 2-48 所示，我們引進一垂直 $x$-軸，其正方向為向下且原點在任何方便的點．如圖 2-48(i) 所示，我們假設平板浸入的部分在 $x$-軸上由 $x = a$ 延伸到 $x = b$，$x$-軸上的一點 $x$ 位於水面下方 $h(x)$ 處，且平板在 $x$ 處的寬為 $w(x)$．

(i)　　　　　　　　　(ii)

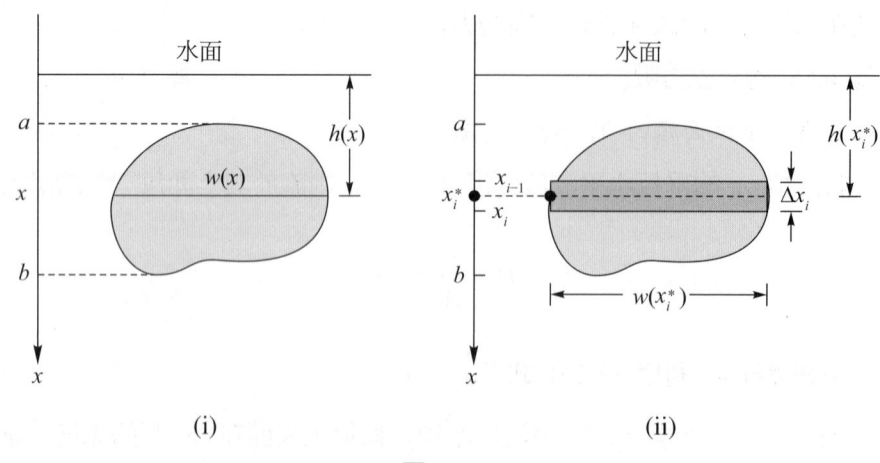

**圖 2-48**

其次，我們將 $[a, b]$ 分割成長為 $\Delta x_1, \Delta x_2, \cdots, \Delta x_n$ 的 $n$ 個子區間，且在每一個子區間中選取任意點 $x_i^*$。我們利用長為 $w(x_i^*)$ 且寬為 $\Delta x_i$ 的矩形去近似沿著第 $i$ 個子區間的部分平板 (圖 2-48(ii))，因為這個矩形的上邊與下邊在不同的深度，故我們無法利用 (2-16) 式計算在此矩形上的力。然而，若 $\Delta x_i$ 趨近 0，則上邊與下邊的深度差趨近 0，我們可以假設整個矩形集中在深度 $h(x_i^*)$ 處，利用此假設，(2-16) 式可用來近似在第 $i$ 個矩形上的力 $F_i$。於是，得到

$$F_i \approx \rho h(x_i^*) w(x_i^*) \Delta x_i$$

而在平板上的力為

$$F = \sum_{i=1}^{n} F_i \approx \sum_{i=1}^{n} \rho h(x_i^*) w(x_i^*) \Delta x_i$$

當 $\|P\| \to 0$ 時，可得

$$F = \lim_{\|P\| \to 0} \sum_{i=1}^{n} \rho h(x_i^*) w(x_i^*) \Delta x_i = \int_a^b \rho h(x) w(x) \, dx.$$

### 定義 2-9

設一平板垂直浸入密度為 $\rho$ 的液體中，且浸入部分是由垂直的 $x$-軸上由 $x = a$ 延伸到 $x = b$，對 $a \leq x \leq b$，令 $w(x)$ 為平板在 $x$ 的寬，且 $h(x)$ 為在點 $x$ 的深，則在平板上的力為

$$F = \int_a^b \rho h(x) w(x) \, dx.$$

**例題 2** 解題指引 ☺ 利用定義 2-9

某壩面是高為 100 呎且寬為 200 呎的垂直矩形，當水面與壩頂成水平時，求施於壩面的力。

**解** 我們引進 $x$-軸使得原點在水面，如圖 2-49 所示。在此軸上的點 $x$ 處，壩的寬為 $w(x) = 200$ (以呎計) 且深為 $h(x) = x$ (以呎計)。於是，利用 $\rho = 62.5$ 磅／立方呎 (水的密度)，可得壩面上的力為

$$F = \int_0^{100} (62.5)(x)(200)\, dx$$

$$= 12500 \int_0^{100} x\, dx$$

$$= 6250 x^2 \Big|_0^{100}$$

$$= 62{,}500{,}000 \text{ 磅}.$$

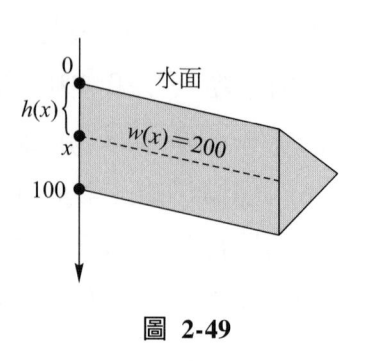

圖 2-49

### 例題 3  解題指引 ☺ 利用定義 2-9

底為 10 呎且高為 4 呎的等腰三角形平板垂直浸入油中，如圖 2-50 所示. 若油的密度為 $\rho = 30$ 磅／立方呎，求正對平板表面的力.

**解** 我們引進 $x$-軸，如圖 2-51 所示. 利用相似三角形，平板在深為 $h(x) = 3 + x$ 呎處的寬 $w(x)$ 滿足

$$\frac{w(x)}{10} = \frac{x}{4}$$

故

$$w(x) = \frac{5}{2} x$$

於是，在平板上的力為

$$F = \int_0^4 30(3+x)\left(\frac{5}{2}x\right) dx = 75 \int_0^4 (3x + x^2)\, dx$$

$$= 75 \left(\frac{3}{2} x^2 + \frac{1}{3} x^3\right) \Big|_0^4 = 3400 \text{ 磅}.$$

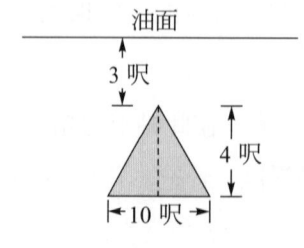

圖 2-50

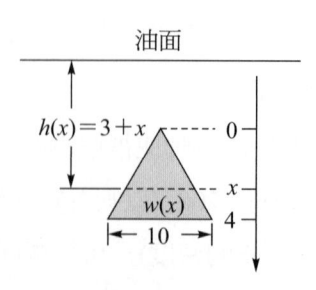

圖 2-51

## 例題 4  解題指引 ☺ 利用定義 2-9

一水壩的面是由一邊長 200 呎，另一邊為 100 呎所形成的矩形，其與水平方向夾 60° 角，如圖 2-52 所示．當水面達到水壩的頂端時，求此水壩所承受的總壓力．

**解** 考慮水壩的末端在坐標系中，如圖 2-53 所示．注意水壩的垂直高度為 $100 \sin 60° = 50\sqrt{3}$，所承受之力為

$$F = (62.5)(200)\left(\frac{2}{\sqrt{3}}\right)\int_0^{50\sqrt{3}} (50\sqrt{3} - y)\,dy$$

$$= \frac{25000}{\sqrt{3}}\left(50\sqrt{3}\,y - \frac{y^2}{2}\right)\Bigg|_0^{50\sqrt{3}}$$

$$\approx 54{,}137{,}000 \text{ 磅.}$$

圖 2-52

$$\Delta F \approx 62.5(50\sqrt{3} - y)(200)\left(\frac{2}{\sqrt{3}}\Delta y\right)$$

圖 2-53

## 習題 2-5

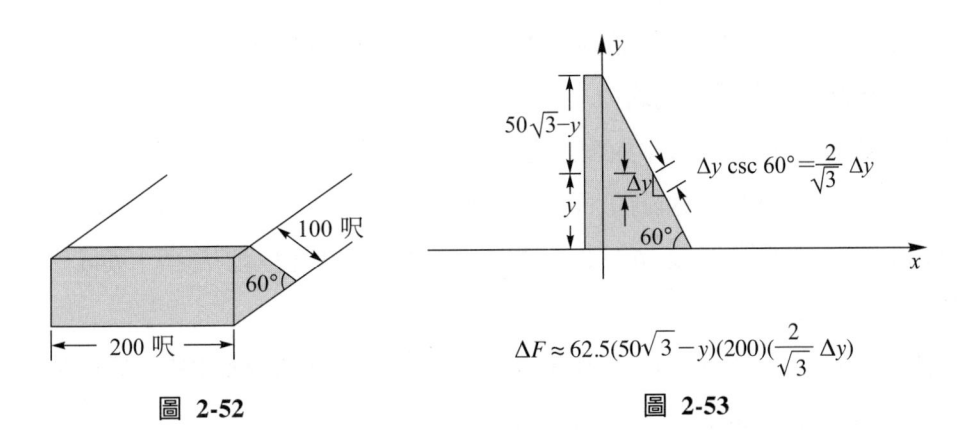

在 1～4 題中，所示平板垂直浸入水中，求正對其表面的力．

**1.**

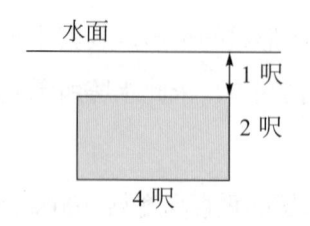

水面 ──────────
　　　　　↕ 1 呎
　　┌─────┐ 
　　│     │ 2 呎
　　└─────┘
　　　4 呎

**2.**

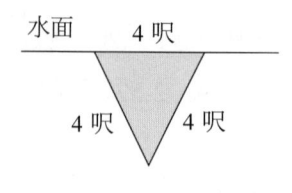

水面 ── 4 呎 ──
　　　＼　／
　4 呎 ＼／ 4 呎

**3.**

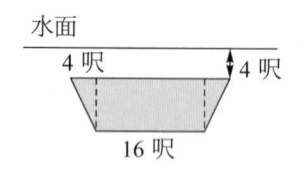

水面 ──────────
　　 4 呎　↕ 4 呎
　　＼───／
　　 16 呎

**4.**

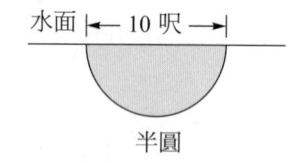

水面 ├── 10 呎 ──┤
　　　╲─────╱
　　　 半圓

5. 一水槽的兩端相距 8 呎，各端為下底 4 呎、上底 6 呎、高 4 呎的等腰梯形，若水槽裝滿水，求在一端的力.

6. 直徑為 6 呎且長為 10 呎的圓柱槽橫放著，若此槽裝有重 30 磅／立方呎的半滿的油，求油施予此槽一端的力.

7. 若邊長為 $a$ 呎的正方形平板浸入密度為 $\rho$ (以磅／立方呎計) 的液體中，其中一個頂點在液面且一對角線垂直液面，求在平板上的力.

8. 將底半徑為 $r$ 呎且高為 $h$ 呎的正圓柱浸入水中，使得其頂部與水面成水平，求在該圓柱側表面上的力.

9. 一薄板其形狀為 3 呎高、4 呎寬之等腰三角形，垂直浸入水中，底面朝下，且底面距水面 5 呎，試求水對此薄板所施的壓力.

## ▷▷ 2-6 功

若一物體受到一個不變的力 $F$ 的作用，在此力的方向移動距離 $d$，則其由 $F$ 所作的功為

$$W = F \cdot d \tag{2-18}$$

意即

$$功 = (力) \cdot (位移)$$

若力以磅計，位移以呎計，則功以呎-磅計。例如，若用 500 磅的力推動一汽車行 60 呎，則推力所作的功稱為 30000 呎-磅。在公制中，若力的單位是達因，距離的單位是厘米，則功的單位是達因-厘米；若力的單位是牛頓，距離的單位是米，則功的單位是牛頓-米。

**例題 1** 解題指引 ☺ 利用 (2-18) 式

若某物體受到沿著運動方向之不變的力 50 牛頓移動 10 米，則所作的功為

$$W = Fd = (50)(10) = 500 \text{ 牛頓-米}.$$

一般的實用情況中，力不是常數，而是沿直線運動而改變。現在，我們假定物體沿著一直線 $l$ 運動，並在 $l$ 上引進一坐標系，且考慮一連續變力 $f(x)$ 作用在物體上，由坐標為 $a$ 的點 $A$ 移動到坐標為 $b$ 的點 $B$，此處 $b > a$。為了處理此問題，假設 $P$ 為區間 $[a, b]$ 的分割

$$P = \{a = x_0 < x_1 < x_2 < \cdots < x_{n-1} < x_n = b\}$$

且 $\Delta x_i = x_i - x_{i-1}$ 為第 $i$ 個子區間 $[x_{i-1}, x_i]$ 的長度，如圖 2-54 所示。

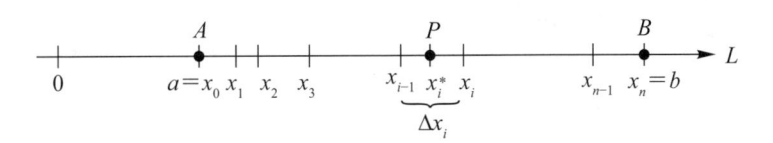

**圖 2-54**

令 $x_i^* \in [x_{i-1}, x_i]$，則在坐標為 $x_i^*$ 之 $Q$ 點處的力為 $f(x_i^*)$。若 $\Delta x_i$ 很小，由於 $f$ 為連續，我們可視作用在每一個區間上的力為一常數 (不變的力)。因此，由 $x_{i-1}$ 到 $x_i$ 對物體所作的功 $\Delta W_i$ 為

$$\Delta W_i \approx f(x_i^*) \Delta x_i$$

於是，移動物體由 $a$ 到 $b$ 所作之功近似於 $\sum_{i=1}^{n} f(x_i^*) \Delta x_i$，即，

$$W \approx \sum_{i=1}^{n} f(x_i^*) \Delta x_i$$

若當 $\|P\| \to 0$ 時，由 $f$ 在區間所作的功為

$$W = \lim_{\|P\| \to 0} \sum_{i=1}^{n} f(x_i^*) \Delta x_i.$$

## 定義 2-10

令 $f$ 在 $[a, b]$ 為連續,且 $f(x)$ 表在此區間內 $x$ 處的力,則此力由 $a$ 移動一物體到 $b$ 所作的功為

$$W = \int_a^b f(x)\, dx. \tag{2-19}$$

若 $f$ 為常數,$f(x) = k$ 對所有的 $x$ 在區間內,則 (2-19) 式變成 $W = \int_a^b f(x)\, dx = k(b-a)$,此與 (2-18) 式一致. 見圖 2-55(i) 及 (ii).

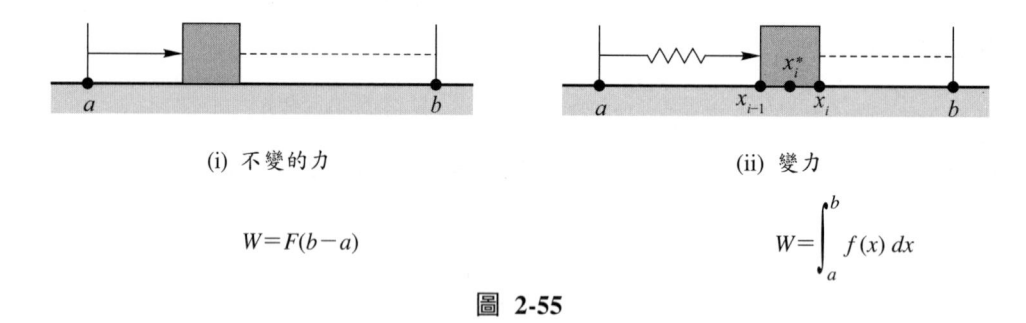

(i) 不變的力

$$W = F(b-a)$$

(ii) 變力

$$W = \int_a^b f(x)\, dx$$

圖 2-55

(2-19) 式能用來求出拉長或壓縮一彈簧所作的功,為了解決此類物理問題,我們必須瞭解下列物理定理.

## 虎克定律

將一彈簧拉長到與它的自然長度間之距離為 $x$ 單位的力 $f(x)$ 為

$$f(x) = kx \tag{2-20}$$

此處 $k$ 為正的常數,稱為**彈簧常數**.

彈簧常數為一正數,依所考慮的彈簧線而不同. 線愈硬,$k$ 值愈大,(2-20) 式亦可用來求出將彈簧壓縮到距離它的自然長度為 $x$ 單位所作之功.

## 例題 2　解題指引☺ 利用虎克定律及 (2-19) 式

將自然長度為 16 厘米的彈簧拉長 5 厘米所需的力為 60 達因.

(1) 求彈簧常數 $k$.

(2) 將彈簧由自然長度拉到 56 厘米的長度需要多少功？

**解** (1) 依虎克定律，$f(x)=kx$，當 $x=5$ 厘米時，$f(x)=60$ 達因，故 $5k=60$. 於是，彈簧常數為 $k=\dfrac{60}{5}=12$，此表示將彈簧拉長 $x$ 吋所需的力為 $f(x)=12x$.

(2) 我們引進一坐標軸 $x$-軸，如圖 2-56 所示，其中彈簧的一端繫於原點左邊某一點，而被拉的另一端位在原點. 所需的功為

$$W=\int_0^{40} 12x\, dx = 6x^2 \Big|_0^{40} = 9600 \text{ 達因-厘米}.$$

圖 2-56

## 例題 3　解題指引☺ 利用 (2-19) 式

若半徑為 10 呎且高為 30 呎的圓柱形水槽裝有一半的水，則需要多少功才能將所有的水抽到水槽的頂端？

**解** 如圖 2-57 所示，我們引進坐標軸 $x$-軸，並想像成將水分割成厚為 $\Delta x_1$, $\Delta x_2$, ⋯, $\Delta x_n$ 的 $n$ 個薄層，移動第 $i$ 層所需的力，等於該層的重量，它可由水的密度乘其體積而求得. 因第 $i$ 層是半徑為 $r=10$ 呎且高為 $\Delta x_i$ 的圓柱，故移動它所需的力為

$$(62.5)(\pi r^2 \Delta x_i) = 6250\, \pi \Delta x_i$$

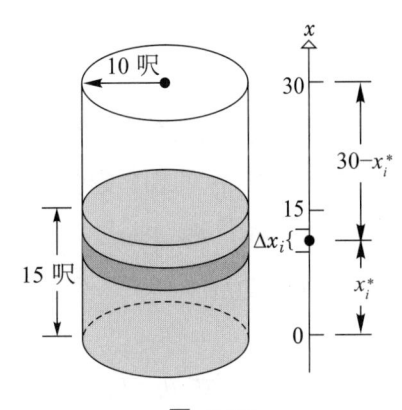

圖 2-57

因第 $i$ 層的厚為有限，故上表面與下表面各與原點的距離不同．然而，若該層很薄，則它們之間的距離差很小，而我們可合理地假設整層集中在與原點的距離為 $x_i^*$ 之處 (圖 2-57)．以此假設，將第 $i$ 層抽到頂部所需的功 $W_i$ 約為 $(30-x_i^*)(6250\pi\Delta x_i)$，且所有 $n$ 層的水抽出所需的功約為

$$\sum_{i=1}^{n}(30-x_i^*)(6250\pi)\Delta x_i$$

故 $W=\displaystyle\int_0^{15}(30-x)(6250\pi)\,dx=6250\pi\left(30x-\dfrac{x^2}{2}\right)\bigg|_0^{15}=2109375\pi$ 呎-磅．

**例題 4** 解題指引 ☺ 利用 (2-19) 式

密閉膨脹氣體的壓力 $P$ (磅／平方吋) 與體積 $V$ (立方吋) 的關係式為 $PV^k=c$，此處 $c$ 與 $k$ 皆為常數．若該氣體由 $V=a$ 膨脹到 $V=b$，試證所作的功 (吋-磅) 為

$$W=\int_a^b P\,dV.$$

**解** 因所作的功與容器的形狀無關，我們可假定氣體是密閉在底半徑為 $r$ 的正圓柱內，而膨脹是發生在朝著活塞的方向，如圖 2-58 所示．利用 $a=V_0$, $V_1$, $V_2$, …, $V_n=b$ 對 $[a, b]$ 作一分割，且 $\Delta V_i=V_i-V_{i-1}$．我們視膨脹的體積增量為 $\Delta V_1$, $\Delta V_2$, …, $\Delta V_n$，又令 $d_1$, $d_2$, …, $d_n$ 為活塞頭移動的對應距離 (圖 2-58)，則對每一 $i$，

$$\Delta V_i=\pi r^2 d_i \text{ 或 } d_i=\frac{\Delta V_i}{\pi r^2}$$

若 $P_i$ 代表壓力 $P$ 對應於第 $i$ 個增量的值，則活塞頭所受的力為 $P_i$ 與活塞頭面積的乘積，即 $P_i\pi r^2$．因此，在第 $i$ 個增量所作的功為

$$P_i\pi r^2 d_i=P_i\pi r^2\left(\frac{\Delta V_i}{\pi r^2}\right)=P_i\Delta V_i$$

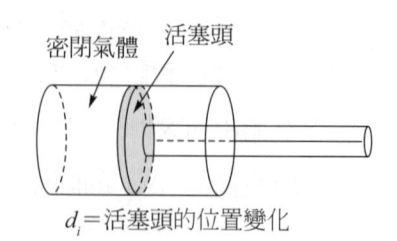

圖 2-58

所以，
$$W \approx \sum_{i=1}^{n} P_i \Delta V_i$$

因當分割的範數趨近零時，此近似值更佳，故
$$W = \int_a^b P\, dV.$$

## 習題 2-6

1. 已知一彈簧的自然長度為 15 厘米，當拉長到 20 厘米時，所施予的力為 45 達因.
   (1) 求彈簧常數.
   (2) 求由自然長度拉長 3 厘米所作的功.
   (3) 求由 20 厘米長拉到 25 厘米長所作的功.

2. 假設彈簧從 4 米的自然長度壓縮到 3.5 米時，需要 6 牛頓的力，求由自然長度壓縮到 2 米的長度所需的功 (虎克定律適用於伸長也適用於壓縮).

3. 設半徑為 5 呎且高為 9 呎的圓柱槽裝有三分之二的水，求將所有的水抽到頂端所需的功.

4. 若每呎重 15 磅的 100 呎長的鏈子自某滑輪懸吊著，則將鏈子捲到滑輪上需要多少的功？

5. 一個 170 磅重的人爬上 15 呎高的垂直電線桿. 若他 (1) 10 秒鐘；(2) 5 秒鐘到達頂點，則作功多少？

6. 裝有水的桶子用不計重量的繩子以一定速率 1.5 呎／秒垂直升高，當它上升時，水以 0.25 磅／秒的速率漏出. 若空水桶重 4 磅，且若在剛開始的一瞬間，它裝了 20 磅的水，求舉起水桶 12 呎所作的功.

7. 若一錨在船下 30 呎處，錨重 1000 磅，錨鏈每呎重 5 磅，問起錨需作多少功？

8. 已知重 3 噸的火箭裝載 40 噸的液體燃料，若燃料以每 1000 呎的垂直高度為 2 噸的一定速率燃燒，則將火箭升到 3000 呎處所作的功多少？

9. 在電學中，依庫侖定律可知兩個相同靜電荷的斥力與它們之間的距離平方成反比．假設兩電荷 $A$ 與 $B$ 分別位於點 $(-a, 0)$ 與點 $(a, 0)$ 時的斥力為 $k$ 磅，若電荷 $B$ 保持不動，求將電荷 $A$ 沿著 $x$-軸移到原點所需的功．

## ▶▶ 2-7 平面區域的力矩與形心

本節的主要目的是在找出任意形狀的薄片上的一點，使該薄片在該點能保持水平平衡，此點稱為薄片的**質心** (或**重心**)．

首先，我們考慮簡單的情形，如圖 2-59 所示，其中兩質點 $m_1$ 與 $m_2$ 附在質量可忽略的細桿兩端，且與支點的距離分別為 $d_1$ 及 $d_2$．若 $m_1 d_1 = m_2 d_2$，則此細桿會平衡．

現在，假設細桿沿 $x$-軸，$m_1$ 在 $x_1$，$m_2$ 在 $x_2$，質心在 $\bar{x}$，如圖 2-60 所示．我們得知 $d_1 = \bar{x} - x_1$，$d_2 = x_2 - \bar{x}$，於是，

$$m_1(\bar{x} - x_1) = m_2(x_2 - \bar{x})$$
$$m_1 \bar{x} + m_2 \bar{x} = m_1 x_1 + m_2 x_2$$
$$\bar{x} = \frac{m_1 x_1 + m_2 x_2}{m_1 + m_2}$$

數 $m_1 x_1$ 與 $m_2 x_2$ 分別稱為質量 $m_1$ 與 $m_2$ 的**力矩** (對原點)．

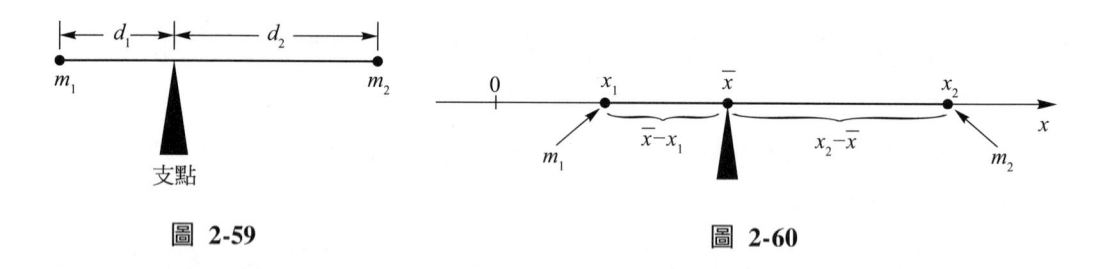

圖 2-59

圖 2-60

### 定義 2-11

令質量為 $m_1, m_2, \cdots, m_n$ 的 $n$ 個質點分別位於 $x$-軸上坐標為 $x_1, x_2, \cdots, x_n$ 的點．

(1) 系統對原點的力矩定義為 $M = \sum_{i=1}^{n} m_i x_i$.

(2) 系統的質心 (或重心) 為坐標 $\bar{x}$ 的點，使得

$$\bar{x} = \frac{\sum_{i=1}^{n} m_i x_i}{\sum_{i=1}^{n} m_i} = \frac{\sum_{i=1}^{n} m_i x_i}{m}$$

此處 $m = \sum_{i=1}^{n} m_i$ 為系統的總質量.

定義 2-11(2) 中的式子可改寫成 $m\bar{x} = M$，這說明了若總質量視為集中在質心 $\bar{x}$，則它的力矩與系統的力矩相同.

**例題 1**  解題指引 ☺ 利用定義 2-11

設質量為 10 單位、45 單位與 32 單位的物體置於 $x$-軸上坐標分別為 $-4$、2 與 3 的點，求該系統的質心.

**解**  應用定義 2-11(2)，質心的坐標 $\bar{x}$ 為

$$\bar{x} = \frac{10(-4) + 45(2) + 32(3)}{10 + 45 + 32} = \frac{146}{87}.$$

在定義 2-11 中的概念可以推廣到二維的情形.

## 定義 2-12 ↵

令質量為 $m_1, m_2, \cdots, m_n$ 的 $n$ 個質點分別位於 $xy$-平面上的點 $(x_1, y_1), (x_2, y_2), \cdots, (x_n, y_n)$.

(1) 系統對 $x$-軸的力矩為 $M_x = \sum_{i=1}^{n} m_i y_i$.

系統對 $y$-軸的力矩為 $M_y = \sum_{i=1}^{n} m_i x_i$.

(2) 系統的質心 (或重心) 為點 $(\bar{x}, \bar{y})$，使得 $\bar{x} = \dfrac{M_y}{m}$，$\bar{y} = \dfrac{M_x}{m}$，此處 $m = \sum_{i=1}^{n} m_i$ 為總質量.

因 $m\bar{x} = M_y$，$m\bar{y} = M_x$，故質心 $(\bar{x}, \bar{y})$ 為質量 $m$ 的單一質點與系統有相同力矩的點.

**例題 2** 解題指引 ☺ 利用定義 2-12

設質量為 3、4 與 8 的質點分別置於點 $(-1, 1)$、$(2, -1)$ 與 $(3, 2)$，求系統的力矩與質心.

**解** $M_x = 3(1) + 4(-1) + 8(2) = 15$，$M_y = 3(-1) + 4(2) + 8(3) = 29$

因 $m = 3 + 4 + 8 = 15$，故

$$\bar{x} = \frac{M_y}{m} = \frac{29}{15}, \qquad \bar{y} = \frac{M_x}{m} = \frac{15}{15} = 1$$

於是，質心為 $\left(\dfrac{29}{15}, 1\right)$.

其次，我們考慮具有均勻密度 $\rho$ 的薄片，它佔有平面的某區域 $R$. 我們希望找出薄片的質心，稱為 $R$ 的**形心**. 我們將使用下面的**對稱原理**：若 $R$ 對稱於直線 $l$，則 $R$ 的形心位於 $l$ 上. (若 $R$ 關於 $l$ 作對稱，則 $R$ 保持一樣，故它的形心保持固定，唯一的固定點位於 $l$ 上.) 於是，矩形區域的形心是它的中心. 若區域在 $xy$-平面上，則我們假定區域的質量能集中在質心，而使得它對 $x$-軸與 $y$-軸的力矩並沒有改變.

首先，我們考慮圖 2-61(i) 所示的區域 $R$，即，$R$ 位於 $f$ 的圖形下方且在 $x$-軸上方與兩直線 $x = a$、$x = b$ 之間，此處 $f$ 在 $[a, b]$ 為連續. 我們用點 $x_i$ 作分割 $P$ 使得 $a = x_0 < x_1 < x_2 < \cdots < x_n = b$，並選取 $x_i^*$ 為第 $i$ 個子區間的中點，即，$x_i^* = \dfrac{x_{i-1} + x_i}{2}$，這決定了 $R$ 的多邊形近似，如圖 2-61(ii) 所示，第 $i$ 個近似矩形的形心是它的中心 $C_i(x_i^*, \frac{1}{2} f(x_i^*))$，它的面積為 $f(x_i^*) \Delta x_i$，質量為 $\rho f(x_i^*) \Delta x_i$，於是，$R_i$ 對 $x$-軸的力矩為

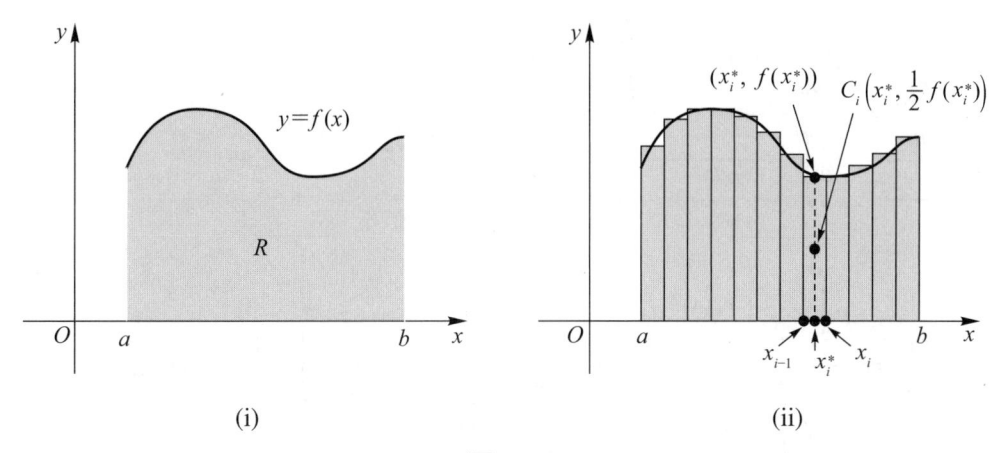

$$M_x(R_i) = [\rho f(x_i^*) \Delta x_i] \frac{1}{2} f(x_i^*) = \rho \cdot \frac{1}{2} [f(x_i^*)]^2 \Delta x_i$$

將這些力矩相加，然後令 $\|P\| \to 0$，再取極限，可得 $R$ 對 $x$-軸的力矩為

$$M_x = \lim_{\|P\| \to 0} \sum_{i=1}^{n} \rho \cdot \frac{1}{2} [f(x_i^*)]^2 \Delta x_i = \rho \int_a^b \frac{1}{2} [f(x)]^2 \, dx \tag{2-21}$$

同理，$R_i$ 對 $y$-軸的力矩為

$$M_y(R_i) = (\rho f(x_i^*) \Delta x_i) x_i^* = \rho x_i^* f(x_i^*) \Delta x_i$$

將這些力矩相加，並令 $\|P\| \to 0$，再取極限，可得 $R$ 對 $y$-軸的力矩為

$$M_y = \lim_{\|P\| \to 0} \sum_{i=1}^{n} \rho x_i^* f(x_i^*) \Delta x_i = \rho \int_a^b x f(x) \, dx. \tag{2-22}$$

正如質點所組成的系統一樣，薄片的質心坐標 $\bar{x}$ 與 $\bar{y}$ 定義為使得 $m\bar{x} = M_y$，$m\bar{y} = M_x$，但

$$m = \rho A = \rho \int_a^b f(x) \, dx$$

故　$\bar{x} = \dfrac{M_y}{m} = \dfrac{\rho \int_a^b xf(x)\,dx}{\rho \int_a^b f(x)\,dx} = \dfrac{\int_a^b x f(x)\,dx}{\int_a^b f(x)\,dx} = \dfrac{1}{A}\int_a^b x f(x)\,dx$

(2-23)

$\bar{y} = \dfrac{M_x}{m} = \dfrac{\rho \int_a^b \dfrac{1}{2}[f(x)]^2\,dx}{\rho \int_a^b f(x)\,dx} = \dfrac{\int_a^b \dfrac{1}{2}[f(x)]^2\,dx}{\int_a^b f(x)\,dx} = \dfrac{1}{A}\int_a^b \dfrac{1}{2}[f(x)]^2\,dx$

依 (2-23) 式，我們得知均勻薄片的質心坐標與密度 $\rho$ 無關，即，它們僅與薄片的形狀有關，而與密度 $\rho$ 無關．基於此理由，點 $(\bar{x}, \bar{y})$ 有時視為平面區域的形心．

**例題 3**　**解題指引** ☺ 利用 (2-23) 式

求半徑為 $r$ 的半圓形均勻薄片的質心．

**解**　圖形如圖 2-62 所示．依對稱原理，質心必定位於 $y$-軸上，故 $\bar{x} = 0$．半圓區域的面積為 $A = \dfrac{\pi r^2}{2}$，故

$$\bar{y} = \dfrac{1}{A}\int_{-r}^{r} \dfrac{1}{2}[f(x)]^2\,dx$$

$$= \dfrac{2}{\pi r^2} \cdot \dfrac{1}{2}\int_{-r}^{r}(r^2 - x^2)\,dx$$

$$= \dfrac{1}{\pi r^2}\int_{-r}^{r}(r^2 - x^2)\,dx$$

$$= \dfrac{1}{\pi r^2}\left(r^2 x - \dfrac{x^3}{3}\right)\Big|_{-r}^{r} = \dfrac{4r}{3\pi}$$

圖 2-62

所以，質心位於點 $\left(0, \dfrac{4r}{3\pi}\right)$．

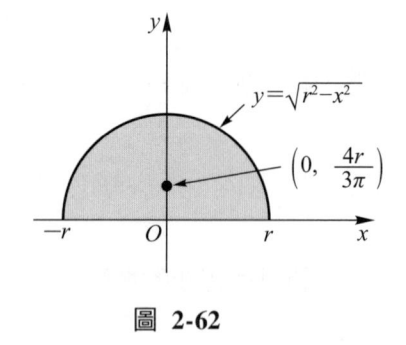

## 例題 4  解題指引 利用 (2-23) 式

求由曲線 $y = \cos x$ 與直線 $y = 0$、$x = 0$ 及 $x = \dfrac{\pi}{2}$ 所圍成區域的形心.

**解** 區域的面積為

$$A = \int_0^{\pi/2} \cos x \, dx = \sin x \Big|_0^{\pi/2} = 1$$

於是，

$$\bar{x} = \frac{1}{A}\int_0^{\pi/2} x\, f(x)\, dx = \int_0^{\pi/2} x \cos x\, dx = x \sin x \Big|_0^{\pi/2} - \int_0^{\pi/2} \sin x\, dx$$

$$= \frac{\pi}{2} - 1 = \frac{\pi - 2}{2}$$

$$\bar{y} = \frac{1}{A}\int_0^{\pi/2} \frac{1}{2}[f(x)]^2\, dx$$

$$= \frac{1}{2}\int_0^{\pi/2} \cos^2 x\, dx$$

$$= \frac{1}{4}\int_0^{\pi/2} (1 + \cos 2x)\, dx$$

$$= \frac{1}{4}\left(x + \frac{1}{2}\sin 2x\right)\Big|_0^{\pi/2} = \frac{\pi}{8}$$

圖 2-63

形心為 $\left(\dfrac{\pi-2}{2},\ \dfrac{\pi}{8}\right)$，如圖 2-63 所示.

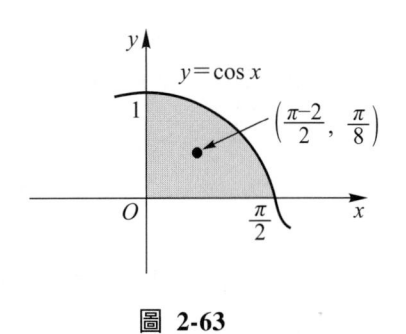

令區域 $R$ 位於兩曲線 $y = f(x)$ 與 $y = g(x)$ 之間，如圖 2-64 所示，其中 $f(x) \geq g(x)$ ($a \leq x \leq b$). 若 $R$ 的形心為 $(\bar{x}, \bar{y})$，則參考 (2-23) 式，可知

$$\bar{x} = \frac{1}{A}\int_a^b x[f(x) - g(x)]\, dx$$

$$\bar{y} = \frac{1}{A}\int_a^b \frac{1}{2}\{[f(x)]^2 - [g(x)]^2\}\, dx.$$

(2-24)

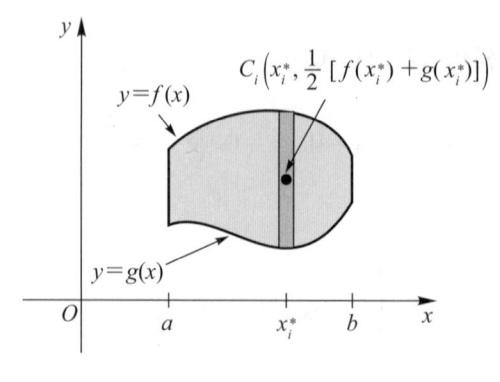

圖 2-64

**例題 5**　**解題指引** 利用 (2-24) 式

求由拋物線 $y=x^2$ 與直線 $y=x$ 所圍成區域的形心．

**解**　圖形繪於圖 2-65 中．我們在 (2-24) 式中取 $f(x)=x$，$g(x)=x^2$，$a=0$，$b=1$．區域的面積為

$$A=\int_0^1 (x-x^2)\,dx=\left(\frac{x^2}{2}-\frac{x^3}{3}\right)\bigg|_0^1=\frac{1}{6}$$

所以，

$$\bar{x}=\frac{1}{A}\int_0^1 x[f(x)-g(x)]\,dx$$

$$=6\int_0^1 x(x-x^2)\,dx=6\int_0^1 (x^2-x^3)\,dx$$

$$=6\left(\frac{x^3}{3}-\frac{x^4}{4}\right)\bigg|_0^1=\frac{1}{2}$$

$$\bar{y}=\frac{1}{A}\int_0^1 \frac{1}{2}\{[f(x)]^2-[g(x)]^2\}\,dx=6\int_0^1 \frac{1}{2}(x^2-x^4)\,dx=3\left(\frac{x^3}{3}-\frac{x^5}{5}\right)\bigg|_0^1=\frac{2}{5}$$

形心為 $\left(\dfrac{1}{2},\ \dfrac{2}{5}\right)$．

圖 2-65

我們也可利用形心去求旋轉體的體積．下面定理是以希臘數學家帕卜命名，稱為**帕卜定理**．

## 定理 2-1　帕卜定理 ↻

若一區域 $R$ 位於平面上一直線的一側，且繞此直線旋轉，則所得旋轉體的體積等於 $R$ 的面積乘以其形心繞行的距離．

**例題 6**　**解題指引** ☺　利用帕卜定理

求直線 $y=\dfrac{1}{2}x-1$、$x=4$ 與 $x$-軸所圍成的三角形區域繞直線 $y=x$ 旋轉所得旋轉體的體積．三角形區域如圖 2-66 所示．

**解**　三角形區域的形心為

$$\left(\frac{2+4+4}{3},\ \frac{0+0+1}{3}\right)=\left(\frac{10}{3},\ \frac{1}{3}\right)$$

其面積為

$$A=\frac{1}{2}(2)(1)=1$$

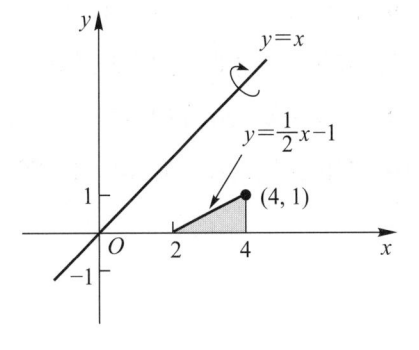

圖 2-66

且形心至直線 $y=x$ 的距離為

$$d=\frac{\left|\dfrac{10}{3}-\dfrac{1}{3}\right|}{\sqrt{1+1}}=\frac{3}{\sqrt{2}}$$

旋轉轉體的體積為

$$V=2\pi\, dA=2\pi\left(\frac{3}{\sqrt{2}}\right)(1)=3\sqrt{2}\,\pi.$$

## 習題 2-7

1. 設質量為 2、7 與 5 單位的三質點分別位於三點 $A(4, -1)$、$B(-2, 0)$ 與 $C(-8, -5)$，求系統的力矩 $M_x$、$M_y$ 與質心.

在 2～7 題中，求所予方程式的圖形所圍成區域的形心.

2. $y = x^3$, $y = 0$, $x = 1$

3. $y = \sin x$, $y = 0$, $x = 0$, $x = \pi$

4. $y = 1 - x^2$, $y = x - 1$

5. $y = \dfrac{1}{\sqrt{16 + x^2}}$, $y = 0$, $x = 0$, $x = 3$

6. $y = e^{2x}$, $y = 0$, $x = -1$, $x = 0$

7. $y = \cosh x$, $y = 0$, $x = -1$, $x = 1$

8. 求在第一象限內由圓 $x^2 + y^2 = a^2$ $(a > 0)$ 與兩坐標軸所圍成區域的形心.

9. 求邊長為 $2a$ 的正方形區域上方緊接著一個半徑為 $a$ 的半圓區域的形心.

10. 求頂點為 $(1, 1)$、$(4, 1)$ 與 $(3, 2)$ 的三角形區域繞 $x$-軸旋轉所得旋轉體的體積.

# 3

# 參數方程式與極坐標

## 本章學習目標

- 瞭解如何描繪參數方程式的圖形
- 瞭解如何求參數方程式圖形的切線
- 利用參數方程式求面積與弧的長度
- 瞭解極坐標的意義
- 瞭解極坐標與直角坐標的關係
- 瞭解極方程式的作圖
- 利用極坐標求面積與弧長
- 瞭解曲率與曲率圓

## 3-1 平面曲線的參數方程式

### 一、什麼是參數方程式

若一質點在 $xy$-平面上運動的路徑如圖 3-1 所示的曲線，有時候我們不可能直接藉用 $x$ 表 $y$，或 $y$ 表 $x$ 的直角坐標形式去描述該路徑. 但是，我們可將該質點的各坐標表成時間 $t$ 的函數，而用一對方程式 $x=f(t)$，$y=g(t)$ 描述該路徑.

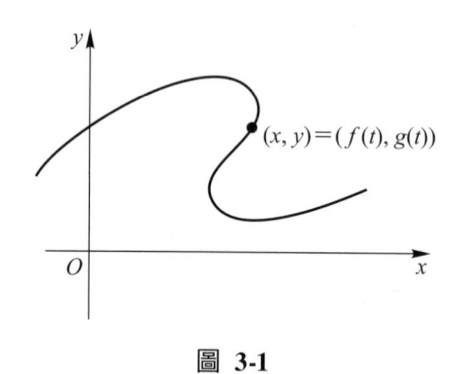

圖 3-1

**定義 3-1**

令 $C$ 為所有有序數對 $(f(t), g(t))$ 組成的曲線，此處 $f$ 與 $g$ 在區間 $I$ 皆為連續. 方程式 $x=f(t)$，$y=g(t)$ 稱為 $C$ 的**參數方程式**，此處 $t$ 在 $I$ 中，而 $t$ 稱為**參變數** (或簡稱**參數**). $I$ 稱為**參變數區間**.

例如，$\begin{cases} x=2+t \\ y=2-3t \end{cases}$，$t \in \mathbb{R}$

為直線 $3x+y-8=0$ 的參數方程式.

**例題 1** 解題指引 ☺ 一半徑為 $a$ 的圓周上一定點 $P$ 沿一直線滾動，定點 $P$ 的軌跡稱之為**擺線**

第三章　參數方程式與極坐標

當一半徑為 $a$ 的圓沿著一直線滾動時，該圓之圓周上的定點 $P$ 所經過的軌跡稱為**擺線**，求其參數方程式．

**解**　假設此圓沿 $x$-軸的正方向滾動．若 $P$ 所經過的位置有一處是原點，則圖 3-2 所示者為擺線的一部分．令 $K$ 表所予圓的圓心，而 $T$ 為與 $x$-軸相切的點，我們指定參數 $t$ 表示 $\angle TKP$ 的弧度量．因為 $d(O, T)$ 是所予圓滾動的距離，$d(O, T) = at$．因此，$K$ 的坐標為 $(at, a)$．現在，考慮以 $K(at, a)$ 為原點的 $x'y'$-坐標系．若以 $P(x', y')$ 表示在此坐標系中的 $P$ 點，則利用坐標軸平移關係：

$$x = x' + h, \quad y = y' + k$$

以及 $h = at$，$k = a$，可得

$$x = x' + at, \quad y = y' + a$$

如圖 3-3 所示，若 $\theta$ 表示在 $x'y'$-坐標系上標準位置中的角度，則 $\theta = \dfrac{3\pi}{2} - t$，因此，

$$x' = a \cos \theta = a \cos\left(\frac{3\pi}{2} - t\right) = -a \sin t$$

$$y' = a \sin \theta = a \sin\left(\frac{3\pi}{2} - t\right) = -a \cos t$$

代入 $x = x' + at$ 與 $y = y' + a$ 中，可得擺線的參數方程式為

$$\begin{cases} x = a(t - \sin t) \\ y = a(1 - \cos t) \end{cases}, \quad t \in \mathbb{R}. \tag{3-1}$$

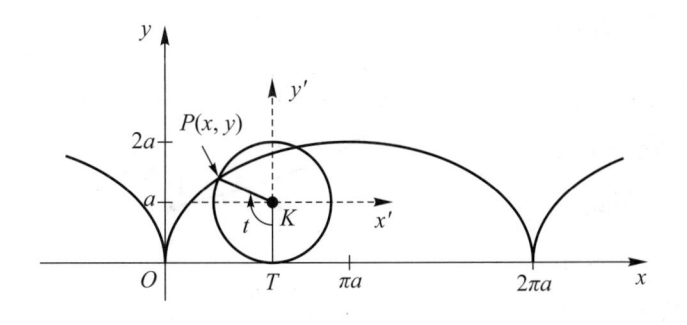

圖 3-2

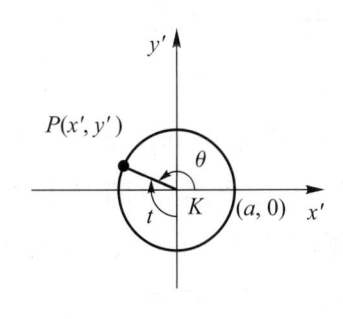

圖 3-3

對於定義 3-1 中所給予的參數方程式，當 $t$ 在整個區間 $I$ 變化時，它們可描出所予的曲線．有時，我們可以消去參數而獲得含變數 $x$ 與 $y$ 的方程式．例如，

$$\begin{cases} x = r \cos t \\ y = r \sin t \end{cases} \tag{3-2}$$

為圓的參數方程式，$t$ 為參變數．因當 $t$ 由 0 變到 $2\pi$ 時，即描出一完整的圓周．將 (3-2) 式的二式平方後相加，則其直角坐標方程式為

$$x^2 + y^2 = r^2 \tag{3-3}$$

又在參數方程式

$$\begin{cases} x = \cos 2\theta \\ y = \cos \theta \end{cases} \tag{3-4}$$

中，$\theta$ 為參變數，且 $|x| \leq 1$，$|y| \leq 1$．由此二式將 $\theta$ 消去，可得

$$x = \cos 2\theta = 2\cos^2 \theta - 1 = 2y^2 - 1$$

故 (3-4) 式所表曲線上各點皆在曲線

$$y^2 = \frac{1}{2}(x+1) \tag{3-5}$$

之上．但 (3-5) 式所表曲線上各點未必全在 (3-4) 式所表的曲線上．因 (3-5) 式以 $(-1, 0)$ 為頂點，$x$-軸為其軸而開口向右的拋物線，而在 (3-4) 式中，當 $\theta$ 由 0 變到 $\dfrac{\pi}{2}$ 時，點由 $A(1, 1)$ 移動到 $B(-1, 0)$，畫出 $\widehat{AB}$．當 $\theta$ 由 $\dfrac{\pi}{2}$ 變到 $\pi$ 時，點由 $B(-1, 0)$ 移動到 $C(1, -1)$，畫出 $\widehat{BC}$．當 $\theta$ 由 $\pi$ 變到 $2\pi$ 時，點又沿著 $\widehat{CBA}$ 回到 $A$，如此往返不已，如圖 3-4 所示．因此，由上述的討論得知參數方程式所表的曲線有時僅為其直角坐標方程式所表曲線的一部分．

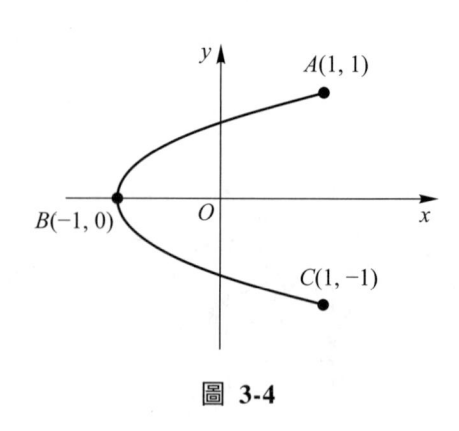

圖 3-4

## 例題 2  解題指引 😊 消去參數

化下列參數方程式

$$\begin{cases} x = 2 - 3t^2 \\ y = -1 + 2t^2 \end{cases}, \quad t \in \mathbb{R}$$

為直角坐標方程式.

**解**　由第一式可得

$$t^2 = \frac{2-x}{3}$$

由第二式可得

$$t^2 = \frac{1+y}{2}$$

故

$$t^2 = \frac{2-x}{3} = \frac{1+y}{2}$$

可得

$$2x + 3y = 1$$

上式的圖形表一直線. 因 $t^2 \geq 0$，故必須 $2-x \geq 0$ 且 $y+1 \geq 0$，而實際的圖形為直線 $2x+3y=1$ 在 $x \leq 2$ 且 $y \geq -1$ 之一部分.

化直角坐標方程式為參數方程式並無一定法則可循，而不同組的參數方程式可有相同的圖形，茲舉幾個例子說明如下.

## 例題 3  解題指引 😊 令 $x = 2\cos t$ 代入 $4x^2 + y^2 = 16$ 中，則可化直角坐標方程式為參數方程式

化 $4x^2 + y^2 = 16$ 為參數方程式.

**解**　以 $x = 2\cos t$ 代入原方程式，可得

$$y^2 = 16(1 - \cos^2 t) = 16 \sin^2 t$$
$$y = \pm 4 \sin t$$

取 $y = 4 \sin t$，則參數方程式為

$$\begin{cases} x = 2 \cos t \\ y = 4 \sin t \end{cases}, \quad t \in \mathbb{R}$$

取 $y=-4\sin t$，則參數方程式為

$$\begin{cases} x=2\cos t \\ y=-4\sin t \end{cases}, t\in \mathbb{R}.$$

**例題 4** 解題指引☺ 令 $x=a\cos^3\theta$ 代入四尖內擺線 $x^{2/3}+y^{2/3}=a^{2/3}$ $(a>0)$ 中，則**可化直角坐標方程式為參數方程式**

求四尖內擺線 $x^{2/3}+y^{2/3}=a^{2/3}$ $(a>0)$ 的參數方程式.

**解** 以 $x=a\cos^3\theta$ 代入原方程式，可得

$$y^{2/3}=a^{2/3}-x^{2/3}=a^{2/3}(1-\cos^2\theta)=a^{2/3}\sin^2\theta$$

$$y=\pm a\sin^3\theta$$

取 $y=a\sin^3\theta$，則參數方程式為

$$\begin{cases} x=a\cos^3\theta \\ y=a\sin^3\theta \end{cases}, \theta\in \mathbb{R}$$

取 $y=-a\sin^3\theta$，則參數方程式為

$$\begin{cases} x=a\cos^3\theta \\ y=-a\sin^3\theta \end{cases}, \theta\in \mathbb{R}$$

四尖內擺線的圖形如圖 3-5 所示.

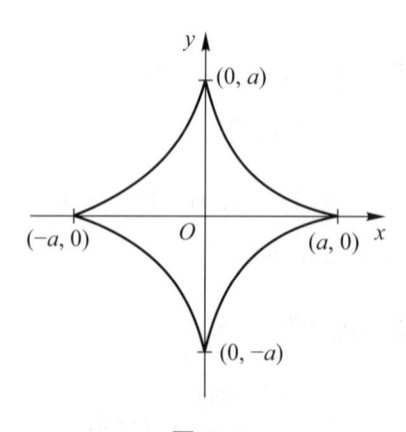

圖 3-5

## 二、描繪參數方程式圖形的方法

1. 消去方程式中的參數，即得一個含 $x$ 與 $y$ 的方程式，再依直角坐標的方法描出圖形.
2. 若參數不消去，則可給予參數若干適當值，求出 $x$、$y$ 的各對應值，列表描繪之.

**例題 5** 　解題指引 ☺ 消去參數

繪出參數方程式

$$\begin{cases} x = t+2 \\ y = t^2 + 4t \end{cases}, \quad t \in I\!R$$

所表曲線的圖形.

**解** 由第一式可得 $t = x - 2$，代入第二式化簡後，可得

$$y = x^2 - 4$$

其為一拋物線，頂點為 $(0, -4)$，如圖 3-6 所示.

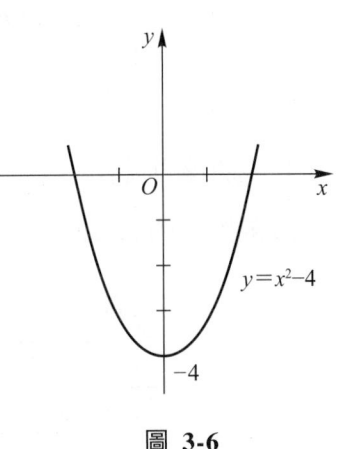

圖 3-6

**例題 6** 　解題指引 ☺ 消去參數

繪出參數方程式

$$\begin{cases} x = \sec t \\ y = \tan t \end{cases}, \quad -\frac{\pi}{2} < t < \frac{\pi}{2}$$

所表曲線的圖形.

**解** 利用第一式平方減去第二式平方，可得

$$x^2 - y^2 = \sec^2 t - \tan^2 t = 1$$

若 $-\dfrac{\pi}{2} < t < \dfrac{\pi}{2}$，則 $x = \sec t > 0$；

若 $-\dfrac{\pi}{2} < t \leq 0$，則 $y = \tan t \leq 0$；

若 $0 \leq t < \dfrac{\pi}{2}$，則 $y = \tan t \geq 0$.

圖形如圖 3-7 所示.

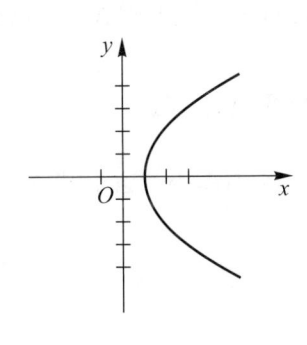

圖 3-7

## 例題 7　解題指引 ☺ 按點描圖

繪出參數方程式

$$\begin{cases} x = \dfrac{1}{2}t^2 \\ y = \dfrac{1}{4}t^3 \end{cases},\ t \in \mathbb{R}$$

所表曲線的圖形．

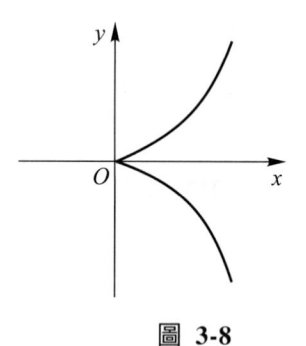

圖 3-8

**解** 取參數 $t$ 的適當值，求出 $x$ 與 $y$ 的對應值，列表如下：

| $t$ | $-3$ | $-2$ | $-1$ | $0$ | $1$ | $2$ | $3$ | $4$ |
|---|---|---|---|---|---|---|---|---|
| $x$ | 4.5 | 2 | 0.5 | 0 | 0.5 | 2 | 4.5 | 8 |
| $y$ | $-6.75$ | $-2$ | $-0.25$ | 0 | 0.25 | 2 | 6.75 | 16 |

描出各點，可得如圖 3-8 所示的圖形．

## 三、參數方程式圖形的切線

　　利用導數之幾何意義，我們將討論如何求參數方程式所表曲線在某處之切線的斜率．如果我們消去參變數，則 $\dfrac{dy}{dx}$ 可以由曲線的直角坐標方程式直接求得．若不能求得曲線直角坐標方程式，則我們可由參數方程式間接地求出 $\dfrac{dy}{dx}$．

### 定理 3-1

若 $x = f(t)$，$y = g(t)$ 皆為 $t$ 的可微分函數，且 $\dfrac{dx}{dt} \neq 0$，則

$$\dfrac{dy}{dx} = \dfrac{\dfrac{dy}{dt}}{\dfrac{dx}{dt}}.$$

**證** 如圖 3-9 所示，考慮 $\Delta t > 0$，並令

$$\Delta x = f(t+\Delta t) - f(t)$$
$$\Delta y = g(t+\Delta t) - g(t)$$

依定義，

$$\frac{dy}{dx} = \lim_{\Delta x \to 0} \frac{\Delta y}{\Delta x}$$

由於當 $\Delta t \to 0$ 時，$\Delta x \to 0$，上式可以寫成

$$\frac{dy}{dx} = \lim_{\Delta t \to 0} \frac{g(t+\Delta t) - g(t)}{f(t+\Delta t) - f(t)} \tag{3-6}$$

最後將 (3-6) 式的分子與分母同除以 $\Delta t$，可得

$$\frac{dy}{dx} = \lim_{\Delta t \to 0} \frac{\dfrac{g(t+\Delta t) - g(t)}{\Delta t}}{\dfrac{f(t+\Delta t) - f(t)}{\Delta t}} = \frac{\lim\limits_{\Delta t \to 0} \dfrac{g(t+\Delta t) - g(t)}{\Delta t}}{\lim\limits_{\Delta t \to 0} \dfrac{f(t+\Delta t) - f(t)}{\Delta t}}$$

$$= \frac{g'(t)}{f'(t)} = \frac{\dfrac{dy}{dt}}{\dfrac{dx}{dt}}$$

若曲線以參數方程式表示，則我們可以應用定理 3-1 求 $\dfrac{d^2y}{dx^2}$ 如下：

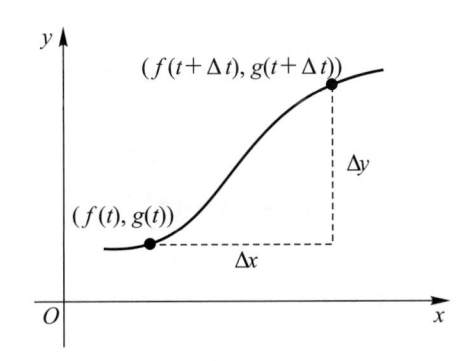

**圖 3-9**

$$\frac{d^2y}{dx^2}=\frac{d}{dx}\left(\frac{dy}{dx}\right)=\frac{\frac{d}{dt}\left(\frac{dy}{dx}\right)}{\frac{dx}{dt}}=\frac{\frac{\frac{dx}{dt}\frac{d^2y}{dt^2}-\frac{dy}{dt}\frac{d^2x}{dt^2}}{\left(\frac{dx}{dt}\right)^2}}{\frac{dx}{dt}}$$

$$=\frac{\frac{dx}{dt}\frac{d^2y}{dt^2}-\frac{dy}{dt}\frac{d^2x}{dt^2}}{\left(\frac{dx}{dt}\right)^3}. \tag{3-7}$$

**例題 8**　**解題指引** ☺ 利用定理 3-1

試求曲線 $x=t^2$，$y=2t+1$，在 $t=1$ 處之切線方程式與法線方程式.

**解**　當 $t=1$ 時，點的坐標為 $(1, 3)$，可得

$$\frac{dy}{dx}=\frac{\frac{dy}{dt}}{\frac{dx}{dt}}=\frac{2}{2t}=\frac{1}{t}$$

$$m=\left.\frac{dy}{dx}\right|_{t=1}=\left.\frac{1}{t}\right|_{t=1}=1$$

所以，切線方程式為

$$y-3=1(x-1)$$

即，$\qquad\qquad\qquad x-y+2=0$

法線方程式為

$$y-3=-(x-1)$$

即，$\qquad\qquad\qquad x+y-4=0.$

**例題 9**　**解題指引** ☺ 利用定理 3-1

已知參數方程式 $x=t^2$，$y=t^3$，求 $\dfrac{d^2y}{dx^2}$.

**解)**  $\dfrac{dy}{dx} = \dfrac{\dfrac{dy}{dt}}{\dfrac{dx}{dt}} = \dfrac{3t^2}{2t} = \dfrac{3}{2}t, \quad t \neq 0$

$$\dfrac{d^2y}{dx^2} = \dfrac{d}{dx}\left(\dfrac{dy}{dx}\right) = \dfrac{\dfrac{d}{dt}\left(\dfrac{dy}{dx}\right)}{\dfrac{dx}{dt}} = \dfrac{\dfrac{d}{dt}\left(\dfrac{3}{2}t\right)}{2t}$$

$$= \dfrac{\dfrac{3}{2}}{2t} = \dfrac{3}{4t}, \quad t \neq 0.$$

**例題 10**　**解題指引** ☺ 利用定理 3-1

求曲線 $x = 2\cos t$，$y = 3\sin t$，在 $t = \dfrac{\pi}{3}$ 處之切線的方程式.

**解)** 當 $t = \dfrac{\pi}{3}$ 時，點的坐標為 $\left(1, \dfrac{3\sqrt{3}}{2}\right)$，可得

$$\dfrac{dy}{dx} = \dfrac{\dfrac{dy}{dt}}{\dfrac{dx}{dt}} = \dfrac{3\cos t}{-2\sin t} = -\dfrac{3}{2}\cot t$$

$$m = \dfrac{dy}{dx}\bigg|_{t=\frac{\pi}{3}} = -\dfrac{3}{2}\cot t\bigg|_{t=\frac{\pi}{3}} = -\dfrac{\sqrt{3}}{2}$$

所以，切線方程式為

$$y - \dfrac{3\sqrt{3}}{2} = -\dfrac{\sqrt{3}}{2}(x-1) \text{ 或 } \sqrt{3}x + 2y = 4\sqrt{3}.$$

**例題 11**　**解題指引** ☺ 利用 (3-7) 式

試證：擺線 $x = a(t - \sin t)$，$y = a(1 - \cos t)$ 恆為下凹 $(a > 0)$.

**解)** 因 $\dfrac{dx}{dt} = a(1 - \cos t)$，$\dfrac{dy}{dt} = a\sin t$，可得

$$\frac{d^2x}{dt^2}=a\sin t,\quad \frac{d^2y}{dt^2}=a\cos t$$

故
$$\frac{d^2y}{dx^2}=\frac{\dfrac{dx}{dt}\dfrac{d^2y}{dt^2}-\dfrac{dy}{dt}\dfrac{d^2x}{dt^2}}{\left(\dfrac{dx}{dt}\right)^3}$$

$$=\frac{a(1-\cos t)(a\cos t)-(a\sin t)(a\sin t)}{a^3(1-\cos t)^3}$$

$$=\frac{-1}{a(1-\cos t)^2}$$

因 $a>0$，故不論 $t$ 值如何，上式恆為負，所以擺線為下凹．

**例題 12** 解題指引☺ 利用定理 3-1

求曲線 $x=5t+2$，$y=2t^3+3t^2+6$ 上水平切線所在位置的切點．

**解** 因 $\dfrac{dy}{dx}=\dfrac{\dfrac{dy}{dt}}{\dfrac{dx}{dt}}$，故 $\dfrac{dy}{dx}=\dfrac{6t^2+6t}{5}$．

令 $6t^2+6t=0$，解得 $t=-1$ 或 $0$．
當 $t=-1$ 時，可得水平切線所在位置的切點為 $(-3,7)$；
當 $t=0$ 時，可得水平切線所在位置的切點為 $(2,6)$．

**例題 13** 解題指引☺ 利用 (3-7) 式

作曲線 $x=t^2$，$y=t^3$ 的圖形．

**解** 由 $\dfrac{dx}{dt}=2t$ 可知，當 $-\infty<t<0$ 時，$\dfrac{dx}{dt}<0$，故 $x$ 為遞減．又 $0<t<\infty$ 時，$\dfrac{dx}{dt}>0$，故 $x$ 為遞增．由 $\dfrac{dy}{dt}=3t^2$ 可知，當 $-\infty<t<\infty$ 時，$\dfrac{dy}{dt}>0$，故 $y$ 為遞增．

又 $\dfrac{dy}{dx} = \dfrac{\dfrac{dy}{dt}}{\dfrac{dx}{dt}} = \dfrac{3t^2}{2t} = \dfrac{3}{2}t$, $t \neq 0$.

$\dfrac{d^2y}{dx^2} = \dfrac{\dfrac{d}{dt}\left(\dfrac{dy}{dx}\right)}{\dfrac{dx}{dt}} = \dfrac{\dfrac{d}{dt}\left(\dfrac{3}{2}t\right)}{2t} = \dfrac{3}{4t}$

當 $-\infty < t < 0$ 時,$\dfrac{d^2y}{dx^2} < 0$,故圖形為下凹;

當 $0 < t < \infty$ 時,$\dfrac{d^2y}{dx^2} > 0$,故圖形為上凹.

綜合以上所述,其圖形如圖 3-10 所示.

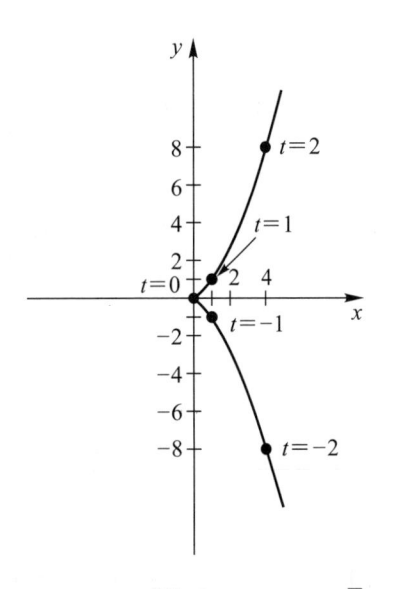

圖 3-10

## 四、參數方程式圖形的面積與弧長

### 1. 面 積

我們知道在曲線 $y = f(x)$ 下方由 $a$ 到 $b$ 的面積為 $A = \int_a^b f(x)\, dx$,此處 $f(x) \geq 0$. 若曲線以參數方程式 $x = f(t)$, $y = g(t)$ $(\alpha \leq t \leq \beta)$ 表示之,則

$$A = \int_a^b y\, dx = \int_\alpha^\beta g(t)\, f'(t)\, dt. \tag{3-8}$$

**例題 14**  **解題指引** ☺ 利用 (3-8) 式

求橢圓 $\dfrac{x^2}{a^2} + \dfrac{y^2}{b^2} = 1$ $(a > 0,\ b > 0)$ 所圍成區域的面積.

**解**  橢圓 $\dfrac{x^2}{a^2} + \dfrac{y^2}{b^2} = 1$ 的參數方程式為 $x = a\cos t$, $y = b\sin t$, $0 \leq t \leq 2\pi$,所求面積為

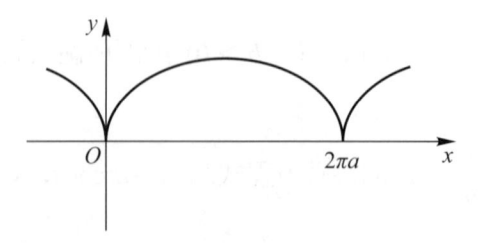

$$A = 4\int_0^a y\,dx$$

當 $x=0$ 時, $t=\dfrac{\pi}{2}$ ; 當 $x=a$ 時, $t=0$ ; 又 $dx = -a\sin t\,dt$, 故

$$A = 4\int_{\pi/2}^0 b\sin t(-a\sin t)\,dt = -4ab\int_{\pi/2}^0 \sin^2 t\,dt$$

$$= 4ab\int_0^{2\pi} \dfrac{1-\cos 2t}{2}\,dt = 2ab\left(t - \dfrac{1}{2}\sin 2t\right)\Big|_0^{\pi/2}$$

$$= 2ab \cdot \dfrac{\pi}{2} = \pi ab.$$

**例題 15** **解題指引** ☺ 利用 (3-8) 式

求在擺線 $x = a(\theta - \sin\theta)$, $y = a(1 - \cos\theta)$ 之一拱下方的面積.

**解** 擺線的一拱如圖 3-11 所示, 其中 $0 \le \theta \le 2\pi$.

$$A = \int_0^{2\pi} y\,dx = \int_0^{2\pi} a(1-\cos\theta)a(1-\cos\theta)\,d\theta = a^2\int_0^{2\pi}(1-\cos\theta)^2\,d\theta$$

$$= a^2\int_0^{2\pi}(1-2\cos\theta+\cos^2\theta)\,d\theta = a^2\int_0^{2\pi}\left(1-2\cos\theta+\dfrac{1+\cos 2\theta}{2}\right)d\theta$$

$$= a^2\left(\dfrac{3\theta}{2} - 2\sin\theta + \dfrac{1}{4}\sin 2\theta\right)\Big|_0^{2\pi}$$

$$= a^2\left(\dfrac{3}{2}\cdot 2\pi\right) = 3\pi a^2.$$

圖 3-11

## 2. 弧　長

假設曲線 $C$ 的參數方程式為 $x=f(t)$，$y=g(t)$，其中 $f$ 與 $g$ 在區間 $[a, b]$ 有連續的導函數，且曲線 $C$ 本身不相交．考慮 $[a, b]$ 的分割 $P$，而

$$a=t_0 < t_1 < t_2 < \cdots < t_{n-1} < t_n = b,$$

又令 $\Delta t_i = t_i - t_{i-1}$ 且 $P_i = (f(t_i), g(t_i))$ 為曲線 $C$ 上由 $t_i$ 所決定的點．若 $d(P_{i-1}, P_i)$ 為 $\overline{P_{i-1}P_i}$ 的長度，則圖 3-12 所示折線的長度 $L_P$ 為

$$L_P = \sum_{i=1}^{n} d(P_{i-1}, P_i)$$

故

$$L = \lim_{\|P\| \to 0} L_P$$

由距離公式知

$$d(P_{i-1}, P_i) = \sqrt{[f(t_i) - f(t_{i-1})]^2 + [g(t_i) - g(t_{i-1})]^2} \tag{3-9}$$

利用均值定理，在開區間 $(t_{i-1}, t_i)$ 中存在兩數 $w_i$ 及 $z_i$ 使得

$$f(t_i) - f(t_{i-1}) = f'(w_i) \Delta t_i$$
$$g(t_i) - g(t_{i-1}) = g'(z_i) \Delta t_i$$

代入 (3-9) 式中，可得

$$d(P_{i-1}, P_i) = \sqrt{[f'(w_i)]^2 + [g'(z_i)]^2} \; \Delta t_i$$

所以

$$L = \lim_{\|P\| \to 0} L_P = \lim_{\|P\| \to 0} \sum_{i=1}^{n} \sqrt{[f'(w_i)]^2 + [g'(z_i)]^2} \; \Delta t_i$$

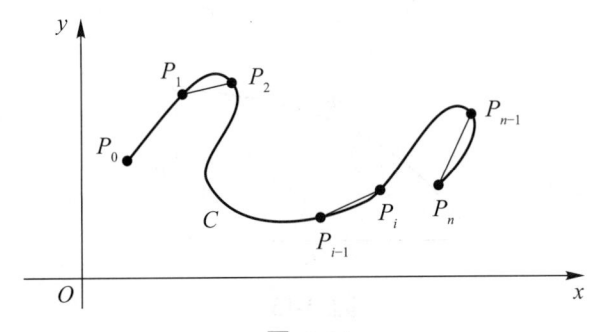

**圖 3-12**

如果對所有的 $i$，$w_i = z_i$，則此和是對於定義為

$$H(t) = \sqrt{[f'(t)]^2 + [g'(t)]^2}$$

之函數的黎曼和．若曲線 $C$ 是平滑的，則此和的極限存在且由 $P_0$ 到 $P_n$ 的長度為

$$L = \int_a^b \sqrt{[f'(t)]^2 + [g'(t)]^2}\ dt \tag{3-10}$$

或

$$L = \int_a^b \sqrt{\left(\frac{dx}{dt}\right)^2 + \left(\frac{dy}{dt}\right)^2}\ dt. \tag{3-11}$$

我們亦可利用另一觀念去導出 (3-11) 式，那就是利用**無窮**小的觀念，我們可以將無窮小的弧形線段看作是直線段，如圖 3-13 所示．

利用畢氏定理得知，

$$(ds)^2 = (dx)^2 + (dy)^2$$

故求得弧元素公式為

$$ds = \sqrt{\left(\frac{dx}{dt}\right)^2 + \left(\frac{dy}{dt}\right)^2}\ dt$$

對 $t$ 由 $a$ 到 $b$ 作積分，則可求得曲線的長度為

$$\int_a^b ds = \int_a^b \sqrt{\left(\frac{dx}{dt}\right)^2 + \left(\frac{dy}{dt}\right)^2}\ dt$$

因此，

$$S = \int_a^b \sqrt{\left(\frac{dx}{dt}\right)^2 + \left(\frac{dy}{dt}\right)^2}\ dt \tag{3-12}$$

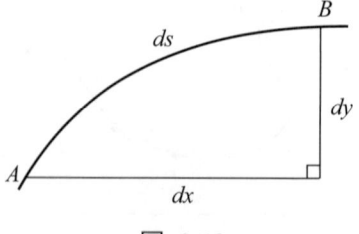

圖 3-13

**例題 16** **解題指引** ☺ 利用 **(3-11)** 式

求擺線 $x = a(\theta - \sin \theta)$, $y = a(1 - \cos \theta)$ 之一拱的長度 $(a > 0)$.

**解** 因 $\dfrac{dx}{d\theta} = a(1 - \cos \theta)$, $\dfrac{dy}{d\theta} = a \sin \theta$,

故
$$L = \int_0^{2\pi} \sqrt{\left(\dfrac{dx}{d\theta}\right)^2 + \left(\dfrac{dy}{d\theta}\right)^2} \, d\theta$$
$$= \int_0^{2\pi} \sqrt{a^2(1 - \cos \theta)^2 + a^2 \sin^2 \theta} \, d\theta$$
$$= \int_0^{2\pi} \sqrt{a^2(1 - 2\cos \theta + \cos^2 \theta + \sin^2 \theta)} \, d\theta$$
$$= a \int_0^{2\pi} \sqrt{2(1 - \cos \theta)} \, d\theta$$
$$= a \int_0^{2\pi} \sqrt{4 \sin^2 \dfrac{\theta}{2}} \, d\theta$$

又 $0 \leq \theta \leq 2\pi$, 可得 $0 \leq \dfrac{\theta}{2} \leq \pi$, 故 $\sin \dfrac{\theta}{2} \geq 0$. 於是,

$$\sqrt{2(1 - \cos \theta)} = \sqrt{4 \sin^2 \dfrac{\theta}{2}} = 2 \left| \sin \dfrac{\theta}{2} \right| = 2 \sin \dfrac{\theta}{2}$$

所以, $L = 2a \int_0^{2\pi} \sin \dfrac{\theta}{2} \, d\theta = 2a \left( -2 \cos \dfrac{\theta}{2} \right) \Big|_0^{2\pi} = 2a(2 + 2) = 8a$.

**例題 17** **解題指引** ☺ 旋轉體之側表面積為 $A = \int_a^b 2\pi y(t) \sqrt{[x'(t)]^2 + [y'(t)]^2} \, dt$

試求半徑為 $r$ 的球體之表面積.

**解** 我們知道球是由參數方程式

$$\begin{cases} x(t) = r \cos t \\ y(t) = r \sin t \end{cases}, \quad t \in [0, \pi]$$

繞 $x$-軸旋轉所得到. 微分得

$$x'(t) = -r\sin t, \quad y'(t) = r\cos t$$

故
$$A = 2\pi \int_0^\pi r\sin t \sqrt{(-r\sin t)^2 + (r\cos t)^2}\, dt$$
$$= 2\pi \int_0^\pi r\sin t \cdot r\, dt = 2\pi r^2 \int_0^\pi \sin t\, dt$$
$$= 2\pi r^2 (-\cos t)\Big|_0^\pi = 4\pi r^2.$$

## 習題 3-1

求 1～5 題中曲線的直角坐標方程式.

**1.** $x = 4t,\ y = 6t - t^2$

**2.** $x = 1 - \dfrac{1}{t},\ y = t + \dfrac{1}{t}$

**3.** $x = t^2 - t,\ y = t^2$

**4.** $x = \dfrac{1}{(t-1)^2},\ y = 2t + 1$

**5.** $x = 2\sin^2 t \cos t,\ y = 2\sin t \cos^2 t$

繪出 6～11 題參數方程式所表曲線的圖形.

**6.** $x = 4t^2 - 5,\ y = 2t + 3\ ;\ t \in \mathbb{R}$

**7.** $x = e^t,\ y = e^{-2t}\ ;\ t \in \mathbb{R}$

**8.** $x = 2\sin t,\ y = 3\cos t\ ;\ 0 \leq t \leq 2\pi$

**9.** $x = \cos t - 2,\ y = \sin t + 3\ ;\ 0 \leq t \leq 2\pi$

**10.** $x = \cos 2t,\ y = \sin t\ ;\ -\pi \leq t \leq \pi$

**11.** $x = t,\ y = \sqrt{t^2 - 1}\ ;\ |t| \geq 1$

下列參數方程式給予點 $P(x, y)$ 的位置, 其中 $t$ 代表時間, 試描述此點在指定區間中的運動情形.

**12.** $x = \cos t,\ y = \sin t\ ;\ 0 \leq t \leq \pi$

**13.** $x = \sin t,\ y = \cos t\ ;\ 0 \leq t \leq \pi$

**14.** $x = t,\ y = \sqrt{1 - t^2}\ ;\ -1 \leq t \leq 1$

在 15～17 題中，不用消去參數直接求 $\dfrac{dy}{dx}$ 與 $\dfrac{d^2y}{dx^2}$.

15. $x=3t^2$, $y=2t^3$ ; $t\neq 0$

16. $x=2t-\dfrac{3}{t}$, $y=2t+\dfrac{3}{t}$ ; $t\neq 0$

17. $x=\sqrt{t+1}$, $y=t^2-3t$ ; $t\geq -1$

在 18～21 題中，不用消去參數直接求所予曲線在指定處之切線的方程式.

18. $x=3t$, $y=8t^3$ ; $t=-\dfrac{1}{2}$

19. $x=t^2+t$, $y=\sqrt{t}$ ; $t=4$

20. $x=2e^t$, $y=\dfrac{1}{3}e^{-t}$ ; $t=0$

21. $x=2\sin\theta$, $y=3\cos\theta$ ; $\theta=\dfrac{\pi}{4}$

在 22～24 題中，求各曲線上水平切線與垂直切線所在位置的切點.

22. $x=4t^2$, $y=t^3-12t$ ; $t\in \mathbb{R}$

23. $x=t^3+1$, $y=t^2-2t$ ; $t\in \mathbb{R}$

24. $x=t(t^2-3)$, $y=3(t^2-3)$ ; $t\in \mathbb{R}$

試求下列的積分值.

25. $\displaystyle\int_0^1 (x^2-4y)\,dx$，其中 $x=t+1$, $y=t^3+4$.

26. $\displaystyle\int_1^{\sqrt{3}} xy\,dy$，其中 $x=\sec t$, $y=\tan t$.

## ▶▶ 3-2 極坐標

### 一、極坐標與極坐標方程式

我們知道直角坐標可用來指定平面上的點，若用有序數對 $(a, b)$ 表一點，則它到 $x$-軸與 $y$-軸的有向距離分別為 $b$ 與 $a$. 另外一種表示平面上一點的方法是用**極坐標**. 為了在平面上引進一極坐標系，我們可以由一固定點 $O$ (稱為**原點**或**極**) 與由 $O$ 向右的射線 (稱為**極軸**) 開始. 然後，我們考慮在平面上異於 $O$ 的點 $P$，如圖 3-14 所示. 若 $r=d(O, P)$ 且 $\theta$ 表示由極軸與射線 $OP$ 所決定的角，則 $r$ 與 $\theta$ 稱為 $P$ 點的極

圖 3-14

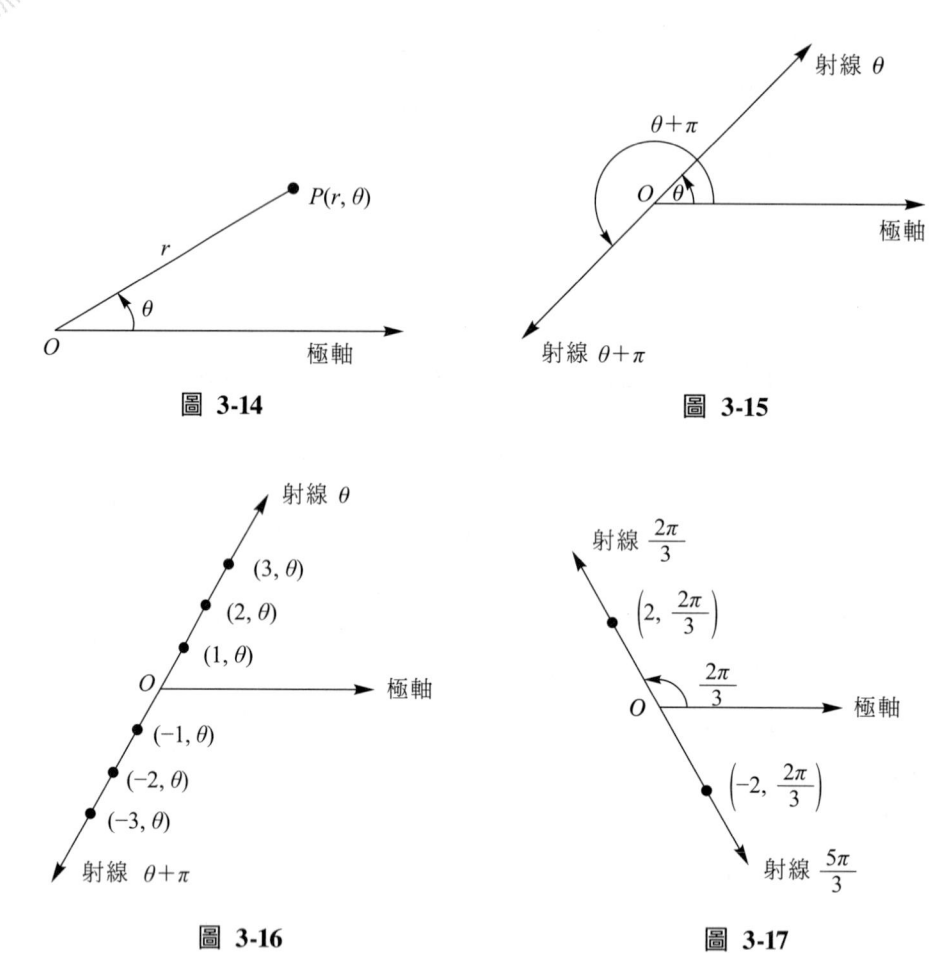

圖 3-15

圖 3-16

圖 3-17

坐標而用符號 $(r, \theta)$ 或 $P(r, \theta)$ 來表示 $P$，一般我們稱方程式 $r=f(\theta)$ 為**極坐標方程式**. 通常，我們規定，若角是由極軸的逆時鐘方向旋轉所產生，則 $\theta$ 視為正；若旋轉是順時鐘方向，則 $\theta$ 視為負. 弧度或度皆可用來表 $\theta$ 的度量.

在圖 3-15 中，另有兩射線，一個是與極軸成 $\theta$ 角，稱為射線 $\theta$. 相反的射線與極軸成 $\theta+\pi$ 角，稱為射線 $\theta+\pi$.

圖 3-16 中指出，若干個沿著同一射線的點用極坐標表示.

> 已知一個點的**極坐標**為 $(r, \theta)$. 若 $r \geq 0$，則點 $(r, \theta)$ 位於射線 $\theta$ 上；
> 若 $r < 0$，則點 $(r, \theta)$ 位於射線 $\theta+\pi$ 上.

圖 3-18

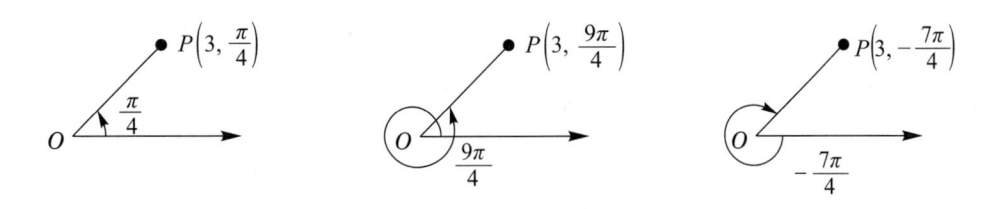

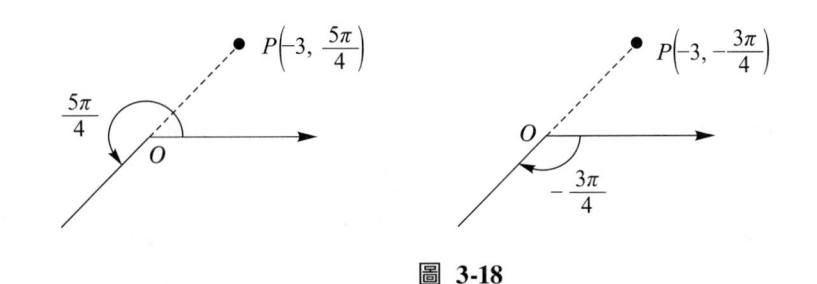

例如，$\left(2, \dfrac{2\pi}{3}\right)$ 位於射線 $\dfrac{2\pi}{3}$ 上，它與極的距離為 2 個單位．點 $\left(-2, \dfrac{2\pi}{3}\right)$ 也是與極的距離為 2 個單位，但不是位於射線 $\dfrac{2\pi}{3}$ 上，而是位於其相反的射線上，如圖 3-17 所示．一點的極坐標表示法不是唯一的．例如，

$$P\left(3, \dfrac{\pi}{4}\right)、P\left(3, \dfrac{9\pi}{4}\right)、P\left(3, -\dfrac{7\pi}{4}\right)、P\left(-3, \dfrac{5\pi}{4}\right) 與 P\left(-3, -\dfrac{3\pi}{4}\right)$$

皆表同一點，如圖 3-18 所示．

讀者應注意下列諸點：

1. 若 $r=0$，則無論選擇什麼 $\theta$，皆是極，故對所有 $\theta$，$O=(0, \theta)$．
2. 相差 $2\pi$ 之整數倍的兩角並無差別．因此，對所有整數 $n$，$(r, \theta)=(r, \theta+2n\pi)$，如圖 3-19 所示．
3. $(r, \theta+\pi)=(-r, \theta)$，如圖 3-20 所示．

如圖 3-21 所示，若將極坐標系疊置在直角坐標系上，極放在原點而極軸沿著 $x$-軸的正方向，則極坐標 $(r, \theta)$ 與直角坐標 $(x, y)$ 之間的關係為

$$x=r\cos\theta, \quad y=r\sin\theta \tag{3-13}$$

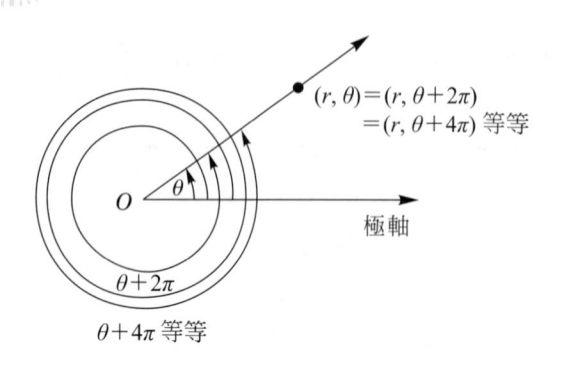

圖 3-19 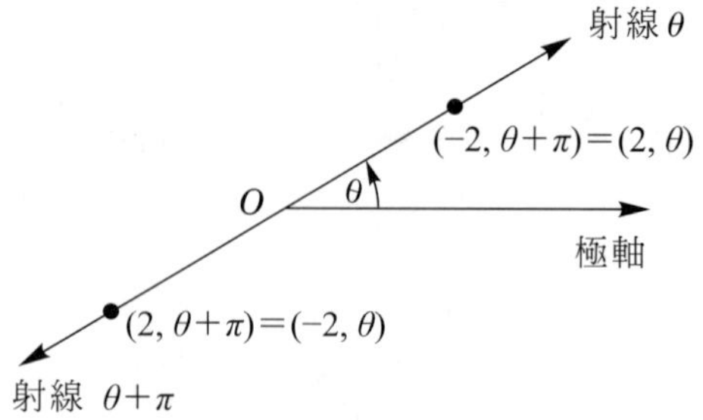　　　　　　　　　　　圖 3-20

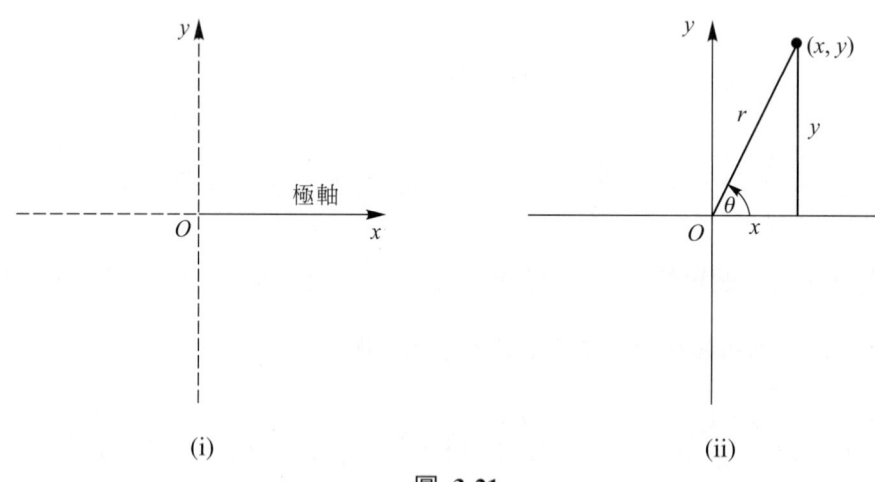

(i)　　　　　　　　　　　(ii)

圖 3-21

由 (3-13) 式可知

$$x^2+y^2=r^2 \tag{3-14}$$

$$\tan\theta=\frac{y}{x}. \tag{3-15}$$

**例題 1**　**解題指引** ☺ 利用 $x=r\cos\theta$，$y=r\sin\theta$，將極坐標轉換成直角坐標

求點 $\left(-2,\dfrac{\pi}{3}\right)$ 的直角坐標．

**解**　利用 $x=r\cos\theta$，$y=r\sin\theta$，可得

$$x=-2\cos\frac{\pi}{3}=-2\left(\frac{1}{2}\right)=-1$$

$$y = -2 \sin \frac{\pi}{3} = -2\left(\frac{\sqrt{3}}{2}\right) = -\sqrt{3}$$

於是，直角坐標為 $(-1, -\sqrt{3})$.

**例題 2** **解題指引** ☺ 利用 $x = r\cos\theta$、$y = r\sin\theta$ 與 $r^2 = x^2 + y^2$，將直角坐標轉換成極坐標

若一點的直角坐標為 $(-2, 2\sqrt{3})$，求此點所有可能的極坐標.

**解** $-2 = r\cos\theta$, $2\sqrt{3} = r\sin\theta$，因而，

$$r^2 = r^2\cos^2\theta + r^2\sin^2\theta = (-2)^2 + (2\sqrt{3})^2 = 16$$

若令 $r = 4$，則

$$-2 = 4\cos\theta,\ 2\sqrt{3} = 4\sin\theta$$

即，

$$-\frac{1}{2} = \cos\theta,\ \frac{\sqrt{3}}{2} = \sin\theta$$

可取 $\theta = \frac{2\pi}{3}$ 或 $\theta = \frac{2\pi}{3} + 2n\pi$，此處 $n$ 為任意整數.

若令 $r = -4$，則可取

$$\theta = \frac{2\pi}{3} + \pi = \frac{5\pi}{3}\ \text{或}\ \theta = \frac{5\pi}{3} + 2n\pi,\ \text{此處}\ n\ \text{為任意整數}$$

於是，極坐標為 $\left(4, \frac{2\pi}{3} + 2n\pi\right)$ 或 $\left(-4, \frac{5\pi}{3} + 2n\pi\right)$，此處 $n$ 為任意整數.

**例題 3** **解題指引** ☺ 利用 (3-13) 及 (3-14) 式

試證方程式 $r = 2a\cos\theta$ 代表一圓.

**解** 兩邊乘以 $r$ 可得

$$r^2 = 2ar\cos\theta$$
$$x^2 + y^2 = 2ax$$
$$x^2 - 2ax + y^2 = 0$$
$$x^2 - 2ax + a^2 + y^2 = a^2$$

$$(x-a)^2+y^2=a^2$$

這是半徑為 $a$ 且圓心在直角坐標為 $(a, 0)$ 的圓.

## 二、極坐標方程式之作圖

極方程式是以 $r$ 與 $\theta$ 表示的方程式，它的圖形為在 $r\theta$-平面 (極坐標平面) 上滿足所予方程式之所有點的集合. 描繪極方程式的圖形除了需計算一些 $\theta$ 與 $r$ 的對應值之外，若能再瞭解圖形的對稱性，將更有助於作圖.

### 定理 3-2　對稱性判別法

(1) 若在極方程式中，以 $-r$ 代 $r$ 使得原方程式不變，則其圖形對稱於極 (原點)，如圖 3-22(i) 所示.

(2) 若在極方程式中，以 $-\theta$ 代 $\theta$ 使得原方程式不變，則其圖形對稱於極軸，如圖 3-22(ii) 所示.

(3) 若在極方程式中，以 $\pi-\theta$ 代 $\theta$ 使得原方程式不變，則其圖形對稱於 $\theta=\dfrac{\pi}{2}$，如圖 3-22(iii) 所示.

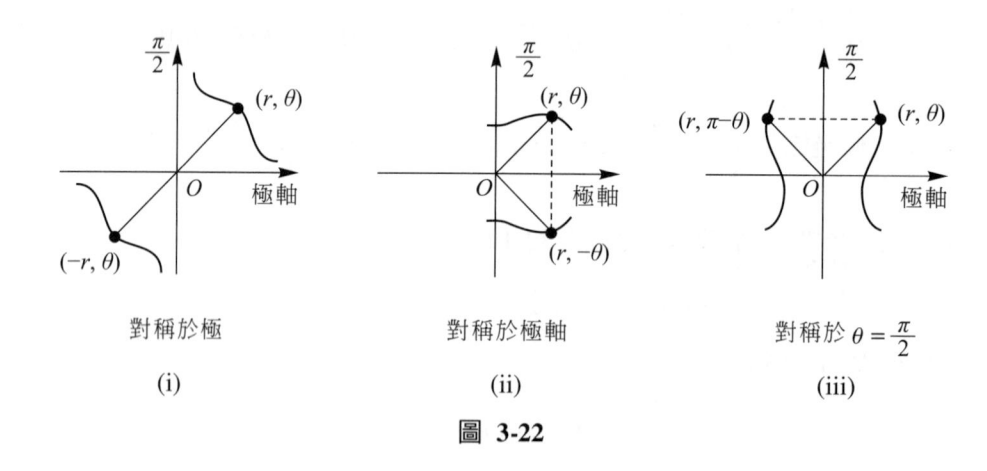

對稱於極
(i)

對稱於極軸
(ii)

對稱於 $\theta=\dfrac{\pi}{2}$
(iii)

圖 3-22

### 例題 4　解題指引　利用定理 3-2(3)

作極方程式 $r=4\sin\theta$ 的圖形.

**解** 若 $\theta$ 以 $\pi-\theta$ 取代，則 $r$ 不變．因此，極方程式的圖形對稱於 $\theta=\dfrac{\pi}{2}$．所以，當 $\theta$ 由 $0$ 變到 $\dfrac{\pi}{2}$ 時，$r$ 由 $0$ 增到 $4$．為了有助於描點，下表中列出一些由 $0$ 到 $\dfrac{\pi}{2}$ 的 $\theta$ 值及與其對應的 $r$ 值，然後利用對稱性，可作出圖 3-23 所示的圖形．

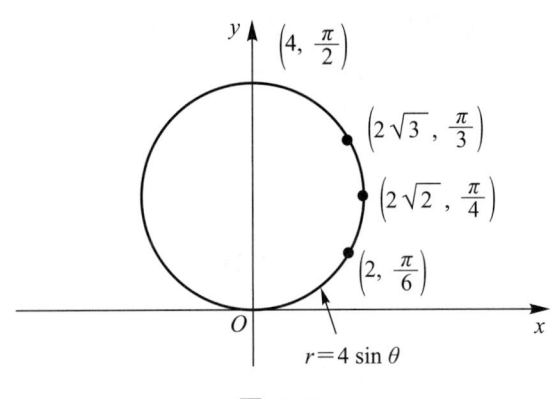

| $\theta$ | $0$ | $\dfrac{\pi}{6}$ | $\dfrac{\pi}{4}$ | $\dfrac{\pi}{3}$ | $\dfrac{\pi}{2}$ |
|---|---|---|---|---|---|
| $r$ | $0$ | $2$ | $2\sqrt{2}$ | $2\sqrt{3}$ | $4$ |

**圖 3-23**

**例題 5** **解題指引** ☺ 利用定理 3-2(2)

作極方程式 $r=a(1+\cos\theta)$ $(a>0)$ 的圖形．

**解** 因餘弦函數為偶函數，即 $\cos(-\theta)=\cos\theta$，故對應於 $-\theta$ 的 $r$ 值與對應於 $\theta$ 的 $r$ 值相同，由此可知曲線對稱於極軸．我們只需作出 $\theta$ 由 $0$ 到 $\pi$ 的部分，其餘部分可由對稱而得．下表中列出一些 $0$ 到 $\pi$ 的 $\theta$ 值及與其對應的 $r$ 值．$\theta$ 由 $0$ 增到 $\pi$，$\cos\theta$ 由 $1$ 減到 $-1$，$r$ 由 $2a$ 減到 $0$．由 $0$ 到 $\pi$ 的圖形如圖 3-24 所示．

| $\theta$ | $0$ | $\dfrac{\pi}{6}$ | $\dfrac{\pi}{3}$ | $\dfrac{\pi}{2}$ | $\dfrac{2\pi}{3}$ | $\pi$ |
|---|---|---|---|---|---|---|
| $r$ | $2a$ | $\left(1+\dfrac{\sqrt{3}}{2}\right)a$ | $\dfrac{3a}{2}$ | $a$ | $\dfrac{a}{2}$ | $0$ |

圖 3-24

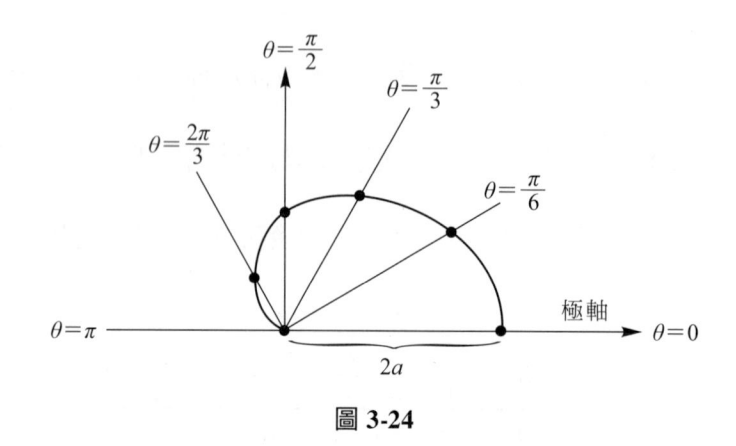

利用對稱性可得全部的圖形，如圖 3-25 中所示之心臟形的圖形，稱為心臟線．
一般而言，形如

$$r=a(1+\cos\theta), \qquad r=a(1+\sin\theta)$$
$$r=a(1-\cos\theta), \qquad r=a(1-\sin\theta)$$

中任一者的圖形是一心臟線，其中 $a$ 是一實數．

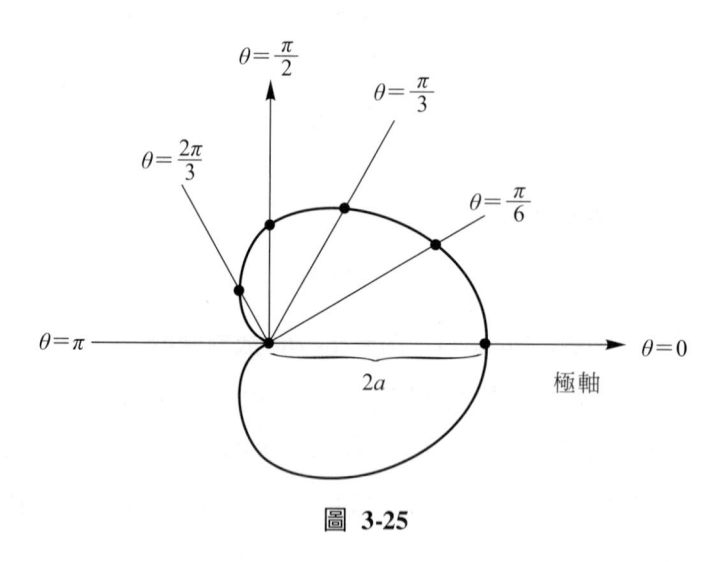

圖 3-25

**例題 6** 解題指引 ☺ **利用極方程式之繪圖（三瓣玫瑰線）**

作極方程式 $r=a\sin 3\theta\ (a>0)$ 的圖形．

**解** 當 $\theta$ 由 0 增到 $\dfrac{\pi}{6}$ 時，$r$ 由 0 增到 $a$；當 $\theta$ 由 $\dfrac{\pi}{6}$ 增到 $\dfrac{\pi}{3}$ 時，$r$ 減到 0．

如圖 3-26 所示.

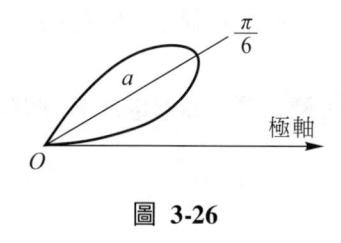

當 $\theta$ 由 $\dfrac{\pi}{3}$ 增到 $\dfrac{\pi}{2}$ 時，$r$ 由 0 減到 $-a$；當 $\theta$ 由 $\dfrac{\pi}{2}$ 增到 $\dfrac{2\pi}{3}$ 時，$r$ 增到 0. 如圖 3-27 所示. (於 $\theta$ 在 $\dfrac{\pi}{3}$ 到 $\dfrac{2\pi}{3}$ 之間，$r=a\sin 3\theta$ 為負，點在相反的射線上.)

當 $\theta$ 由 $\dfrac{2\pi}{3}$ 增到 $\dfrac{5\pi}{6}$ 時，$r$ 由 0 增到 $a$；當 $\theta$ 由 $\dfrac{5\pi}{6}$ 增到 $\pi$ 時，$r$ 減到 0. 如圖 3-28 所示.

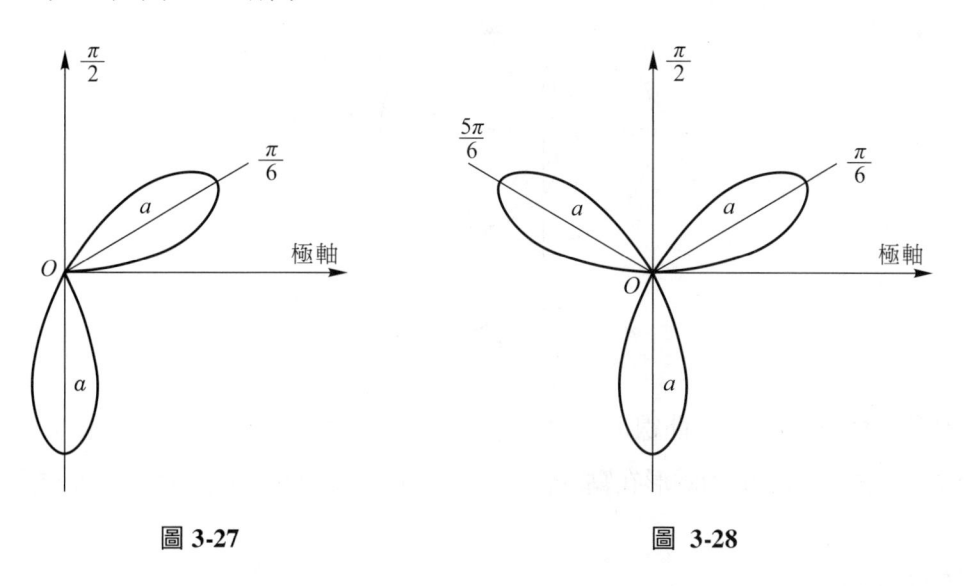

圖 3-26

圖 3-27

圖 3-28

從這個值以後，曲線又再重複.

$$(a\sin 3(\theta+\pi),\ \theta+\pi)=(-a\sin 3\theta,\ \theta+\pi)$$
$$=(a\sin 3\theta,\ \theta)$$

最後的一個等號是由於 $(r,\ \theta+\pi)=(-r,\ \theta)$.

**註**：形如 $r=a\sin n\theta$ 或 $r=a\cos n\theta$ 的方程式表示花卉形的曲線，稱為**玫瑰線** (rose).
若 $n$ 為正奇數，則玫瑰線有 $n$ 個等間隔花瓣 (或稱迴圈)；而若 $n$ 為正偶數，則

有 $2n$ 個等間隔花瓣. 尤其, 當 $n=1$ 時即為一圓, 它可被視為單瓣玫瑰線.

**例題 7** **解題指引☺** 解聯立極方程式, 並求交點坐標解方程組

求心臟線 $r=2(1+\cos\theta)$ 與圓 $r=3$ $(0\le\theta<2\pi)$ 等圖形的交點.

**解** 令 $2(1+\cos\theta)=3$, 則 $2\cos\theta=1$, 可得 $\cos\theta=\dfrac{1}{2}$.

因此, $\theta=\dfrac{\pi}{3}$, $\theta=\dfrac{5\pi}{3}$. 兩交點為 $\left(3,\ \dfrac{\pi}{3}\right)$ 與 $\left(3,\ \dfrac{5\pi}{3}\right)$. 極不是交點, 如圖 3-29 所示.

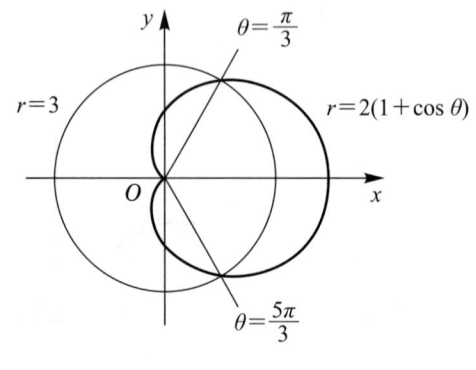

圖 3-29

直角坐標 $y=f(x)$ 之曲線上一點 $(x_0,\ y_0)$ 的切線斜率可藉由導數而求得. 然而, 對於極方程式 $r=f(\theta)$ 的圖形在點 $P(r,\ \theta)$ 之切線的斜率可藉由下面的定理求出.

### 定理 3-3

極方程式 $r=f(\theta)$ 的圖形在點 $P(r,\ \theta)$ 之切線的斜率為

$$m=\dfrac{\dfrac{dr}{d\theta}\sin\theta+r\cos\theta}{\dfrac{dr}{d\theta}\cos\theta-r\sin\theta}.$$

證　若 $(x, y)$ 為 $P(r, \theta)$ 的直角坐標，則依 (3-12) 式，

$$x = r\cos\theta = f(\theta)\cos\theta$$
$$y = r\sin\theta = f(\theta)\sin\theta$$

這些可視為圖形的參數方程式，其中 $\theta$ 為參數．應用定理 3-1，在點 $(x, y)$ 之切線的斜率為

$$\frac{dy}{dx} = \frac{\dfrac{dy}{d\theta}}{\dfrac{dx}{d\theta}} = \frac{f'(\theta)\sin\theta + f(\theta)\cos\theta}{f'(\theta)\cos\theta - f(\theta)\sin\theta} = \frac{\dfrac{dr}{d\theta}\sin\theta + r\cos\theta}{\dfrac{dr}{d\theta}\cos\theta - r\sin\theta}.$$

※

若定理 3-3 中 $m$ 之公式中的分子為 0 且分母不為 0，則有水平切線．若分母為 0 且分子不為 0，則有垂直切線．我們須特別注意 $\dfrac{0}{0}$ 的情形．欲求切線在極的斜率，需要決定 $\theta$ 的值使 $r=0$．對於這種值（以及 $r=0$），在定理 3-3 中的公式可化成 $m = \tan\theta$．

**例題 8**　**解題指引** ☺ **利用定理 3-3 求心臟線的切線**

已知心臟線 $r = 2(1 + \cos\theta)$，求

(1) 切線在 $\theta = \dfrac{\pi}{6}$ 的斜率　　(2) 切線在極的斜率

(3) 所有點使得切線在該處為水平　(4) 所有點使得切線在該處為垂直．

**解**　$r = 2(1+\cos\theta)$ 的圖形如圖 3-30 所示．若應用定理 3-3，則切線的斜率為

$$m = \frac{(-2\sin\theta)\sin\theta + 2(1+\cos\theta)\cos\theta}{(-2\sin\theta)\cos\theta - 2(1+\cos\theta)\sin\theta}$$

$$= \frac{2(\cos^2\theta - \sin^2\theta) + 2\cos\theta}{-2(2\sin\theta\cos\theta) - 2\sin\theta}$$

$$= -\frac{\cos 2\theta + \cos\theta}{\sin 2\theta + \sin\theta}$$

$$r = 2(1+\cos\theta)$$

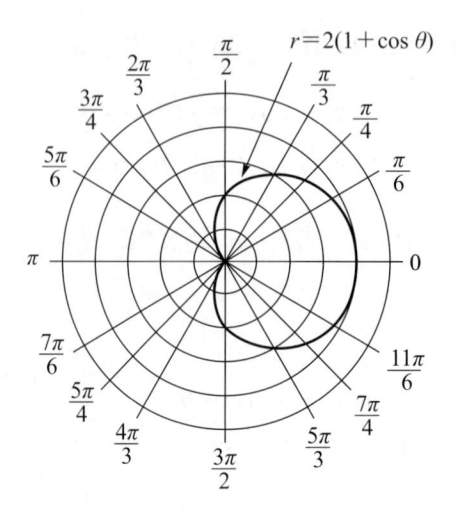

圖 3-30

(1) 在 $\theta = \dfrac{\pi}{6}$,

$$m = -\frac{\cos\dfrac{\pi}{3} + \cos\dfrac{\pi}{6}}{\sin\dfrac{\pi}{3} + \sin\dfrac{\pi}{6}} = -\frac{\dfrac{1}{2} + \dfrac{\sqrt{3}}{2}}{\dfrac{\sqrt{3}}{2} + \dfrac{1}{2}} = -1$$

(2) 欲求切線在極的斜率，我們需要 $\theta$ 值使得 $r = 2(1+\cos\theta) = 0$. 由此可得 $\cos\theta = -1$，或 $\theta = \pi$，但是，代入 $m$ 的公式中產生無意義的式子 $\dfrac{0}{0}$. 因此，在定理 3-3 中令 $r = 0$，可得 $m = \tan\theta$. 所以，在極處，$m = \tan\pi = 0$.

(3) 欲求水平切線，令 $\cos 2\theta + \cos\theta = 0$，則

$$2\cos^2\theta - 1 + \cos\theta = 0$$

或

$$(2\cos\theta - 1)(\cos\theta + 1) = 0$$

我們從 $\cos\theta = \dfrac{1}{2}$ 可得 $\theta = \dfrac{\pi}{3}$ 與 $\theta = \dfrac{5\pi}{3}$. 對應點為 $\left(3, \dfrac{\pi}{3}\right)$ 與 $\left(3, \dfrac{5\pi}{3}\right)$.

利用 $\cos\theta = -1$，可得 $\theta = \pi$. 因在 $m$ 之公式中的分母於 $\theta = \pi$ 時為 0，故需要更進一步的檢查. 其實，我們在 (2) 中看出在點 $(0, \pi)$ 有一條水平

切線.

(4) 欲求垂直切線，可令 $\sin 2\theta + \sin\theta = 0$，則
$$2\sin\theta\cos\theta + \sin\theta = 0$$
或
$$\sin\theta(2\cos\theta + 1) = 0$$

故得下列的 $\theta$ 值：

$0$、$\pi$、$\dfrac{2\pi}{3}$ 與 $\dfrac{4\pi}{3}$. 我們在 (3) 中已求出由 $\pi$ 可得水平切線. 利用其餘的值可得點 $(4, 0)$、$\left(1, \dfrac{2\pi}{3}\right)$ 與 $\left(1, \dfrac{4\pi}{3}\right)$，圖形在該處有垂直切線.

## 三、極坐標方程式圖形之面積

某些由極方程式的圖形所圍成區域的面積可以應用一些扇形區域面積之和的極限而求得. 假設非負值的函數 $r = f(\theta)$ 在 $[\alpha, \beta]$ 為連續. 我們要求 $r = f(\theta)$ 的圖形與兩條射線 $\theta = \alpha$ 與 $\theta = \beta$ 所圍成區域的面積，如圖 3-31 所示. 令 $P$ 表 $[\alpha, \beta]$ 的一分割，其由 $\alpha = \theta_0 < \theta_1 < \theta_2 < \cdots < \theta_n = \beta$ 所決定，且令 $\Delta\theta_i = \theta_i - \theta_{i-1}$，$i = 1, 2, \cdots, n$. 若 $\theta_i^*$ 為第 $i$ 個子區間 $[\theta_{i-1}, \theta_i]$ 中的任一數，則半徑為 $r_i^* = f(\theta_i^*)$ 的扇形面積 (見圖 3-32) 為

$$\Delta A_i = \frac{1}{2}[f(\theta_i^*)]^2 \Delta\theta_i$$

而 $\Delta\theta_i$ 為扇形的圓心角. 於是，黎曼和

$$\sum_{i=1}^{n} \frac{1}{2}[f(\theta_i^*)]^2 \Delta\theta_i \tag{3-16}$$

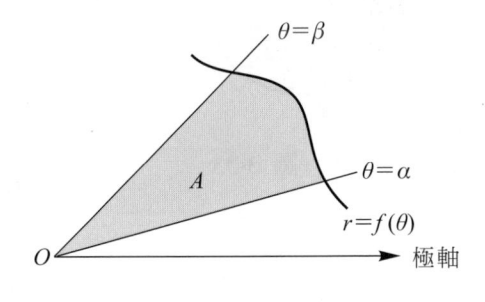

圖 3-31

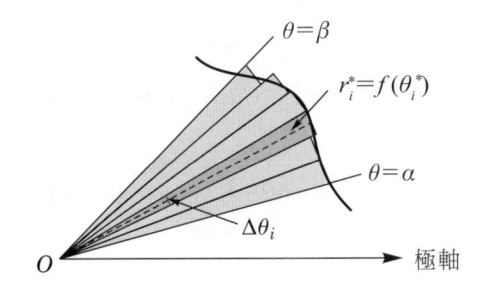

圖 3-32

近似於區域的面積 $A$.

我們定義 $A$ 為 (3-16) 式在 $\|P\| \to 0$ 時的極限，即，

$$A = \lim_{\|P\| \to 0} \sum_{i=1}^{n} \frac{1}{2} [f(\theta_i^*)]^2 \Delta \theta_i = \int_{\alpha}^{\beta} \frac{1}{2} [f(\theta)]^2 d\theta$$

或

$$A = \int_{\alpha}^{\beta} \frac{1}{2} r^2 d\theta. \tag{3-17}$$

### 定義 3-2

若正值函數 $r = f(\theta)$ 在 $[\alpha, \beta]$ 為連續，則由曲線 $r = f(\theta)$ 與兩射線 $\theta = \alpha$, $\theta = \beta$ 所圍成區域的面積為

$$A = \int_{\alpha}^{\beta} \frac{1}{2} [f(\theta)]^2 d\theta = \int_{\alpha}^{\beta} \frac{1}{2} r^2 d\theta. \tag{3-18}$$

**例題 9**　**解題指引** ☺　利用 (3-18) 式

求心臟線 $r = 2(1 + \cos \theta)$ 所圍成區域的面積.

**解**　區域繪於圖 3-33 中. 利用對稱性，我們將求此區域的上半部面積而將結果乘以 2. 於是，

$$\begin{aligned}
A &= 2 \int_0^{\pi} \frac{1}{2} [2(1 + \cos \theta)]^2 d\theta \\
&= \int_0^{\pi} (4 + 8 \cos \theta + 4 \cos^2 \theta) d\theta \\
&= \int_0^{\pi} (6 + 8 \cos \theta + 2 \cos 2\theta) d\theta \\
&= (6\theta + 8 \sin \theta + \sin 2\theta) \Big|_0^{\pi} = 6\pi.
\end{aligned}$$

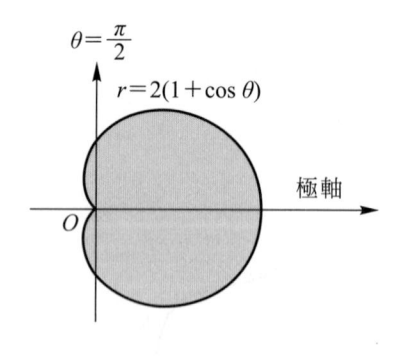

**圖 3-33**

### 例題 10　解題指引 😊 利用 (3-18) 式

求三瓣玫瑰線 $r=2\cos 3\theta$ 所圍成區域的面積.

**解**　三瓣玫瑰線的圖形如圖 3-34 所示. 當 $\theta$ 由 0 變到 $\pi$ 時，則得三瓣玫瑰線右瓣上半部的圖形，其佔全部面積的 $\dfrac{1}{6}$，故其面積為

$$A = 6\int_0^{\pi/6} \frac{1}{2}(4\cos^2 3\theta)\,d\theta$$

$$= 12\int_0^{\pi/6} \frac{1+\cos 6\theta}{2}\,d\theta$$

$$= 12\left(\frac{\theta}{2}+\frac{\sin 6\theta}{12}\right)\bigg|_0^{\pi/6}$$

$$= 12\left(\frac{\pi}{12}\right) = \pi.$$

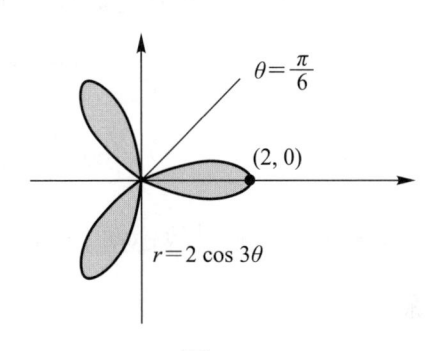

圖 3-34

若我們想計算兩曲線

$$r=f(\theta),\ r=g(\theta)\quad (0\leq g(\theta)\leq f(\theta))$$

與兩射線

$$\theta=\alpha,\ \theta=\beta\quad (0\leq \alpha<\beta<2\pi)$$

所圍成區域的面積，如圖 3-35 所示，則我們首先計算 $r=f(\theta)$ 與兩射線所圍成的面積，然後再減去 $r=g(\theta)$ 與兩射線所圍成的面積，可得下面公式

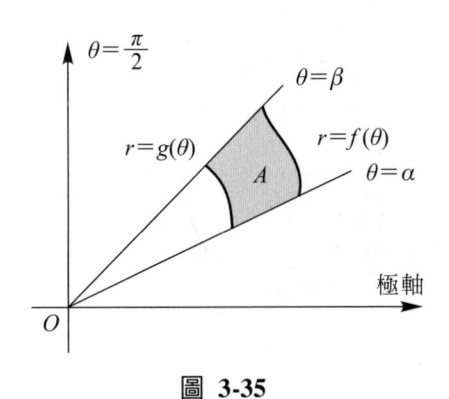

圖 3-35

$$A = \frac{1}{2} \int_{\alpha}^{\beta} \{[f(\theta)]^2 - [g(\theta)]^2\} \, d\theta. \tag{3-19}$$

**例題 11** **解題指引** ☺ 利用 (3-19) 式

求同時在心臟線 $r = 1 + \cos\theta$ 外部與圓 $r = 3\cos\theta$ 內部的區域面積.

**解** 如圖 3-36 所示，我們要求區域的面積 $A$. 首先求交點，令

$$1 + \cos\theta = 3\cos\theta$$

可得 $\cos\theta = \dfrac{1}{2}$, 故 $\theta = \pm\dfrac{\pi}{3}$.

依對稱性，我們計算極軸上半部的面積，然後再乘以 2，即為所欲求的面積. 所以，

$$A = 2\int_0^{\pi/3} \frac{1}{2}[(3\cos\theta)^2 - (1+\cos\theta)^2] \, d\theta$$

$$= \int_0^{\pi/3} (9\cos^2\theta - 1 - 2\cos\theta - \cos^2\theta) \, d\theta$$

$$= \int_0^{\pi/3} (8\cos^2\theta - 2\cos\theta - 1) \, d\theta$$

$$= \int_0^{\pi/3} \left[8\left(\frac{1+\cos 2\theta}{2}\right) - 2\cos\theta - 1\right] d\theta$$

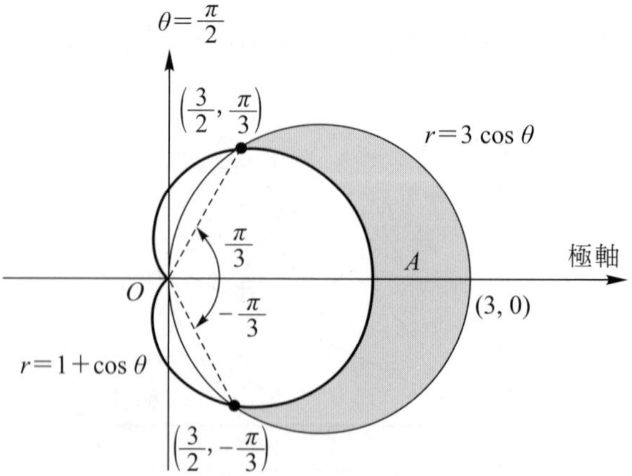

圖 3-36

$$=(4\theta+2\sin 2\theta-2\sin\theta-\theta)\Big|_0^{\pi/3}=\pi.$$

## 四、極坐標方程式圖形之弧長

假設曲線 $C$ 所定義的極方程式為 $r=f(\theta)$，此處 $f$ 在 $[\alpha,\beta]$ 為連續且具有連續的導函數．利用直角坐標與極坐標的關係，可得曲線 $C$ 的參數方程式如下：

$$x=r\cos\theta=f(\theta)\cos\theta$$
$$y=r\sin\theta=f(\theta)\sin\theta,\ \alpha\leq\theta\leq\beta$$

此為曲線 $C$ 的參數方程式．利用 (3-11) 式，先求出

$$\frac{dx}{d\theta}=-r\sin\theta+\frac{dr}{d\theta}\cos\theta$$

$$\frac{dy}{d\theta}=r\cos\theta+\frac{dr}{d\theta}\sin\theta$$

$$\left(\frac{dx}{d\theta}\right)^2+\left(\frac{dy}{d\theta}\right)^2=r^2+\left(\frac{dr}{d\theta}\right)^2$$

故

$$L=\int_\alpha^\beta\sqrt{\left(\frac{dx}{d\theta}\right)^2+\left(\frac{dy}{d\theta}\right)^2}\,d\theta=\int_\alpha^\beta\sqrt{r^2+\left(\frac{dr}{d\theta}\right)^2}\,d\theta. \tag{3-20}$$

**例題 12** 　**解題指引** ☺ 利用 **(3-20)** 式

求心臟線 $r=a(1-\cos\theta)$ 的全長 $(a>0)$.

**解**　$L=2\displaystyle\int_0^\pi\sqrt{r^2+\left(\frac{dr}{d\theta}\right)^2}\,d\theta=2\int_0^\pi\sqrt{a^2(1-\cos\theta)^2+a^2\sin^2\theta}\,d\theta$

$\qquad=2\sqrt{2}\,a\displaystyle\int_0^\pi\sqrt{1-\cos\theta}\,d\theta=2\sqrt{2}\,a\int_0^\pi\sqrt{2\sin^2\frac{\theta}{2}}\,d\theta$

$\qquad=4a\displaystyle\int_0^\pi\left|\sin\frac{\theta}{2}\right|d\theta=4a\int_0^\pi\sin\frac{\theta}{2}d\theta=8a.$

假設一平滑曲線 $C$ 的極方程式為 $r=f(\theta)$, $\alpha \leq \theta \leq \beta$. 若此曲線的一組參數方程式為

$$x = r\cos\theta = f(\theta)\cos\theta$$
$$y = r\sin\theta = f(\theta)\sin\theta$$

則

$$\frac{dx}{d\theta} = \frac{dr}{d\theta}\cos\theta - r\sin\theta, \quad \frac{dy}{d\theta} = \frac{dr}{d\theta}\sin\theta + r\cos\theta$$

$$\left(\frac{dx}{d\theta}\right)^2 + \left(\frac{dy}{d\theta}\right)^2 = r^2 + \left(\frac{dr}{d\theta}\right)^2$$

故由曲線 $C$ 繞極軸旋轉所得旋轉曲面的面積為

$$S = 2\pi \int_\alpha^\beta r\sin\theta \sqrt{r^2 + \left(\frac{dr}{d\theta}\right)^2}\, d\theta \tag{3-21}$$

同理，繞 $\theta = \dfrac{\pi}{2}$ 旋轉所得旋轉曲面的面積為

$$S = 2\pi \int_\alpha^\beta r\cos\theta \sqrt{r^2 + \left(\frac{dr}{d\theta}\right)^2}\, d\theta. \tag{3-22}$$

**例題 13** 解題指引 ☺ 利用 (3-21) 式

求將對數螺線 $r = e^{\theta/2}$ 由 $\theta = 0$ 到 $\theta = \pi$ 的部分繞極軸旋轉所得曲面的面積.

**解**

$$\begin{aligned}
S &= 2\pi \int_0^\pi e^{\theta/2} \sin\theta \sqrt{(e^{\theta/2})^2 + \left(\frac{1}{2}e^{\theta/2}\right)^2}\, d\theta \\
&= 2\pi \int_0^\pi e^{\theta/2} \sin\theta \sqrt{\frac{5}{4}e^\theta}\, d\theta = \sqrt{5}\,\pi \int_0^\pi e^\theta \sin\theta\, d\theta \\
&= \frac{\sqrt{5}}{2}\pi\, [e^\theta(\sin\theta - \cos\theta)]\Big|_0^\pi = \frac{\sqrt{5}}{2}\pi(e^\pi + 1).
\end{aligned}$$

## 習題 3-2

在 1～3 題中，將各點的極坐標化成直角坐標.

**1.** $\left(4, \dfrac{\pi}{3}\right)$ **2.** $\left(-3, \dfrac{5\pi}{4}\right)$ **3.** $\left(-5, \dfrac{\pi}{6}\right)$

在 4～6 題中，將各點的直角坐標化成極坐標.

**4.** $(1, \sqrt{3})$ **5.** $(-2\sqrt{3}, -2)$ **6.** $\left(-\dfrac{\sqrt{2}}{2}, \dfrac{\sqrt{2}}{2}\right)$

在 7～13 題中，將直角坐標方程式化成極方程式.

**7.** $x=0$ **8.** $y=-5$ **9.** $x+y=0$

**10.** $y^2=4px$ **11.** $x^2=8y$ **12.** $x^2-y^2=16$

**13.** $9x^2+4y^2=36$

在 14～18 題中，將極方程式化成直角坐標方程式，並作其圖形.

**14.** $r\cos\theta+6=0$ **15.** $r-6\cos\theta=0$

**16.** $r^2-8r\cos\theta-4r\sin\theta+11=0$ **17.** $r=\dfrac{6}{2-\cos\theta}$

**18.** $r^2\sin 2\theta=4$

在 19～23 題中，作極方程式的圖形.

**19.** $r=4(1-\sin\theta)$ **20.** $r=4(1+\sin\theta)$

**21.** $r^2=4\cos 2\theta$ **22.** $r=2\sin 4\theta$

**23.** $r=e^{\theta/2}$, $\theta \geq 0$

求 24～26 題中，各極方程式之圖形的交點.

**24.** $r=6$, $r=4(1+\cos\theta)$ **25.** $r=1-\cos\theta$, $r=1+\cos\theta$

**26.** $r^2=4\cos 2\theta$, $r=2\sqrt{2}\,\sin\theta$

求下列極方程式的圖形在指定 $\theta$ 值之切線的斜率.

**27.** $r=4\cos\theta$, $\theta=\dfrac{\pi}{3}$ **28.** $r=4(1-\sin\theta)$, $\theta=0$

**29.** $r = 8\cos 3\theta$, $\theta = \dfrac{\pi}{4}$

求 30～36 題中，各極方程式圖形所圍成區域的面積.

**30.** $r = 4(1 - \cos\theta)$          **31.** $r = 7(1 - \sin\theta)$

**32.** $r^2 = 5\cos 2\theta$            **33.** $r^2 = 4\sin 2\theta$

**34.** $r = 3 + \cos\theta$            **35.** $r = \sin 2\theta$

**36.** $r = 4 + \sin\theta$

**37.** 求同時在圓 $r = 3\sin\theta$ 內部與心臟線 $r = 1 + \sin\theta$ 外部之區域的面積.

**38.** 求同時在圓 $r = 2$ 外部與雙紐線 $r^2 = 8\cos 2\theta$ 內部之區域的面積.

**39.** 求同時在圓 $r = 2$ 外部與圓 $r = 4\cos\theta$ 內部之區域的面積。

**40.** 於第二象限中，求同時在心臟線 $r = 2(1 + \sin\theta)$ 內部與心臟線 $r = 2(1 + \cos\theta)$ 外部之區域的面積。

**41.** 求對數螺線 $r = e^{-\theta}$ 由 $\theta = 0$ 到 $\theta = 2\pi$ 的長度.

**42.** 求螺線 $r = 2^\theta$ 由 $\theta = 0$ 到 $\theta = \pi$ 的長度.

**43.** 求曲線 $r = \cos^2\dfrac{\theta}{2}$ 由 $\theta = 0$ 到 $\theta = \pi$ 的長度.

求由下列曲線繞極軸旋轉所得旋轉曲面的面積.

**44.** $r = 2(1 + \cos\theta)$          **45.** $r^2 = 4\cos 2\theta$

**46.** $r = 2a\sin\theta$ $(a > 0)$

## ▶▶ 3-3 曲率與曲率圓

考慮一平滑曲線 $C$ 之方程式 $y = f(x)$，$a \leq x \leq b$，令 $s(x)$ 表沿著曲線 $C$ 由起點 $P_0(a, f(a))$ 至點 $Q(x, f(x))$ 的距離，則為一函數稱為弧長函數，則 $s$ 由第二章定義 2-5 知，

$$s(x) = \int_a^x \sqrt{1 + [f'(t)]^2}\, dt \tag{3-23}$$

由微積分基本定理得：

圖 3-37

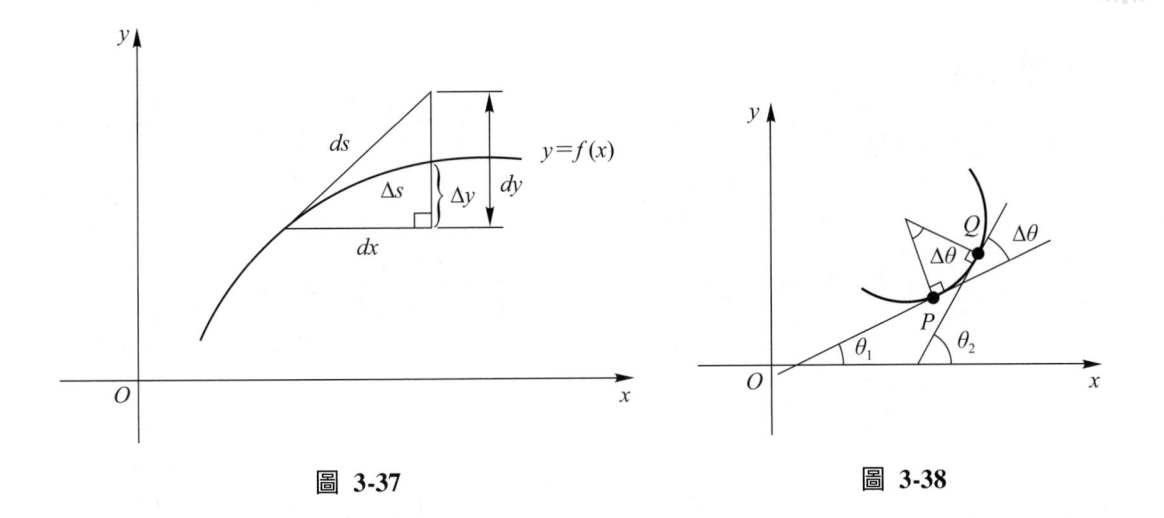

圖 3-38

$$\frac{ds}{dx} = \frac{d}{dx}\int_a^x \sqrt{1+[f'(t)]^2}\, dt = \sqrt{1+[f'(t)]^2} = \sqrt{1+\left(\frac{dy}{dx}\right)^2}$$

則弧長之微分為

$$ds = \sqrt{1+\left(\frac{dy}{dx}\right)^2}\, dx \tag{3-24}$$

或

$$(ds)^2 = (dx)^2 + (dy)^2 \tag{3-25}$$

(3-25) 式之幾何意義如圖 3-37 所示.

曲線的曲率可以說是曲線的彎曲程度. 就平滑曲線而言, 如圖 3-38 所示, 通過點 $P$ 之切線的方向角為 $\theta_1$, 通過點 $Q$ 之切線的方向角為 $\theta_2$, 而切線的夾角為 $\Delta\theta = \theta_2 - \theta_1$, 我們又可得知通過 $P$ 的法線與通過 $Q$ 的法線的夾角即為 $\Delta\theta$. 另外, 假設 $\widehat{PQ}$ 的長為 $\Delta s$.

我們定義曲率如下：

### 定義 3-3

曲率 $\kappa = \left|\lim\limits_{\Delta s \to 0} \dfrac{\Delta\theta}{\Delta s}\right| = \left|\dfrac{d\theta}{ds}\right|$.

註：直線的曲率處處為零.

## 定理 3-4

平滑曲線的曲率為

$$\kappa = \kappa(x) = \frac{\left|\dfrac{d^2y}{dx^2}\right|}{\left[1+\left(\dfrac{dy}{dx}\right)^2\right]^{3/2}} = \frac{|y''(x)|}{[1+(y'(x))^2]^{3/2}}.$$

**證** 因 $\dfrac{dy}{dx} = \tan\theta \left(-\dfrac{\pi}{2} < \theta < \dfrac{\pi}{2}\right)$，可知 $\theta = \tan^{-1}\left(\dfrac{dy}{dx}\right)$，故 $\dfrac{d\theta}{dx} = \dfrac{\dfrac{d^2y}{dx^2}}{1+\left(\dfrac{dy}{dx}\right)^2}.$

又 $\dfrac{ds}{dx} = \sqrt{1+\left(\dfrac{dy}{dx}\right)^2}$，由連鎖法則，得

$$\kappa = \left|\dfrac{d\theta}{ds}\right| = \left|\dfrac{\dfrac{d\theta}{dx}}{\dfrac{ds}{dx}}\right| = \left|\dfrac{\dfrac{d^2y}{dx^2}}{1+\left(\dfrac{dy}{dx}\right)^2} \cdot \dfrac{1}{\sqrt{1+\left(\dfrac{dy}{dx}\right)^2}}\right|$$

$$= \dfrac{\left|\dfrac{d^2y}{dx^2}\right|}{\left[1+\left(\dfrac{dy}{dx}\right)^2\right]^{3/2}}.$$

### 例題 1　**解題指引** ☺ 利用定理 3-4

求雙曲線 $y = \dfrac{1}{x}$ 在點 $(1, 1)$ 的曲率.

**解** 因 $y = \dfrac{1}{x}$，可得 $y'(x) = -\dfrac{1}{x^2}$，$y''(x) = \dfrac{2}{x^3}$，故 $y'(1) = -1$，$y''(1) = 2$.

於是，$\kappa(1) = \dfrac{|2|}{(1+1)^{3/2}} = \dfrac{\sqrt{2}}{2}$．

**例題 2**　**解題指引** ☺　利用定理 3-4

求曲線 $y = \sin x$ 在點 $\left(\dfrac{\pi}{2}, 1\right)$ 的曲率．

**解**　因 $y = \sin x$，可得 $y'(x) = \cos x$，$y''(x) = -\sin x$，

故 $y'\left(\dfrac{\pi}{2}\right) = 0$，$y''\left(\dfrac{\pi}{2}\right) = -1$．於是，

$$\kappa\left(\dfrac{\pi}{2}\right) = \dfrac{|-1|}{(1+0)^{3/2}} = 1.$$

**例題 3**　**解題指引** ☺　利用定理 3-4

求拋物線 $y^2 = 4x$ 在點 $(1, 2)$ 的曲率．

**解**　因 $y^2 = 4x$，可得 $2yy' = 4$，故 $y' = \dfrac{2}{y}$，$y'' = -\dfrac{2y'}{y^2} = -\dfrac{4}{y^3}$．

已知 $x = 1$，$y = 2$，則 $y'(1) = \dfrac{2}{2} = 1$，$y''(1) = -\dfrac{4}{8} = -\dfrac{1}{2}$．於是

$$\kappa(1) = \dfrac{\left|-\dfrac{1}{2}\right|}{(1+1)^{3/2}} = \dfrac{\sqrt{2}}{8}.$$

若平面上的曲線 $C$ 在點 $P$ 有非零曲率 $\kappa$，則在 $P$ 的**曲率半徑** $\rho$ 定義為

$$\rho = \rho(x) = \dfrac{1}{\kappa} \tag{3-26}$$

而與 $C$ 在 $P$ 有一條公切線且圓心位於 $C$ 之凹側的圓稱為在 $P$ 的**曲率圓**或**密接圓**，圓心稱為在 $P$ 的**曲率中心**，如圖 3-39 所示．曲率圓與曲線 $C$ 在 $P$ 不但接觸而且有相同的曲率，在此意義中，曲率圓在 $P$ 附近是最近似曲線 $C$ 的圓．

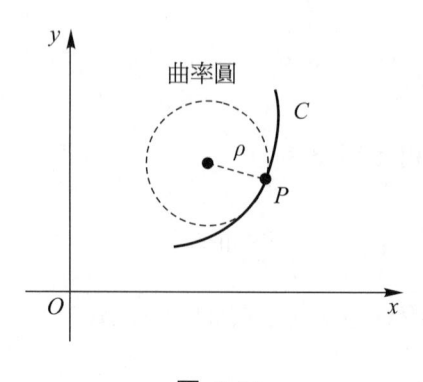

圖 3-39

## 定理 3-5

設平滑曲線在點 $P(x_1, y_1)$ 的曲率為 $\kappa$，曲率半徑為 $\rho$，曲率中心為 $O'(\alpha, \beta)$，則

$$\alpha = x - \frac{y'(x)[1+(y'(x))^2]}{y''(x)}, \quad \beta = y + \frac{1+(y'(x))^2}{y''(x)}.$$

**證** 如圖 3-40 所示，曲線 $C$ 為上凹，

$$\beta - y = -\frac{1}{y'(x)}(\alpha - x) \quad \cdots\cdots ①$$

$$(\alpha - x)^2 + (\beta - y)^2 = \rho^2 = \frac{[1+(y'(x))^2]^3}{(y''(x))^2} \quad \cdots\cdots ②$$

由 ① 式可得 $\alpha - x = -y'(x)(\beta - y)$，代入 ② 式，變成

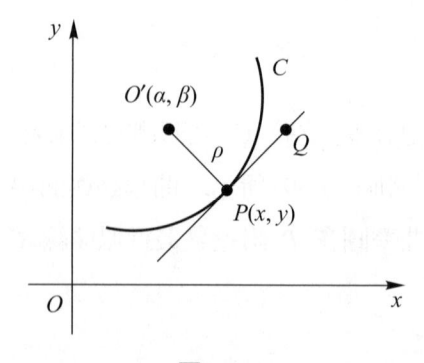

圖 3-40

$$(\beta-y)^2[1+(y'(x))^2] = \frac{[1+(y'(x))^2]^3}{(y''(x))^2}$$

或

$$\beta - y = \pm \frac{1+(y'(x))^2}{y''(x)}$$

因 $y''(x) > 0$，且 $\beta - y > 0$，故應取"$+$"號（當 $C$ 為下凹時還是一樣）．

所以，

$$\beta = y + \frac{1+(y'(x))^2}{y''(x)},$$

$$\alpha = x - \frac{y'(x)[1+(y'(x))^2]}{y''(x)}.$$

**例題 4**  **解題指引** ☺ 利用曲率圓的定義及曲率中心

求雙曲線 $y = \dfrac{1}{x}$ 在點 $(1, 1)$ 的曲率圓方程式．

**解** 因曲率半徑 $\rho = \sqrt{2}$．若曲率中心的坐標為 $(x, y)$，則

$$x = 1 - \frac{1+1}{2} \cdot (-1) = 2$$

$$y = 1 - \frac{1+1}{2} = 2$$

所以，曲率圓方程式為 $(x-2)^2 + (y-2)^2 = 2$．

對於在曲線上某點的曲率圓與該曲線有下列相同處：

**1.** 通過相同點 $(x_1, y_1)$．

**2.** 在點 $(x_1, y_1)$ 有相同切線．

**3.** 在點 $(x_1, y_1)$ 有相同曲線．

我們現在以這種處理曲率圓的方式，重複例題 4 的問題．

**例題 5**　**解題指引**　曲率圓的另一種求法

求雙曲線 $y=\dfrac{1}{x}$ 在點 $(1, 1)$ 的曲率圓方程式.

**解**　因 $y=\dfrac{1}{x}$，可得 $y'=-\dfrac{1}{x^2}$，$y''=\dfrac{2}{x^3}$，故 $y'(1)=-1$，$y''(1)=2$.

設曲率圓方程式為 $x^2+y^2+dx+ey+f=0$

則

$2x+2yy'+d+ey'=0$

$2+2y'y'+2yy''+ey''=0$

因此，
$$\begin{cases} 2+d+e+f=0 \\ d-e=0 \\ 8+2e=0 \end{cases}$$

解得：$e=-4$，$d=-4$，$f=6$

故在點 $(1, 1)$ 的曲率圓方程式為 $x^2+y^2-4x-4y+6=0$.

## 習題 3-3

在 1～4 題中，求曲線在指定點的曲率.

1. $y=\dfrac{x^3}{3}$；$(0, 0)$
2. $y=\tan x$；$\left(\dfrac{\pi}{4}, 1\right)$
3. $y^2-4x^2=9$；$(2, 5)$
4. $y^2=x^3$；$(1, 1)$
5. 求拋物線 $y=x^2$ 在點 $(1, 1)$ 的曲率圓方程式.
6. 求曲線 $y=\sin x$ 在點 $\left(\dfrac{\pi}{2}, 1\right)$ 的曲率圓方程式.
7. 求曲線 $y=\cos x$ 在點 $(0, 1)$ 與點 $(\pi, -1)$ 的曲率半徑，並作出在該點的曲率圓.
8. 考慮曲線 $y=x^4-2x^2$.
   (1) 求在具有相對極值之點的曲率半徑.
   (2) 在具有相對極值的點作出曲率圓.

# 4 三維空間的向量幾何

## 本章學習目標

- 認識三維直角坐標系與三維空間向量
- 認識向量之內積與叉積
- 認識三維空間中之直線與曲線
- 認識三維空間中之平面與曲面
- 熟悉直角坐標與柱面坐標的互換
- 熟悉直角坐標與球面坐標的互換
- 瞭解向量函數之微分與積分

## 4-1 三維直角坐標系

我們知道，在平面上，任何一點可用實數序對 $(a, b)$ 表示，此處 $a$ 為 $x$-坐標，$b$ 為 $y$-坐標．在三維空間中，我們將用**有序三元組表出任意點**．

首先，我們選取一個定點 $O$ (稱為**原點**) 與三條互相垂直且通過 $O$ 的有向直線 (稱為**坐標軸**)，標為 $x$-軸、$y$-軸與 $z$-軸，此三個坐標軸決定一個右手坐標系 (此為我們所使用者)，如圖 4-1 所示；它們也決定三個坐標平面，如圖 4-2 所示．$xy$-平面包含 $x$-軸與 $y$-軸，$yz$-平面包含 $y$-軸與 $z$-軸，而 $xz$-平面包含 $x$-軸與 $z$-軸；這三個平面將空間分成八個部分，每一個部分稱為**卦限**．

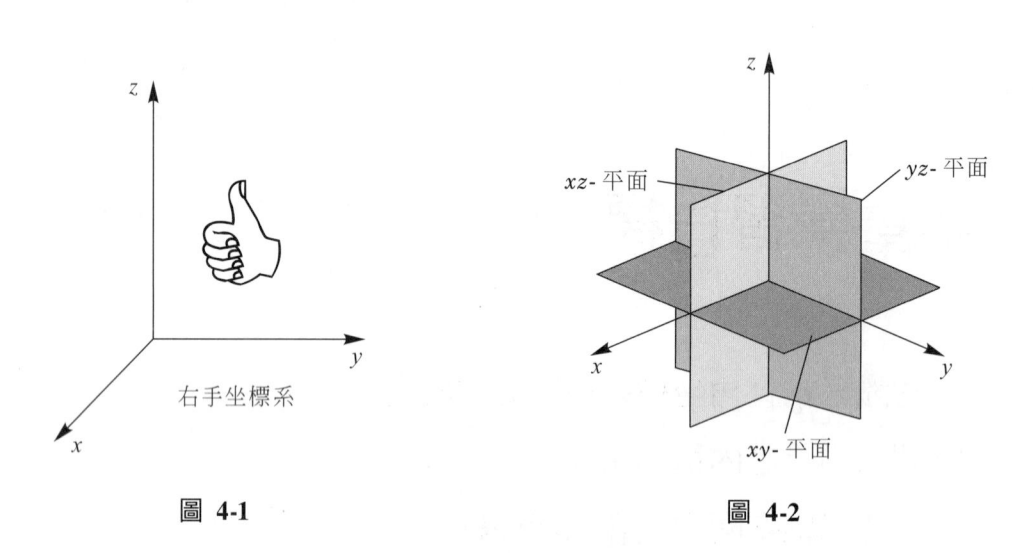

**圖 4-1**　　　　　　　　　　　　**圖 4-2**

若 $P$ 為三維空間中任一點，令 $a$ 為自 $P$ 至 $yz$-平面的距離，$b$ 為自 $P$ 至 $xz$-平面的距離，$c$ 為自 $P$ 至 $xy$-平面的距離．我們用有序實數三元組表示點 $P$，稱 $a$、$b$ 與 $c$ 為 $P$ 的**坐標**；$a$ 為 $x$-**坐標**，$b$ 為 $y$-**坐標**，$c$ 為 $z$-**坐標**．因此，欲找出點 $(a, b, c)$ 的位置，首先自原點 $O$ 出發，沿 $x$-軸移動 $a$ 單位，然後平行 $y$-軸移動 $b$ 單位，再平行 $z$-軸移動 $c$ 單位，如圖 4-3 所示．點 $P(a, b, c)$ 決定了一個矩形體框架，如圖 4-4 所示．若自 $P$ 對 $xy$-平面作垂足，則得到 $Q(a, b, 0)$，稱為 $P$ 在 $xy$-平面上的投影；同理，$R(0, b, c)$ 與 $S(a, 0, c)$ 分別為 $P$ 在 $yz$-平面與 $xz$-平面上的投影．

所有有序實數三元組構成的集合稱為**笛卡兒積** $I\!R \times I\!R \times I\!R = \{(x, y, z) | x, y, z \in I\!R\}$，記為 $I\!R^3$，稱為**三維直角坐標系**．在三維空間 $I\!R^3$ 中的點與有序實數三元組作一一

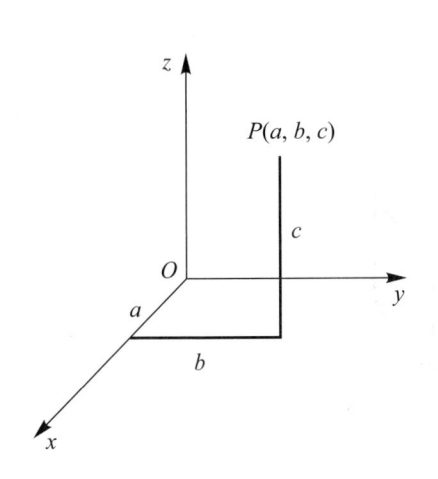

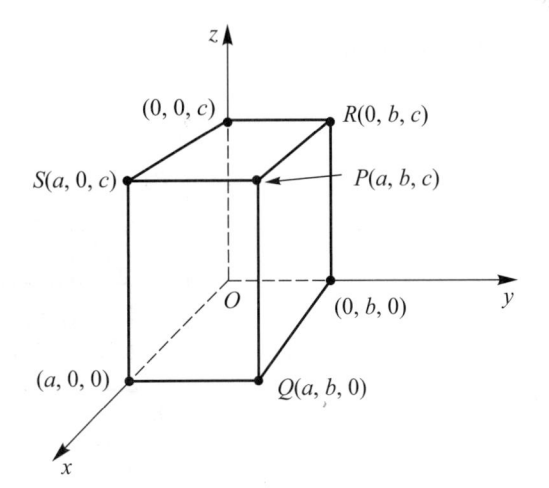

圖 4-3

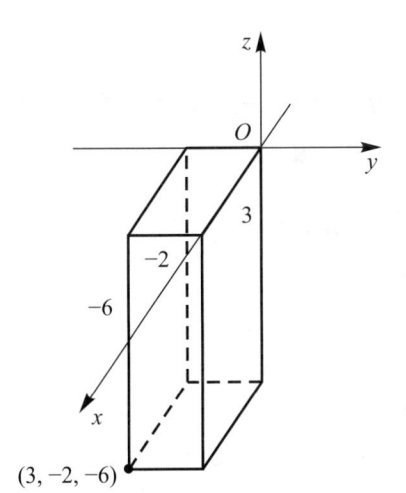

圖 4-4

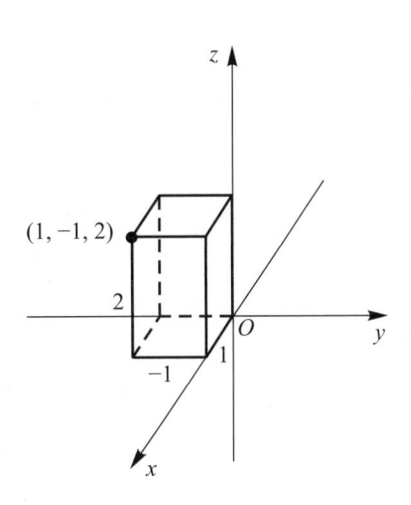

圖 4-5

對應，例如，點 $(3, -2, -6)$ 與點 $(1, -1, 2)$，如圖 4-5 所示.

## 定理 4-1

兩點 $P_1(x_1, y_1, z_1)$ 與 $P_2(x_2, y_2, z_2)$ 之間的距離為

$$|P_1P_2| = \sqrt{(x_2-x_1)^2+(y_2-y_1)^2+(z_2-z_1)^2}.$$

證 如圖 4-6 所示，

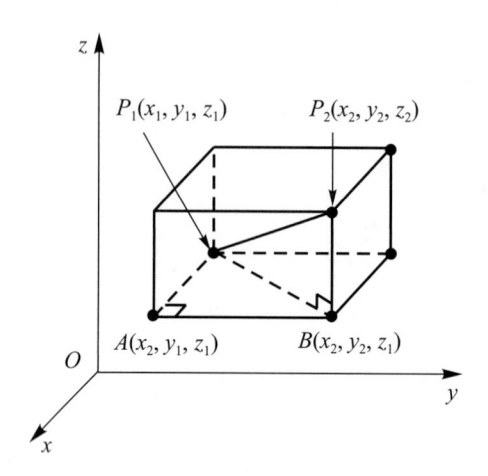

**圖 4-6**

由於 $|P_1A|=|x_2-x_1|$，$|AB|=|y_2-y_1|$，$|BP_2|=|z_2-z_1|$，且三角形 $P_1BP_2$ 與三角形 $P_1AB$ 皆為直角三角形，故利用畢氏定理可得

$$|P_1P_2|^2=|P_1B|^2+|BP_2|^2$$
$$|P_1B|^2=|P_1A|^2+|AB|^2$$

於是，

$$\begin{aligned}|P_1P_2|^2&=|P_1A|^2+|AB|^2+|BP_2|^2\\&=|x_2-x_1|^2+|y_2-y_1|^2+|z_2-z_1|^2\\&=(x_2-x_1)^2+(y_2-y_1)^2+(z_2-z_1)^2\end{aligned}$$

故

$$|P_1P_2|=\sqrt{(x_2-x_1)^2+(y_2-y_1)^2+(z_2-z_1)^2}.$$

❀

**例題 1** 解題指引 ☺ 利用定理 4-1

若 $\triangle ABC$ 的頂點坐標分別為 $A(2, 1, 3)$，$B(0, 1, 2)$，$C(1, 3, 0)$，則此三角形是何種三角形？

**解**

$$|AB|^2=(2-0)^2+(1-1)^2+(3-2)^2=5$$
$$|BC|^2=(0-1)^2+(1-3)^2+(2-0)^2=9$$
$$|AC|^2=(2-1)^2+(1-3)^2+(3-0)^2=14$$

因為
$$|AB|^2+|BC|^2=|AC|^2$$
故此三角形為直角三角形.

利用三維空間中兩點間之距離公式，可知與某一定點 $C(h, k, l)$ 之距離為 $r$ 的所有點所成的集合 (或軌跡) 為一球面，其方程式為

$$(x-h)^2+(y-k)^2+(z-l)^2=r^2 \tag{4-1}$$

而當 $(h, k, l)=(0, 0, 0)$，也就是說，球心位於原點時，球面方程式為

$$x^2+y^2+z^2=r^2 \tag{4-2}$$

如果我們將式 (4-1) 展開，可知球面的方程式恆可寫成下述的形式

$$x^2+y^2+z^2+ax+by+cz+d=0 \tag{4-3}$$

此式稱為球面的**通式** (或**一般式**).

反之，由式 (4-3) 可配方得

$$\left(x+\frac{a}{2}\right)^2+\left(y+\frac{b}{2}\right)^2+\left(z+\frac{c}{2}\right)^2=\frac{a^2}{4}+\frac{b^2}{4}+\frac{c^2}{4}-d$$

此式與式 (4-1) 比較，可得

$$h=-\frac{a}{2}, \ k=-\frac{b}{2}, \ l=-\frac{c}{2}, \ r^2=\frac{a^2+b^2+c^2-4d}{4}.$$

## 定理 4-2

方程式 (4-3) 為一球面方程式的充要條件為 $a^2+b^2+c^2-4d>0$.

在此時，其球心為 $\left(-\dfrac{a}{2}, -\dfrac{b}{2}, -\dfrac{c}{2}\right)$，半徑為 $\dfrac{1}{2}\sqrt{a^2+b^2+c^2-4d}$；

當 $a^2+b^2+c^2-4d=0$ 時，式 (4-3) 的軌跡只有一點 $\left(-\dfrac{a}{2}, -\dfrac{b}{2}, -\dfrac{c}{2}\right)$；

當 $a^2+b^2+c^2-4d<0$ 時，式 (4-3) 的軌跡為**空集合**.

### 例題 2　利用定理 4-2

討論方程式 $x^2+y^2+z^2+4x-6y+2z+6=0$ 的圖形．

**解**　將方程式配方可得

$$(x^2+4x+4)+(y^2-6y+9)+(z^2+2z+1)=-6+4+9+1$$

或

$$(x+2)^2+(y-3)^2+(z+1)^2=8$$

故此方程式的圖形為以 $(-2, 3, -1)$ 為球心且 $2\sqrt{2}$ 為半徑的球面．

## 習題 4-1

1. 繪出點 $P(-4, 3, -5)$．
2. 試證：三點 $A(-4, 3, 2)$、$B(0, 1, 4)$ 與 $C(-6, 4, 1)$ 共線．
3. 試證：$P_1(4, 5, 2)$、$P_2(1, 7, 3)$ 與 $P_3(2, 4, 5)$ 為一等邊三角形的三頂點．
4. 試證：$P(2, 4, -1)$、$Q(3, 2, 4)$ 與 $R(5, 13, 8)$ 為一直角三角形的三頂點．
5. 討論方程式 $x^2+y^2+z^2-6x+2y-z-\dfrac{23}{4}=0$ 的圖形．
6. 討論方程式 $x^2+y^2+z^2-2y+4z+5=0$ 的圖形．
7. 求球心為 $(2, 4, 5)$ 且切於 $xy$-平面之球的方程式．
8. 求以兩點 $(-2, 3, 6)$ 及 $(4, -1, 5)$ 所連線段為直徑的球的方程式．

## 4-2　三維空間向量

有關向量的一般觀念已在第二冊第八章中敘述過，在此僅略為複習而已．

假設 $P(a_1, b_1, c_1)$ 與 $Q(a_2, b_2, c_2)$ 為三維空間 $\mathbb{R}^3$ 中任意兩點，則從 $P$ 到 $Q$ 所形成的向量 $\overrightarrow{PQ}$ 為

$$\overrightarrow{PQ}=<a_2-a_1,\ b_2-b_1,\ c_2-c_1>$$

其中 P 和 Q 分別稱為向量 $\overrightarrow{PQ}$ 的始點與終點；而 $a_2-a_1$、$b_2-b_1$、$c_2-c_1$ 分別稱為向量 $\overrightarrow{PQ}$ 的 *x*-分量、*y*-分量、*z*-分量. 而向量 $\overrightarrow{PQ}$ 的大小或長度，定義為

$$|\overrightarrow{PQ}| = \sqrt{(a_2-a_1)^2+(b_2-b_1)^2+(c_2-c_1)^2}$$

於空間 $I\!R^3$ 中，以原點 $O(0, 0, 0)$ 為有向線段的始點，$P(a_1, a_2, a_3)$ 為有向線段的終點，則 $\overrightarrow{OP}$ 稱為對應於

$$\mathbf{a} = <a_1, a_2, a_3>$$

或

$$\mathbf{a} = \begin{bmatrix} a_1 \\ a_2 \\ a_3 \end{bmatrix} \text{(此係以矩陣記法表示向量)}$$

的位置向量，而三維空間中的任何向量 **a** 皆可以用三維空間之**基本單位向量 i、j 與 k** 的線性組合方式表示，如圖 4-7 所示.

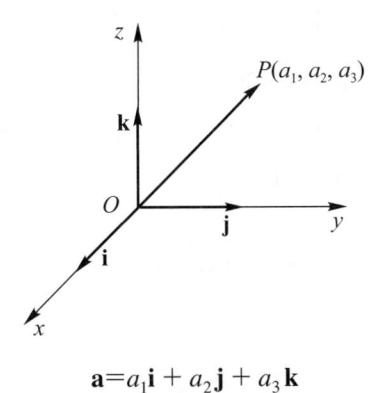

$$\mathbf{a} = a_1\mathbf{i} + a_2\mathbf{j} + a_3\mathbf{k}$$

圖 4-7

## 定理 4-3

設 **a**、**b** 與 **c** 為三維空間 $I\!R^3$ 中的向量，且 $k$ 與 $l$ 皆為純量，則
(1) $\mathbf{a}+\mathbf{b}=\mathbf{b}+\mathbf{a}$
(2) $(\mathbf{a}+\mathbf{b})+\mathbf{c}=\mathbf{a}+(\mathbf{b}+\mathbf{c})$
(3) $\mathbf{a}+\mathbf{0}=\mathbf{0}+\mathbf{a}=\mathbf{a}$
(4) 存在 $-\mathbf{a}$ 使得 $\mathbf{a}+(-\mathbf{a})=(-\mathbf{a})+\mathbf{a}=\mathbf{0}$

(5) $k(\mathbf{a}+\mathbf{b})=k\mathbf{a}+k\mathbf{b}$

(6) $(k+l)\mathbf{a}=k\mathbf{a}+l\mathbf{a}$

(7) $(kl)\mathbf{a}=k(l\mathbf{a})=l(k\mathbf{a})$

(8) $1\mathbf{a}=\mathbf{a}$.

**例題 1** **解題指引** ☺ 利用單位向量 $\mathbf{u}=\dfrac{\mathbf{a}}{|\mathbf{a}|}$

試求出與向量 $\mathbf{a}=2\mathbf{i}-\mathbf{j}+3\mathbf{k}$ 同方向的單位向量.

**解** 因 $|\mathbf{a}|=\sqrt{(2)^2+(-1)^2+3^2}=\sqrt{14}$

故 $\mathbf{u}=\dfrac{\mathbf{a}}{|\mathbf{a}|}=\dfrac{2\mathbf{i}-\mathbf{j}+3\mathbf{k}}{\sqrt{14}}=\dfrac{2}{\sqrt{14}}\mathbf{i}-\dfrac{1}{\sqrt{14}}\mathbf{j}+\dfrac{3}{\sqrt{14}}\mathbf{k}$.

**例題 2** **解題指引** ☺ 利用向量長度的定義

設 $\mathbf{a}=2\mathbf{i}-5\mathbf{j}+\mathbf{k}$, $\mathbf{b}=-3\mathbf{i}+3\mathbf{j}+2\mathbf{k}$, $\mathbf{c}=5\mathbf{i}+3\mathbf{j}$, 求 $|2\mathbf{a}+3\mathbf{b}-\mathbf{c}|$.

**解** 因 $2\mathbf{a}+3\mathbf{b}-\mathbf{c}=2(2\mathbf{i}-5\mathbf{j}+\mathbf{k})+3(-3\mathbf{i}+3\mathbf{j}+2\mathbf{k})-(5\mathbf{i}+3\mathbf{j})$
$=(4-9-5)\mathbf{i}+(-10+9-3)\mathbf{j}+(2+6)\mathbf{k}$
$=-10\mathbf{i}-4\mathbf{j}+8\mathbf{k}$

故 $|2\mathbf{a}+3\mathbf{b}-\mathbf{c}|=\sqrt{(-10)^2+(-4)^2+8^2}=6\sqrt{5}$.

## 習題 4-2

1. 設 $\mathbf{u}=<-3, 1, 2>$、$\mathbf{v}=<4, 0, -8>$ 與 $\mathbf{w}=<6, -1, -4>$，求一向量 $\mathbf{x}$ 使其滿足方程式 $2\mathbf{u}-\mathbf{v}+\mathbf{x}=7\mathbf{x}+\mathbf{w}$.

2. 令 $\mathbf{v}=<-1, 2, 5>$，求所有滿足 $|k\mathbf{v}|=4$ 的 $k$ 值.

3. 令 $\mathbf{u}=<2, -2, 3>$, $\mathbf{v}=<1, -3, 4>$, $\mathbf{w}=<3, 6, -4>$，求 $|3\mathbf{u}-5\mathbf{v}+\mathbf{w}|$.

4. 求一單位向量 $\mathbf{u}$ 使其平行於 $\mathbf{a}=2\mathbf{i}+4\mathbf{j}-5\mathbf{k}$ 與 $\mathbf{b}=\mathbf{i}+2\mathbf{j}+3\mathbf{k}$ 的和向量.

5. 設 $a$ 為實數，$\mathbf{v}$ 為三維空間 $\mathbb{R}^3$ 中任一向量，試證：$|a\mathbf{v}|=|a|\|\mathbf{v}\|$.

6. 試以 $\mathbf{i}$、$\mathbf{j}$ 與 $\mathbf{k}$ 來表示下列的向量.
   (1) <1, 2, −3>    (2) <0, 1, 2>    (3) <0, 0, −2>

7. 已知 $\mathbf{a}_1=2\mathbf{i}-\mathbf{j}+\mathbf{k}$、$\mathbf{a}_2=\mathbf{i}+3\mathbf{j}-2\mathbf{k}$、$\mathbf{a}_3=-2\mathbf{i}+\mathbf{j}-3\mathbf{k}$ 與 $\mathbf{a}_4=3\mathbf{i}+2\mathbf{j}+5\mathbf{k}$，求純量 $a$、$b$ 與 $c$ 使得 $\mathbf{a}_4=a\mathbf{a}_1+b\mathbf{a}_2+c\mathbf{a}_3$.

## 4-3 三維空間向量之點積與叉積

### 一、點 積

在本節中，我們將探討兩向量的另一種新的乘積運算，稱為**點積**（或內積，或純量積），其結果是一個純量.

#### 定義 4-1

設 $\mathbf{a}$ 與 $\mathbf{b}$ 為三維空間 $\mathbb{R}^3$ 中始點重合的任意兩向量，則 $\mathbf{a}$ 與 $\mathbf{b}$ 的點積定義為

$$\mathbf{a}\cdot\mathbf{b}=\begin{cases}|\mathbf{a}||\mathbf{b}|\cos\theta, & \text{若 }\mathbf{a}\neq\mathbf{0}\text{ 且 }\mathbf{b}\neq\mathbf{0}\\ 0, & \text{若 }\mathbf{a}=\mathbf{0}\text{ 或 }\mathbf{b}=\mathbf{0}\end{cases}$$

其中 $\theta$ 為 $\mathbf{a}$ 與 $\mathbf{b}$ 之間的夾角，且 $0\leq\theta\leq\pi$.

若利用定義求兩向量之**點積**，則必須先知道此兩向量之間的夾角或夾角的**餘弦**，但往往因其夾角或夾角之餘弦均不易求得. 我們可以利用**餘弦定律**導出點積的另一公式.

#### 定理 4-4

若 $\mathbf{a}=a_1\mathbf{i}+a_2\mathbf{j}+a_3\mathbf{k}$ 與 $\mathbf{b}=b_1\mathbf{i}+b_2\mathbf{j}+b_3\mathbf{k}$ 為兩非零向量，則

$$\mathbf{a}\cdot\mathbf{b}=a_1b_1+a_2b_2+a_3b_3. \tag{4-4}$$

**例題 1** 解題指引 利用定義 4-1 及定理 4-4

求兩向量 $\mathbf{a}=2\mathbf{i}-\mathbf{j}+\mathbf{k}$ 與 $\mathbf{b}=-\mathbf{i}+\mathbf{j}$ 之間的夾角.

**解**
$$\mathbf{a}\cdot\mathbf{b}=(2)(-1)+(-1)(1)+(1)(0)=-3$$
$$|\mathbf{a}|=\sqrt{4+1+1}=\sqrt{6}$$
$$|\mathbf{b}|=\sqrt{1+0+1}=\sqrt{2}$$

所以, $$\cos\theta=\frac{\mathbf{a}\cdot\mathbf{b}}{|\mathbf{a}||\mathbf{b}|}=\frac{-3}{\sqrt{6}\sqrt{2}}=-\frac{\sqrt{3}}{2}$$

因 $0\leq\theta\leq\pi$, 故夾角 $\theta=\dfrac{5\pi}{6}$.

## 定理 4-5

設 $\mathbf{a}$ 與 $\mathbf{b}$ 為空間 $I\!R^3$ 中兩非零向量, 則
(1) $\mathbf{a}$ 與 $\mathbf{b}$ 互相垂直 $\Leftrightarrow \mathbf{a}\cdot\mathbf{b}=0$
(2) $\mathbf{a}$ 與 $\mathbf{b}$ 平行且同方向 $\Leftrightarrow \mathbf{a}\cdot\mathbf{b}=|\mathbf{a}||\mathbf{b}|$
(3) $\mathbf{a}$ 與 $\mathbf{b}$ 平行但方向相反 $\Leftrightarrow \mathbf{a}\cdot\mathbf{b}=-|\mathbf{a}||\mathbf{b}|$.

**例題 2** 解題指引 利用定理 4-5

試證 $\mathbf{a}=<1, 2, -3>$ 與 $\mathbf{b}=<2, 2, 2>$ 互相垂直.

**解** 因 $\mathbf{a}\cdot\mathbf{b}=(1)(2)+(2)(2)+(-3)(2)=0$, 故 $\mathbf{a}$ 與 $\mathbf{b}$ 互相垂直.

**例題 3** 解題指引 利用定理 4-5(3)

設 $\mathbf{a}=2\mathbf{i}-2\mathbf{j}-3\mathbf{k}$, $\mathbf{b}=-4\mathbf{i}+4\mathbf{j}+6\mathbf{k}$, 試證 $\mathbf{a}$ 與 $\mathbf{b}$ 平行且同方向.

**解** 因 $\mathbf{a}\cdot\mathbf{b}=(2)(-4)+(-2)(4)+(-3)(6)=-8-8-18=-34$
$$|\mathbf{a}||\mathbf{b}|=\sqrt{2^2+(-2)^2+(-3)^2}\;\sqrt{(-4)^2+(4)^2+(6)^2}$$
$$=\sqrt{17}\;\sqrt{68}=34$$

即 $\mathbf{a}\cdot\mathbf{b}=-|\mathbf{a}||\mathbf{b}|$, 故 $\mathbf{a}$ 與 $\mathbf{b}$ 平行且反方向.

## 定理 4-6

設 **a**、**b** 與 **c** 為三維空間 $IR^3$ 中任意向量,且 $k$ 為純量,則

(1) $\mathbf{a} \cdot \mathbf{b} = \mathbf{b} \cdot \mathbf{a}$

(2) $\mathbf{a} \cdot (\mathbf{b} + \mathbf{c}) = \mathbf{a} \cdot \mathbf{b} + \mathbf{a} \cdot \mathbf{c}$

(3) $(\mathbf{a} + \mathbf{b}) \cdot \mathbf{c} = \mathbf{a} \cdot \mathbf{c} + \mathbf{b} \cdot \mathbf{c}$

(4) $k(\mathbf{a} \cdot \mathbf{b}) = (k\mathbf{a}) \cdot \mathbf{b}$

(5) $\mathbf{a} \cdot \mathbf{a} = |\mathbf{a}|^2$

(6) $|\mathbf{a} \cdot \mathbf{b}| \leq |\mathbf{a}||\mathbf{b}|$ (柯西-希瓦茲不等式)

(7) $|\mathbf{a} + \mathbf{b}| \leq |\mathbf{a}| + |\mathbf{b}|$ (三角不等式).

## 二、叉積

在三維空間 $IR^3$ 中,兩向量 **a** 與 **b** 的叉積 (或稱向量積或外積),此新的運算產生另一向量. 兩向量之外積首先用來討論有關力矩的工具.

## 定義 4-2

若 $\mathbf{a} = a_1\mathbf{i} + a_2\mathbf{j} + a_3\mathbf{k}$,$\mathbf{b} = b_1\mathbf{i} + b_2\mathbf{j} + b_3\mathbf{k}$,則 **a** 與 **b** 的叉積定義為

$$\mathbf{a} \times \mathbf{b} = <a_2b_3 - a_3b_2,\ a_3b_1 - a_1b_3,\ a_1b_2 - a_2b_1>. \tag{4-5}$$

(4-5) 式可以寫成下面的形式來記憶.

$$\mathbf{a} \times \mathbf{b} = \begin{vmatrix} a_2 & a_3 \\ b_2 & b_3 \end{vmatrix}\mathbf{i} - \begin{vmatrix} a_1 & a_3 \\ b_1 & b_3 \end{vmatrix}\mathbf{j} + \begin{vmatrix} a_1 & a_2 \\ b_1 & b_2 \end{vmatrix}\mathbf{k} = \begin{vmatrix} \mathbf{i} & \mathbf{j} & \mathbf{k} \\ a_1 & a_2 & a_3 \\ b_1 & b_2 & b_3 \end{vmatrix} \tag{4-6}$$

(4-6) 式的右邊並非真正的行列式,這只是有助於記憶的設計,因行列式中的元素必須是純量,而非向量. 但是,對它化簡時,可按行列式的法則處理.

**例題 4** 　**解題指引** ☺ 利用 (4-6) 式

設 $\mathbf{a}=2\mathbf{i}-\mathbf{j}+\mathbf{k}$，$\mathbf{b}=4\mathbf{i}+2\mathbf{j}-\mathbf{k}$，求 $|\mathbf{a}\times\mathbf{b}|$．

**解**
$$\mathbf{a}\times\mathbf{b}=\begin{vmatrix} \mathbf{i} & \mathbf{j} & \mathbf{k} \\ 2 & -1 & 1 \\ 4 & 2 & -1 \end{vmatrix}=\begin{vmatrix} -1 & 1 \\ 2 & -1 \end{vmatrix}\mathbf{i}-\begin{vmatrix} 2 & 1 \\ 4 & -1 \end{vmatrix}\mathbf{j}+\begin{vmatrix} 2 & -1 \\ 4 & 2 \end{vmatrix}\mathbf{k}$$

$$=(1-2)\mathbf{i}-(-2-4)\mathbf{j}+(4+4)\mathbf{k}$$

$$=-\mathbf{i}+6\mathbf{j}+8\mathbf{k}$$

故 $|\mathbf{a}\times\mathbf{b}|=\sqrt{(-1)^2+6^2+8^2}=\sqrt{101}$．

### 定理 4-7

向量 $\mathbf{a}\times\mathbf{b}$ 同時垂直於 $\mathbf{a}$ 與 $\mathbf{b}$．

$\mathbf{a}\times\mathbf{b}$ 的方向可用右手定則來決定：若右手除拇指外的四指指向 $\mathbf{a}$ 的方向，然後旋轉到 $\mathbf{b}$（旋轉角小於 180°），則拇指的指向為 $\mathbf{a}\times\mathbf{b}$ 的方向（圖 4-8）．

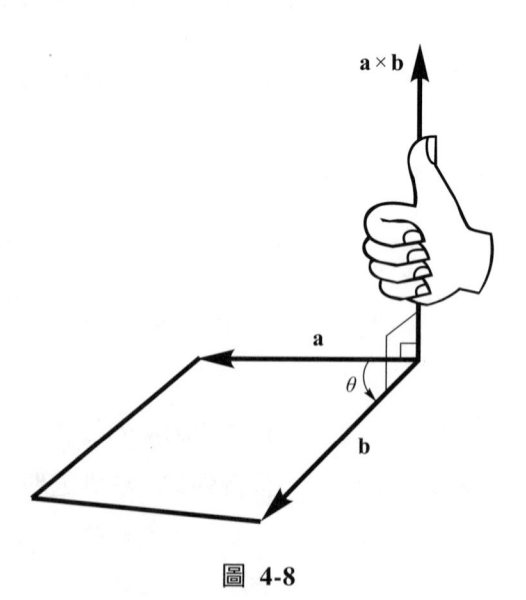

圖 4-8

## 定理 4-8

若 $\theta$ 為三維空間 $I\!R^3$ 中兩非零向量 $\mathbf{a}$ 與 $\mathbf{b}$ 之間的夾角，則

$$|\mathbf{a}\times\mathbf{b}| = |\mathbf{a}||\mathbf{b}|\sin\theta. \tag{4-7}$$

**證** 令 $\mathbf{a}=<a_1, a_2, a_3>$，$\mathbf{b}=<b_1, b_2, b_3>$，則

$$\begin{aligned}
|\mathbf{a}\times\mathbf{b}|^2 &= (\mathbf{a}\times\mathbf{b})\cdot(\mathbf{a}\times\mathbf{b}) \\
&= (a_2b_3-a_3b_2)^2+(a_3b_1-a_1b_3)^2+(a_1b_2-a_2b_1)^2 \\
&= a_2^2b_3^2-2a_2a_3b_2b_3+a_3^2b_2^2+a_3^2b_1^2-2a_1a_3b_1b_3+a_1^2b_3^2 \\
&\quad +a_1^2b_2^2-2a_1a_2b_1b_2+a_2^2b_1^2 \\
&= (a_1^2+a_2^2+a_3^2)(b_1^2+b_2^2+b_3^2)-(a_1b_1+a_2b_2+a_3b_3)^2 \\
&= |\mathbf{a}|^2|\mathbf{b}|^2-(\mathbf{a}\cdot\mathbf{b})^2 \\
&= |\mathbf{a}|^2|\mathbf{b}|^2-|\mathbf{a}|^2|\mathbf{b}|^2\cos^2\theta \\
&= |\mathbf{a}|^2|\mathbf{b}|^2(1-\cos^2\theta) \\
&= |\mathbf{a}|^2|\mathbf{b}|^2\sin^2\theta
\end{aligned}$$

因 $0\leq\theta\leq\pi$，可得 $\sin\theta\geq 0$，故 $|\mathbf{a}\times\mathbf{b}|=|\mathbf{a}||\mathbf{b}|\sin\theta$. ❈

由 (4-8) 式，$\mathbf{a}\times\mathbf{b}=\mathbf{0}$，若且唯若 $\mathbf{a}=\mathbf{0}$，或 $\mathbf{b}=\mathbf{0}$，或 $\sin\theta=0$. 在所有情形中，$\mathbf{a}$ 與 $\mathbf{b}$ 平行. 對於前兩個情形，這是成立的，因 $\mathbf{0}$ 平行於每一向量；而在第三個情形，$\sin\theta=0$ 蘊涵 $\mathbf{a}$ 與 $\mathbf{b}$ 之間的夾角為 $\theta=0$ 或 $\theta=\pi$. 因此，我們可得下面的結論：

1. $\mathbf{a}\times\mathbf{b}=\mathbf{0} \Leftrightarrow \mathbf{a}$ 與 $\mathbf{b}$ 平行
2. $|\mathbf{a}\times\mathbf{b}|$ 之幾何意義：若 $\mathbf{a}$ 與 $\mathbf{b}$ 有相同始點，則它們決定了底為 $|\mathbf{a}|$，高為 $|\mathbf{b}|\sin\theta$，面積為 $A=|\mathbf{a}|(|\mathbf{b}|\sin\theta)=|\mathbf{a}\times\mathbf{b}|$ 的平行四邊形 (圖 4-9). 換句話說，$\mathbf{a}\times\mathbf{b}$ 的長度在數值上等於由 $\mathbf{a}$ 與 $\mathbf{b}$ 所決定平行四邊形的面積.

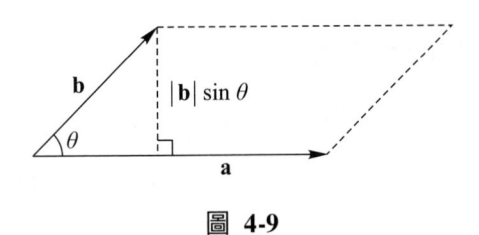

**圖 4-9**

**例題 5** 解題指引 ☺ 利用 (4-7) 式

求兩向量 $\mathbf{a}=<2, 3, -6>$ 與 $\mathbf{b}=<2, 3, 6>$ 間之夾角的正弦值.

**解**

$$\mathbf{a}\times\mathbf{b}=\begin{vmatrix} \mathbf{i} & \mathbf{j} & \mathbf{k} \\ 2 & 3 & -6 \\ 2 & 3 & 6 \end{vmatrix}=36\mathbf{i}-24\mathbf{j}$$

可得 $|\mathbf{a}\times\mathbf{b}|=\sqrt{(36)^2+(-24)^2}=12\sqrt{13}$

因 $|\mathbf{a}\times\mathbf{b}|=|\mathbf{a}||\mathbf{b}|\sin\theta,$

故 $\sin\theta=\dfrac{|\mathbf{a}\times\mathbf{b}|}{|\mathbf{a}||\mathbf{b}|}=\dfrac{12\sqrt{13}}{\sqrt{2^2+3^2+(-6)^2}\sqrt{2^2+3^2+6^2}}=\dfrac{12\sqrt{13}}{49}.$

**例題 6** 解題指引 ☺ 利用 (4-7) 式

求頂點為 $A(2, 3, 4)$、$B(-1, 3, 2)$、$C(1, -4, 3)$ 與 $D(4, -4, 5)$ 之平行四邊形的面積.

**解** 此平行四邊形是以 $\overrightarrow{AB}$ 與 $\overrightarrow{AD}$ 為相鄰兩邊. (為什麼不是 $\overrightarrow{AB}$ 與 $\overrightarrow{AC}$ ?)

而 $\overrightarrow{AB}=(-1-2)\mathbf{i}+(3-3)\mathbf{j}+(2-4)\mathbf{k}=-3\mathbf{i}-2\mathbf{k}$

$\overrightarrow{AD}=(4-2)\mathbf{i}+(-4-3)\mathbf{j}+(5-4)\mathbf{k}=2\mathbf{i}-7\mathbf{j}+\mathbf{k}$

所以, $\overrightarrow{AB}\times\overrightarrow{AD}=\begin{vmatrix} \mathbf{i} & \mathbf{j} & \mathbf{k} \\ -3 & 0 & -2 \\ 2 & -7 & 1 \end{vmatrix}=-14\mathbf{i}-\mathbf{j}+21\mathbf{k}$

因此,平行四邊形的面積為

$$|\overrightarrow{AB}\times\overrightarrow{AD}|=\sqrt{(-14)^2+(-1)^2+(21)^2}=\sqrt{638}.$$

**例題 7** 解題指引 ☺ 利用 (4-7) 式

求點 $R$ 到直線 $L$ 的最短距離 $d$ 的公式.

**解** 如圖 4-10 所示,令 $P$ 及 $Q$ 為 $L$ 上的點,$\theta$ 為 $\overrightarrow{PQ}$ 及 $\overrightarrow{PR}$ 之間的夾角.

因 $$d=|\overrightarrow{PR}|\sin\theta$$

且 $$|\overrightarrow{PQ}\times\overrightarrow{PR}|=|\overrightarrow{PQ}||\overrightarrow{PR}|\sin\theta$$

故 $$d=\frac{1}{|\overrightarrow{PQ}|}|\overrightarrow{PQ}\times\overrightarrow{PR}|.$$

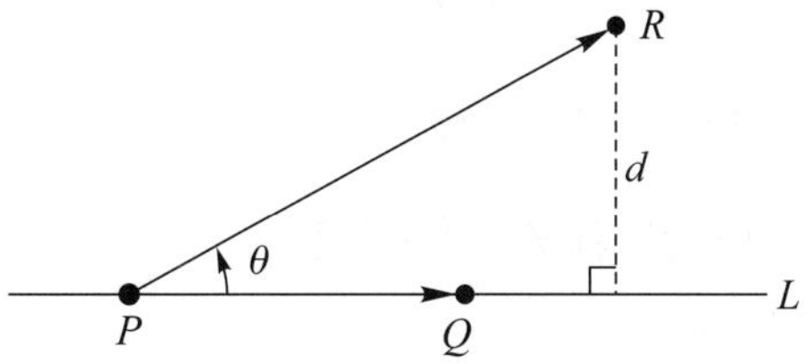

**圖 4-10**

有了外積的觀念之後，對於外積之性質，可歸納出下面的定理.

## 定理 4-9

若 **a**、**b** 與 **c** 為三維空間 $\mathbb{R}^3$ 中的向量，$k$ 為純量，則
(1) $\mathbf{a}\times\mathbf{b}=-(\mathbf{b}\times\mathbf{a})$
(2) $\mathbf{a}\times(\mathbf{b}+\mathbf{c})=\mathbf{a}\times\mathbf{b}+\mathbf{a}\times\mathbf{c}$
(3) $(\mathbf{a}+\mathbf{b})\times\mathbf{c}=\mathbf{a}\times\mathbf{c}+\mathbf{b}\times\mathbf{c}$
(4) $k(\mathbf{a}\times\mathbf{b})=(k\mathbf{a})\times\mathbf{b}=\mathbf{a}\times(k\mathbf{b})$
(5) $\mathbf{a}\times\mathbf{0}=\mathbf{0}\times\mathbf{a}=\mathbf{0}$
(6) $\mathbf{a}\times\mathbf{a}=\mathbf{0}.$

單位向量 **i**、**j** 與 **k** 的叉積特別重要，例如，

$$\mathbf{i}\times\mathbf{j}=\begin{vmatrix}\mathbf{i}&\mathbf{j}&\mathbf{k}\\1&0&0\\0&1&0\end{vmatrix}=\begin{vmatrix}0&0\\1&0\end{vmatrix}\mathbf{i}-\begin{vmatrix}1&0\\0&0\end{vmatrix}\mathbf{j}+\begin{vmatrix}1&0\\0&1\end{vmatrix}\mathbf{k}=\mathbf{k}$$

同理，讀者應該很容易求得下列的結果：

$$i\times j=k \qquad j\times k=i \qquad k\times i=j$$
$$j\times i=-k \qquad k\times j=-i \qquad i\times k=-j$$
$$i\times i=0 \qquad j\times j=0 \qquad k\times k=0$$

注意：一般 $a\times(b\times c) \neq (a\times b)\times c$. 例如：

$$i\times(j\times j)=i\times 0=0$$

而 $$(i\times j)\times j=k\times j=-i$$

故 $$i\times(j\times j) \neq (i\times j)\times j.$$

### 定義 4-3

若 $a$、$b$ 與 $c$ 為三維空間 $\mathbb{R}^3$ 中的非零向量，則 $a\cdot(b\times c)$ 稱為 $a$、$b$ 與 $c$ 的**純量三重積**.

關於 $a=<a_1, a_2, a_3>$，$b=<b_1, b_2, b_3>$，$c=<c_1, c_2, c_3>$ 的純量三重積可由下列的公式計算，

$$a\cdot(b\times c)=\begin{vmatrix} a_1 & a_2 & a_3 \\ b_1 & b_2 & b_3 \\ c_1 & c_2 & c_3 \end{vmatrix} \tag{4-8}$$

上式是藉由 (4-6) 式求得，因為

$$a\cdot(b\times c)=a\cdot\left(\begin{vmatrix} b_2 & b_3 \\ c_2 & c_3 \end{vmatrix}i-\begin{vmatrix} b_1 & b_3 \\ c_1 & c_3 \end{vmatrix}j+\begin{vmatrix} b_1 & b_2 \\ c_1 & c_2 \end{vmatrix}k\right)$$

$$=\begin{vmatrix} b_2 & b_3 \\ c_2 & c_3 \end{vmatrix}a_1-\begin{vmatrix} b_1 & b_3 \\ c_1 & c_3 \end{vmatrix}a_2+\begin{vmatrix} b_1 & b_2 \\ c_1 & c_2 \end{vmatrix}a_3$$

$$=\begin{vmatrix} a_1 & a_2 & a_3 \\ b_1 & b_2 & b_3 \\ c_1 & c_2 & c_3 \end{vmatrix}.$$

**例題 8** 解題指引 ☺ 利用 (4-8) 式

計算 $\mathbf{a}=3\mathbf{i}-2\mathbf{j}-5\mathbf{k}$, $\mathbf{b}=\mathbf{i}+4\mathbf{j}-4\mathbf{k}$, $\mathbf{c}=3\mathbf{j}+2\mathbf{k}$ 的純量三重積.

**解**
$$\mathbf{a}\cdot(\mathbf{b}\times\mathbf{c})=\begin{vmatrix} 3 & -2 & -5 \\ 1 & 4 & -4 \\ 0 & 3 & 2 \end{vmatrix}=3\begin{vmatrix} 4 & -4 \\ 3 & 2 \end{vmatrix}-(-2)\begin{vmatrix} 1 & -4 \\ 0 & 2 \end{vmatrix}+(-5)\begin{vmatrix} 1 & 4 \\ 0 & 3 \end{vmatrix}$$
$$=60+4-15=49.$$

## 定理 4-10

若三向量 $\mathbf{a}=\langle a_1, a_2, a_3\rangle$、$\mathbf{b}=\langle b_1, b_2, b_3\rangle$ 與 $\mathbf{c}=\langle c_1, c_2, c_3\rangle$ 具有共同的始點，則此三向量共平面的充要條件為

$$\mathbf{a}\cdot(\mathbf{b}\times\mathbf{c})=\begin{vmatrix} a_1 & a_2 & a_3 \\ b_1 & b_2 & b_3 \\ c_1 & c_2 & c_3 \end{vmatrix}=0. \tag{4-9}$$

**例題 9** 解題指引 ☺ 三向量共平面之充要條件為 $\mathbf{a}\cdot(\mathbf{b}\times\mathbf{c})=0$

試證三維空間 $I\!R^3$ 中四點 $A(1, 0, 1)$、$B(2, 2, 4)$、$C(5, 5, 7)$ 與 $D(8, 8, 10)$ 共平面.

**解** 我們考慮以 $\overrightarrow{AB}$、$\overrightarrow{AC}$、$\overrightarrow{AD}$ 為三鄰邊的平行六面體，若證得其體積為 $0$，則 $\overrightarrow{AB}$、$\overrightarrow{AC}$ 與 $\overrightarrow{AD}$ 共平面，故 $A$、$B$、$C$ 與 $D$ 在同一平面上，即共平面.

令　　　$\mathbf{a}=\overrightarrow{AB}=\langle 2-1, 2-0, 4-1\rangle=\langle 1, 2, 3\rangle$

$\mathbf{b}=\overrightarrow{AC}=\langle 5-1, 5-0, 7-1\rangle=\langle 4, 5, 6\rangle$

$\mathbf{c}=\overrightarrow{AD}=\langle 8-1, 8-0, 10-1\rangle=\langle 7, 8, 9\rangle$

$$\mathbf{a}\cdot(\mathbf{b}\times\mathbf{c})=\begin{vmatrix} 1 & 2 & 3 \\ 4 & 5 & 6 \\ 7 & 8 & 9 \end{vmatrix}=45-48-2(36-42)+3(32-35)$$

$$=45-48-2(-6)+3(-3)=0$$

所以，$A$、$B$、$C$ 與 $D$ 共平面.

## 習題 4-3

1. 設三維空間 $\mathbb{R}^3$ 中的三點分別為 $A(2, -3, 4)$、$B(-2, 6, 1)$ 與 $C(2, 0, 2)$，求 $\angle ABC$.

2. 下列 $\mathbf{a}$ 與 $\mathbf{b}$ 之間的夾角為鈍角、銳角抑或直角？
   (1) $\mathbf{a}=<6, 1, 4>$，$\mathbf{b}=<2, 0, -3>$
   (2) $\mathbf{a}=<0, 0, -1>$，$\mathbf{b}=<1, 1, 1>$
   (3) $\mathbf{a}=<-6, 0, 4>$，$\mathbf{b}=<3, 1, 6>$
   (4) $\mathbf{a}=<2, 4, -8>$，$\mathbf{b}=<5, 3, 7>$

3. 假設 $\mathbf{a}$ 與 $\mathbf{b}$、$\mathbf{c}$ 皆垂直，試證 $\mathbf{a}$ 亦與 $r\mathbf{b}+s\mathbf{c}$ 垂直，其中 $r$ 與 $s$ 皆為純量.

4. 試證：$|\mathbf{a}+\mathbf{b}| \leq |\mathbf{a}|+|\mathbf{b}|$.

5. 試證：$\mathbf{a} \cdot \mathbf{b} = \dfrac{1}{4}|\mathbf{a}+\mathbf{b}|^2 - \dfrac{1}{4}|\mathbf{a}-\mathbf{b}|^2$.

6. 試證平行四邊形定律：$|\mathbf{a}+\mathbf{b}|^2 + |\mathbf{a}-\mathbf{b}|^2 = 2|\mathbf{a}|^2 + 2|\mathbf{b}|^2$.

7. 已知 $\mathbf{u}=<3, 2, -1>$、$\mathbf{v}=<0, 2, -3>$、$\mathbf{w}=<2, 6, 7>$，求
   (1) $\mathbf{u} \times (\mathbf{v}-2\mathbf{w})$
   (2) $\mathbf{u} \times (\mathbf{v} \times \mathbf{w})$

8. 求兩個單位向量使它們同時垂直於 $\mathbf{v}_1=3\mathbf{i}+4\mathbf{j}-2\mathbf{k}$ 與 $\mathbf{v}_2=-3\mathbf{i}+4\mathbf{j}+\mathbf{k}$.

9. 若 $\theta$ 是 $\mathbf{a}$ 與 $\mathbf{b}$ 之間的夾角，試證：$\tan \theta = \dfrac{|\mathbf{a} \times \mathbf{b}|}{\mathbf{a} \cdot \mathbf{b}}$，此處 $\mathbf{a} \cdot \mathbf{b} \neq 0$.

10. 求以 $\mathbf{u}=-2\mathbf{i}+\mathbf{j}+4\mathbf{k}$ 與 $\mathbf{v}=4\mathbf{i}-2\mathbf{j}-5\mathbf{k}$ 為鄰邊之平行四邊形的面積.

11. 求由三點 $P(2, 6, -1)$、$Q(1, 1, 1)$ 與 $R(4, 6, 2)$ 為頂點的三角形的面積.

12. 判斷 $\mathbf{u}$、$\mathbf{v}$ 與 $\mathbf{w}$ 是否共平面？
    (1) $\mathbf{u}=<-1, -2, 1>$，$\mathbf{v}=<3, 0, -2>$，$\mathbf{w}=<5, -4, 0>$

(2) $\mathbf{u}=<5, -2, 1>$, $\mathbf{v}=<4, -1, 1>$, $\mathbf{w}=<1, -1, 0>$

13. 試證：$(\mathbf{u}\times\mathbf{v})\cdot\mathbf{w}=\mathbf{u}\cdot(\mathbf{v}\times\mathbf{w})$.

14. 試證：$|\mathbf{u}\times\mathbf{v}|^2+(\mathbf{u}\cdot\mathbf{v})^2=|\mathbf{u}|^2|\mathbf{v}|^2$.

## ▶▶ 4-4 三維空間之直線與曲線方程式

### 一、空間中的直線方程式

在三維空間 $\mathbb{R}^3$ 中任何兩相異點可決定一條直線. 令 $\mathbf{v}=<a, b, c>$ 為三維空間 $\mathbb{R}^3$ 中的非零向量且 $P_0(x_0, y_0, z_0)$ 為一已知點，若點 $P(x, y, z)$ 位於已通過 $P_0$ 的直線 $L$ 上且 $\overrightarrow{P_0P}$ 與 $\mathbf{v}$ 平行，如圖 4-11 所示，則我們必有下面的關係：

$$\overrightarrow{P_0P}=t\mathbf{v}, \quad t\in\mathbb{R} \tag{4-10}$$

但 $\overrightarrow{P_0P}=<x-x_0, y-y_0, z-z_0>$，$t\mathbf{v}=<ta, tb, tc>$，所以，

$$x-x_0=ta, \quad y-y_0=tb, \quad z-z_0=tc \tag{4-11}$$

或

$$x=x_0+at, \quad y=y_0+bt, \quad z=z_0+ct$$

若在三維空間 $\mathbb{R}^3$ 中，引進

$$\mathbf{r}=\overrightarrow{OP}=<x, y, z>, \quad \mathbf{r}_0=\overrightarrow{OP_0}=<x_0, y_0, z_0>$$

代入 (4-10) 式中，可得方程式

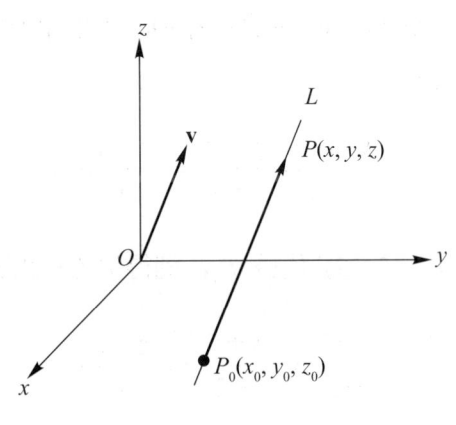

**圖 4-11**

$$\mathbf{r}=\mathbf{r_0}+t\mathbf{v}, \quad t \in I\!R \qquad (4\text{-}12)$$

(4-12) 式稱為三維空間 $I\!R^3$ 中直線 $L$ 的**向量方程式**，(4-11) 式稱為直線 $L$ 的**參數方程式**．由 (4-11) 式中消去參數 $t$，可得

$$\frac{x-x_0}{a}=\frac{y-y_0}{b}=\frac{z-z_0}{c} \qquad (4\text{-}13)$$

(4-13) 式稱為直線 $L$ 的**對稱方程式**．

**例題 1** 解題指引☺ 利用 (4-11) 式

求通過點 $(2, -1, 8)$ 與 $(5, 6, -3)$ 之直線的參數方程式．

**解** 因 $\mathbf{v}=<2-5, (-1)-6, 8-(-3)>=<-3, -7, 11>$ 的方向為直線的方向，故直線的參數方程式為

$$x=2-3t, \quad y=-1-7t, \quad z=8+11t$$

直線的另一參數方程式可寫成

$$x=5+3t, \quad y=6+7t, \quad z=-3-11t.$$

**例題 2** 解題指引☺ 利用 (4-13) 式

求包含點 $P_1(3, -2, 1)$ 與 $P_2(1, -5, 2)$ 之直線 $L$ 的對稱方程式．

**解** 我們必須求一向量 $\mathbf{v}$ 平行於 $L$．因 $P_1$ 與 $P_2$ 為位於 $L$ 上的相異點，故 $\overrightarrow{P_1P_2}$ 可用來視作 $\mathbf{v}$．所以，$\mathbf{v}=-2\mathbf{i}-3\mathbf{j}+\mathbf{k}$．如果我們用 $P_1$ 的坐標代入 (4-13) 式中，則可得對稱方程式

$$\frac{x-3}{-2}=\frac{y+2}{-3}=\frac{z-1}{1}$$

如果我們用 $P_2=(1, -5, 2)$ 代替 $P_1$，則得另外一組對稱方程式

$$\frac{x-1}{-2}=\frac{y+5}{-3}=\frac{z-2}{1}$$

以上任一式皆為正確．

**例題 3**　**解題指引** ☺ 利用 **(4-13)** 式

求通過點 $(1, -1, 2)$ 且平行於 $5\mathbf{i}-2\mathbf{j}+3\mathbf{k}$ 之直線的對稱方程式.

**解**　在 (4-13) 式中，令 $a=5$, $b=-2$, $c=3$, $x_0=1$, $y_0=-1$, $z_0=2$，可得對稱方程式

$$\frac{x-1}{5}=\frac{y+1}{-2}=\frac{z-2}{3}$$

有關直線的對稱方程式並非唯一. 例如，由於向量 $-10\mathbf{i}+4\mathbf{j}-6\mathbf{k}$ 平行於 $5\mathbf{i}-2\mathbf{j}+3\mathbf{k}$，我們可將上式的對稱方程式寫成

$$\frac{x-1}{-10}=\frac{y+1}{4}=\frac{z-2}{-6}.$$

**例題 4**　**解題指引** ☺ 利用 **(4-13)** 式

求通過點 $(5, -2, 3)$ 且平行於 $3\mathbf{j}-2\mathbf{k}$ 之直線的對稱方程式.

**解**　因 $a=0$, $b=3$, $c=-2$，故直線的對稱方程式為

$$x=5, \quad \frac{y+2}{3}=\frac{z-3}{-2}.$$

## 二、空間中的曲線方程式

在解析幾何中，我們常將空間曲線表成參數式

$$\begin{cases} x=x(t) \\ y=y(t), \quad a \leq t \leq b \\ z=z(t) \end{cases}$$

因此，我們不難用向量來表示空間曲線，即

$$\mathbf{F}=\mathbf{F}(t)=<x(t), y(t), z(t)>=x(t)\mathbf{i}+y(t)\mathbf{j}+z(t)\mathbf{k} \tag{4-14}$$

當 $t$ 變化時，向量 $\mathbf{F}(t)$ 的終點所描出的軌跡為一曲線，$\mathbf{F}(t)$ 稱為**位置向量**. 如圖 4-12 所示.

圖 4-12

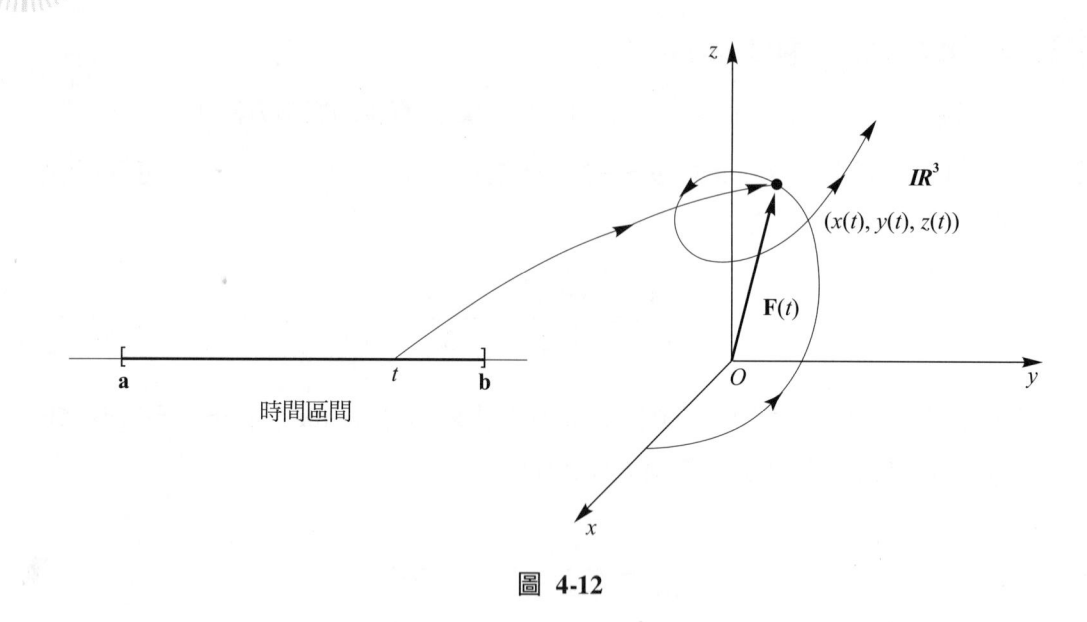

利用第三章第 3-1 節平面曲線求弧長之推演過程，同理，可求得三維空間曲線

$$\begin{cases} x = x(t) \\ y = y(t) \\ z = z(t) \end{cases}, \quad t \in [a, b]$$

的弧長為

$$S = \int_a^b \sqrt{\left(\frac{dx}{dt}\right)^2 + \left(\frac{dy}{dt}\right)^2 + \left(\frac{dz}{dt}\right)^2}\, dt. \tag{4-15}$$

**例題 5** **解題指引** ☺ 利用 (4-15) 式

試求圓螺旋線 (circular helix)

$$\begin{cases} x = \cos t \\ y = \sin t \\ z = t \end{cases}$$

自 $t = 0$ 至 $t = \pi$ 之部分的長度．

**解** 利用 (4-15) 式，可知弧長為

$$S = \int_0^\pi \sqrt{\left(\frac{dx}{dt}\right)^2 + \left(\frac{dy}{dt}\right)^2 + \left(\frac{dz}{dt}\right)^2}\, dt$$

$$= \int_0^\pi \sqrt{(-\sin t)^2 + (\cos t)^2 + (1)^2}\, dt$$

$$= \int_0^\pi \sqrt{2}\, dt = \sqrt{2}\,\pi.$$

**例題 6**　**解題指引** ☺ 利用 **(4-15)** 式

試求曲線 $\mathbf{F}(t) = <2t,\ 3\sin t,\ 3\cos t>$，$a \le t \le b$ 之長度．

**解**　利用 (4-15) 式，可知曲線的長度為

$$S = \int_a^b \sqrt{\left(\frac{dx}{dt}\right)^2 + \left(\frac{dy}{dt}\right)^2 + \left(\frac{dz}{dt}\right)^2}\, dt$$

$$= \int_a^b \sqrt{(2)^2 + (3\cos t)^2 + (-3\sin t)^2}\, dt$$

$$= \int_a^b \sqrt{4+9}\, dt = \sqrt{13}\int_a^b dt = \sqrt{13}\,(b-a).$$

**例題 7**　**解題指引** ☺ 利用 **(4-15)** 式

一圓螺旋線之向量方程式為 $\mathbf{R}(t) = \cos t\mathbf{i} + \sin t\mathbf{j} + t\mathbf{k}$，試求由點 $(1,\ 0,\ 0)$ 至點 $(1,\ 0,\ 2\pi)$ 之弧長．

**解**　由點 $(1,\ 0,\ 0)$ 至點 $(1,\ 0,\ 2\pi)$ 之弧長可藉參數區間 $0 \le t \le 2\pi$ 描述．故

$$S = \int_0^{2\pi} \sqrt{\left(\frac{dx}{dt}\right)^2 + \left(\frac{dy}{dt}\right)^2 + \left(\frac{dz}{dt}\right)^2}\, dt$$

$$= \int_0^{2\pi} \sqrt{(-\sin t)^2 + (\cos t)^2 + (1)^2}\, dt$$

$$= \int_0^{2\pi} \sqrt{\sin^2 t + \cos^2 t + 1}\, dt$$

$$=\int_0^{2\pi} \sqrt{2}\, dt = \sqrt{2}\, 2\pi = 2\sqrt{2}\,\pi.$$

## 習題 4-4

1. 試求通過點 $P(3, -1, 2)$ 且平行於 $\mathbf{v}=<2, 1, 3>$ 之直線的參數方程式.
2. 試求通過點 $P(1, -1, 2)$ 且平行向量 $\mathbf{v}=5\mathbf{i}-2\mathbf{j}+3\mathbf{k}$ 之直線的對稱方程式.
3. 試求通過點 $(1, -4, 2)$ 且以 2、3、4 為方向數之直線參數式.
4. 求通過兩點 $P_1(2, 4, -1)$ 與 $P_2(5, 0, 7)$ 之直線的向量方程式.

5~7 題，試求下列空間曲線之長度.

5. $\mathbf{R}(t)=<2\cos t,\ 2\sin t,\ t^2>,\ t\in[0, 1]$.
6. $\mathbf{R}(t)=<\sqrt{2}\,t,\ e^t,\ e^{-t}>,\ t\in[0, 1]$.
7. $\mathbf{R}(t)=<\cos^3 t,\ \sin^3 t,\ 2>,\ t\in\left[0,\ \dfrac{\pi}{2}\right]$.
8. 試求空間曲線 $\mathbf{R}(t)=t^2\mathbf{i}+2t\mathbf{j}+\ln t\mathbf{k}$ 自點 $(1, 2, 0)$ 至點 $(e^2, 2e, 1)$ 部分的長度.

## ▶▶ 4-5 三維空間之平面與曲面方程式

### 一、三維空間中的平面

在三維空間 $I\!R^3$ 中，我們知道通過一已知點 $P_1(x_1, y_1, z_1)$ 有無數個平面，如圖 4-13 所示.

又如圖 4-14 所示，若一點 $P_1(x_1, y_1, z_1)$ 與一向量 $\mathbf{n}$ 已確定，則僅能決定一平面 $\Gamma$，它包含 $P_1$ 且具有一非零的法向量 $\mathbf{n}$，此處 $\mathbf{n}$ 垂直於平面 $\Gamma$.

令 $P(x, y, z)$ 為平面上任意點，且點 $P_1$ 與 $P$ 的位置向量分別表為 $\mathbf{r}_1$ 與 $\mathbf{r}$. 利用兩非零向量垂直的充要條件得知 $P$ 在 $\Gamma$ 上，若且唯若 $(\mathbf{r}-\mathbf{r}_1)\cdot\mathbf{n}=0$. 因此，包含點 $P_1$ 且垂直於向量 $\mathbf{n}$ 之平面的方程式為

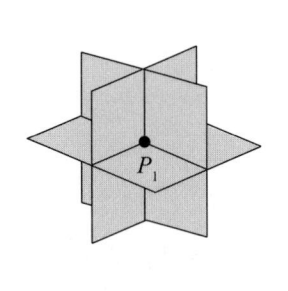

圖 4-13

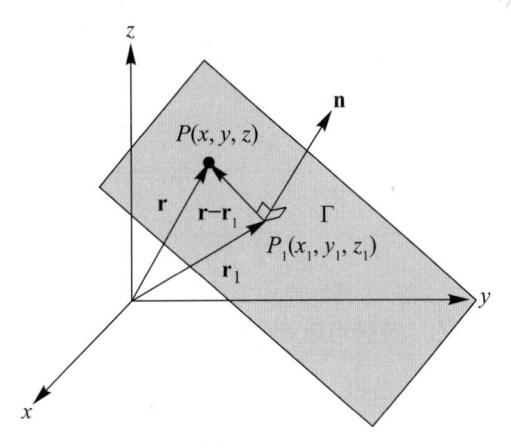

圖 4-14

$$(\mathbf{r}-\mathbf{r}_1)\cdot\mathbf{n}=0 \tag{4-16}$$

若向量
$$\mathbf{n}=a\mathbf{i}+b\mathbf{j}+c\mathbf{k}$$

則
$$[(x-x_1)\mathbf{i}+(y-y_1)\mathbf{j}+(z-z_1)\mathbf{k}]\cdot(a\mathbf{i}+b\mathbf{j}+c\mathbf{k})=0$$

故
$$a(x-x_1)+b(y-y_1)+c(z-z_1)=0 \tag{4-17}$$

或
$$ax+by+cz=d \tag{4-18}$$

此處
$$d=ax_1+by_1+cz_1$$

(4-18) 式稱為平面的**一般方程式**。讀者應注意平面之一般方程式中的 $x$、$y$ 與 $z$ 的係數為法向量 $\mathbf{n}$ 的分量。反之，任何形如 $ax+by+cz=d$ 的方程式 ($a^2+b^2+c^2\neq 0$) 為平面的方程式且向量 $a\mathbf{i}+b\mathbf{j}+c\mathbf{k}$ 垂直於此平面。

**例題 1** 解題指引☺ 利用 (4-17) 式

求通過三點 $A(1,-1,2)$、$B(3,0,0)$ 與 $C(4,2,1)$ 之平面的方程式。

**解** 兩向量 $\overrightarrow{AB}=2\mathbf{i}+\mathbf{j}-2\mathbf{k}$ 與 $\overrightarrow{AC}=3\mathbf{i}+3\mathbf{j}-\mathbf{k}$ 應在所求的平面上，因而

$$\mathbf{n}=\overrightarrow{AB}\times\overrightarrow{AC}=\begin{vmatrix} \mathbf{i} & \mathbf{j} & \mathbf{k} \\ 2 & 1 & -2 \\ 3 & 3 & -1 \end{vmatrix}=5\mathbf{i}-4\mathbf{j}+3\mathbf{k}$$

又它同時垂直於 $\overrightarrow{AB}$ 與 $\overrightarrow{AC}$，故可視其為法線上的一個向量，利用此向量與點 $A$ 可得平面方程式

$$5(x-1)-4(y+1)+3(z-2)=0$$

或 $$5x-4y+3z=15.$$

**例題 2** **解題指引** ☺ 利用 (4-17) 式

求通過點 $(-2, 1, 5)$ 且同時垂直於兩平面 $4x-2y+2z=-1$ 與 $3x+3y-6z=5$ 之平面的方程式.

**解** 因所求平面垂直於 $4x-2y+2z=-1$ 與 $3x+3y-6z=5$，故所求平面的法向量 $\mathbf{n}$ 同時垂直於 $\mathbf{n}_1=<4, -2, 2>$ 與 $\mathbf{n}_2=<3, 3, -6>$.

$$\mathbf{n}=\begin{vmatrix} \mathbf{i} & \mathbf{j} & \mathbf{k} \\ 4 & -2 & 2 \\ 3 & 3 & -6 \end{vmatrix}=6\mathbf{i}+30\mathbf{j}+18\mathbf{k}$$

故所求平面的方程式為

$$6(x+2)+30(y-1)+18(z-5)=0$$

即, $$x+5y+3z=18.$$

**例題 3** **解題指引** ☺ 利用 (4-17) 式

求包含點 $(1, -1, 2)$ 與直線 $x=t, y=1+t, z=-3+2t$ 之平面的方程式.

**解** 設點 $P$ 的坐標為 $(1, -1, 2)$，當 $t=0$ 時, $Q=(0, 1, -3)$ 位於直線上；又當 $t=1$ 時, $Q'=(1, 2, -1)$ 亦位於直線上. 令 $\mathbf{V}=\overrightarrow{QQ'}=<1, 1, 2>$，又 $\overrightarrow{QP}=<1, -2, 5>$，故平面的法向量為

$$\mathbf{n}=\mathbf{V}\times\overrightarrow{PQ}=\begin{vmatrix} \mathbf{i} & \mathbf{j} & \mathbf{k} \\ 1 & 1 & 2 \\ 1 & -2 & 5 \end{vmatrix}=9\mathbf{i}-3\mathbf{j}-3\mathbf{k}$$

所求平面的方程式為

$$9(x-1)-3(y+1)-3(z-2)=0$$

即, $$3x-y-z=2.$$

## 二、三維空間中的柱面

### 定義 4-4

若 $C$ 為平面上的曲線且 $L$ 為不在此平面上的直線，則所有交於 $C$ 且平行於 $L$ 之直線上的點之集合稱為**柱面**.

於上述定義中，曲線 $C$ 稱為柱面的**準線**，每一通過 $C$ 且平行於 $L$ 的直線為柱面的**母線**. 例如，正圓柱面如圖 4-15 所示.

### 1. 拋物柱面

$$x^2 = 4ay \tag{4-19}$$

此曲面是由平行於 $z$-軸的直線 $L$ 且沿著拋物線 $x^2=4ay$ 移動所形成者，如圖 4-16 所示.

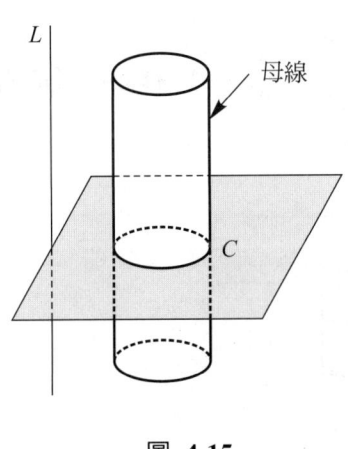

圖 4-15

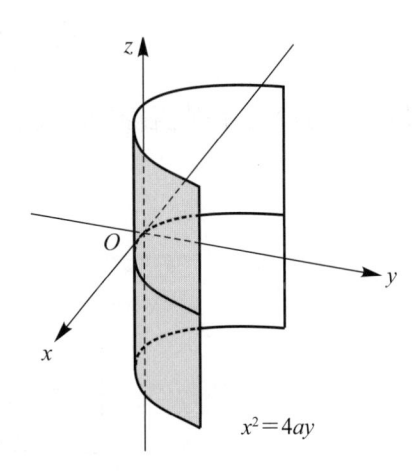

圖 4-16

## 2. 橢圓柱面

$$\frac{x^2}{a^2}+\frac{y^2}{b^2}=1 \tag{4-20}$$

此曲面是由平行於 $z$-軸的直線 $L$ 且沿著橢圓 $\frac{x^2}{a^2}+\frac{y^2}{b^2}==1$ 移動所形成者，如圖 4-17 所示.

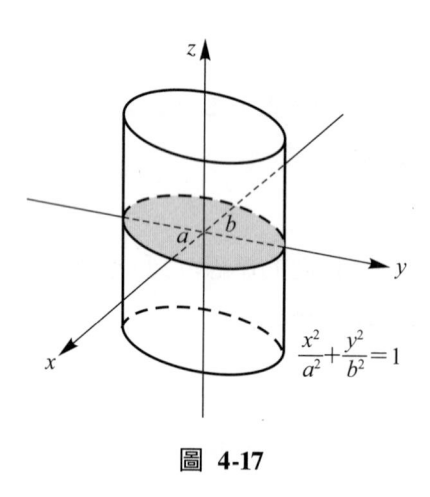

**圖 4-17**

## 3. 雙曲柱面

$$\frac{x^2}{a^2}-\frac{y^2}{b^2}=1 \tag{4-21}$$

此曲面是由平行於 $z$-軸的直線 $L$ 且沿著雙曲線 $\frac{x^2}{a^2}-\frac{y^2}{b^2}=1$ 移動所形成者，如圖 4-18 所示.

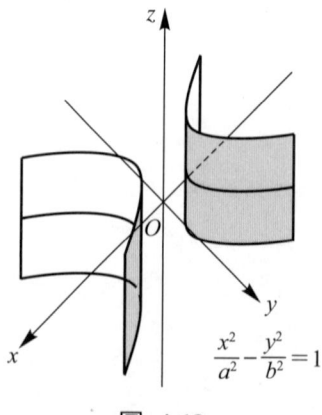

**圖 4-18**

## 三、二次曲面

在三維空間 $IR^3$ 中，含 $x$、$y$ 與 $z$ 的二次方程式

$$Ax^2+By^2+Cz^2+Dxy+Exz+Fyz+Gx+Hy+Iz+J=0 \qquad (4\text{-}22)$$

(其中 $A$、$B$ 及 $C$ 不全為零) 所表示的曲面稱為**二次曲面**. 我們僅給出幾種二次曲面的標準式如下：

### 1. 橢球面

$$\frac{x^2}{a^2}+\frac{y^2}{b^2}+\frac{z^2}{c^2}=1 \qquad (4\text{-}23)$$

其中 $a$、$b$ 與 $c$ 皆為正數. 此曲面在三坐標平面上的軌跡皆為橢圓. 例如，我們在 (4-23) 式中令 $z=0$，可得在 $xy$-平面上的軌跡為橢圓 $\frac{x^2}{a^2}+\frac{y^2}{b^2}=1$. 同理，可得在 $xz$-平面與 $yz$-平面上的軌跡也為橢圓. 圖形如圖 4-19 所示.

### 2. 橢圓錐面

$$z^2=\frac{x^2}{a^2}+\frac{y^2}{b^2} \qquad (4\text{-}24)$$

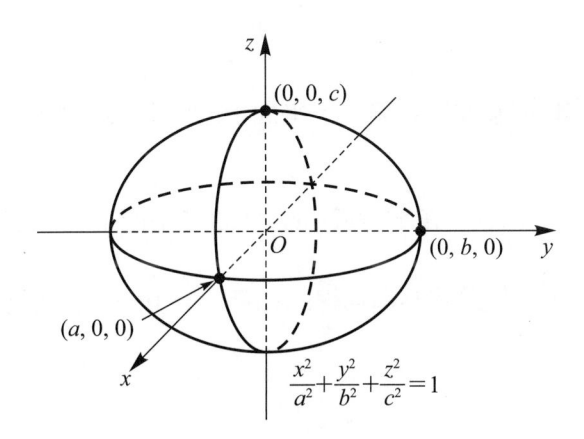

**圖 4-19**

此曲面在 $xy$-平面上的軌跡為原點，在 $yz$-平面上的軌跡為一對相交直線 $z = \pm\dfrac{y}{b}$，在 $xz$-平面上的軌跡為一對相交直線 $z = \pm\dfrac{x}{a}$，在平行於 $xy$-平面之平面上的軌跡皆為橢圓．(何故？) 圖形如圖 4-20 所示．

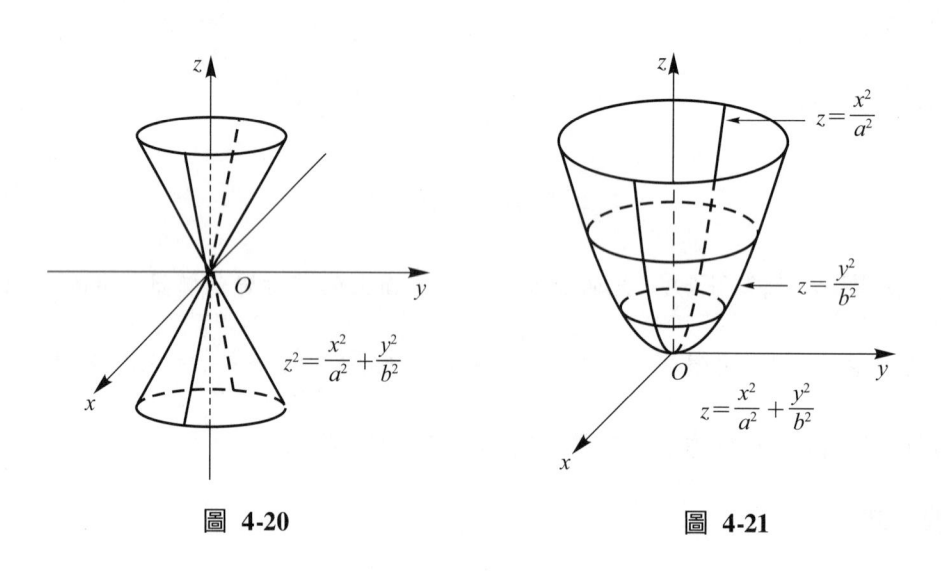

圖 4-20

圖 4-21

### 3. 橢圓拋物面

$$z = \frac{x^2}{a^2} + \frac{y^2}{b^2} \tag{4-25}$$

此曲面在 $xy$-平面上的軌跡為原點，在 $yz$-平面上的軌跡為拋物線 $z = \dfrac{y^2}{b^2}$，在 $xz$-平面上的軌跡為拋物線 $z = \dfrac{x^2}{a^2}$，在平行於 $xy$-平面之平面上的軌跡皆為橢圓，在平行於其它坐標平面之平面上的軌跡皆為拋物線．又因 $z \geq 0$，故曲面位於 $xy$-平面的上方．圖形如圖 4-21 所示．

### 4. 雙曲拋物面

$$z = \frac{y^2}{b^2} - \frac{x^2}{a^2} \quad (a > 0,\ b > 0) \tag{4-26}$$

第四章　三維空間的向量幾何　169

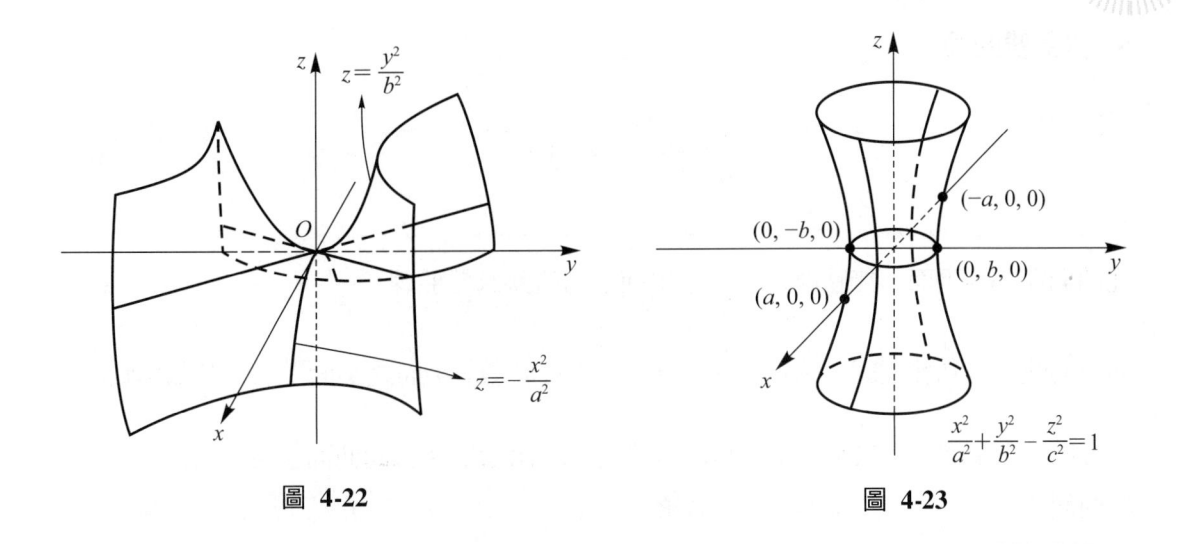

圖 4-22

圖 4-23

此曲面在 $xy$-平面上的軌跡為一對交於原點的直線 $\dfrac{y}{b} = \pm \dfrac{x}{a}$，在 $yz$-平面上的軌跡為拋物線 $z = \dfrac{y^2}{b^2}$，在 $xz$-平面上的軌跡為開口向下的拋物線 $z = -\dfrac{x^2}{a^2}$，在平行於 $xy$-平面之平面上的軌跡為雙曲線，在平行於其它坐標平面之平面上的軌跡為拋物線．讀者應注意，原點為此曲面在 $yz$-平面上之軌跡的最低點，且為在 $xz$-平面上之軌跡的最高點，此點稱為**曲面的鞍點**．圖形如圖 4-22 所示．

### 5. 單葉雙曲面

$$\frac{x^2}{a^2} + \frac{y^2}{b^2} - \frac{z^2}{c^2} = 1 \tag{4-27}$$

此曲面在 $xy$-平面上的軌跡為橢圓 $\dfrac{x^2}{a^2} + \dfrac{y^2}{b^2} = 1$，在 $yz$-平面上的軌跡為雙曲線 $\dfrac{y^2}{b^2} - \dfrac{z^2}{c^2} = 1$，在 $xz$-平面上的軌跡為雙曲線 $\dfrac{x^2}{a^2} - \dfrac{z^2}{c^2} = 1$，在平行於 $xy$-平面之平面上的軌跡為橢圓，在平行於其它坐標平面之平面上的軌跡為雙曲線．圖形如圖 4-23 所示．

單葉雙曲面的方程式尚有下面兩種形式：

$$\frac{x^2}{a^2} - \frac{y^2}{b^2} + \frac{z^2}{c^2} = 1 \quad \text{與} \quad \frac{x^2}{a^2} - \frac{y^2}{b^2} - \frac{z^2}{c^2} = -1 \tag{4-28}$$

**6. 雙葉雙曲面**

$$\frac{x^2}{a^2}+\frac{y^2}{b^2}-\frac{z^2}{c^2}=-1 \tag{4-29}$$

此曲面在 $xy$-平面上無軌跡，在 $yz$-平面上的軌跡為雙曲線 $\frac{z^2}{c^2}-\frac{y^2}{b^2}=1$，在 $xz$-平面上的軌跡也為雙曲線 $\frac{z^2}{c^2}-\frac{x^2}{a^2}=1$，在平行於 $xy$-平面之平面上的軌跡為橢圓，在平行於其它坐標平面之平面上的軌跡為雙曲線．讀者應注意此曲面包含兩部分，一部分的曲面位於 $z \geq c$ 上方，而另一部分的曲面位於 $z \leq -c$ 下方．圖形如圖 4-24 所示．另圖形如圖 4-25 所示者，係 $x \geq a$ 或 $x \leq -a$ 所示的曲面．

雙葉雙曲面的方程式尚有下面兩種形式：

$$\frac{x^2}{a^2}-\frac{y^2}{b^2}-\frac{z^2}{c^2}=1 \quad \text{與} \quad \frac{x^2}{a^2}-\frac{y^2}{b^2}+\frac{z^2}{c^2}=-1 \tag{4-30}$$

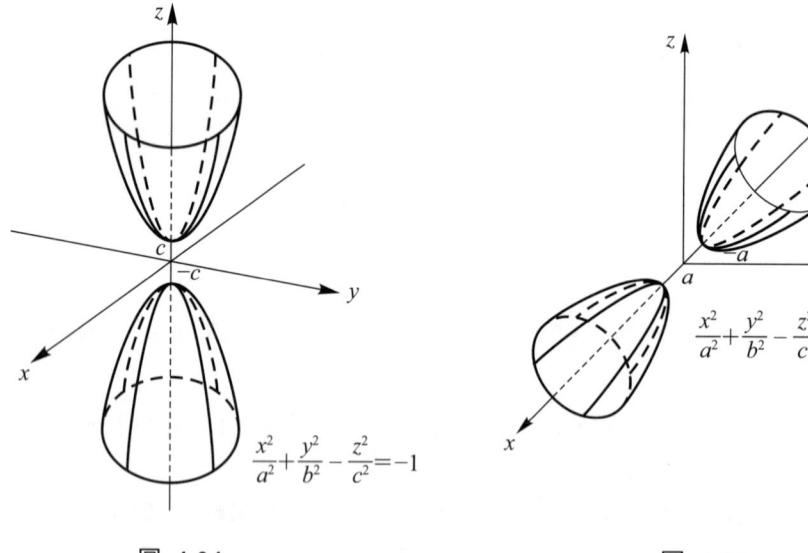

圖 4-24　　　　圖 4-25

## 習題 4-5

1. 求通過點 $P(4, 0, 6)$ 且垂直於平面 $x-5y+2z=10$ 之直線的對稱方程式.

2. 試判斷直線 $\dfrac{x+5}{-4}=\dfrac{y-1}{-1}=\dfrac{z-3}{2}$ 與平面 $x+2y+3z=9$ 是否平行？

3. 求直線 $\dfrac{x-9}{-5}=\dfrac{y+1}{-1}=\dfrac{z-3}{1}$ 與平面 $2x-3y+4z+7=0$ 的交點.

4. 求通過點 $P(-11, 4, -2)$ 且法向量為 $6\mathbf{i}-5\mathbf{j}-\mathbf{k}$ 之平面的方程式.

5. 求包含直線 $x=-1+3t$, $y=5+2t$, $z=2-t$ 且垂直於平面 $2x-4y+2z=9$ 之平面的方程式.

6. 求兩平面 $2x+y-2z=5$ 與 $3x-6y-2z=7$ 之間的夾角.

7. 試證：點 $P_0(x_0, y_0, z_0)$ 到平面 $ax+by+cz+d=0$ 的最短距離為

$$D=\dfrac{|ax_0+by_0+cz_0+d|}{\sqrt{a^2+b^2+c^2}}.$$

繪出下列各方程式的圖形，並確定曲面的類型.

8. $4x^2+9y^2=36z$
9. $16x^2+100y^2-25z^2=400$
10. $3x^2-4y^2-z^2=12$
11. $y=e^x$
12. $x^2-z^2+y=0$
13. $y=\cos x$

## 4-6 柱面坐標與球面坐標

### 一、柱面坐標

令三維空間中一點 $P$ 的直角坐標為 $(x, y, z)$，若將 $P$ 點投影到 $xy$-平面上，其極坐標為 $(r, \theta)$，$P$ 點可藉有序三元組 $(r, \theta, z)$ 以決定其位置，$(r, \theta, z)$ 稱為 $P$ 的**柱面坐標**，如圖 4-26 所示，此處 $r \geq 0$ 且 $0 \leq \theta \leq 2\pi$.

在直角坐標系中，平面

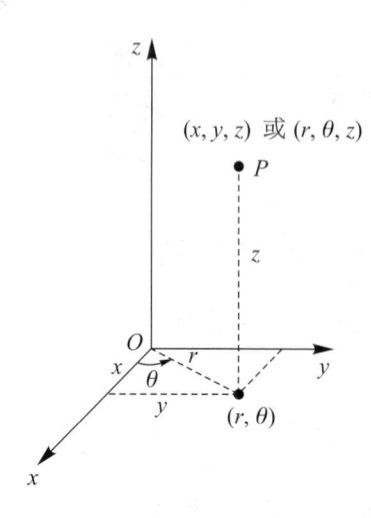

圖 4-26

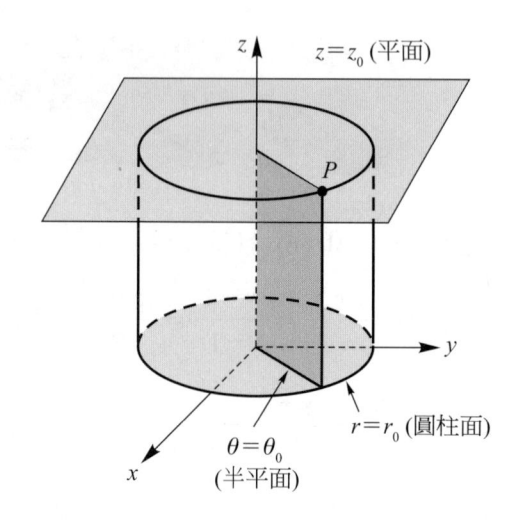

圖 4-27

$$x=x_0, \quad y=y_0, \quad z=z_0$$

是三個互相垂直的平面．但是在柱面坐標系中，它們的形式為

$$r=r_0, \quad \theta=\theta_0, \quad z=z_0$$

如圖 4-27 所示，第一個面是半徑 $r_0$ 的圓柱面，其軸為 $z$-軸；$\theta=\theta_0$ 是掛在 $z$-軸上的垂直半平面，從 $x$-軸的正向到此平面的角為 $\theta_0$；$z=z_0$ 是一平面．

我們從圖 4-26 可知，空間一點的柱面坐標 $(r, \theta, z)$ 可藉下式轉換成直角坐標 $(x, y, z)$，

$$x=r\cos\theta, \quad y=r\sin\theta, \quad z=z. \tag{4-31}$$

**例題 1**　**解題指引** ☺ 利用 (4-31) 式

若一點 $P$ 的柱面坐標為 $\left(6, \dfrac{\pi}{3}, -2\right)$，求該點的直角坐標．

**解**　$x=6\cos\dfrac{\pi}{3}=3$, $y=6\sin\dfrac{\pi}{3}=3\sqrt{3}$, $z=-2$．

下表列出在直角坐標系中的一些方程式在柱面坐標系中所對應的方程式．

| 曲　面 | 直角坐標 | 柱面坐標 |
|---|---|---|
| (i)　半平面 | $y = x \sin k$ | $\theta = k$ |
| (ii)　平面 | $z = k$ | $z = k$ |
| (iii)　圓柱面 | $x^2 + y^2 = a^2$ | $r = a$ |
| (iv)　球面 | $x^2 + y^2 + z^2 = R^2$ | $r^2 + z^2 = R^2$ |
| (v)　圓錐面 | $x^2 + y^2 = a^2 z^2$ | $r = az$ |
| (vi)　圓拋物面 | $x^2 + y^2 = az$ | $r^2 = az$ |

每一個方程式的圖形如圖 4-28 所示.

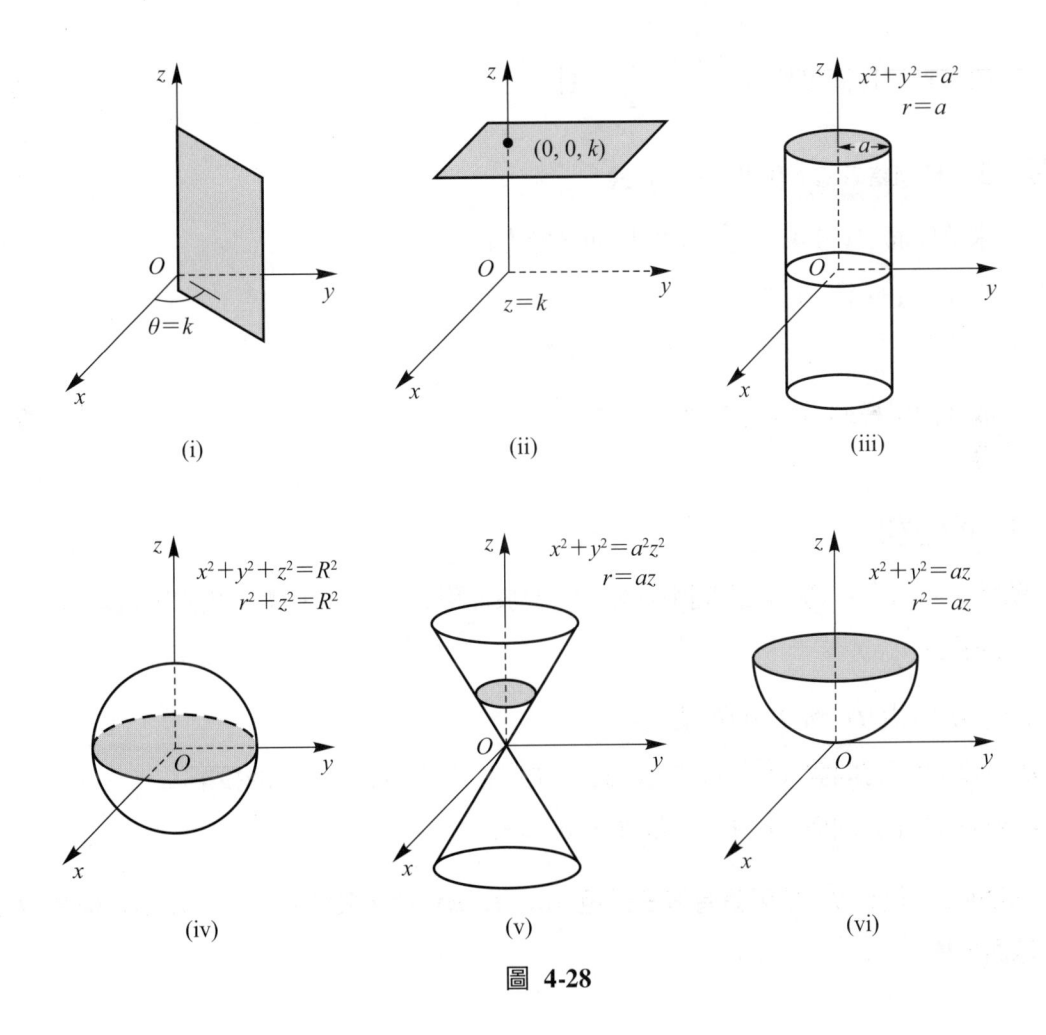

圖 4-28

空間一點的直角坐標 $(x, y, z)$ 可藉由下式轉換成柱面坐標 $(r, \theta, z)$

$$r^2 = x^2 + y^2, \quad \tan\theta = \frac{y}{x}, \quad z = z. \tag{4-32}$$

**例題 2** **解題指引** ☺ 利用 (4-32) 式

若一點的直角坐標為 $(1, 1, 1)$，求該點的柱面坐標．

**解**
$$r^2 = 1^2 + 1^2 = 2 \text{ 或 } r = \sqrt{2}$$

$$\tan\theta = 1, \text{ 故 } \theta = \frac{\pi}{4}, z = 1$$

故該點的柱面坐標為 $\left(\sqrt{2}, \dfrac{\pi}{4}, 1\right)$.

**例題 3** **解題指引** ☺ 利用 (4-32) 式

求橢球面 $4x^2 + 4y^2 + z^2 = 1$ 的柱面坐標方程式．

**解** 由 $r^2 = x^2 + y^2$，可得

$$z^2 = 1 - 4(x^2 + y^2) = 1 - 4r^2$$

故柱面坐標的方程式為 $z^2 = 1 - 4r^2$.

## 二、球面坐標

假設 $(x, y, z)$ 為三維空間中一點 $P$（異於原點）的直角坐標．我們定義數 $\rho$、$\theta$ 與 $\phi$ 分別為

$\rho = |OP|$（由 $O$ 到 $P$ 的距離）

$\theta = x$-軸的正方向與 $\overrightarrow{OP'}$ 的夾角，此處 $P'$ 為 $P$ 在 $xy$-平面上的投影

$\phi = z$-軸的正方向與 $\overrightarrow{OP}$ 的夾角，$0 \leq \phi \leq \pi$

如圖 4-29(i) 所示，$P$ 點可藉有序三元組 $(\rho, \theta, \phi)$ 決定其位置，$(\rho, \theta, \phi)$ 稱為 $P$ 點的**球面坐標**．

#### 第四章　三維空間的向量幾何

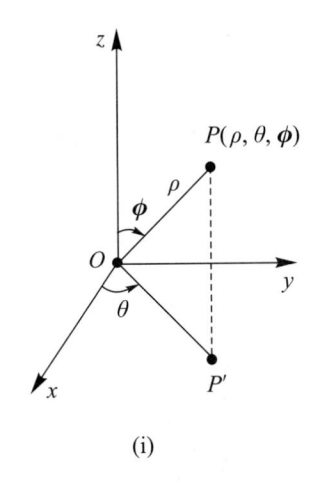

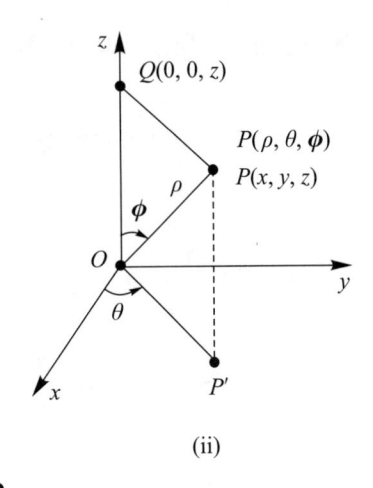

圖 4-29

空間中一點 $P$ 的球面坐標與直角坐標的關係，可藉圖 4-29(ii) 得知：

$$x = |OP'| \cos \theta, \quad y = |OP'| \sin \theta$$

又因 $|OP'| = |QP| = \rho \sin \phi$，$|OQ| = z = \rho \cos \phi$

故得

$$\begin{aligned} x &= \rho \sin \phi \cos \theta \\ y &= \rho \sin \phi \sin \theta \\ z &= \rho \cos \phi \end{aligned} \qquad \text{(4-33)}$$

由上式可得

$$\rho = \sqrt{x^2 + y^2 + z^2}$$

$$\tan \theta = \frac{y}{x}$$

$$\cos \phi = \frac{z}{\rho} = \frac{z}{\sqrt{x^2 + y^2 + z^2}}. \qquad \text{(4-34)}$$

在球面坐標系中，$\rho = \rho_0$（常數）表一球面，$\theta = \theta_0$（常數）表一半平面，$\phi = \phi_0$（常數）表一圓錐面，如圖 4-30 所示。

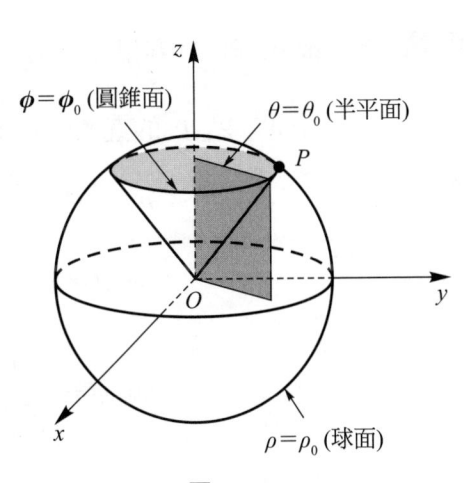

圖 4-30

**例題 4** **解題指引** 利用 (4-32) 與 (4-33) 式

已知空間一點 $P$ 的球面坐標為 $\left(6, \dfrac{\pi}{3}, \dfrac{\pi}{4}\right)$，求其所對應的直角坐標與柱面坐標.

**解** 由於 $\rho = 6$, $\theta = \dfrac{\pi}{3}$, $\phi = \dfrac{\pi}{4}$, 故

$$x = 6 \sin \dfrac{\pi}{4} \cos \dfrac{\pi}{3} = 6 \left(\dfrac{\sqrt{2}}{2}\right)\left(\dfrac{1}{2}\right) = \dfrac{3\sqrt{2}}{2}$$

$$y = 6 \sin \dfrac{\pi}{4} \sin \dfrac{\pi}{3} = 6 \left(\dfrac{\sqrt{2}}{2}\right)\left(\dfrac{\sqrt{3}}{2}\right) = \dfrac{3\sqrt{6}}{2}$$

$$z = 6 \cos \dfrac{\pi}{4} = 6 \left(\dfrac{\sqrt{2}}{2}\right) = 3\sqrt{2}$$

於是，$P$ 點的直角坐標為 $\left(\dfrac{3\sqrt{2}}{2}, \dfrac{3\sqrt{6}}{2}, 3\sqrt{2}\right)$. 我們由 (4-32) 式得知,

$$r^2 = \left(\dfrac{3\sqrt{2}}{2}\right)^2 + \left(\dfrac{3\sqrt{6}}{2}\right)^2 = 18$$

故 $r = 3\sqrt{2}$. 因此，$P$ 點的柱面坐標為 $\left(3\sqrt{2}, \dfrac{\pi}{3}, 3\sqrt{2}\right)$.

**例題 5** **解題指引** 利用 (4-34) 式

已知空間一點 $P$ 的直角坐標為 $(1, \sqrt{3}, -2)$，求其所對應的球面坐標.

**解**
$$\rho = \sqrt{x^2 + y^2 + z^2} = \sqrt{1 + 3 + 4} = 2\sqrt{2}$$

$$\tan \theta = \dfrac{y}{x} = \sqrt{3}, \quad \theta = \dfrac{\pi}{3}$$

$$\cos \phi = \dfrac{-1}{\sqrt{2}}, \quad \phi = \dfrac{3\pi}{4}$$

於是，$P$ 點的球面坐標為 $\left(2\sqrt{2}, \dfrac{\pi}{3}, \dfrac{3\pi}{4}\right)$.

**例題 6** **解題指引** ☺ 利用 (4-33) 與 (4-34) 式

已知曲面的球面坐標方程式為 $\rho = \sin\theta \sin\phi$，求其直角坐標方程式．

**解** $$x^2 + y^2 + z^2 = \rho^2 = \rho\sin\theta\sin\phi = y$$

或 $$x^2 + \left(y - \frac{1}{2}\right)^2 + z^2 = \frac{1}{4}.$$

## 習題 4-6

1. 已知下列各點的柱面坐標，求其所對應的直角坐標．

   (1) $\left(2, \dfrac{2\pi}{3}, 1\right)$  (2) $\left(\sqrt{2}, \dfrac{\pi}{4}, \sqrt{2}\right)$  (3) $\left(2, \dfrac{4\pi}{3}, 8\right)$

2. 已知下列各點的直角坐標，求其所對應的柱面坐標．

   (1) $(-1, 0, 0)$  (2) $(\sqrt{3}, 1, 4)$  (3) $(4, 4, 4)$

3. 試將下列的方程式以柱面坐標方程式表示．

   (1) $x^2 + y^2 + z^2 = 16$  (2) $x + 2y + 3z = 6$  (3) $x^2 + y^2 + z^2 - 2x = 0$

4. 已知下列各點的球面坐標，求其所對應的直角坐標．

   (1) $\left(2, \dfrac{\pi}{4}, \dfrac{\pi}{3}\right)$  (2) $\left(1, \dfrac{\pi}{6}, \dfrac{\pi}{6}\right)$  (3) $\left(2, \dfrac{\pi}{2}, \dfrac{3\pi}{4}\right)$

5. 已知下列各點的直角坐標，求其所對應的球面坐標．

   (1) $(1, 1, \sqrt{2})$  (2) $(1, -1, -\sqrt{2})$

6. 若球的直角坐標方程式為 $x^2 + y^2 + z^2 - 2x = 0$，求其球面坐標方程式．

## 4-7 向量函數之微分與積分

### 一、向量函數與極限

以前，我們所涉及之函數的值域是由純量組成，這樣的函數稱為**純量值函數**，或簡稱為**純量函數**；現在，我們需要考慮值域是由二維空間或三維空間中的向量所組成的函數，這種函數稱為**向量值函數**，或簡稱為**向量函數**．在三維空間中，單變數 $t$ 的向量函數 $\mathbf{F}(t)$ 可表成

$$\mathbf{F}(t) = \langle f_1(t),\ f_2(t),\ f_3(t) \rangle = f_1(t)\mathbf{i} + f_2(t)\mathbf{j} + f_3(t)\mathbf{k}$$

的形式，此處 $f_1(t)$、$f_2(t)$ 與 $f_3(t)$ 皆為 $t$ 的實值函數，這些實值函數為 $\mathbf{F}$ 的**分量函數**或**分量**．

**例題 1** 　解題指引 ☺ 考慮分量函數之定義域

試求向量函數 $\mathbf{F}(t) = \ln(4 - t^2)\mathbf{i} + \sqrt{1 + t}\ \mathbf{j} - 4e^{3t}\mathbf{k}$ 的定義域．

**解** 因為 $4 - t^2 > 0$ 且 $1 + t \geq 0$，故 $\mathbf{F}(t)$ 的定義域為 $\{t \mid -1 \leq t < 2\}$．

瞭解向量函數之定義域後，另有關向量函數之極限，它與純量函數之極限彼為類似，只要將 $\mathbf{F}$ 的分量函數分別求極限，則得到向量函數之極限．

## 定義 4-5

若 $\mathbf{F}(t) = \langle f_1(t),\ f_2(t),\ f_3(t) \rangle$，則定義

$$\lim_{t \to t_0} \mathbf{F}(t) = \lim_{t \to t_0} \langle f_1(t),\ f_2(t),\ f_3(t) \rangle$$

$$= \left\langle \lim_{t \to t_0} f_1(t),\ \lim_{t \to t_0} f_2(t),\ \lim_{t \to t_0} f_3(t) \right\rangle$$

其中假設 $\lim_{t \to t_0} f_i(t)$ 存在，$i = 1, 2, 3$．

**例題 2** 　解題指引 ☺ 利用定義 4-5

若 $\mathbf{F}(t) = \left\langle 2 + t^2,\ te^{-t},\ \dfrac{\sin t}{t} \right\rangle$，求 $\lim_{t \to 0} \mathbf{F}(t)$．

**解** $\lim_{t \to 0} \mathbf{F}(t) = \left\langle \lim_{t \to 0}(2 + t^2),\ \lim_{t \to 0} te^{-t},\ \lim_{t \to 0} \dfrac{\sin t}{t} \right\rangle$

$$= \langle 2, 0, 1 \rangle = 2\mathbf{i} + \mathbf{k}.$$

## 二、向量函數的微分

### 定義 4-6

若極限

$$\lim_{\Delta t \to 0} \frac{\mathbf{F}(t + \Delta t) - \mathbf{F}(t)}{\Delta t}$$

存在，則稱此極限為 $\mathbf{F}(t)$ 的導向量，記為 $\mathbf{F}'(t)$，或記為 $\dfrac{d}{dt}\mathbf{F}(t)$. 若 $\mathbf{F}(t)$ 之導向量存在，則稱 $\mathbf{F}(t)$ 為可微分.

### 定理 4-11

若 $\mathbf{F}(t) = \langle f_1(t), f_2(t), f_3(t) \rangle$，此處 $f_1$、$f_2$ 與 $f_3$ 皆為可微分函數，即，

$$\mathbf{F}'(t) = \langle f_1'(t), f_2'(t), f_3'(t) \rangle = f_1'(t)\mathbf{i} + f_2'(t)\mathbf{j} + f_3'(t)\mathbf{k}. \tag{4-35}$$

**證** 利用定義 4-6 可知

$$\mathbf{F}'(t) = \lim_{\Delta t \to 0} \frac{\mathbf{F}(t + \Delta t) - \mathbf{F}(t)}{\Delta t}$$

$$= \lim_{\Delta t \to 0} \frac{1}{\Delta t} [\langle f_1(t+\Delta t), f_2(t+\Delta t), f_3(t+\Delta t) \rangle - \langle f_1(t), f_2(t), f_3(t) \rangle]$$

$$= \lim_{\Delta t \to 0} \left\langle \frac{f_1(t+\Delta t) - f_1(t)}{\Delta t}, \frac{f_2(t+\Delta t) - f_2(t)}{\Delta t}, \frac{f_3(t+\Delta t) - f_3(t)}{\Delta t} \right\rangle$$

$$= \left\langle \lim_{\Delta t \to 0} \frac{f_1(t+\Delta t) - f_1(t)}{\Delta t}, \lim_{\Delta t \to 0} \frac{f_2(t+\Delta t) - f_2(t)}{\Delta t}, \lim_{\Delta t \to 0} \frac{f_3(t+\Delta t) - f_3(t)}{\Delta t} \right\rangle$$

$$= \langle f_1'(t), f_2'(t), f_3'(t) \rangle$$

$$= f_1'(t)\mathbf{i} + f_2'(t)\mathbf{j} + f_3'(t)\mathbf{k}.$$

## 例題 3　解題指引 ☺ 利用定理 4-11

已知 $\mathbf{F}(t) = <\ln(4-t^2),\ \sqrt{1+t},\ 4e^{3t}>$，試求 $\mathbf{F}'(t)$.

**解**

$$\mathbf{F}'(t) = \frac{d}{dt}<\ln(4-t^2),\ \sqrt{1+t},\ -4e^{3t}>$$

$$= \left\langle \frac{d}{dt}\ln(4-t^2),\ \frac{d}{dt}\sqrt{1+t},\ -\frac{d}{dt}4e^{3t}\right\rangle$$

$$= \left\langle \frac{-2t}{4-t^2},\ \frac{1}{2\sqrt{1+t}},\ -12e^{3t}\right\rangle$$

$$= \frac{-2t}{4-t^2}\mathbf{i} + \frac{1}{2\sqrt{1+t}}\mathbf{j} - 12e^{3t}\mathbf{k}.$$

## 三、向量函數的微分公式

向量函數與實函數的微分公式完全一樣，則我們有下列之微分公式.

### 定理 4-12 ↻

若 $\mathbf{F}$ 與 $\mathbf{G}$ 為可微分函數，則

(1) $(\mathbf{F} \pm \mathbf{G})' = \mathbf{F}' \pm \mathbf{G}'$

(2) $(k\mathbf{F})' = k\mathbf{F}'$　（$k$ 為常數）

(3) $(f\mathbf{F})' = f'\mathbf{F} \pm f\mathbf{F}'$

(4) $(\mathbf{F} \cdot \mathbf{G})' = \mathbf{F}' \cdot \mathbf{G} + \mathbf{F} \cdot \mathbf{G}'$

(5) $(\mathbf{F} \times \mathbf{G})' = \mathbf{F}' \times \mathbf{G} + \mathbf{F} \times \mathbf{G}'$

此處 $f$，$\mathbf{F}$ 與 $\mathbf{G}$ 皆為純量 $t$ 的函數.

(6) 若 $\mathbf{F}$ 為 $t$ 的可微分函數，$t$ 為 $u$ 的可微分函數，則 $\dfrac{d\mathbf{F}}{du} = \dfrac{d\mathbf{F}}{dt}\dfrac{dt}{du}$.

## 例題 4　解題指引 ☺ 利用定理 4-12(2) 與兩向量之叉積

若 $\mathbf{F}(t) = [(\mathbf{i}+\mathbf{j}-2\mathbf{k}) \times (3t^4\mathbf{i}+t\mathbf{j})] \cdot \mathbf{k}$，求 $\mathbf{F}'(t)$.

**解**

$$\mathbf{F}(t) = \begin{vmatrix} \mathbf{i} & \mathbf{j} & \mathbf{k} \\ 1 & 1 & -2 \\ 3t^4 & t & 0 \end{vmatrix} \cdot \mathbf{k}$$

$$= [-6t^4\mathbf{j} + t\mathbf{k} - 3t^4\mathbf{k} + 2t\mathbf{i}] \cdot \mathbf{k}$$
$$= [2t\mathbf{i} - 6t^4\mathbf{j} + (t-3t^4)\mathbf{k}] \cdot \mathbf{k}$$
$$= t - 3t^4$$

$$\mathbf{F}'(t) = \frac{d}{du}(t-3t^4) = 1 - 12t^3.$$

## 例題 5　解題指引 ☺ 利用定理 4-12(5)

設 $\mathbf{F}(t) = <\cos t,\ \sin t,\ t>$，$\mathbf{G}(t) = <t,\ \ln t,\ 1>$

試求 $(\mathbf{F}(t) \times \mathbf{G}(t))'$.

**解**　$\mathbf{F}'(t) = <-\sin t,\ \cos t,\ 1>$，$\mathbf{G}'(t) = <1,\ \dfrac{1}{t},\ 0>$

$(\mathbf{F}(t) \times \mathbf{G}(t))' = \mathbf{F}'(t) \times \mathbf{G}(t) + \mathbf{F}(t) \times \mathbf{G}'(t)$

$$= <-\sin t,\ \cos t,\ 1> \times <t,\ \ln t,\ 1> + <\cos t,\ \sin t,\ t> \times <1,\ \frac{1}{t},\ 0>$$

$$= \begin{vmatrix} \mathbf{i} & \mathbf{j} & \mathbf{k} \\ -\sin t & \cos t & 1 \\ t & \ln t & 1 \end{vmatrix} + \begin{vmatrix} \mathbf{i} & \mathbf{j} & \mathbf{k} \\ \cos t & \sin t & t \\ 1 & \dfrac{1}{t} & 0 \end{vmatrix}$$

$= (\cos t - \ln t)\mathbf{i} + (t + \sin t)\mathbf{j} - (\sin t \ln t + t \cos t)\mathbf{k}$

$\quad + (-1)\mathbf{i} + t\mathbf{j} + \left(\dfrac{1}{t}\cos t - \sin t\right)\mathbf{k}$

$= (\cos t - \ln t - 1)\mathbf{i} + (\sin t + 2t)\mathbf{j} + \left(\dfrac{1}{t}\cos t - \sin t - \sin t \ln t - t \cos t\right)\mathbf{k}$

$$\left\langle \cos t - \ln t - 1,\ \sin t + 2t,\ \frac{1}{t}\cos t - \sin t - \sin t \ln t - t \cos t \right\rangle.$$

## 四、向量函數微分的物理及幾何意義

如果我們將 $(x, y, z)$ 想像成三維空間中一運動質點的位置，則此運動質點的位置向量為

$$\mathbf{R} = \mathbf{R}(t) = x(t)\mathbf{i} + y(t)\mathbf{j} + z(t)\mathbf{k} \tag{4-36}$$

其中 $t$ 代表時間.

在持續期間 $\Delta t$ 當中，該質點的位置向量自 $\mathbf{R}(t)$ 改變到 $\mathbf{R}(t+\Delta t)$，它在這段期間所經過的位移為 (如圖 4-31 所示)

$$\Delta \mathbf{R} = \mathbf{R}(t+\Delta t) - \mathbf{R}(t) = \Delta x\mathbf{i} + \Delta y\mathbf{j} + \Delta z\mathbf{k}$$

以 $\Delta t$ 除上式，可得平均速度為

$$\frac{\Delta \mathbf{R}}{\Delta t} = \frac{\Delta x}{\Delta t}\mathbf{i} + \frac{\Delta y}{\Delta t}\mathbf{j} + \frac{\Delta z}{\Delta t}\mathbf{k} \tag{4-37}$$

若 $\mathbf{R}$ 為可微分，則當 $\Delta t$ 趨近 $0$ 時，平均速度 $\dfrac{\Delta \mathbf{R}}{\Delta t}$ 趨近一極限，其為 (瞬時) 速度 $\mathbf{v}$：

$$\mathbf{v} = \mathbf{v}(t) = \frac{d\mathbf{R}}{dt} = \frac{dx}{dt}\mathbf{i} + \frac{dy}{dt}\mathbf{j} + \frac{dz}{dt}\mathbf{k} \tag{4-38}$$

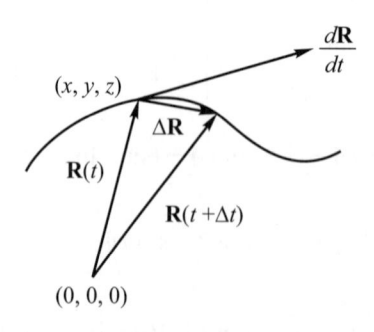

圖 4-31

$\mathbf{v}$ 的大小稱為**速率**，記為 $v$，即，$|\mathbf{v}|=v$.

質點速度函數的一階導函數 $\dfrac{d}{dt}\left(\dfrac{d\mathbf{R}}{dt}\right)=\dfrac{d\mathbf{v}}{dt}=\dfrac{d^2\mathbf{R}}{dt^2}$ 定義為質點的**加速度函數**：

$$\mathbf{a}=\dfrac{d\mathbf{v}}{dt}=\dfrac{d^2x}{dt^2}\mathbf{i}+\dfrac{d^2y}{dt^2}\mathbf{j}+\dfrac{d^2z}{dt^2}\mathbf{k}$$

而
$$\mathbf{v}(t)=\|\mathbf{v}(t)\|=\|\mathbf{R}'(t)\|=\sqrt{\left(\dfrac{dx}{dt}\right)^2+\left(\dfrac{dy}{dt}\right)^2+\left(\dfrac{dz}{dt}\right)^2} \tag{4-39}$$

表示質點的速度函數.

圖 4-31 指出速度向量 $\dfrac{d\mathbf{R}}{dt}$ 切於曲線. 參考圖 4-32，當 $Q$ 點沿著曲線趨近 $P$ 時，直線 $L_1$ 與由 $P$ 及 $Q$ 所決定割線 $L_2$ 之間的夾角 $\theta$ 趨近於零，因而 $L_1$ 切曲線於 $P$ 處；即，當 $Q$ 趨近 $P$ 時，$L_2$ 的方向趨近 $L_1$ 的方向. 將此觀念應用到圖 4-31 的情況，當 $\Delta t$ 趨近於零時，割線必須有一個極限方向，即，$\dfrac{d\mathbf{R}}{dt}$ 的方向，除非 $\dfrac{d\mathbf{R}}{dt}=\mathbf{0}$. 所以，若 $\mathbf{R}'(t_0)\neq 0$，則曲線 $\mathbf{R}(t)$ 在點 $(x(t_0), y(t_0), z(t_0))$ 有一條切線，其方向與 $\dfrac{d\mathbf{R}}{dt}$ 的方向一致. 簡言之，$\dfrac{d\mathbf{R}}{dt}$ 切於曲線.

習慣上，我們以 $\mathbf{T}$ 表示切於曲線的單位切向量，即，

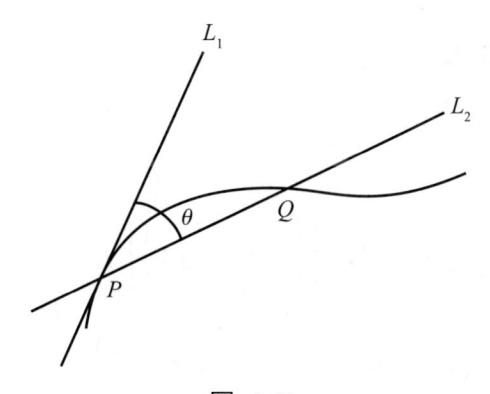

**圖 4-32**

$$T = \frac{\frac{d\mathbf{R}}{dt}}{\left|\frac{d\mathbf{R}}{dt}\right|} = \frac{\frac{dx}{dt}\mathbf{i} + \frac{dy}{dt}\mathbf{j} + \frac{dz}{dt}\mathbf{k}}{\sqrt{\left(\frac{dx}{dt}\right)^2 + \left(\frac{dy}{dt}\right)^2 + \left(\frac{dz}{dt}\right)^2}}. \tag{4-40}$$

**例題 6** **解題指引** ☺ 利用 (4-40) 式

求切曲線 $x = t$, $y = t^2$, $z = t^3$ 於點 (2, 4, 8) 的單位切向量.

**解** $\mathbf{R}(t) = t\mathbf{i} + t^2\mathbf{j} + t^3\mathbf{k}$, $\dfrac{d\mathbf{R}}{dt} = \mathbf{i} + 2t\mathbf{j} + 3t^2\mathbf{k}$, $\left|\dfrac{d\mathbf{R}}{dt}\right| = \sqrt{1 + 4t^2 + 9t^4}$

$$T = \frac{\frac{d\mathbf{R}}{dt}}{\left|\frac{d\mathbf{R}}{dt}\right|} = \frac{\mathbf{i} + 2t\mathbf{j} + 3t^2\mathbf{k}}{\sqrt{1 + 4t^2 + 9t^4}}$$

當 $t = 2$ 時, $(x, y, z) = (2, 4, 8)$, 所以在點 (2, 4, 8) 的單位切向量為

$$T = \frac{\mathbf{i} + 4\mathbf{j} + 12\mathbf{k}}{\sqrt{161}} = \frac{1}{\sqrt{161}}\mathbf{i} + \frac{4}{\sqrt{161}}\mathbf{j} + \frac{12}{\sqrt{161}}\mathbf{k}.$$

## 五、向量函數的積分

向量函數的積分與純量函數之積分類似.

若 $\mathbf{F}(t) = f_1(t)\mathbf{i} + f_2(t)\mathbf{j} + f_3(t)\mathbf{k}$, 則定義：

$$\begin{aligned}
\int \mathbf{F}(t)\, dt &= \int [f_1(t)\mathbf{i} + f_2(t)\mathbf{j} + f_3(t)\mathbf{k}]\, dt \\
&= \left[\int f_1(t)\, dt\right]\mathbf{i} + \left[\int f_2(t)\, dt\right]\mathbf{j} + \left[\int f_3(t)\, dt\right]\mathbf{k} \\
&= \left\langle \int f_1(t)\, dt,\ \int f_2(t)\, dt,\ \int f_3(t)\, dt \right\rangle
\end{aligned} \tag{4-41}$$

$$\int_a^b \mathbf{F}(t)\,dt = \int_a^b [f_1(t)\mathbf{i} + f_2(t)\mathbf{j} + f_3(t)\mathbf{k}]\,dt$$

$$= \left[\int_a^b f_1(t)\,dt\right]\mathbf{i} + \left[\int_a^b f_2(t)\,dt\right]\mathbf{j} + \left[\int_a^b f_3(t)\,dt\right]\mathbf{k}$$

$$= \left\langle \int_a^b f_1(t)\,dt,\ \int_a^b f_2(t)\,dt,\ \int_a^b f_3(t)\,dt \right\rangle. \tag{4-42}$$

**例題 7** 解題指引☺ 利用 (4-41) 式及 (4-42) 式

設 $\mathbf{F}(t) = 2t\mathbf{i} + 3t^2\mathbf{j} + 4t^3\mathbf{k}$，求 (1) $\int \mathbf{F}(t)\,dt$，(2) $\int_0^2 \mathbf{F}(t)\,dt$．

**解** (1) $\int \mathbf{F}(t)\,dt = \int (2t\mathbf{i} + 3t^2\mathbf{j} + 4t^3\mathbf{k})\,dt$

$$= \left[\int 2t\,dt\right]\mathbf{i} + \left[\int 3t^2\,dt\right]\mathbf{j} + \left[\int 4t^3\,dt\right]\mathbf{k}$$

$$= (t^2\mathbf{i} + t^3\mathbf{j} + t^4\mathbf{k}) + c_1\mathbf{i} + c_2\mathbf{j} + c_3\mathbf{k}$$

$$= t^2\mathbf{i} + t^3\mathbf{j} + t^4\mathbf{k} + \mathbf{C}$$

此處 $\mathbf{C} = c_1\mathbf{i} + c_2\mathbf{j} + c_3\mathbf{k}$ 為任意向量積分常數．

(2) $\int_0^2 \mathbf{F}(t)\,dt = \int_0^2 (2t\mathbf{i} + 3t^2\mathbf{j} + 4t^3\mathbf{k})\,dt$

$$= \left[\int_0^2 2t\,dt\right]\mathbf{i} + \left[\int_0^2 3t^2\,dt\right]\mathbf{j} + \left[\int_0^2 4t^3\,dt\right]\mathbf{k}$$

$$= 4\mathbf{i} + 8\mathbf{j} + 16\mathbf{k}.$$

**例題 8** 解題指引☺ 利用 (4-41) 式

令 $\mathbf{A} = \begin{bmatrix} t^2+1 & e^{2t} \\ \sin t & 45 \end{bmatrix}$，試求 $\int \mathbf{A}\,dt$．

**解** $\int \mathbf{A}\, dt = \begin{bmatrix} \int (t^2+1)\, dt & \int e^{2t}\, dt \\ \int \sin t\, dt & \int 45\, dt \end{bmatrix} = \begin{bmatrix} \dfrac{1}{3}t^3+t+c_1 & \dfrac{1}{2}e^{2t}+c_2 \\ -\cos t+c_3 & 45t+c_4 \end{bmatrix}$

向量函數的積分具有下列的性質：

### 定理 4-13 ↩

1. $\int c\mathbf{F}(t)\, dt = c\int \mathbf{F}(t)\, dt$，$c$ 為常數

2. $\int [\mathbf{F}(t) \pm \mathbf{G}(t)]\, dt = \int \mathbf{F}(t)\, dt \pm \int \mathbf{G}(t)\, dt$

3. $\dfrac{d}{dt}\left[\int \mathbf{F}(t)\, dt\right] = \mathbf{F}(t)$

4. $\int \mathbf{F}'(t)\, dt = \mathbf{F}(t) + \mathbf{C}$

5. $\int_a^b \mathbf{F}'(t)\, dt = \mathbf{F}(t)\Big|_a^b = \mathbf{F}(b) - \mathbf{F}(a)$

### 例題 9　解題指引 ☺ 利用定理 4-13(4)

若 $\mathbf{R}'(t) = 2t\mathbf{i} + e^t\mathbf{j} + e^{-t}\mathbf{k}$ 且 $\mathbf{R}(0) = \mathbf{i} - \mathbf{j} + \mathbf{k}$，試求 $\mathbf{R}(t)$.

**解** $\mathbf{R}(t) = \int \mathbf{R}'(t)\, dt = \int (2t\mathbf{i} + e^t\mathbf{j} + e^{-t}\mathbf{k})\, dt = (t^2 + c_1)\mathbf{i} + (e^t + c_2)\mathbf{j} + (c_3 - e^{-t})\mathbf{k}$

利用初期條件 $\mathbf{R}(0) = \mathbf{i} - \mathbf{j} + \mathbf{k}$，得

$$\mathbf{i} - \mathbf{j} + \mathbf{k} = c_1\mathbf{i} + (1+c_2)\mathbf{j} + (c_3 - 1)\mathbf{k}$$

所以，$c_1 = 1$，$c_2 = -2$，$c_3 = 2$，故

$$\mathbf{R}(t) = (t^2 + 1)\mathbf{i} + (e^t - 2)\mathbf{j} + (2 - e^{-t})\mathbf{k}.$$

## 習題 4-7

1. 試求 $\mathbf{F}(t) = \ln t\mathbf{i} + \dfrac{t}{t-1}\mathbf{j} + e^{-t}\mathbf{k}$ 之定義域.

2. 試下列各極限.

   (1) $\lim\limits_{t\to\infty}\left(e^{-t}\mathbf{i} + \dfrac{t-2}{t+1}\mathbf{j} + \tan^{-1}t\mathbf{k}\right)$    (2) $\lim\limits_{t\to 1}\left\langle \dfrac{2}{t^2},\ \dfrac{\ln t}{t^2-1},\ \sin 3t\right\rangle$

3. 試求下列各題的 $\mathbf{F}'(t)$.

   (1) $\mathbf{F}(t) = \sin t\mathbf{i} + e^{-t}\mathbf{j} + t\mathbf{k}$

   (2) $\mathbf{F}(t) = (\sin t + t^2)(\mathbf{i} + \mathbf{j} + 3\mathbf{k})$

   (3) $\mathbf{F}(t) = (t^3\mathbf{i} + \mathbf{j} - \mathbf{k}) \times (e^t\mathbf{i} + \mathbf{j} + t^2\mathbf{k})$

4. 若 $\mathbf{F}(t) = \sin t\mathbf{i} + \cos t\mathbf{j} + t\mathbf{k}$, 求 $\dfrac{d\mathbf{F}}{dt}$、$\dfrac{d^2\mathbf{F}}{dt^2}$、$\left|\dfrac{d\mathbf{F}}{dt}\right|$ 與 $\left|\dfrac{d^2\mathbf{F}}{dt^2}\right|$.

5. 試證：$\dfrac{d}{dt}\left(\mathbf{R} \times \dfrac{d\mathbf{R}}{dt}\right) = \mathbf{R} \times \dfrac{d^2\mathbf{R}}{dt^2}$.

6. 求切曲線 $x=1$, $y=t$, $z=t^2$ 於點 $(1, 1, 1)$ 的單位切向量.

7. 求切曲線 $x=4\cos t$, $y=4\sin t$, $z=t$ 於點 $\left(0, 4, \dfrac{\pi}{2}\right)$ 的單位切向量.

8. 求切曲線 $x=e^t$, $y=e^{-t}$, $z=t$ 於點 $(1, 1, 0)$ 的單位切向量.

9. 求切曲線 $x=e^t\cos t$, $y=e^t\sin t$, $z=e^t$ 於點 $(1, 0, 1)$ 的單位切向量.

10. 已知 $\mathbf{F}'(t) = 2\mathbf{i} + \dfrac{t}{t^2+1}\mathbf{j} + t\mathbf{k}$ 且 $\mathbf{F}(1) = \mathbf{0}$, 求 $\mathbf{F}(t)$.

11. 已知 $\mathbf{F}''(t) = 12t^2\mathbf{i} - 2\mathbf{j}$, $\mathbf{F}'(0) = 0$ 且 $\mathbf{F}(0) = 2\mathbf{i} - 4\mathbf{j}$, 求 $\mathbf{F}(t)$.

# 5

# 偏導函數

## 本章學習目標

- 多變數函數
- 極限與連續
- 偏導函數
- 偏導函數之幾何意義
- 全微分
- 連鎖法則
- 方向導數，梯度
- 極大值與極小值
- 拉格蘭吉乘數

## 5-1 多變數函數

前面幾節所考慮的函數僅僅涉及到一個自變數,然而,在許多應用中,出現多個自變數. 例如,地球表面上某點處的溫度 $T$ 與該點的經度 $x$ 及緯度 $y$ 有關,我們可視 $T$ 為二變數 $x$ 與 $y$ 的函數,寫成 $T=f(x, y)$. 正圓柱體的體積 $V$ 與它的底半徑 $r$ 及高度 $h$ 有關,事實上,我們知道 $V=\pi r^2 h$,故稱 $V$ 為 $r$ 與 $h$ 的函數,寫成 $V(r, h)=\pi r^2 h$. 又若物體位於三維空間 $I\!R^3$ 中,則在物體內點 $P$ 的溫度 $T$ 與 $P$ 的三個直角坐標 $x$、$y$、$z$ 有關,我們寫成 $T=f(x, y, z)$.

### 定義 5-1

二變數函數是由二維空間 $I\!R^2$ 的某集合 $A$ 映到 $I\!R$ (可視為 $z$-軸) 中的某集合 $B$ 的一種對應關係,其中對 $A$ 中每一元素 $(x, y)$,在 $B$ 中僅有唯一實數 $z$ 與其對應,以符號

$$z=f(x, y)$$

表示之. 集合 $A$ 稱為函數 $f$ 的定義域,$f(A)$ 稱為 $f$ 的值域.

圖 5-1 為二變數函數的圖示.

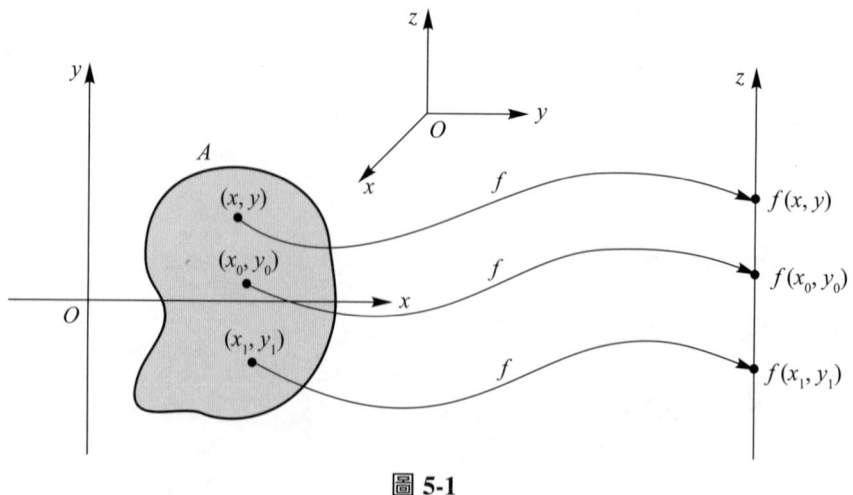

圖 5-1

同理，我們可以定義 $n$ 變數函數如下：
$$f: \mathbb{R}^n \to \mathbb{R}$$
可表成
$$w = f(x_1, x_2, \cdots, x_n).$$

**例題 1** **解題指引** ☺ **確定定義域**

若一平面方程式為 $ax+by+cz=d$，$c \neq 0$，則
$$z = -\frac{a}{c}x - \frac{b}{c}y + \frac{d}{c} \text{ 或 } f(x, y) = -\frac{a}{c}x - \frac{b}{c}y + \frac{d}{c}$$

為一函數，其定義域為 $\mathbb{R}^2$.

**例題 2** **解題指引** ☺ **確定函數的定義域**

確定函數 $f(x, y) = \dfrac{\sqrt{x+y+1}}{x-1}$ 的定義域，並計算 $f(2, 1)$.

**解** 欲使 $\sqrt{x+y+1}$ 的值有意義，必須是 $x+y+1 \geq 0$，故 $f$ 的定義域為
$\{(x, y) \mid x+y+1 \geq 0, \ x \neq 1\}$.
$$f(2, 1) = \frac{\sqrt{2+1+1}}{2-1} = \sqrt{4} = 2.$$

**例題 3** **解題指引** ☺ **確定定義域及值域**

確定函數 $f(x, y) = \ln(y^2 - 4x)$ 的定義域及值域.

**解** 因為對數函數僅定義在正數，所以 $f(x, y) = \ln(y^2 - 4x)$ 的定義域為
$\{(x, y) \mid y^2 > 4x\}$，值域為 $(-\infty, \infty)$.

對於單變數函數 $f$ 而言，$f(x)$ 的圖形定義為方程式 $y=f(x)$ 的圖形. 同理，若 $f$ 為二變數函數，則我們定義 $f(x, y)$ 的圖形為方程式 $z=f(x, y)$ 的圖形，它是三維空間中的曲面 (包括平面).

水平面 $z=k$ 與曲面 $z=f(x, y)$ 的交線在 $xy$-平面上垂直投影稱為函數 $f$ 的**等值曲線**，其方程式為 $f(x, y)=k$，如圖 5-2 所示.

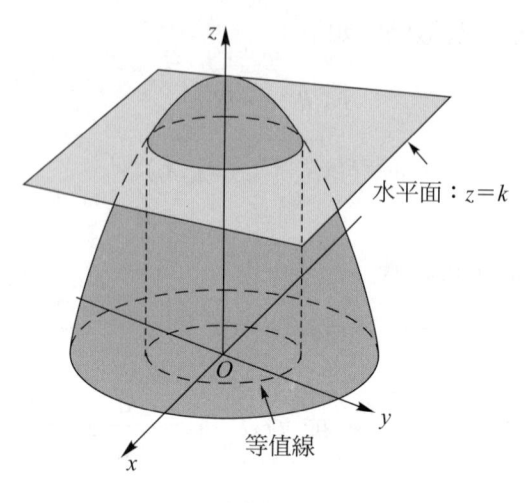

圖 5-2

**例題 4**　**解題指引** ☺ 等值曲線

繪出函數 $f(x, y) = 25 - x^2 - y^2$ 的等值線.

**解**　在 $xy$-平面上，等值曲線是形如 $f(x, y) = k$ 之方程式的圖形，亦即，

$$25 - x^2 - y^2 = k$$

或

$$x^2 + y^2 = 25 - k$$

這些皆是圓，倘若 $0 \leq k < 25$. 在圖 5-3 中，我們繪出對應於 $k = 24$、21、16、9 與 0 的等值曲線.

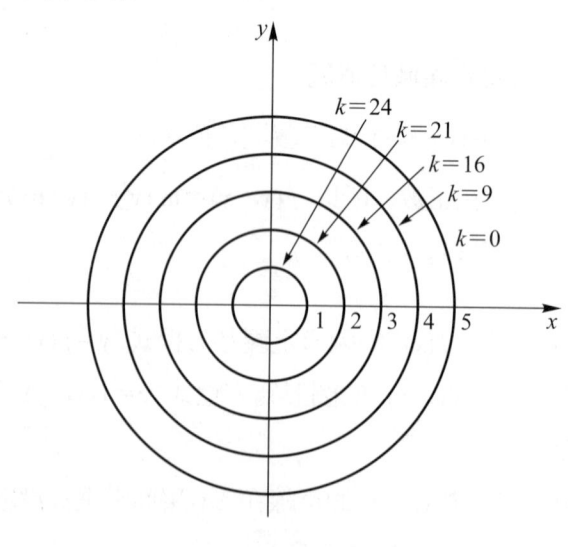

圖 5-3

多變數函數的四則運算的定義比照單變數函數的四則運算的定義．例如，若 $f$ 與 $g$ 皆為二變數 $x$ 及 $y$ 的函數，則 $f+g$、$f-g$ 與 $f \cdot g$ 定義為：

1. $(f+g)(x, y) = f(x, y) + g(x, y)$
2. $(f-g)(x, y) = f(x, y) - g(x, y)$
3. $(f \cdot g)(x, y) = f(x, y)g(x, y)$
4. $(cf)(x, y) = cf(x, y)$，$c$ 為常數

$f+g$、$f-g$ 與 $f \cdot g$ 等函數的定義域為 $f$ 與 $g$ 的交集，$cf$ 的定義域為 $f$ 的定義域．

5. $\left(\dfrac{f}{g}\right)(x, y) = \dfrac{f(x, y)}{g(x, y)}$

此商的定義域是由同時在 $f$ 與 $g$ 的定義域內使 $g(x, y) \neq 0$ 的有序數對所組成．

我們也可定義二變數函數的合成．例如（已知 $g : \mathbb{R}^2 \to \mathbb{R}$，$f : \mathbb{R} \to \mathbb{R}$），則合成函數 $f \circ g : \mathbb{R}^2 \to \mathbb{R}$ 為二變數函數．同理，若 $g : \mathbb{R}^n \to \mathbb{R}$，$f : \mathbb{R} \to \mathbb{R}$，則 $f \circ g : \mathbb{R}^n \to \mathbb{R}$ 為 $n$ 變數函數．

### 例題 5　解題指引 ☺ 合成函數的計算

設 $g(x, y) = 2x + 3y$，且 $f(x) = \sqrt{x}$，求 $(f \circ g)(x, y)$．

**解** $(f \circ g)(x, y) = f(g(x, y)) = f(2x+3y) = \sqrt{2x+3y}$．

## 習題 5-1

在 1～7 題中，確定各函數 $f$ 的定義域．

1. $f(x, y) = \dfrac{y+2}{x}$
2. $f(x, y) = \dfrac{xy}{x-2y}$
3. $f(x, y) = \sqrt{1-x} - e^{x/y}$
4. $f(x, y, z) = \sqrt{25 - x^2 - y^2 - z^2}$
5. $f(x, y) = \dfrac{\sqrt{1-x^2-y^2}}{x^2}$
6. $f(x, y) = \ln(4-x-y)$

7. $f(x, y) = \sin^{-1}(x+y)$

8. 試繪 $f(x, y) = e^{\frac{1}{x^2+y^2}}$ 的等值曲線.

9. 試繪 $f(x, y) = x - y^2$ 的等值曲線.

10. 試繪 $f(x, y) = x^2 + \frac{1}{4}y^2$ 的等值曲線.

11. 若 $g(x, y) = \sqrt{x^2 + 2y^2}$ 且 $f(x) = x^2$, 求 $(f \circ g)(x, y)$.

12. 若 $g(x, y) = \sin(x^2 + y^2)$ 且 $f(x) = x^2$, 求 $(f \circ g)(x, y)$.

13. 若 $g(x, y, z) = 3xy + 3yz + xz$ 且 $f(x) = 2x + 1$, 求 $(f \circ g)(x, y, z)$.

## 5-2 極限與連續

二變數函數的極限與連續，可由單變數函數的極限與連續的觀念推廣而得．對單變函數 $f$ 而言，敘述

$$\lim_{x \to a} f(x) = L$$

意指"當 $x$ 充分靠近 (但異於) $a$ 時，$f(x)$ 的值任意地靠近 $L$."同理，對二變數函數 $f$ 而言，直觀的定義如下：

### 定義 5-2 直觀的定義

當點 $(x, y)$ 趨近點 $(a, b)$ 時，$f(x, y)$ 的極限為 $L$, 記為：

$$\lim_{(x, y) \to (a, b)} f(x, y) = L$$

其意義為："當點 $(x, y)$ 充分靠近 (但異於) 點 $(a, b)$ 時，$f(x, y)$ 的值任意地靠近 $L$."

單變數函數的一些極限性質可推廣到二變數函數.

## 定理 5-1　唯一性

若 $\lim\limits_{(x,y)\to(a,b)} f(x, y) = L_1$ 且 $\lim\limits_{(x,y)\to(a,b)} f(x, y) = L_2$，則 $L_1 = L_2$.

## 定理 5-2

若 $\lim\limits_{(x,y)\to(a,b)} f(x, y) = L$，$\lim\limits_{(x,y)\to(a,b)} g(x, y) = M$，此處 $L$ 與 $M$ 均為實數，則

(1) $\lim\limits_{(x,y)\to(a,b)} [cf(x, y)] = c \lim\limits_{(x,y)\to(a,b)} f(x, y) = cL$ ($c$ 為常數)

(2) $\lim\limits_{(x,y)\to(a,b)} [f(x, y) \pm g(x, y)] = \lim\limits_{(x,y)\to(a,b)} f(x, y) \pm \lim\limits_{(x,y)\to(a,b)} g(x, y) = L \pm M$

(3) $\lim\limits_{(x,y)\to(a,b)} [f(x, y) g(x, y)] = [\lim\limits_{(x,y)\to(a,b)} f(x, y)][\lim\limits_{(x,y)\to(a,b)} g(x, y)] = LM$

(4) $\lim\limits_{(x,y)\to(a,b)} \dfrac{f(x, y)}{g(x, y)} = \dfrac{\lim\limits_{(x,y)\to(a,b)} f(x, y)}{\lim\limits_{(x,y)\to(a,b)} g(x, y)} = \dfrac{L}{M}$，$M \neq 0$

(5) $\lim\limits_{(x,y)\to(a,b)} [f(x, y)]^{m/n} = [\lim\limits_{(x,y)\to(a,b)} f(x, y)]^{m/n} = L^{m/n}$ ($m$ 與 $n$ 皆為整數)，倘若 $L^{m/n}$ 為實數.

如同單變數函數，定理 5-2 的 (2) 與 (3) 能夠分別推廣到有限個函數的情形，即，

1. 和的極限為各極限的和.
2. 積的極限為各極限的積.

**例題 1**　**解題指引** ☺ 利用定理 5-2 及上述結果

$$\lim_{(x,y)\to(1,3)} (5x^3y^2 - 2) = \lim_{(x,y)\to(1,3)} 5x^3y^2 - \lim_{(x,y)\to(1,3)} 2$$
$$= 5(\lim_{(x,y)\to(1,3)} x)^3 (\lim_{(x,y)\to(1,3)} y)^2 - 2$$
$$= 5(1^3)(3^2) - 2 = 43.$$

**例題 2** 解題指引 ☺ 有理化分子

求 $\lim\limits_{(x,y)\to(4,3)} \dfrac{\sqrt{x}-\sqrt{y+6}}{x-y-6}$.

**解** $\lim\limits_{(x,y)\to(4,3)} \dfrac{\sqrt{x}-\sqrt{y+6}}{x-y-6} = \lim\limits_{\substack{(x,y)\to(4,3) \\ x-y\neq 1}} \dfrac{\sqrt{x}-\sqrt{y+6}}{(\sqrt{x}+\sqrt{y+6})(\sqrt{x}-\sqrt{y+6})}$

$= \lim\limits_{(x,y)\to(4,3)} \dfrac{1}{\sqrt{x}+\sqrt{y+6}}$

$= \dfrac{\lim\limits_{(x,y)\to(4,3)} 1}{\sqrt{\lim\limits_{(x,y)\to(4,3)} x}+\sqrt{\lim\limits_{(x,y)\to(4,3)} y+\lim\limits_{(x,y)\to(4,3)} 6}}$

$= \dfrac{1}{\sqrt{4}+\sqrt{3+6}} = \dfrac{1}{5}$.

**例題 3** 解題指引 ☺ 分子有理化

求 $\lim\limits_{\substack{(x,y)\to(4,3) \\ x-y\neq 1}} \dfrac{\sqrt{x}-\sqrt{y+1}}{x-y-1}$.

**解** $\lim\limits_{\substack{(x,y)\to(4,3) \\ x-y\neq 1}} \dfrac{\sqrt{x}-\sqrt{y+1}}{x-y-1} = \lim\limits_{\substack{(x,y)\to(4,3) \\ x-y\neq 1}} \dfrac{(\sqrt{x}-\sqrt{y+1})(\sqrt{x}+\sqrt{y+1})}{(x-y-1)(\sqrt{x}+\sqrt{y+1})}$

$= \lim\limits_{(x,y)\to(4,3)} \dfrac{x-y-1}{(x-y-1)(\sqrt{x}+\sqrt{y+1})}$

$= \lim\limits_{(x,y)\to(4,3)} \dfrac{1}{\sqrt{x}+\sqrt{y+1}}$

$= \dfrac{1}{\sqrt{4}+\sqrt{3+1}} = \dfrac{1}{4}$.

**例題 4** 解題指引 ☺ 令 $\theta=\sqrt{x^2+y^2}$

求 $\lim\limits_{(x,y)\to(0,0)} \dfrac{\sin\sqrt{x^2+y^2}}{\sqrt{x^2+y^2}}$.

**解** 令 $\theta = \sqrt{x^2+y^2}$，當 $(x, y) \to (0, 0)$ 時，則 $\theta \to 0^+$，故

$$\lim_{(x,y)\to(0,0)} \frac{\sin\sqrt{x^2+y^2}}{\sqrt{x^2+y^2}} = \lim_{\theta\to 0^+} \frac{\sin\theta}{\theta} = 1.$$

**例題 5** **解題指引** ☺ 利用夾擠定理

試證 $\displaystyle\lim_{(x,y)\to(0,0)} \frac{y^4}{x^2+y^2} = 0.$

**解** 因 $y^4 \leq (\sqrt{x^2+y^2})^4 = (x^2+y^2)^2$，可得

$$0 \leq \frac{y^4}{x^2+y^2} \leq \frac{(x^2+y^2)^2}{x^2+y^2} = x^2+y^2$$

又

$$\lim_{(x,y)\to(0,0)} (x^2+y^2) = 0$$

故

$$\lim_{(x,y)\to(0,0)} \frac{y^4}{x^2+y^2} = 0.$$

讀者可以回憶，在單變數函數的情形，$f(x)$ 在 $x = a$ 處的極限存在，若且唯若 $\displaystyle\lim_{x\to a^-} f(x) = \lim_{x\to a^+} f(x) = L$. 但有關二變數函數的極限情況，就比較複雜，因為點 $(x, y)$ 趨近點 $(a, b)$ 就不像單一變數 $x$ 趨近 $a$ 那麼容易. 事實上，在 $xy$-平面上，點 $(x, y)$ 能沿著無窮多的不同曲線趨近點 $(a, b)$，如圖 5-4 所示.

如果在坐標平面上，點 $(x, y)$ 沿著無數條不同曲線 [稱為**路徑** (path)]. 趨近點 $(a, b)$ 時，所求得 $f(x, y)$ 的極限值均為 $L$，我們稱極限存在且

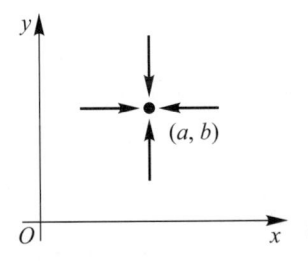

(i) 沿著通過點 $(a, b)$ 的水平與垂直線

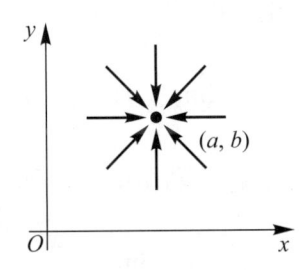

(ii) 沿著通過點 $(a, b)$ 的每條直線

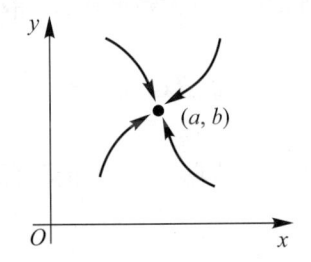

(iii) 沿著通過點 $(a, b)$ 的每條曲線

**圖 5-4**

$$\lim_{(x,y)\to(a,b)} f(x, y) = L$$

反之，若點 $(x, y)$ 沿著兩條以上不同的路徑趨近點 $(a, b)$，所得的極限值不同，則 $\lim_{(x,y)\to(a,b)} f(x, y)$ 不存在.

### 例題 6　解題指引 ☺　取不同的路徑

試證：$\lim_{(x,y)\to(0,0)} \dfrac{x-y}{x+y}$ 不存在.

**解**　若點 $(x, y)$ 沿著 $x$-軸趨近點 $(0, 0)$，則

$$\lim_{(x,y)\to(0,0)} \frac{x-y}{x+y} = \lim_{x\to 0} \frac{x-0}{x+0} = 1$$

若點 $(x, y)$ 沿著 $y$-軸趨近點 $(0, 0)$，則

$$\lim_{(x,y)\to(0,0)} \frac{x-y}{x+y} = \lim_{y\to 0} \frac{0-y}{0+y} = -1 \neq 1$$

故 $\lim_{(x,y)\to(0,0)} \dfrac{x-y}{x+y}$ 不存在.

註：沿著特定曲線（含直線）計算極限以說明極限 $\lim_{(x,y)\to(a,b)} f(x, y)$ 不存在，是一個很有用的技巧，因為僅需要沿著兩條不同的曲線所求出的極限不相等即可. 然而，此方法對證明極限存在是毫無用處的，因為我們不可能檢查所有可能的曲線.

### 例題 7　解題指引 ☺　取不同的路徑

若 $f(x, y) = \dfrac{xy}{x^2+y^2}$，試問 $\lim_{(x,y)\to(0,0)} f(x, y)$ 是否存在？

**解**　若點 $(x, y)$ 沿著直線 $y = x$ 趨近點 $(0, 0)$，則

$$\lim_{(x,y)\to(0,0)} \frac{xy}{x^2+y^2} = \lim_{x\to 0} \frac{x^2}{x^2+x^2} = \frac{1}{2}$$

若點 $(x, y)$ 沿著直線 $y = -x$ 趨近點 $(0, 0)$，則

$$\lim_{(x,y)\to(0,0)} \frac{xy}{x^2+y^2} = \lim_{x\to 0} \frac{-x^2}{x^2+x^2} = -\frac{1}{2}$$

故 $\lim_{(x,y)\to(0,0)} f(x, y)$ 不存在．

**例題 8**　**解題指引** ☺　取不同的路徑求極限

求 $\lim_{(x,y)\to(0,0)} \dfrac{x^3 y}{x^6+y^2}$．

**解**　(i) 以 $y=x$ 代入，則

$$\lim_{(x,y)\to(0,0)} \frac{x^3 y}{x^6+y^2} = \lim_{x\to 0} \frac{x^4}{x^6+x^2} = \lim_{x\to 0} \frac{x^2}{x^4+1} = 0.$$

(ii) 以 $y=x^3$ 代入，則

$$\lim_{(x,y)\to(0,0)} \frac{x^3 y}{x^6+y^2} = \lim_{x\to 0} \frac{x^6}{x^6+x^6} = \lim_{x\to 0} \frac{x^6}{2x^6} = \frac{1}{2}$$

故 $\lim_{(x,y)\to(0,0)} \dfrac{x^3 y}{x^6+y^2}$ 不存在．

二變數函數的連續性定義與單變數函數的連續性定義是類似的．

## 定義 5-3

若二變數函數 $f$ 滿足下列條件：

(1) $f(a, b)$ 有定義．

(2) $\lim_{(x,y)\to(a,b)} f(x, y)$ 存在．

(3) $\lim_{(x,y)\to(a,b)} f(x, y) = f(a, b)$

則稱 $f$ 在點 $(a, b)$ 為連續．

若二變數函數在區域 $R$ 的每一點為連續，則稱該函數在區域 $R$ 為連續．

正如單變數函數一樣，連續的二變數函數的和、差與積也是連續，而連續函數的商是連續，其中分母為零除外．

若 $z=f(x, y)$ 為 $x$ 與 $y$ 的連續函數，且 $w=g(z)$ 為 $z$ 的連續函數，則合成函數

$w = g(f(x, y)) = h(x, y) (h = g \circ f)$ 為連續.

**例題 9** 解題指引 ☺ **確定定義域**

討論 $f(x, y) = \ln(x-y-3)$ 的連續性.

**解** 由自然對數函數的定義域得知，必須 $x-y-3 > 0$，即 $x-y > 3$ 因自然對數函數在其定義域內處處均為連續，故知 $f$ 在 $\{(x, y) | x-y > 3\}$ 為連續.

二變數的多項式函數是由形如 $cx^m y^n$ ($c$ 為常數，$m$ 與 $n$ 均為非負整數) 的項相加而得，二變數的有理函數是兩個二變數的多項式函數之商. 例如，

$$f(x, y) = x^3 + 2x^2 y - xy^2 + y + 6$$

為多項式函數，而

$$g(x, y) = \frac{3xy+2}{x^2+y^2}$$

為有理函數. 又，所有二變數的多項式函數在 $I\!R^2$ 為連續，二變數的有理函數在其定義域為連續.

**例題 10** 解題指引 ☺ **直接代入**

計算 $\lim\limits_{(x, y) \to (1, 2)} (x^2 y^2 + xy^2 + 3x - y)$.

**解** 因 $f(x, y) = x^2 y^2 + xy^2 + 3x - y$ 為處處連續，故直接代換可求得極限：

$$\lim_{(x, y) \to (1, 2)} (x^2 y^2 + xy^2 + 3x - y) = (1^2)(2^2) + (1)(2^2) + (3)(1) - 2 = 9.$$

**例題 11** 解題指引 ☺ **直接代入**

計算 $\lim\limits_{(x, y) \to (-1, 2)} \dfrac{xy}{x^2+y^2}$.

**解** 因 $f(x, y) = \dfrac{xy}{x^2+y^2}$ 在點 $(-1, 2)$ 為連續 (何故？)，故

$$\lim_{(x, y) \to (-1, 2)} \frac{xy}{x^2+y^2} = \frac{(-1)(2)}{(-1)^2 + 2^2} = -\frac{2}{5}.$$

## 習題 5-2

在 1～6 題中的極限是否存在？若存在，則求其極限值.

1. $\lim_{(x,y)\to(1,1)} \dfrac{x^3-y^3}{x^2-y^2}$

2. $\lim_{(x,y)\to(-1,2)} \dfrac{x+y^3}{(x-y+1)^2}$

3. $\lim_{(x,y)\to(4,-2)} x\sqrt[3]{2x+y^3}$

4. $\lim_{(x,y)\to(0,0)} \dfrac{\tan(x^2+y^2)}{x^2+y^2}$

5. $\lim_{(x,y)\to(0,0)} \dfrac{x-y}{x^2+y^2}$

6. $\lim_{(x,y)\to(0,0)} \dfrac{e^y \sin x}{x}$

討論各函數 $f$ 的連續性.

7. $f(x, y) = \ln(x+y-1)$

8. $f(x, y) = \dfrac{1}{\sqrt{2-x^2-y^2}}$

9. $f(x, y) = \begin{cases} \dfrac{\sin(xy)}{xy}, & \text{若 } xy \neq 0 \\ 1, & \text{若 } xy = 0 \end{cases}$

10. $f(x, y) = \begin{cases} \dfrac{x^2 y^3}{2x^2+y^2}, & \text{若 } (x, y) \neq (0, 0) \\ 1, & \text{若 } (x, y) = (0, 0) \end{cases}$

## ▶▶ 5-3 偏導函數

單變數函數 $y=f(x)$ 的導函數定義為

$$\dfrac{dy}{dx} = f'(x) = \lim_{h\to 0} \dfrac{f(x+h)-f(x)}{h}$$

可解釋為 $y$ 對 $x$ 的瞬時變化率.

在本節中，我們首先研究二變數函數的**偏導函數** (partial derivative).

## 定義 5-4

若 $f(x, y)$ 為二變數函數，則 $f$ 對 $x$ 的偏導函數 $f_x$ 與 $f$ 對 $y$ 的偏導函數 $f_y$，分別定義如下：

$$f_x(x, y) = \lim_{h \to 0} \frac{f(x+h, y) - f(x, y)}{h} \qquad (y \text{ 保持固定})$$

$$f_y(x, y) = \lim_{h \to 0} \frac{f(x, y+h) - f(x, y)}{h} \qquad (x \text{ 保持固定})$$

倘若極限存在.

欲求 $f_x(x, y)$，我們視 $y$ 為常數而依一般的方法，將 $f(x, y)$ 對 $x$ 微分；同理，欲求 $f_y(x, y)$，可視 $x$ 為常數而將 $f(x, y)$ 對 $y$ 微分。例如，若 $f(x, y) = 3xy^2$，則 $f_x(x, y) = 3y^2$，$f_y(x, y) = 6xy$。求偏導函數的過程稱為**偏微分** (partial differentiation).

其他偏導函數的記號為

$$f_x = \frac{\partial f}{\partial x}, \quad f_y = \frac{\partial f}{\partial y}$$

若 $z = f(x, y)$，則寫成

$$f_x(x, y) = \frac{\partial}{\partial x} f(x, y) = \frac{\partial z}{\partial x} = z_x$$

$$f_y(x, y) = \frac{\partial}{\partial y} f(x, y) = \frac{\partial z}{\partial y} = z_y$$

而偏導數 $f_x(x_0, y_0)$ 可記為 $\left. \dfrac{\partial f}{\partial x} \right|_{x=x_0, y=y_0}$ 或 $\left. \dfrac{\partial f}{\partial x} \right|_{(x_0, y_0)}$.

## 定理 5-3

若 $u = u(x, y)$、$v = v(x, y)$，且 $u$ 與 $v$ 的偏導函數均存在，$r$ 為實數，則

(1) $\dfrac{\partial}{\partial x}(u \pm v) = \dfrac{\partial u}{\partial x} \pm \dfrac{\partial v}{\partial x} \qquad \dfrac{\partial}{\partial y}(u \pm v) = \dfrac{\partial u}{\partial y} \pm \dfrac{\partial v}{\partial y}$ （加（減）法法則）

(2) $\dfrac{\partial}{\partial x}(cu) = c\dfrac{\partial u}{\partial x}$ \qquad $\dfrac{\partial}{\partial y}(cu) = c\dfrac{\partial u}{\partial y}$, $c$ 為常數 （常數倍法則）

(3) $\dfrac{\partial}{\partial x}(uv) = u\dfrac{\partial v}{\partial x} + v\dfrac{\partial u}{\partial x}$ \qquad $\dfrac{\partial}{\partial y}(uv) = u\dfrac{\partial v}{\partial y} + v\dfrac{\partial u}{\partial y}$ （乘法法則）

(4) $\dfrac{\partial}{\partial x}\left(\dfrac{u}{v}\right) = \dfrac{v\dfrac{\partial u}{\partial x} - u\dfrac{\partial v}{\partial x}}{v^2}$ \qquad $\dfrac{\partial}{\partial y}\left(\dfrac{u}{v}\right) = \dfrac{v\dfrac{\partial u}{\partial y} - u\dfrac{\partial v}{\partial y}}{v^2}$ （除法法則）

(5) $\dfrac{\partial}{\partial x}(u^r) = ru^{r-1}\dfrac{\partial u}{\partial x}$ \qquad $\dfrac{\partial}{\partial y}(u^r) = ru^{r-1}\dfrac{\partial u}{\partial y}$ （冪法則）

**例題 1**　**解題指引** ☺ 利用定理 5-3

已知函數 $f(x, y) = x^2 - xy^2 + y^3$，求 $f_x(1, 3)$ 與 $f_y(1, 3)$.

**解**　$\dfrac{\partial f}{\partial x} = \dfrac{\partial}{\partial x}(x^2 - xy^2 + y^3) = 2x - y^2$ \qquad （視 $y$ 為常數，對 $x$ 微分）

$\dfrac{\partial f}{\partial y} = \dfrac{\partial}{\partial y}(x^2 - xy^2 + y^3) = -2xy + 3y^2$ \qquad （視 $x$ 為常數，對 $y$ 微分）

$$f_x(1, 3) = \dfrac{\partial f}{\partial x}\bigg|_{(1, 3)} = 2 - 9 = -7$$

$$f_y(1, 3) = \dfrac{\partial f}{\partial y}\bigg|_{(1, 3)} = -6 + 27 = 21.$$

**例題 2**　**解題指引** ☺ 利用定理 5-3

若 $z = x^2 \sin(xy^2)$，求 $\dfrac{\partial z}{\partial x}$ 與 $\dfrac{\partial z}{\partial y}$.

**解**　$\dfrac{\partial z}{\partial x} = \dfrac{\partial}{\partial x}[x^2 \sin(xy^2)] = x^2 \dfrac{\partial}{\partial x}\sin(xy^2) + \sin(xy^2)\dfrac{\partial}{\partial x}(x^2)$

$= x^2 \cos(xy^2)y^2 + \sin(xy^2)(2x)$

$= x^2y^2 \cos(xy^2) + 2x \sin(xy^2)$

$$\frac{\partial z}{\partial y} = \frac{\partial}{\partial y}[x^2 \sin(xy^2)] = x^2 \frac{\partial}{\partial y} \sin(xy^2) + \sin(xy^2) \frac{\partial}{\partial y}(x^2)$$

$$= x^2 \cos(xy^2)(2xy) + \sin(xy^2) \cdot 0$$

$$= 2x^3 y \cos(xy^2).$$

**例題 3**　**解題指引** ☺　利用定理 5-3

若 $f(x, y) = x^{x^y}$，求 $\dfrac{\partial f}{\partial x}$ 與 $\dfrac{\partial f}{\partial y}$.

**解**
$$\frac{\partial f}{\partial x} = \frac{\partial}{\partial x}(e^{\ln x^{x^y}}) = \frac{\partial}{\partial x}(e^{x^y \ln x})$$

$$= e^{x^y \ln x} \frac{\partial}{\partial x}(x^y \ln x) = e^{x^y \ln x}\left(x^y \cdot \frac{1}{x} + y x^{y-1} \ln x\right) \quad \text{(偏導數之乘積法則)}$$

$$= x^{x^y}(x^{y-1} + y x^{y-1} \ln x) = x^{x^y + y - 1}(1 + y \ln x)$$

$$\frac{\partial f}{\partial y} = \frac{\partial}{\partial y}(e^{\ln x^{x^y}}) = \frac{\partial}{\partial y}(e^{x^y \ln x}) = e^{x^y \ln x} \frac{\partial}{\partial y}(x^y \ln x)$$

$$= x^{x^y}[x^y (\ln x)^2] = (\ln x)^2 x^{x^y + y}.$$

**[另解]**

令 $u = x^{x^y}$，則 $\ln u = \ln x^{x^y} = x^y \ln x$.

$$\frac{\partial}{\partial x} \ln u = \frac{\partial}{\partial x}(x^y \ln x)$$

$$\frac{1}{u} \frac{\partial u}{\partial x} = x^y \cdot \frac{1}{x} + y x^{y-1} \ln x$$

故
$$\frac{\partial u}{\partial x} = x^{x^y}(x^{y-1} + y x^{y-1} \ln x)$$

即
$$\frac{\partial f}{\partial x} = x^{x^y + y - 1}(1 + y \ln x)$$

同理，可求 $\dfrac{\partial f}{\partial y}$.

**例題 4** 解題指引 ☺ 利用微積分基本定理

若 $f(x, y) = \int_x^y (2t+1)\,dt + \int_y^x (2t-1)\,dt$，求 $\dfrac{\partial f}{\partial x}$ 與 $\dfrac{\partial f}{\partial y}$。

**解**
$$\dfrac{\partial f}{\partial x} = \dfrac{\partial}{\partial x}\int_x^y (2t+1)\,dt + \dfrac{\partial}{\partial x}\int_y^x (2t-1)\,dt$$

$$= -\dfrac{\partial}{\partial x}\int_y^x (2t+1)\,dt + \dfrac{\partial}{\partial x}\int_y^x (2t-1)\,dt$$

$$= -(2x+1) + (2x-1) = -2$$

$$\dfrac{\partial f}{\partial y} = \dfrac{\partial}{\partial y}\int_x^y (2t+1)\,dt + \dfrac{\partial}{\partial y}\int_y^x (2t-1)\,dt$$

$$= 2y+1 - \dfrac{\partial}{\partial y}\int_x^y (2t-1)\,dt$$

$$= (2y+1) - (2y-1) = 2.$$

**例題 5** 解題指引 ☺ 利用偏導數

電阻分別為 $R_1$ 歐姆與 $R_2$ 歐姆的兩個電阻器並聯後的總電阻為 $R$（以歐姆計），其關係如下：

$$\dfrac{1}{R} = \dfrac{1}{R_1} + \dfrac{1}{R_2}$$

若 $R_1 = 10$ 歐姆，$R_2 = 15$ 歐姆，求 $R$ 對 $R_2$ 的變化率.

**解** $\dfrac{\partial}{\partial R_2}\left(\dfrac{1}{R}\right) = \dfrac{\partial}{\partial R_2}\left(\dfrac{1}{R_1} + \dfrac{1}{R_2}\right)$，可得

$$-\dfrac{1}{R^2}\dfrac{\partial R}{\partial R_2} = 0 - \dfrac{1}{R_2^2} = -\dfrac{1}{R_2^2}$$

故 $\dfrac{\partial R}{\partial R_2} = \dfrac{R^2}{R_2^2} = \left(\dfrac{R}{R_2}\right)^2$

當 $R_1 = 10$，$R_2 = 15$ 時，

$$\frac{1}{R} = \frac{1}{10} + \frac{1}{15} = \frac{5}{30} = \frac{1}{6}$$

可得 $R=6$，故

$$\left.\frac{\partial R}{\partial R_2}\right|_{R_2=15,\ R=6} = \left(\frac{6}{15}\right)^2 = \left(\frac{2}{5}\right)^2 = \frac{4}{25}.$$

由於一階偏導函數 $f_x$ 與 $f_y$ 皆為 $x$ 與 $y$ 的函數，所以，可以再對 $x$ 或 $y$ 微分。$f_x$ 與 $f_y$ 的偏導函數稱為 $f$ 的**二階偏導函數** (second partial derivative)，如下所示：

$$(f_x)_x = f_{xx} = \frac{\partial f_x}{\partial x} = \frac{\partial}{\partial x}\left(\frac{\partial f}{\partial x}\right) = \frac{\partial^2 f}{\partial x^2}$$

$$(f_x)_y = f_{xy} = \frac{\partial f_x}{\partial y} = \frac{\partial}{\partial y}\left(\frac{\partial f}{\partial x}\right) = \frac{\partial^2 f}{\partial y\, \partial x}$$

$$(f_y)_x = f_{yx} = \frac{\partial f_y}{\partial x} = \frac{\partial}{\partial x}\left(\frac{\partial f}{\partial y}\right) = \frac{\partial^2 f}{\partial x\, \partial y}$$

$$(f_y)_y = f_{yy} = \frac{\partial f_y}{\partial y} = \frac{\partial}{\partial y}\left(\frac{\partial f}{\partial y}\right) = \frac{\partial^2 f}{\partial y^2}$$

讀者應注意，在 $f_{xy}$ 中的 $x$ 與 $y$ 的順序是先對 $x$ 作偏微分，再對 $y$ 作偏微分。但在 $\dfrac{\partial^2 f}{\partial x\, \partial y}$ 中，是先對 $y$ 作偏微分，再對 $x$ 作偏微分。

### 例題 6　解題指引☺ 計算二階偏導函數

若 $w = e^x + x\ln y + y\ln x$，試證 $w_{xy} = w_{yx}$。

**解**

$$w_x = \frac{\partial}{\partial x}(e^x + x\ln y + y\ln x) = e^x + \ln y + \frac{y}{x}$$

$$w_{xy} = \frac{\partial}{\partial y}\left(e^x + \ln y + \frac{y}{x}\right) = \frac{1}{y} + \frac{1}{x}$$

$$w_y = \frac{\partial}{\partial y}(e^x + x\ln y + y\ln x) = \frac{x}{y} + \ln x$$

$$w_{yx} = \frac{\partial}{\partial x}\left(\frac{x}{y} + \ln x\right) = \frac{1}{y} + \frac{1}{x}$$

故 $w_{xy}=w_{yx}$.

下面定理給出二變數函數的混合二階偏導函數相等的充分條件.

## 定理 5-4

若 $f$、$f_x$、$f_y$、$f_{xy}$ 與 $f_{yx}$ 在開區域 $R$ 均為連續,則對 $R$ 中每一點 $(a, b)$,

$$f_{xy}(a, b)=f_{yx}(a, b).$$

讀者應注意,各階偏導函數若不連續,有可能 $f_{xy}(x, y) \neq f_{yx}(x, y)$,見下面的例題.

**例題 7**  解題指引 ☺ 利用偏導函數的定義

設 $f(x, y)=\begin{cases} \dfrac{xy(x^2-y^2)}{x^2+y^2}, & \text{若 } (x, y) \neq (0, 0) \\ 0, & \text{若 } (x, y) = (0, 0) \end{cases}$,

試證:$f_{xy}(0, 0) \neq f_{yx}(0, 0)$.

**解** $f_x(0, y) = \lim\limits_{h \to 0} \dfrac{f(0+h, y)-f(0, y)}{h} = \lim\limits_{h \to 0} \dfrac{\dfrac{hy(h^2-y^2)}{h^2+y^2}-0}{h}$

$= \lim\limits_{h \to 0} \dfrac{y(h^2-y^2)}{h^2+y^2} = -y$

$f_{xy}(0, 0) = \lim\limits_{h \to 0} \dfrac{f_x(0, 0+h)-f_x(0, 0)}{h} = \lim\limits_{h \to 0} \dfrac{-h-0}{h} = -1$

$f_y(x, 0) = \lim\limits_{h \to 0} \dfrac{f(x, 0+h)-f(x, 0)}{h} = \lim\limits_{h \to 0} \dfrac{\dfrac{xh(x^2-h^2)}{x^2+h^2}-0}{h}$

$= \lim\limits_{h \to 0} \dfrac{x(x^2-h^2)}{x^2+h^2} = x$

$$f_{yx}(0,\ 0)=\lim_{h\to 0}\frac{f_y(0+h,\ 0)-f_y(0,\ 0)}{h}=\lim_{h\to 0}\frac{h-0}{h}=1$$

故 $f_{xy}(0,\ 0) \neq f_{yx}(0,\ 0)$.

有關三階或更高階的偏導函數可仿照二階的情形，依此類推. 例如：

$$f_{xxx}=\frac{\partial}{\partial x}\left(\frac{\partial^2 f}{\partial x^2}\right)=\frac{\partial^3 f}{\partial x^3},\ f_{xxy}=\frac{\partial}{\partial y}\left(\frac{\partial^2 f}{\partial x^2}\right)=\frac{\partial^3 f}{\partial y\,\partial x^2},$$

$$f_{xyy}=\frac{\partial}{\partial y}\left(\frac{\partial^2 f}{\partial y\,\partial x}\right)=\frac{\partial^3 f}{\partial y^2\,\partial x},\ f_{yyy}=\frac{\partial}{\partial y}\left(\frac{\partial^2 f}{\partial y^2}\right)=\frac{\partial^3 f}{\partial y^3}.$$

對於三變數函數 $f(x,\ y,\ z)$ 而言，欲求 $f_x(x,\ y,\ z)$，我們視 $y$ 與 $z$ 為常數而將 $f(x,\ y,\ z)$ 對 $x$ 微分；欲求 $f_y(x,\ y,\ z)$，可視 $x$ 與 $z$ 為常數而將 $f(x,\ y,\ z)$ 對 $y$ 微分；欲求 $f_z(x,\ y,\ z)$，可視 $x$ 與 $y$ 為常數而將 $f(x,\ y,\ z)$ 對 $z$ 微分.

### 例題 8　解題指引☺　計算偏導函數

若 $u=(x^2y+xy)^z$，求 $\dfrac{\partial u}{\partial x}$、$\dfrac{\partial u}{\partial y}$ 與 $\dfrac{\partial u}{\partial z}$.

**解**　$\dfrac{\partial u}{\partial x}=\dfrac{\partial}{\partial x}(x^2y+xy)^z=z(x^2y+xy)^{z-1}\dfrac{\partial}{\partial x}(x^2y+xy)$

$\qquad\ =z(x^2y+xy)^{z-1}(2xy+y)$

$\dfrac{\partial u}{\partial y}=\dfrac{\partial}{\partial y}(x^2y+xy)^z=z(x^2y+xy)^{z-1}\dfrac{\partial}{\partial y}(x^2y+xy)=z(x^2y+xy)^{z-1}(x^2+x)$

$\dfrac{\partial u}{\partial z}=\dfrac{\partial}{\partial z}(x^2y+xy)^z=(x^2y+xy)^z\ln(x^2y+xy)$

若 $f(x,\ y,\ z)$ 為三變數函數且具有連續二階偏導函數，則

$$\frac{\partial^2 f}{\partial x\,\partial y}=\frac{\partial^2 f}{\partial y\,\partial x},\ \frac{\partial^2 f}{\partial x\,\partial z}=\frac{\partial^2 f}{\partial z\,\partial x},\ 且\ \frac{\partial^2 f}{\partial y\,\partial z}=\frac{\partial^2 f}{\partial z\,\partial y}.$$

## 習題 5-3

1. 若 $f(x, y) = \sqrt{3x^2+y^2}$，求 $f_x(1, -1)$ 與 $f_y(-1, 1)$。

2. 若 $f(x, y) = \sin(xy) + xe^y$，求 $f_{xy}(0, 3)$ 與 $f_{yy}(2, 0)$。

3. 已知 $f(x, y) = \int_x^y e^{t^2}\, dt$，求 $f_x$ 與 $f_y$。

4. 已知 $f(x, y, z) = xe^z - ye^x + ze^{-y}$，求 $f_{xy}(1, -1, 0)$、$f_{yz}(0, 1, 0)$ 與 $f_{zx}(0, 0, 1)$。

5. 某質點沿著曲面 $z = x^2 + 3y^2$ 與平面 $x=2$ 相交的曲線移動，當該質點在點 $(2, 1, 7)$ 時，$z$ 對 $y$ 的變化率為何？

6. 電阻分別為 $R_1$ 歐姆與 $R_2$ 歐姆的兩個電阻器並聯後的總電阻為 $R$ (以歐姆計)，其關係如下：

$$\frac{1}{R} = \frac{1}{R_1} + \frac{1}{R_2}$$

若 $R_1 = 10$ 歐姆、$R_2 = 15$ 歐姆，求 $R$ 對 $R_2$ 的變化率。

7. 在絕對溫度 $T$、壓力 $P$ 與體積 $V$ 的情況下，理想氣體定律為：$PV = nRT$，此處 $n$ 是氣體的莫耳數，$R$ 是氣體常數，試證：$\dfrac{\partial P}{\partial V}\dfrac{\partial V}{\partial T}\dfrac{\partial T}{\partial P} = -1$。

8. 電阻分別為 $R_1$ 與 $R_2$ 的兩個電阻器並聯後的總電阻 $R$ (以歐姆計) 為 $R = \dfrac{R_1 R_2}{R_1 + R_2}$，試證 $\left(\dfrac{\partial^2 R}{\partial R_1^2}\right)\left(\dfrac{\partial^2 R}{\partial R_2^2}\right) = \dfrac{4R^2}{(R_1+R_2)^4}$。

9. 試證下列函數滿足

$$\frac{\partial^2 f}{\partial x^2} + \frac{\partial^2 f}{\partial y^2} = 0 \text{ (此方程式稱為拉普拉斯方程式 (Laplace equation))}$$

(1) $f(x, y) = e^x \sin y + e^y \cos x$　　(2) $f(x, y) = \tan^{-1}\dfrac{y}{x}$

## 5-4 偏導函數之幾何意義

就單變數函數 $y=f(x)$ 而言，在幾何上，$f'(x_0)$ 意指曲線 $y=f(x)$ 在點 $(x_0, y_0)$ 之切線的斜率．今討論二變數函數 $z=f(x, y)$ 之偏導數的幾何意義．

### 一、曲線 $z=f(x, y_0)$ 與 $z=f(x_0, y)$ 上一點的切線方程式

已知曲面 $z=f(x, y)$，若平面 $y=y_0$ 與曲面相交所成的曲線 $C_1$ 通過 $P$ 點，如圖 5-5 所示，則

$$f_x(x_0, y_0) = \lim_{h \to 0} \frac{f(x_0+h, y_0) - f(x_0, y_0)}{h}$$

代表曲線 $C_1$ 在 $P(x_0, y_0, z_0)$ 沿著 $x$ 方向之切線的斜率．又 $C_1$ 通過 $P$ 點且在平面 $y=y_0$ 上，故它在 $P$ 點之切線的方程式為

$$\begin{cases} y = y_0 \\ z - z_0 = f_x(x_0, y_0)(x - x_0) \end{cases} \tag{5-1}$$

同理，若平面 $x=x_0$ 與曲面相交所成的曲線 $C_2$ 通過 $P$ 點，如圖 5-6 所示，則

$$f_y(x_0, y_0) = \lim_{h \to 0} \frac{f(x_0, y_0+h) - f(x_0, y_0)}{h}$$

代表曲線 $C_2$ 在 $P(x_0, y_0, z_0)$ 沿著 $y$ 方向之切線的斜率．又 $C_2$ 通過 $P$ 點，且在平

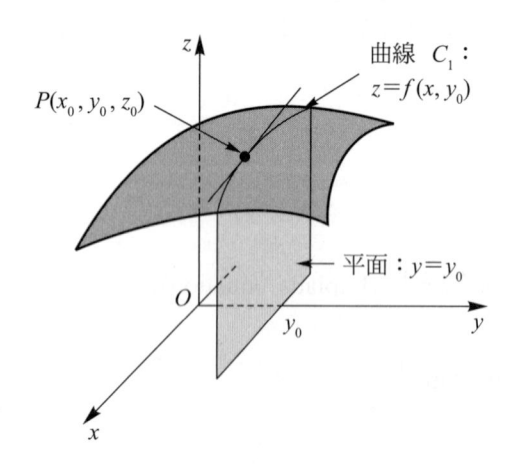

圖 5-5 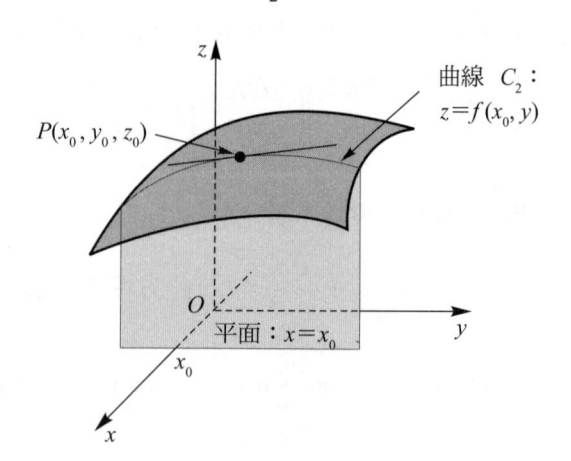　　　　　　　　　　　圖 5-6

面 $x=x_0$ 上，故它在 $P$ 點之切線的方程式為

$$\begin{cases} x=x_0 \\ z-z_0=f_y(x_0, y_0)(y-y_0). \end{cases} \tag{5-2}$$

**例題 1** **解題指引** ☺ 利用 (5-1) 及 (5-2) 式

求曲面 $z=f(x, y)=x^2-9y^2$ 與 (1) 平面 $x=3$ 和 (2) 平面 $y=1$ 相交的曲線在點 $(3, 1, 0)$ 之切線的方程式.

**解** (1) 因 $f_y(x, y)=-18y$，可知切線在點 $(3, 1, 0)$ 沿著 $y$ 方向的斜率為 $f_y(3, 1)=-18$，故切線方程式為

$$\begin{cases} x=3 \\ z-0=-18(y-1) \end{cases}$$

即， $\begin{cases} x=3 \\ 18y+z=18 \end{cases}$

(2) 因 $f_x(x, y)=2x$，可知切線在點 $(3, 1, 0)$ 沿著 $x$ 方向的斜率為 $f_x(3, 1)=6$，故切線方程式為

$$\begin{cases} y=1 \\ z-0=6(x-3) \end{cases}$$

即， $\begin{cases} y=1 \\ 6x-z=18. \end{cases}$

**例題 2** **解題指引** ☺ 利用 (5-1) 式

求球面 $x^2+y^2+z^2=9$ 與平面 $y=2$ 的交線在點 $(1, 2, 2)$ 的切線方程式.

**解** 因 $z=f(x, y)=\sqrt{9-x^2-y^2}$，可知切線在點 $(1, 2, 2)$ 沿著 $x$-軸方向的斜率為

$$f_x(1, 2)=\frac{-x}{\sqrt{9-x^2-y^2}}\bigg|_{(1, 2)}=-\frac{1}{2}$$

故所求的切線方程式為

$$\begin{cases} y=2 \\ z-2=-\dfrac{1}{2}(x-1) \end{cases} \quad 即, \quad \begin{cases} y=2 \\ x+2z=5 \end{cases}.$$

## 二、曲面上一點的切平面

假設函數 $f(x, y)$ 在 $xy$-平面上包含點 $(x_0, y_0)$ 的某區域內部具有連續偏導函數，則在曲面 $z=f(x, y)$ 上一點 $P(x_0, y_0, z_0)$ 的切平面為通過 $P$ 點的平面，且包含下列兩曲線 (如圖 5-7 所示)

$$z=f(x, y_0), \quad y=y_0 \tag{5-3}$$

與

$$z=f(x_0, y), \quad x=x_0 \tag{5-4}$$

的切線.

為了求得切平面的方程式，需要一向量 **n** 垂直於此切平面. 我們可利用曲線 (5-3) 與 (5-4) 在 $P$ 點之切向量的叉積求得此向量，此向量就稱為切平面的**法向量**.

由於曲線 (5-3) 之切線的斜率為 $f_x(x_0, y_0)$，故令

$$\mathbf{T}_x = \mathbf{i} + f_x(x_0, y_0)\mathbf{k}$$

為在 $P$ 點沿著 $x$-軸方向的切向量，如圖 5-8(i) 所示.

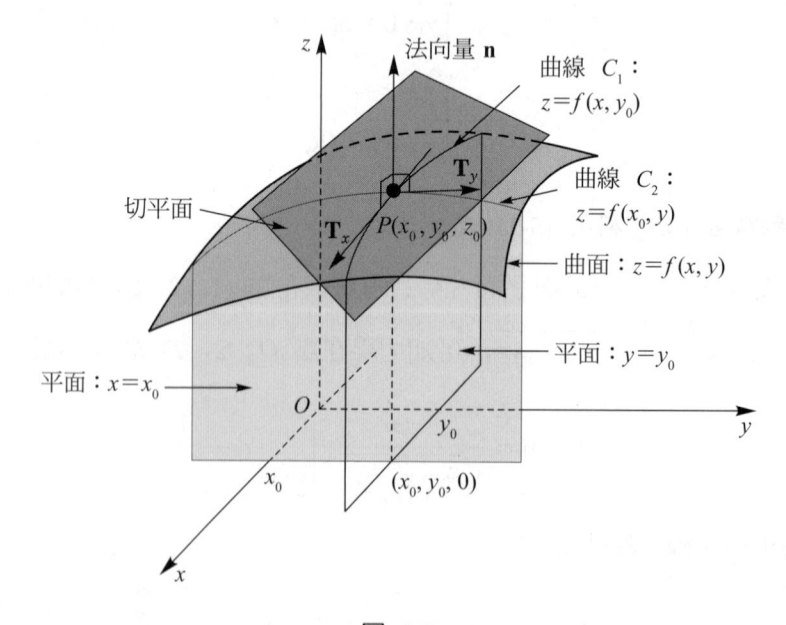

**圖 5-7**

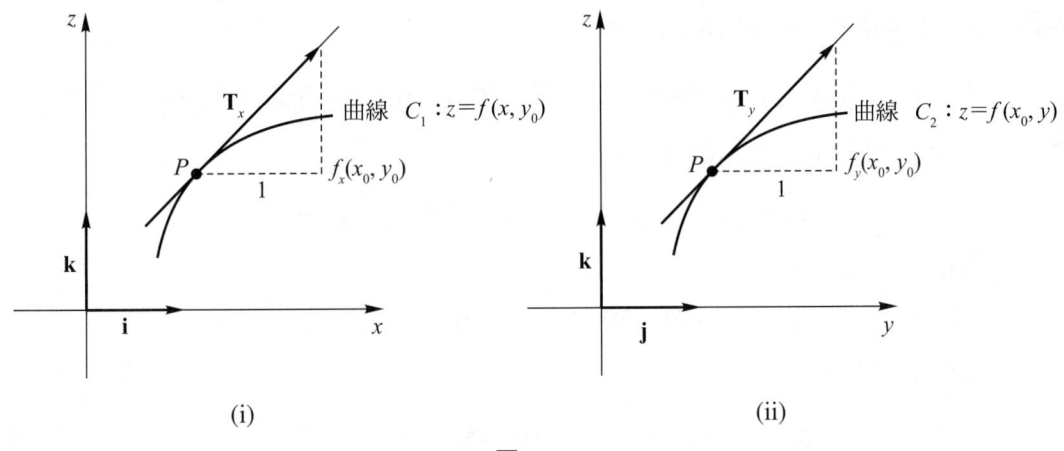

圖 5-8

同理，曲線 (5-4) 之切線的斜率為 $f_y(x_0, y_0)$，故令

$$\mathbf{T}_y = \mathbf{j} + f_y(x_0, y_0)\mathbf{k}$$

為在 $P$ 點沿著 $y$-軸方向的切向量，如圖 5-8(ii) 所示.

由兩向量叉積的定義知，$\mathbf{n} = \mathbf{T}_x \times \mathbf{T}_y$ 垂直於切平面，

$$\mathbf{n} = \begin{vmatrix} \mathbf{i} & \mathbf{j} & \mathbf{k} \\ 1 & 0 & f_x(x_0, y_0) \\ 0 & 1 & f_y(x_0, y_0) \end{vmatrix} = -f_x(x_0, y_0)\mathbf{i} - f_y(x_0, y_0)\mathbf{j} + \mathbf{k}$$

故求得切平面的法向量 $\mathbf{n}$ 為

$$<-f_x(x_0, y_0), -f_y(x_0, y_0), 1>$$

或

$$<f_x(x_0, y_0), f_y(x_0, y_0), -1>$$

可得切平面的方程式為

$$z - f(x_0, y_0) = f_x(x_0, y_0)(x - x_0) + f_y(x_0, y_0)(y - y_0).$$

## 定理 5-5

曲面 $z = f(x, y)$ 在點 $(x_0, y_0, z_0)$ 之切平面方程式為

$$z - z_0 = f_x(x_0, y_0)(x - x_0) + f_y(x_0, y_0)(y - y_0).$$

**例題 3** 解題指引 ☺ 利用定理 5-5

求曲面 $z=f(x, y)=x\cos y-ye^x$ 在點 $(0, 0, 0)$ 的切平面方程式.

**解** 首先求 $f_x(0, 0)$ 與 $f_y(0, 0)$. 因

$$f_x(x, y)=\cos y-ye^x, \quad f_y(x, y)=-x\sin y-e^x$$

所以

$$f_x(0, 0)=1, \quad f_y(0, 0)=-1$$

故切平面方程式為

$$z-0=1(x-0)-1(y-0) \quad 或 \quad x-y-z=0.$$

## 習題 5-4

1. 求曲面 $36z=4x^2+9y^2$ 與平面 $x=3$ 之交線在點 $(3, 2, 2)$ 之切線的方程式.

2. 求曲面 $2z=\sqrt{9x^2+9y^2-36}$ 與平面 $y=1$ 之交線在點 $\left(2, 1, \dfrac{3}{2}\right)$ 之切線的方程式.

在 3～9 題中求所予方程式的圖形在指定點 $P$ 的切平面方程式.

3. $z=xe^{-y}$ ; $P(1, 0, 1)$

4. $z=\ln\sqrt{x^2+y^2}$ ; $P(-1, 0, 0)$

5. $z=2e^{-x}\sin y$ ; $P\left(0, \dfrac{\pi}{6}, 1\right)$

6. $z=e^x\ln y$ ; $P(3, 1, 0)$

7. $z=\sin(x+y)$ ; $P(1, -1, 0)$

8. $z=\ln(2x+y)$ ; $P(-1, 3, 0)$

9. $z=\ln\left(\dfrac{y-x}{y+x}\right)$ ; $P(0, e, 0)$

10. 求曲面 $z=9-x^2-y^2$ 在點 $(1, 2, 4)$ 之切平面與 $xy$-坐標平面的交線.

11. 求曲面 $z=-x^2+xy+2y^2$ 上一點使在該點的切平面平行於平面 $x-14y+z=4$.

## 5-5 全微分

對於單變數函數 $y=f(x)$，我們定義 $y$ 的增量為

$$\Delta y=f(x+\Delta x)-f(x)$$

而 $y$ 的微分為

$$dy=f'(x)\,dx$$

圖 5-9 說明 $\Delta y$ 與 $dy$ 之間的關係：$\Delta y$ 表示曲線 $y=f(x)$ 的高度變化，而 $dy$ 表示切線在 $x$ 改變 $dx=\Delta x$ 時的高度變化.

若令 $\eta=\dfrac{\Delta y-dy}{\Delta x}$，則當 $\Delta x\to 0$ 時，$\eta\to 0$，所以，

$$\Delta y=dy+\eta\,\Delta x$$

此處當 $\Delta x\to 0$ 時，$\eta\to 0$.

若 $f$ 為二變數 $x$ 與 $y$ 的函數，$x$ 與 $y$ 的增量分別為 $\Delta x$ 與 $\Delta y$，則 $\Delta z$ 代表因變數的對應增量，亦即，

$$\Delta z=f(x+\Delta x,\ y+\Delta y)-f(x,\ y) \tag{5-5}$$

於是，如果 $(x,\ y)$ 變化到 $(x+\Delta x,\ y+\Delta y)$，則 $\Delta z$ 就稱為函數 $f$ 的增量，如圖 5-10 所示.

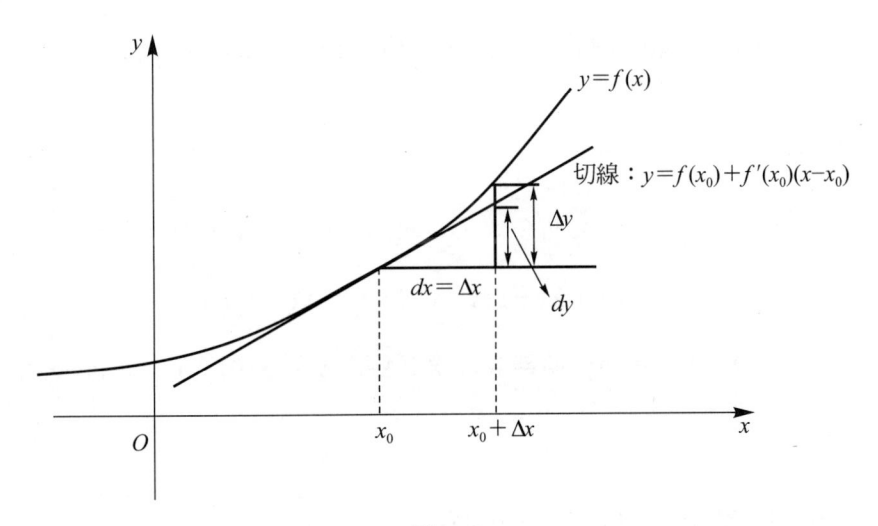

**圖 5-9**

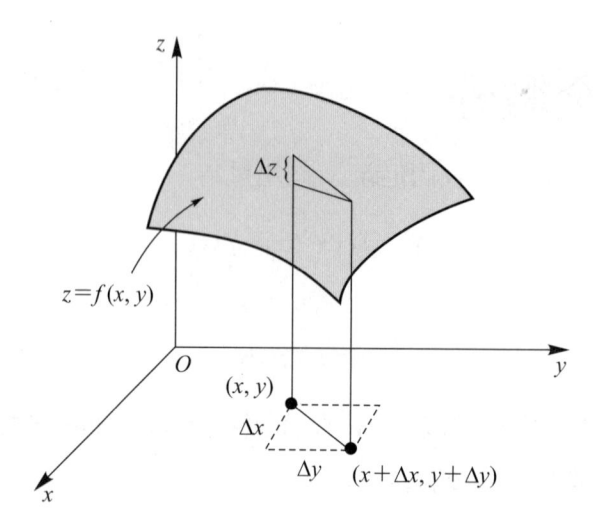

圖 5-10

#### 例題 1　**解題指引** 利用 (5-5) 式

設 $z=f(x, y)=x^2-xy$，若 $(x, y)$ 自 $(1, 1)$ 變化至 $(1.5, 0.6)$，則 $f(x, y)$ 的變化量為何？

**解**　$\Delta z = f(x+\Delta x, y+\Delta y) - f(x, y)$
$= (x+\Delta x)^2 - (x+\Delta x)(y+\Delta y) - x^2 + xy$
$= (2x-y)\Delta x - x(\Delta y) + (\Delta x)^2 - (\Delta x)(\Delta y)$

$f(x, y)$ 的變化量可用 $x=1$、$y=1$、$\Delta x=0.5$、$\Delta y=-0.4$ 代入上式而獲得，故

$$\Delta z = (2-1)(0.5) - (1)(-0.4) + (0.5)^2 - (0.5)(-0.4) = 1.35.$$

### 定理 5-6

若 $z=f(x, y)$ 且 $f$、$f_x$ 與 $f_y$ 在包含點 $(x, y)$ 的開區域 $R$ 內連續，則

$$\Delta z = f_x(x, y)\Delta x + f_y(x, y)\Delta y + \varepsilon_1 \Delta x + \varepsilon_2 \Delta y$$

其中 $\varepsilon_1$ 與 $\varepsilon_2$ 均為 $\Delta x$ 與 $\Delta y$ 的函數，當 $(\Delta x, \Delta y) \to (0, 0)$ 時，$\varepsilon_1 \to 0$，$\varepsilon_2 \to 0$.

在定理 5-6 中，當 $\Delta x \to 0$，$\Delta y \to 0$ 時，

$$\Delta z \approx f_x(x, y)\,\Delta x + f_y(x, y)\,\Delta y.$$

## 定義 5-5

令 $z=f(x, y)$ 且偏導函數 $f_x$ 與 $f_y$ 均存在，則

(1) 自變數的微分為
$$dx = \Delta x, \quad dy = \Delta y$$

(2) 因變數 $z$ 的**全微分** (total differential) 為
$$dz = f_x(x, y)\,dx + f_y(x, y)\,dy = \frac{\partial z}{\partial x}\,dx + \frac{\partial z}{\partial y}\,dy.$$

當 $dx = \Delta x \approx 0$、$dy = \Delta y \approx 0$ 時，$\Delta z - dz \approx 0$，即 $dz \approx \Delta z$。

**例題 2** **解題指引** ☺ 利用定義 5-5(2) 式

設 $z = f(x, y) = x^3 + xy - y^2$，求全微分 $dz$。若 $x$ 由 2 變到 2.05，且 $y$ 由 3 變到 2.96，計算 $\Delta z$ 與 $dz$ 的值。

**解**
$$dz = \frac{\partial z}{\partial x}\,dx + \frac{\partial z}{\partial y}\,dy = (3x^2 + y)\,dx + (x - 2y)\,dy$$

取 $x=2$、$y=3$、$dx = \Delta x = 0.05$、$dy = \Delta y = -0.04$，可得

$$\begin{aligned}
\Delta z &= f(2.05, 2.96) - f(2, 3) \\
&= [(2.05)^3 + (2.05)(2.96) - (2.96)^2] - (8 + 6 - 9) \\
&= 0.921525
\end{aligned}$$

$$\begin{aligned}
dz &= f_x(2, 3)(0.05) + f_y(2, 3)(-0.04) \\
&= [3(2^2) + 3](0.05) + [2 - 2(3)](-0.04) \\
&= 0.91.
\end{aligned}$$

**例題 3** **解題指引** ☺ 利用全微分

求 $\sqrt{(2.95)^2 + (4.03)^2}$ 的近似值。

**解** 令 $f(x, y) = \sqrt{x^2+y^2}$,則 $f_x(x, y) = \dfrac{x}{\sqrt{x^2+y^2}}$、$f_y(x, y) = \dfrac{y}{\sqrt{x^2+y^2}}$.

取 $x=3$、$y=4$、$dx=\Delta x=-0.05$、$dy=\Delta y=0.03$,可得

$$\begin{aligned}\sqrt{(2.95)^2+(4.03)^2} &= f(2.95, 4.03) \approx f(3, 4)+dz \\ &= f(3, 4)+f_x(3, 4)\,dx+f_y(3, 4)\,dy \\ &= 5+\frac{3}{5}(-0.05)+\frac{4}{5}(0.03) \\ &= 4.994.\end{aligned}$$

對於單變數函數,"可微分"一詞的意義為導數存在. 至於二變數函數,我們會合理地猜測,若 $f_x(x_0, y_0)$ 與 $f_y(x_0, y_0)$ 均存在,則二變數函數 $f$ 在 $(x_0, y_0)$ 為可微分. 很不幸地,此條件不夠強,因為有些二變數函數在一點有偏導數,但在該點為不連續. 例如,函數

$$f(x, y)=\begin{cases}0, & \text{若 } x>0 \text{ 且 } y>0 \\ 1, & \text{其他}\end{cases}$$

在點 $(0, 0)$ 為不連續,但在點 $(0, 0)$ 有偏導數. 明確地說,

$$f_x(0, 0)=\lim_{h\to 0}\frac{f(h, 0)-f(0, 0)}{h}=\lim_{h\to 0}\frac{1-1}{h}=0$$

$$f_y(0, 0)=\lim_{h\to 0}\frac{f(0, h)-f(0, 0)}{h}=\lim_{h\to 0}\frac{1-1}{h}=0$$

這些事實從圖 5-11 看來很顯然.

## 定義 5-6

令 $z=f(x, y)$. 若 $\Delta z$ 可以表成

$$\Delta z=f_x(a, b)\,\Delta x+f_y(a, b)\,\Delta y+\varepsilon_1\,\Delta x+\varepsilon_2\,\Delta y$$

則 $f$ 在點 $(a, b)$ 為可微分,此處 $\varepsilon_1$ 與 $\varepsilon_2$ 均為 $\Delta x$ 與 $\Delta y$ 的函數,當 $(\Delta x, \Delta y)\to (0, 0)$ 時,$\varepsilon_1 \to 0$,$\varepsilon_2 \to 0$.

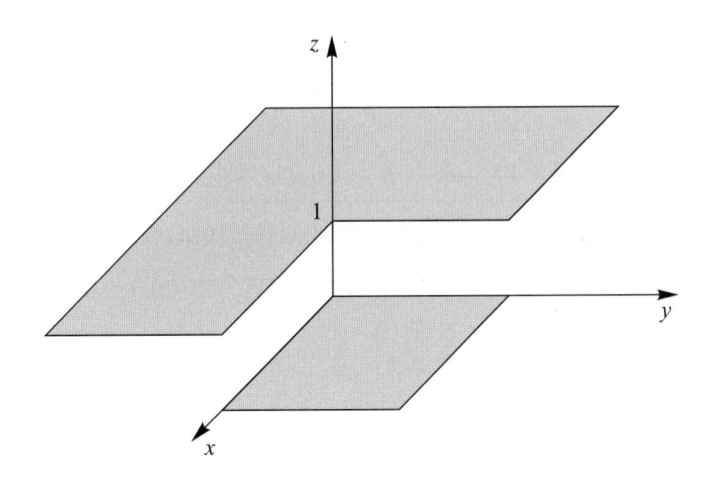

$$f(x,\ y)=\begin{cases} 0, & \text{若 } x>0 \text{ 且 } y>0 \\ 1, & \text{其他} \end{cases}$$

圖 5-11

若二變數函數 $f$ 在區域 $R$ 的每一點均為可微分，則稱 $f$ 在區域 $R$ 為可微分．

## 定理 5-7

若二變數函數 $f$ 的偏導函數 $f_x$ 與 $f_y$ 在區域 $R$ 均為連續，則 $f$ 在 $R$ 為可微分．

例如，$f(x,\ y)=x^2y^3$ 為可微分函數，因為偏導函數 $f_x=2xy^3$ 與 $f_y=3x^2y^2$ 在 $xy$-平面上有定義且處處均連續．

## 定理 5-8

若二變數函數 $f$ 在點 $(a,\ b)$ 為可微分，則 $f$ 在點 $(a,\ b)$ 為連續．

**例題 4** **解題指引** ☺ 利用全微分

已知一正圓柱體的底半徑與高分別測得 10 厘米與 15 厘米，可能的測量誤差皆為 ±0.05 厘米，利用全微分求該圓柱體體積之最大誤差的近似值．

**解** 底半徑為 $r$ 且高為 $h$ 的正圓柱的體積為 $V=\pi r^2 h$，因而，

$$dV = \frac{\partial V}{\partial r} dr + \frac{\partial V}{\partial h} dh = 2\pi rh\, dr + \pi r^2\, dh$$

現在，取 $r=10$、$h=15$、$dr=dh=\pm 0.05$，圓柱體體積之誤差 $\Delta V$ 近似於 $dV$.

所以，
$$|\Delta V| \approx |dV| = |300\pi(\pm 0.05) + 100\pi(\pm 0.05)|$$
$$\leq |300\pi(\pm 0.05)| + |100\pi(\pm 0.05)|$$
$$= 20\pi$$

(利用三角不等式)

於是，最大誤差約為 $20\pi$ 立方厘米.

### 例題 5　**解題指引** ☺ 利用全微分

若測得某正圓柱體之半徑的誤差至多為 $2\%$，高的誤差至多為 $4\%$，則利用全微分估計所計算體積的最大百分誤差.

**解** 令 $r$、$h$ 與 $V$ 分別為正圓柱體的真正半徑、高度與體積，又令 $\Delta r$、$\Delta h$ 與 $\Delta V$ 分別為這些量的誤差. 已知

$$\left|\frac{\Delta r}{r}\right| \leq 0.02 \quad 與 \quad \left|\frac{\Delta h}{h}\right| \leq 0.04$$

我們要求 $\left|\dfrac{\Delta V}{V}\right|$ 的最大值. 因圓柱體體積為 $V = \pi r^2 h$，故

$$dV = \frac{\partial V}{\partial r} dr + \frac{\partial V}{\partial h} dh = 2\pi rh\, dr + \pi r^2\, dh$$

若取 $dr = \Delta r$ 與 $dh = \Delta h$，則 $\dfrac{\Delta V}{V} \approx \dfrac{dV}{V}$

但
$$\frac{dV}{V} = \frac{2\pi rh\, dr + \pi r^2\, dh}{\pi r^2 h} = \frac{2dr}{r} + \frac{dh}{h}$$

可得
$$\left|\frac{dV}{V}\right| = \left|\frac{2dr}{r} + \frac{dh}{h}\right| \leq 2\left|\frac{dr}{r}\right| + \left|\frac{dh}{h}\right|$$
$$\leq 2(0.02) + 0.04 = 0.08$$

於是，體積的最大百分誤差為 8%.

**例題 6** **解題指引** ☺ 利用全微分

根據理想氣體定律，密閉氣體的壓力 $P$、溫度 $T$ 與體積 $V$ 的關係為 $P = \dfrac{kT}{V}$，此處 $k$ 為常數. 若某氣體的溫度增加 3%，體積增加 5%，估計該氣體壓力的百分變化.

**解** $dP = \dfrac{k}{V} dT - \dfrac{kT}{V^2} dV,\ \dfrac{dP}{P} = \dfrac{k}{PV} dT - \dfrac{kT}{PV^2} dV = \dfrac{dT}{T} - \dfrac{dV}{V}$

依題意，$\dfrac{dT}{T} = 0.03,\ \dfrac{dV}{V} = 0.05$，則 $\dfrac{dP}{P} = 0.03 - 0.05 = -0.02$，

故壓力大約以 2% 減少.

## 定義 5-7

設函數 $f(x, y)$ 在點 $(a, b)$ 為可微分，則 $f$ 在該點的**線性化**為函數

$$L(x, y) = f(a, b) + f_x(a, b)(x - a) + f_y(a, b)(y - b).$$

**例題 7** **解題指引** ☺ 利用定義 5-7

求函數 $f(x, y) = x^2 - xy + 2y^2 + 3$ 在點 $(3, 2)$ 的線性化.

**解** $f(3, 2) = 3^2 - (3)(2) + 2(2^2) + 3 = 14$

$f_x(x, y) = 2x - y \Rightarrow f_x(3, 2) = 4$

$f_y(x, y) = -x + 4y \Rightarrow f_y(3, 2) = 5$

可得

$$\begin{aligned}L(x, y) &= f(3, 2) + f_x(3, 2)(x - 3) + f_y(3, 2)(y - 2) \\ &= 14 + 4(x - 3) + 5(y - 2) \\ &= 4x + 5y - 8\end{aligned}$$

故函數 $f$ 在點 $(3, 2)$ 的線性化為 $L(x, y) = 4x + 5y - 8$.

微分與可微分性可以類似的方法，推廣到多於二個變數的函數. 例如，若 $w =$

$f(x, y, z)$，則 $w$ 的增量為

$$\Delta w = f(x+\Delta x, y+\Delta y, z+\Delta z) - f(x, y, z)$$

全微分 $dw$ 定義為

$$dw = \frac{\partial w}{\partial x} dx + \frac{\partial w}{\partial y} dy + \frac{\partial w}{\partial z} dz \tag{5-6}$$

若 $dx = \Delta x \approx 0$、$dy = \Delta y \approx 0$、$dz = \Delta z \approx 0$，且 $f$ 有連續的偏導函數，則 $dw$ 可以用來近似 $\Delta w$.

**例題 8** 解題指引☺ 利用 (5-6) 式

若 $w = xy + yz + xz$，求 $dw$.

**解** $dw = \dfrac{\partial w}{\partial x} dx + \dfrac{\partial w}{\partial y} dy + \dfrac{\partial w}{\partial z} dz$

$= (y+z) dx + (x+z) dy + (y+x) dz$.

## 習題 5-5

1～3 題中，求 $dz$.

1. $z = x \sin y + \dfrac{y}{x}$
2. $z = \tan^{-1} \dfrac{x}{y}$
3. $z = \tan^{-1}(xy)$

在 4～5 題中，求 $dw$.

4. $w = \sqrt{x} + \sqrt{y} + \sqrt{z}$
5. $w = x^2 e^{yz} + y \ln z$

6. 若 $(x, y)$ 由 $(-2, 3)$ 變到 $(-2.02, 3.01)$，利用全微分求 $f(x, y) = x^2 - 3xy^2 - 2y^3$ 之變化量的近似值.

7. 利用全微分求 $\sqrt{5(0.98)^2 + (2.01)^2}$ 的近似值.

8. 兩電阻 $R_1$ 與 $R_2$ 並聯後的總電阻為

$$R = \frac{R_1 R_2}{R_1 + R_2}$$

假設測得 $R_1$ 與 $R_2$ 分別為 200 歐姆與 400 歐姆，每一個測量的最大誤差為 2%，利用全微分估計所計算 $R$ 值的最大百分誤差．

9. 設 $f(x, y) = \begin{cases} \dfrac{xy}{x^2+y^2}, & 若\ (x, y) \neq (0, 0) \\ 0, & 若\ (x, y) = (0, 0) \end{cases}$

   試證：$f_x(0, 0)$ 與 $f_y(0, 0)$ 均存在．$f$ 在點 $(0, 0)$ 是否可微分？

## ▶▶ 5-6 連鎖法則

在單變數函數中，我們曾藉 $f$ 與 $g$ 的導函數以表示合成函數 $f(g(t))$ 的導函數如下：

$$\frac{d}{dt}f(g(t)) = f'(g(t))\, g'(t)$$

若令 $y = f(x)$ 且 $x = g(t)$，則依連鎖法則得，

$$\frac{dy}{dt} = \frac{dy}{dx}\frac{dx}{dt}$$

同理，二變數函數的合成函數也可利用連鎖法則求出偏導函數．

### 定理 5-9　連鎖法則

若 $z$ 為 $x$ 與 $y$ 的可微分函數，$x$ 與 $y$ 均為 $t$ 的可微分函數，則 $z$ 為 $t$ 的可微分函數，且

$$\frac{dz}{dt} = \frac{\partial z}{\partial x}\frac{dx}{dt} + \frac{\partial z}{\partial y}\frac{dy}{dt}.$$

定理 5-9 中的公式可用下面 "樹形圖"（圖 5-12）來幫助記憶．

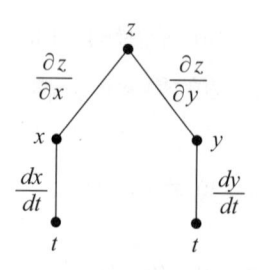

$$\frac{dz}{dt} = \frac{\partial z}{\partial x}\frac{dx}{dt} + \frac{\partial z}{\partial y}\frac{dy}{dt}$$

圖 5-12

同理，若 $w$ 為三個自變數 $x$、$y$ 與 $z$ 的可微分函數，$x$、$y$ 與 $z$ 又均為 $t$ 的可微分函數，則 $w$ 為 $t$ 的可微分函數，且

$$\frac{dw}{dt} = \frac{\partial w}{\partial x}\frac{dx}{dt} + \frac{\partial w}{\partial y}\frac{dy}{dt} + \frac{\partial w}{\partial z}\frac{dz}{dt}. \tag{5-7}$$

公式 (5-7) 的 "樹形圖" (圖 5-13) 如下：

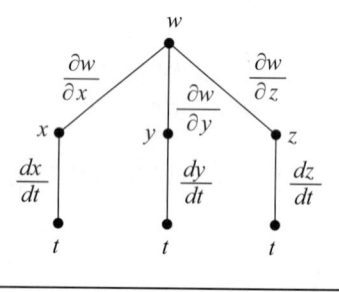

$$\frac{dw}{dt} = \frac{\partial w}{\partial x}\frac{dx}{dt} + \frac{\partial w}{\partial y}\frac{dy}{dt} + \frac{\partial w}{\partial z}\frac{dz}{dt}$$

圖 5-13

**例題 1** 解題指引 ☺ 利用定理 5-9

若 $z = xy$，$x = (t+1)^2$，$y = (t+2)^3$，求 $\dfrac{dz}{dt}$。

**解** 因 $z = xy$，可得 $\dfrac{\partial z}{\partial x} = y$，$\dfrac{\partial z}{\partial y} = x$，

又 $\dfrac{dx}{dt}=2(t+1)$, $\dfrac{dy}{dt}=3(t+2)^2$, 故

$$\dfrac{dz}{dt}=\dfrac{\partial z}{\partial x}\dfrac{dx}{dt}+\dfrac{\partial z}{\partial y}\dfrac{dy}{dt}$$
$$=2y(t+1)+3x(t+2)^2$$
$$=2(t+2)^3(t+1)+3(t+1)^2(t+2)^2$$
$$=(t+1)(t+2)^2(5t+7).$$

**例題 2** 　**解題指引** ☺ 　利用定理 5-9

已知 $z=\sqrt{xy+y}$, $x=\cos\theta$, $y=\sin\theta$, 求 $\left.\dfrac{dz}{d\theta}\right|_{\theta=\pi/2}$.

**解** 
$$\dfrac{dz}{d\theta}=\dfrac{\partial z}{\partial x}\dfrac{dx}{d\theta}+\dfrac{\partial z}{\partial y}\dfrac{dy}{d\theta}$$
$$=\dfrac{y}{2\sqrt{xy+y}}(-\sin\theta)+\dfrac{x+1}{2\sqrt{xy+y}}(\cos\theta)$$

當 $\theta=\dfrac{\pi}{2}$ 時, $x=\cos\dfrac{\pi}{2}=0$, $y=\sin\dfrac{\pi}{2}=1$, 所以,

$$\left.\dfrac{dz}{d\theta}\right|_{\theta=\pi/2}=\dfrac{1}{2}(-1)+\dfrac{1}{2}(0)=-\dfrac{1}{2}.$$

**例題 3** 　**解題指引** ☺ 　利用定理 5-9

設一正圓錐的高為 100 厘米, 每秒鐘縮減 1 厘米; 其底半徑為 50 厘米, 每秒鐘增加 0.5 厘米, 求其體積的變化率.

**解** 設正圓錐的高為 $y$, 底半徑為 $x$, 體積為 $V$, 則 $V=\dfrac{1}{3}\pi x^2 y$.

$\dfrac{\partial V}{\partial x}=\dfrac{2}{3}\pi xy$、$\dfrac{\partial V}{\partial y}=\dfrac{1}{3}\pi x^2$, 可得

$$\dfrac{dV}{dt}=\dfrac{\partial V}{\partial x}\dfrac{dx}{dt}+\dfrac{\partial V}{\partial y}\dfrac{dy}{dt}$$
$$=\left(\dfrac{2}{3}\pi xy\right)\left(\dfrac{dx}{dt}\right)+\left(\dfrac{1}{3}\pi x^2\right)\left(\dfrac{dy}{dt}\right)$$

依題意，$x=50$，$y=100$，$\dfrac{dx}{dt}=0.5$，$\dfrac{dy}{dt}=-1$，代入上式可得

$$\dfrac{dV}{dt}=\dfrac{2}{3}\pi(50)(100)(0.5)+\dfrac{1}{3}\pi(50)^2(-1)$$

$$=\dfrac{2500\pi}{3}$$

即，體積每秒增加 $\dfrac{2500\pi}{3}$ 立方厘米．

## 定理 5-10

若 $z$ 為 $x$ 與 $y$ 的可微分函數，$x$ 與 $y$ 均為 $u$ 與 $v$ 的可微分函數，則 $z$ 為 $u$ 與 $v$ 的可微分函數，且

$$\dfrac{\partial z}{\partial u}=\dfrac{\partial z}{\partial x}\dfrac{\partial x}{\partial u}+\dfrac{\partial z}{\partial y}\dfrac{\partial y}{\partial u}$$

$$\dfrac{\partial z}{\partial v}=\dfrac{\partial z}{\partial x}\dfrac{\partial x}{\partial v}+\dfrac{\partial z}{\partial y}\dfrac{\partial y}{\partial v}.$$

定理 5-10 中的公式可用下面"樹形圖"（圖 5-14）來幫助記憶．

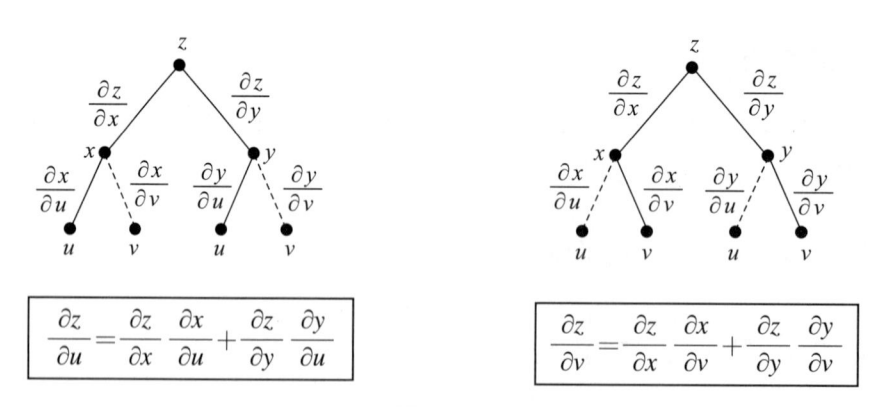

**圖 5-14**

同理，若 $w$ 為自變數 $x_1$，$x_2$，…，$x_n$ 的可微分函數，每一個 $x_i$ 為 $m$ 個變數 $t_1$，$t_2$，…，$t_m$ 的可微分函數，則 $w$ 為 $t_1$，$t_2$，…，$t_m$ 的可微分函數，且

$$\frac{\partial w}{\partial t_i} = \frac{\partial w}{\partial x_1}\frac{\partial x_1}{\partial t_i} + \frac{\partial w}{\partial x_2}\frac{\partial x_2}{\partial t_i} + \cdots + \frac{\partial w}{\partial x_n}\frac{\partial x_n}{\partial t_i}, \quad 1 \leq i \leq m. \tag{5-8}$$

**例題 4** 　**解題指引** ☺ 利用定理 5-10

若 $z = xy + y^2$, $x = u \sin v$, $y = v \sin u$, 求 $\dfrac{\partial z}{\partial u}$ 與 $\dfrac{\partial z}{\partial v}$.

**解**

$$\begin{aligned}\frac{\partial z}{\partial u} &= \frac{\partial z}{\partial x}\frac{\partial x}{\partial u} + \frac{\partial z}{\partial y}\frac{\partial y}{\partial u}\\ &= y \sin v + (x + 2y) v \cos u\\ &= v \sin u \sin v + v(u \sin v + 2v \sin u) \cos u\end{aligned}$$

$$\begin{aligned}\frac{\partial z}{\partial v} &= \frac{\partial z}{\partial x}\frac{\partial x}{\partial v} + \frac{\partial z}{\partial y}\frac{\partial y}{\partial v}\\ &= yu \cos v + (x + 2y) \sin u\\ &= uv \sin u \cos v + (u \sin v + 2v \sin u) \sin u.\end{aligned}$$

**例題 5** 　**解題指引** ☺ 利用 (5-8) 式

若 $w = x^2 + y^2 - z^2$, $x = \rho \cos \theta \sin \phi$, $y = \rho \sin \theta \sin \phi$, $z = \rho \cos \phi$, 求 $\dfrac{\partial w}{\partial \rho}$ 與 $\dfrac{\partial w}{\partial \theta}$.

**解**

$$\begin{aligned}\frac{\partial w}{\partial \rho} &= \frac{\partial w}{\partial x}\frac{\partial x}{\partial \rho} + \frac{\partial w}{\partial y}\frac{\partial y}{\partial \rho} + \frac{\partial w}{\partial z}\frac{\partial z}{\partial \rho}\\ &= 2x \cos \theta \sin \phi + 2y \sin \theta \sin \phi - 2z \cos \phi\\ &= 2\rho \cos^2 \theta \sin^2 \phi + 2\rho \sin^2 \theta \sin^2 \phi - 2\rho \cos^2 \phi\\ &= 2\rho \sin^2 \phi (\cos^2 \theta + \sin^2 \theta) - 2\rho \cos^2 \phi\\ &= 2\rho (\sin^2 \phi - \cos^2 \phi)\\ &= -2\rho \cos 2\phi\end{aligned}$$

$$\begin{aligned}\frac{\partial w}{\partial \theta} &= \frac{\partial w}{\partial x}\frac{\partial x}{\partial \theta} + \frac{\partial w}{\partial y}\frac{\partial y}{\partial \theta} + \frac{\partial w}{\partial z}\frac{\partial z}{\partial \theta}\\ &= 2x(-\rho \sin \theta \sin \phi) + 2y\rho \cos \theta \sin \phi\end{aligned}$$

$$= -2\rho^2 \sin\theta \cos\theta \sin^2\phi + 2\rho^2 \sin\theta \cos\theta \sin^2\phi$$
$$= 0$$

### 定理 5-11

若方程式 $F(x, y)=0$ 定義 $y$ 為 $x$ 的可微分函數，則

$$\frac{dy}{dx} = -\frac{\frac{\partial F}{\partial x}}{\frac{\partial F}{\partial y}} \left(\text{其中 } \frac{\partial F}{\partial y} \neq 0\right).$$

**證**：因方程式 $F(x, y)=0$ 定義 $y$ 為 $x$ 的可微分函數，故將其等號兩邊對 $x$ 微分，可得

$$\frac{\partial F}{\partial x} \frac{dx}{dx} + \frac{\partial F}{\partial y} \frac{dy}{dx} = 0$$

即，

$$\frac{\partial F}{\partial x} + \frac{\partial F}{\partial y} \frac{dy}{dx} = 0$$

若 $\frac{\partial F}{\partial y} \neq 0$，則

$$\frac{dy}{dx} = -\frac{\frac{\partial F}{\partial x}}{\frac{\partial F}{\partial y}}.$$

### 例題 6  解題指引 利用定理 5-11

若 $y=f(x)$ 為滿足方程式 $2x^3+xy+y^3=1$ 的可微分函數，求 $\frac{dy}{dx}$.

**解**：令 $F(x, y)=2x^3+xy+y^3-1$，則 $F(x, y)=0$.

又 $\frac{\partial F}{\partial x}=6x^2+y$，$\frac{\partial F}{\partial y}=x+3y^2$，故

$$\frac{dy}{dx} = -\frac{\dfrac{\partial F}{\partial x}}{\dfrac{\partial F}{\partial y}} = -\frac{6x^2+y}{x+3y^2}.$$

## 定理 5-12

若方程式 $F(x, y, z)=0$ 定義 $z$ 為二變數 $x$ 與 $y$ 的可微分函數，則

$$\frac{\partial z}{\partial x} = -\frac{\dfrac{\partial F}{\partial x}}{\dfrac{\partial F}{\partial z}}, \quad \frac{\partial z}{\partial y} = -\frac{\dfrac{\partial F}{\partial y}}{\dfrac{\partial F}{\partial z}} \quad \left(\text{其中 } \frac{\partial F}{\partial z} \neq 0\right).$$

證：因方程式 $F(x, y, z)=0$ 定義 $z$ 為二變數 $x$ 與 $y$ 的可微分函數，故將其等號兩邊對 $x$ 偏微分，可得

$$\frac{\partial F}{\partial x}\frac{\partial x}{\partial x} + \frac{\partial F}{\partial y}\frac{\partial y}{\partial x} + \frac{\partial F}{\partial z}\frac{\partial z}{\partial x} = 0$$

但

$$\frac{\partial x}{\partial x} = 1, \quad \frac{\partial y}{\partial x} = 0,$$

於是，

$$\frac{\partial F}{\partial x} + \frac{\partial F}{\partial z}\frac{\partial z}{\partial x} = 0$$

若 $\dfrac{\partial F}{\partial z} \neq 0$，則

$$\frac{\partial z}{\partial x} = -\frac{\dfrac{\partial F}{\partial x}}{\dfrac{\partial F}{\partial z}}, \quad \text{同理，} \quad \frac{\partial z}{\partial y} = -\frac{\dfrac{\partial F}{\partial y}}{\dfrac{\partial F}{\partial z}}.$$

### 例題 7　解題指引　利用定理 5-12

若 $z=f(x, y)$ 為滿足方程式 $ye^{xz} + xe^{yz} - y^2 + 3x = 5$ 的可微分函數，求 $\dfrac{\partial z}{\partial x}$

與 $\dfrac{\partial z}{\partial y}$。

**解** 令 $F(x, y, z) = ye^{xz} + xe^{yz} - y^2 + 3x - 5$，則 $F(x, y, z) = 0$。又

$$\dfrac{\partial F}{\partial x} = yze^{xz} + e^{yz} + 3, \quad \dfrac{\partial F}{\partial y} = e^{xz} + xze^{yz} - 2y, \quad \dfrac{\partial F}{\partial z} = xye^{xz} + xye^{yz}$$

可得，

$$\dfrac{\partial z}{\partial x} = -\dfrac{\dfrac{\partial F}{\partial x}}{\dfrac{\partial F}{\partial z}} = -\dfrac{yze^{xz} + e^{yz} + 3}{xy(e^{xz} + e^{yz})}$$

$$\dfrac{\partial z}{\partial y} = -\dfrac{\dfrac{\partial F}{\partial y}}{\dfrac{\partial F}{\partial z}} = -\dfrac{e^{xz} + xze^{yz} - 2y}{xy(e^{xz} + e^{yz})}.$$

## 習題 5-6

1. 若 $z = \sqrt{x^2 + y^2}$，$x = e^{2t}$，$y = e^{-2t}$，求 $\left.\dfrac{dz}{dt}\right|_{t=0}$。

2. 若 $z = x \cos y + y \sin x$，$x = uv^2$，$y = u + v$，求 $\dfrac{\partial z}{\partial u}$ 與 $\dfrac{\partial z}{\partial v}$。

3. 若 $z = \ln(x^2 + y^2)$，$x = re^\theta$，$y = \tan(r\theta)$，求 $\left.\dfrac{\partial z}{\partial \theta}\right|_{r=1,\ \theta=0}$。

4. 若 $w = x \sin(yz^2)$，$x = \cos t$，$y = t^2$，$z = e^t$，求 $\left.\dfrac{dw}{dt}\right|_{t=0}$。

5. 若 $w = xy + yz + zx$，$x = st$，$y = e^{st}$，$z = t^2$，求 $\left.\dfrac{\partial w}{\partial s}\right|_{s=0,\ t=1}$ 與 $\left.\dfrac{\partial w}{\partial t}\right|_{s=0,\ t=1}$。

在 6～7 題中，若 $y=f(x)$ 為滿足所予方程式的可微分函數，求 $\dfrac{dy}{dx}$.

**6.** $x \sin y + y \cos x = 1$　　　　**7.** $xy + e^{xy} = 3$

在 8～9 題中，若 $z=f(x, y)$ 為滿足所予方程式的可微分函數，求 $\dfrac{\partial z}{\partial x}$ 與 $\dfrac{\partial z}{\partial y}$.

**8.** $x^2 y + z^2 + \cos(yz) = 4$　　　　**9.** $xyz + \ln(x+y+z) = 0$

## ▶▶ 5-7　方向導數，梯度

我們回憶一下，若 $z = f(x, y)$，則

$$f_x(x_0, y_0) = \lim_{h \to 0} \frac{f(x_0+h, y_0) - f(x_0, y_0)}{h}$$

$$f_y(x_0, y_0) = \lim_{h \to 0} \frac{f(x_0, y_0+h) - f(x_0, y_0)}{h}$$

它們分別表示 $z$ 在 $x$-方向 (即，**i** 的方向) 與 $y$-方向 (即，**j** 的方向) 的變化率.

如今，我們希望求得 $z$ 在點 $(x_0, y_0)$ 沿著任意單位向量 $\mathbf{u} = <u_1, u_2>$ 的變化率. 首先，考慮方程式為 $z = f(x, y)$ 的曲面 $S$，且令 $z_0 = f(x_0, y_0)$，則點 $P(x_0, y_0, z_0)$ 在 $S$ 上，通過 $P$ 沿著 **u** 的方向的垂直平面與 $S$ 的交集為曲線 $C$ (見圖 5-15)，而在 $C$

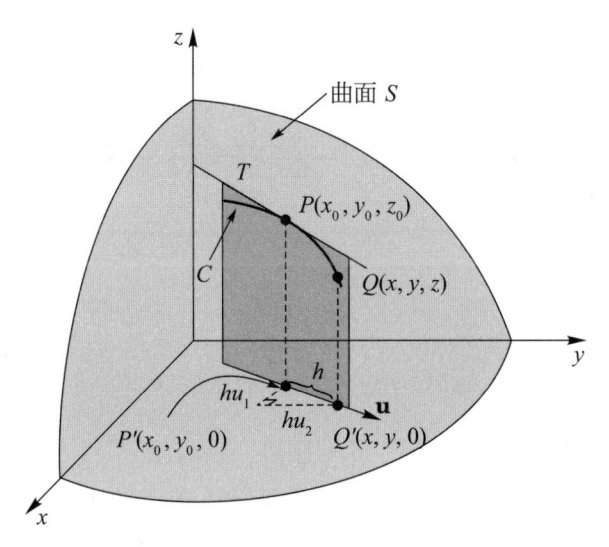

圖 5-15

上 $P$ 處的切線 $T$ 的斜率為 $z$ 沿著 $\mathbf{u}$ 方向的變化率.

若 $Q(x, y, z)$ 為 $C$ 上另一點,且 $P'$ 與 $Q'$ 分別為 $P$ 與 $Q$ 在 $xy$-平面上的投影,則 $\overrightarrow{P'Q'}$ 平行於 $\mathbf{u}$,故 $\overrightarrow{P'Q'} = h\mathbf{u} = <hu_1, hu_2>$,因而,$x-x_0=hu_1$,$y-y_0=hu_2$,可知 $x=x_0+hu_1$,$y=y_0+hu_2$. 於是,

$$\frac{\Delta z}{h} = \frac{z-z_0}{h} = \frac{f(x_0+hu_1, y_0+hu_2)-f(x_0, y_0)}{h}$$

若取在 $h \to 0$ 時的極限,則可得 $z$ (對距離) 沿著 $\mathbf{u}$ 的方向的變化率.

### 定義 5-8

函數 $f$ 在點 $(x_0, y_0)$ 沿著單位向量 $\mathbf{u}=u_1\mathbf{i}+u_2\mathbf{j}$ 的方向的**方向導數**為

$$D_\mathbf{u} f(x_0, y_0) = \lim_{h \to 0} \frac{f(x_0+hu_1, y_0+hu_2)-f(x_0, y_0)}{h}$$

倘若此極限存在.

若 $\mathbf{u}=\mathbf{i}=<1, 0>$,則 $D_\mathbf{i} f = f_x$;若 $\mathbf{u}=\mathbf{j}=<0, 1>$,則 $D_\mathbf{j} f = f_y$,換言之,$f$ 對 $x$ 或 $y$ 的偏導數正是方向導數的特例.

為了方便計算,我們通常利用下面定理給予的公式.

### 定理 5-13

若 $f$ 為二變數 $x$ 與 $y$ 的可微分函數且 $\mathbf{u}=u_1\mathbf{i}+u_2\mathbf{j}$ 為單位向量,則

$$D_\mathbf{u} f(x, y) = f_x(x, y)u_1 + f_y(x, y)u_2.$$

證 若定義函數 $g$ 如下:

$$g(h) = f(x_0+hu_1, y_0+hu_2)$$

則

$$g'(0) = \lim_{h \to 0} \frac{g(h)-g(0)}{h} = \lim_{h \to 0} \frac{f(x_0+hu_1, y_0+hu_2)-f(x_0, y_0)}{h}$$

$$= D_{\mathbf{u}} f(x_0, y_0)$$

另一方面，我們寫成 $g(h) = f(x, y)$，此處 $x = x_0 + hu_1$, $y = y_0 + hu_2$, 則依連鎖法則 (定理 5-9) 可得

$$g'(h) = \frac{\partial f}{\partial x}\frac{dx}{dh} + \frac{\partial f}{\partial y}\frac{dy}{dh} = f_x(x, y)u_1 + f_y(x, y)u_2$$

令 $h = 0$，則 $x = x_0$, $y = y_0$，可得

$$g'(0) = f_x(x_0, y_0)u_1 + f_y(x_0, y_0)u_2$$

所以，
$$D_{\mathbf{u}} f(x_0, y_0) = f_x(x_0, y_0)u_1 + f_y(x_0, y_0)u_2$$

若單位向量 $\mathbf{u}$ 與正 $x$-軸的夾角為 $\theta$，則可寫成 $\mathbf{u} = \cos\theta \mathbf{i} + \sin\theta \mathbf{j}$，於是，定理 5-13 中的公式變成

$$D_{\mathbf{u}} f(x, y) = f_x(x, y)\cos\theta + f_y(x, y)\sin\theta \tag{5-9}$$

定理 5-13 中的公式可以改寫如下：

$$\begin{aligned} D_{\mathbf{u}} f(x, y) &= f_x(x, y)u_1 + f_y(x, y)u_2 \\ &= (f_x(x, y)\mathbf{i} + f_y(x, y)\mathbf{j}) \cdot (u_1 \mathbf{i} + u_2 \mathbf{j}) \\ &= <f_x(x, y), f_y(x, y)> \cdot \mathbf{u}. \end{aligned} \tag{5-10}$$

## 定義 5-9

若 $f$ 為二變數 $x$ 與 $y$ 的可微分函數，則 $f$ 的**梯度**記成 $\nabla f$ (讀作 "del $f$") 或 **grad** $f$，定義為

$$\nabla f(x, y) = <f_x(x, y), f_y(x, y)> = \frac{\partial f}{\partial x}\mathbf{i} + \frac{\partial f}{\partial y}\mathbf{j}.$$

利用梯度，(5-10) 式可以改寫成：

$$D_{\mathbf{u}} f(x, y) = \nabla f(x, y) \cdot \mathbf{u}. \tag{5-11}$$

**例題 1** 解題指引☺ 利用 (5-9) 式

已知 $f(x, y) = x^2 - xy + 2y^2$ 且單位向量 **u** 與正 $x$-軸的夾角為 $\dfrac{\pi}{6}$，求 $D_{\mathbf{u}}f(1, 2)$．

**解**
$$D_{\mathbf{u}}f(x, y) = f_x(x, y)\cos\dfrac{\pi}{6} + f_y(x, y)\sin\dfrac{\pi}{6}$$
$$= (2x - y)\left(\dfrac{\sqrt{3}}{2}\right) + (-x + 4y)\left(\dfrac{1}{2}\right)$$
$$= \left(\sqrt{3} - \dfrac{1}{2}\right)x + \left(2 - \dfrac{\sqrt{3}}{2}\right)y$$

故 $D_{\mathbf{u}}f(1, 2) = \sqrt{3} - \dfrac{1}{2} + 2\left(2 - \dfrac{\sqrt{3}}{2}\right) = \dfrac{7}{2}$．

**例題 2** 解題指引☺ 利用 (5-11) 式

求 $f(x, y) = x^3 y^4$ 在點 $(2, -1)$ 沿著 $\mathbf{v} = 2\mathbf{i} + 5\mathbf{j}$ 的方向的方向導數．

**解** $\nabla f(x, y) = 3x^2 y^4 \mathbf{i} + 4x^3 y^3 \mathbf{j}$，$\nabla f(2, -1) = 12\mathbf{i} - 32\mathbf{j}$．在 $\mathbf{v} = 2\mathbf{i} + 5\mathbf{j}$ 的方向的單位向量為

$$\mathbf{u} = \dfrac{\mathbf{v}}{|\mathbf{v}|} = \dfrac{2}{\sqrt{29}}\mathbf{i} + \dfrac{5}{\sqrt{29}}\mathbf{j}$$

$$D_{\mathbf{u}}f(2, -1) = \nabla f(2, -1) \cdot \mathbf{u} = (12\mathbf{i} - 32\mathbf{j}) \cdot \left(\dfrac{2}{\sqrt{29}}\mathbf{i} + \dfrac{5}{\sqrt{29}}\mathbf{j}\right)$$
$$= \dfrac{24}{\sqrt{29}} - \dfrac{160}{\sqrt{29}} = -\dfrac{136}{\sqrt{29}}.$$

對於三變數的函數，我們也可用類似的方式定義方向導數 $D_{\mathbf{u}}f(x, y, z)$，它可解釋為函數 $f$ 沿著單位向量 **u** 的方向的變化率．

### 定義 5-10

函數 $f$ 在點 $(x_0, y_0, z_0)$ 沿著單位向量 $\mathbf{u} = u_1 \mathbf{i} + u_2 \mathbf{j} + u_3 \mathbf{k}$ 的方向的方向導數為

$$D_{\mathbf{u}}f(x_0, y_0, z_0) = \lim_{h \to 0} \dfrac{f(x_0 + hu_1, y_0 + hu_2, z_0 + hu_3) - f(x_0, y_0, z_0)}{h}$$

倘若此極限存在．

若 $f(x, y, z)$ 為可微分，且 $\mathbf{u}=u_1\mathbf{i}+u_2\mathbf{j}+u_3\mathbf{k}$ 為單位向量，則證明定理 5-13 的方法也可用來證明

$$D_{\mathbf{u}}f(x, y, z)=f_x(x, y, z)u_1+f_y(x, y, z)u_2+f_z(x, y, z)u_3 \tag{5-12}$$

對於三變數 $x$、$y$ 與 $z$ 的函數 $f$ 的梯度，記成 $\nabla f$ 或 **grad** $f$，定義為

$$\nabla f(x, y, z)=<f_x(x, y, z), f_y(x, y, z), f_z(x, y, z)>$$

$$=\frac{\partial f}{\partial x}\mathbf{i}+\frac{\partial f}{\partial y}\mathbf{j}+\frac{\partial f}{\partial z}\mathbf{k}$$

式 (5-12) 也可改寫成

$$D_{\mathbf{u}}f(x, y, z)=\nabla f(x, y, z)\cdot \mathbf{u}. \tag{5-13}$$

**例題 3** 　**解題指引** ☺ 利用 (5-13) 式

已知 $f(x, y, z)=x\sin(yz)$，求 $f$ 在點 $(1, 3, 0)$ 沿著 $\mathbf{v}=\mathbf{i}+2\mathbf{j}-\mathbf{k}$ 的方向的方向導數.

**解**
$$\nabla f(x, y, z)=\frac{\partial f}{\partial x}\mathbf{i}+\frac{\partial f}{\partial y}\mathbf{j}+\frac{\partial f}{\partial z}\mathbf{k}$$

$$=\sin(yz)\mathbf{i}+xz\cos(yz)\mathbf{j}+xy\cos(yz)\mathbf{k}$$

可得 $\nabla f(1, 3, 0)=3\mathbf{k}$. 在 $\mathbf{v}=\mathbf{i}+2\mathbf{j}-\mathbf{k}$ 的方向的單位向量為

$$\mathbf{u}=\frac{1}{\sqrt{6}}\mathbf{i}+\frac{2}{\sqrt{6}}\mathbf{j}-\frac{1}{\sqrt{6}}\mathbf{k}$$

所以，
$$D_{\mathbf{u}}f(1, 3, 0)=\nabla f(1, 3, 0)\cdot \mathbf{u}$$

$$=3\mathbf{k}\cdot\left(\frac{1}{\sqrt{6}}\mathbf{i}+\frac{2}{\sqrt{6}}\mathbf{j}-\frac{1}{\sqrt{6}}\mathbf{k}\right)$$

$$=3\left(-\frac{1}{\sqrt{6}}\right)=-\frac{\sqrt{6}}{2}.$$

## 定理 5-14　二變數函數梯度的性質

令 $f$ 在點 $(x_0, y_0)$ 為可微分，且 $\mathbf{u}$ 為任意單位向量．
(1) 若 $\nabla f(x_0, y_0) = \mathbf{0}$，則 $D_{\mathbf{u}} f(x_0, y_0) = 0$．
(2) $f$ 的最大遞增方向為 $\nabla f(x_0, y_0)$，$D_{\mathbf{u}} f(x_0, y_0)$ 的最大值為 $|\nabla f(x_0, y_0)|$．
(3) $f$ 的最大遞減方向為 $-\nabla f(x_0, y_0)$，$D_{\mathbf{u}} f(x_0, y_0)$ 的最小值為 $-|\nabla f(x_0, y_0)|$．

**證** (1) 若 $\nabla f(x_0, y_0) = \mathbf{0}$，則對任意方向 (任何 $\mathbf{u}$) 恆有
$$D_{\mathbf{u}} f(x_0, y_0) = \nabla f(x_0, y_0) \cdot \mathbf{u} = 0$$

(2) 若 $\nabla f(x_0, y_0) \neq \mathbf{0}$，則令 $\phi$ 為 $\nabla f(x_0, y_0)$ 與單位向量 $\mathbf{u}$ 之間的夾角．利用向量的內積，可得
$$\begin{aligned} D_{\mathbf{u}} f(x_0, y_0) &= \nabla f(x_0, y_0) \cdot \mathbf{u} \\ &= |\nabla f(x_0, y_0)| |\mathbf{u}| \cos \phi \\ &= |\nabla f(x_0, y_0)| \cos \phi \end{aligned}$$

當 $\phi = 0$ 時，$\cos \phi$ 的最大值 1．所以 $D_{\mathbf{u}} f(x_0, y_0)$ 有最大值 $|\nabla f(x_0, y_0)|$，且它發生在 $\phi = 0$ 時，亦即，當 $\mathbf{u}$ 與 $\nabla f(x_0, y_0)$ 同方向時，$D_{\mathbf{u}} f(x_0, y_0)$ 有最大值．

(3) 同理，若 $\phi = \pi$，可得 $D_{\mathbf{u}} f(x_0, y_0)$ 的最小值，故 $\mathbf{u}$ 指向 $\nabla f(x_0, y_0)$ 的相反方向時，$D_{\mathbf{u}} f(x_0, y_0)$ 有最小值為 $-|\nabla f(x_0, y_0)|$．

### 例題 4　解題指引　利用定理 5-14(2)

有一金屬薄板的表面溫度 (以 °C 計) 為
$$T(x, y) = 20 - 4x^2 - y^2$$

此處 $x$、$y$ 以公分計．試問從點 $(2, -3)$ 沿著什麼方向，溫度遞增得最快？其遞增率為何？

**解**　溫度 $T$ 的梯度為
$$\nabla T(x, y) = T_x(x, y)\mathbf{i} + T_y(x, y)\mathbf{j} = -8x\mathbf{i} - 2y\mathbf{j}$$

故最大遞增的方向為
$$\nabla T(2, -3) = -16\mathbf{i} + 6\mathbf{j}$$
遞增率為
$$|\nabla T(2, -3)| = \sqrt{(-16)^2 + 6^2} = \sqrt{292} \approx 17.09°C／公分.$$

## 定理 5-15　三變數函數梯度的性質

令 $f$ 在點 $(x_0, y_0, z_0)$ 為可微分，且 $\mathbf{u}$ 為任意單位向量.
(1) 若 $\nabla f(x_0, y_0, z_0) = \mathbf{0}$，則 $D_{\mathbf{u}} f(x_0, y_0, z_0) = 0.$
(2) $f$ 的最大遞增方向為 $\nabla f(x_0, y_0, z_0)$，$D_{\mathbf{u}} f(x_0, y_0, z_0)$ 的最大值為 $|\nabla f(x_0, y_0, z_0)|.$
(3) $f$ 的最大遞減方向為 $-\nabla f(x_0, y_0, z_0)$，$D_{\mathbf{u}} f(x_0, y_0, z_0)$ 的最小值為 $-|\nabla f(x_0, y_0, z_0)|.$

**例題 5**　**解題指引** ☺　利用定理 5-15(2)

求 $f(x, y, z) = xe^{yz}$ 在點 $(1, 0, 2)$ 的最大方向導數.

**解**　$\nabla f(x, y, z) = e^{yz}\mathbf{i} + xze^{yz}\mathbf{j} + xye^{yz}\mathbf{k}$，$\nabla f(1, 0, 2) = \mathbf{i} + 2\mathbf{j}$，可得最大方向導數為 $|\nabla f(1, 0, 2)| = \sqrt{5}.$

**例題 6**　**解題指引** ☺　利用定理 5-15(2) 及 (3)

求函數 $f(x, y, z) = \ln(xy) + \ln(yz) + \ln(xz)$ 在點 $(1, 1, 1)$ 遞增與遞減最快的方向，並求函數在這些方向的方向導數.

**解**　因 $f_x(x, y, z) = \dfrac{y}{xy} + \dfrac{z}{xz} = \dfrac{2}{x},\quad f_y(x, y, z) = \dfrac{x}{xy} + \dfrac{z}{yz} = \dfrac{2}{y},$

$f_z(x, y, z) = \dfrac{y}{yz} + \dfrac{x}{xz} = \dfrac{2}{z},$

故 $\nabla f(x, y, z) = \dfrac{2}{x}\mathbf{i} + \dfrac{2}{y}\mathbf{j} + \dfrac{2}{z}\mathbf{k}$

$$\nabla f(1,\ 1,\ 1)=2\mathbf{i}+2\mathbf{j}+2\mathbf{k}$$

$$\mathbf{u}=\frac{\nabla f}{|\nabla f|}=\frac{1}{\sqrt{3}}\mathbf{i}+\frac{1}{\sqrt{3}}\mathbf{j}+\frac{1}{\sqrt{3}}\mathbf{k}$$

$f$ 遞增最快的方向為 $\quad \mathbf{u}=\dfrac{1}{\sqrt{3}}\mathbf{i}+\dfrac{1}{\sqrt{3}}\mathbf{j}+\dfrac{1}{\sqrt{3}}\mathbf{k}$

$f$ 遞減最快的方向為 $\quad -\mathbf{u}=-\dfrac{1}{\sqrt{3}}\mathbf{i}-\dfrac{1}{\sqrt{3}}\mathbf{j}-\dfrac{1}{\sqrt{3}}\mathbf{k}$

$$D_{\mathbf{u}}f(1,\ 1,\ 1)=\nabla f(1,\ 1,\ 1)\cdot \mathbf{u}=|\nabla f(1,\ 1,\ 1)|=2\sqrt{3}$$

$$D_{-\mathbf{u}}f(1,\ 1,\ 1)=\nabla f(1,\ 1,\ 1)\cdot(-\mathbf{u})=-2\sqrt{3}.$$

今假設曲面 $S$ 的方程式為 $F(x,\ y,\ z)=k$，$P=(x_0,\ y_0,\ z_0)$ 為 $S$ 上一點，$C$ 為 $S$ 上通過 $P$ 的任意曲線，則 $C$ 的**參數方程式**可表為

$$x=x(t),\ y=y(t),\ z=z(t) \tag{5-14}$$

我們可將 $C$ 想像成在時間 $t$ 的位置是 $(x(t),\ y(t),\ z(t))$ 的某運動質點所經過的路徑，所以，曲線 $C$ 也可用**位置向量**表為

$$\mathbf{R}(t)=x(t)\mathbf{i}+y(t)\mathbf{j}+z(t)\mathbf{k} \tag{5-15}$$

將 (5-14) 式代入 $F(x,\ y,\ z)=k$ 中，

$$F(x(t),\ y(t),\ z(t))=k$$

將上式等號兩端對 $t$ 微分可得

$$\frac{\partial F}{\partial x}\frac{dx}{dt}+\frac{\partial F}{\partial y}\frac{dy}{dt}+\frac{\partial F}{\partial z}\frac{dz}{dt}=0$$

$$\left(\frac{\partial F}{\partial x}\mathbf{i}+\frac{\partial F}{\partial y}\mathbf{j}+\frac{\partial F}{\partial z}\mathbf{k}\right)\cdot\left(\frac{dx}{dt}\mathbf{i}+\frac{dy}{dt}\mathbf{j}+\frac{dz}{dt}\mathbf{k}\right)=0$$

故

$$\nabla F\cdot\frac{d\mathbf{R}}{dt}=0$$

其中 $\dfrac{d\mathbf{R}}{dt}$ 為曲線的切向量. 因曲線是在曲面上所任取，故 $\nabla f$ 與通過 $P$ 點的任意切線垂直，即，$\nabla f$ 垂直於通過 $P$ 點的**切平面**，而 $\nabla f$ 的方向即為該曲面的法線方向，如圖 5-16 所示.

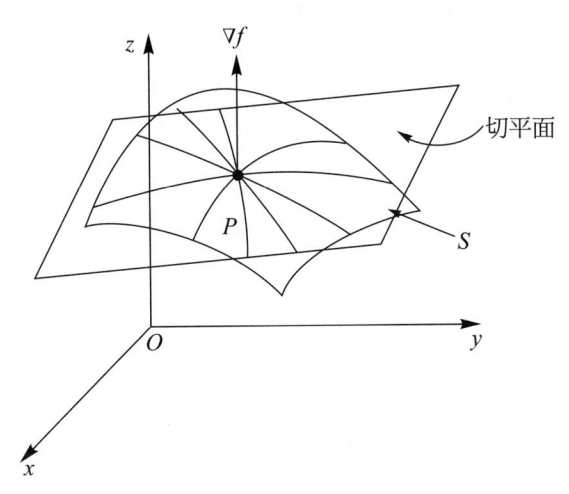

圖 5-16

## 定理 5-16

在曲面 $F(x, y, z)=0$ 上點 $(x_0, y_0, z_0)$ 之切平面的方程式為

$$F_x(x_0, y_0, z_0)(x-x_0)+F_y(x_0, y_0, z_0)(y-y_0)+F_z(x_0, y_0, z_0)(z-z_0)=0$$

法線方程式為

$$\frac{x-x_0}{F_x(x_0, y_0, z_0)}=\frac{y-y_0}{F_y(x_0, y_0, z_0)}=\frac{z-z_0}{F_z(x_0, y_0, z_0)}$$

或

$$\begin{cases} x=x_0+F_x(x_0, y_0, z_0)t \\ y=y_0+F_y(x_0, y_0, z_0)t,\ t\in\mathbb{R}. \\ z=z_0+F_z(x_0, y_0, z_0)t \end{cases}$$

**例題 7** **解題指引** ☺ 利用定理 5-16

求在曲面 $\cos\pi x-x^2y+e^{xz}+yz=4$ 上點 $(0, 1, 2)$ 之切平面與法線的方程式.

**解** 令
$$F(x, y, z) = \cos \pi x - x^2 y + e^{xz} + yz - 4$$

則
$$F_x(x, y, z) = -\pi \sin \pi x - 2xy + ze^{xz}$$
$$F_y(x, y, z) = -x^2 + z$$
$$F_z(x, y, z) = xe^{xz} + y$$

因此,
$$F_x(0, 1, 2) = 2, \quad F_y(0, 1, 2) = 2, \quad F_z(0, 1, 2) = 1$$

可得切平面方程式為
$$2(x-0) + 2(y-1) + 1(z-2) = 0$$

即,
$$2x + 2y + z = 4$$

又法線方程式為
$$\frac{x}{2} = \frac{y-1}{2} = \frac{z-2}{1}$$

或
$$\begin{cases} x = 2t \\ y = 1 + 2t, \quad t \in \mathbb{R}. \\ z = 2 + t \end{cases}$$

## 習題 5-7

在 1～2 題中, 求 $f$ 在所予點 $P$ 沿著所予角 $\theta$ 的方向的方向導數.

**1.** $f(x, y) = x^2 + 2xy - y^2$ ; $P(2, -3)$, $\theta = \dfrac{5\pi}{6}$

**2.** $f(x, y) = x^3 - 3xy + 4y^2$ ; $P(1, 2)$, $\theta = \dfrac{\pi}{6}$

在 3～8 題中, 求 $f$ 在所予點 $P$ 沿著所予向量的方向的方向導數.

**3.** $f(x, y) = x^3 - 4x^2y + y^2$ ; $P(0, -1)$, $\mathbf{v} = \dfrac{3}{5}\mathbf{i} + \dfrac{4}{5}\mathbf{j}$

4. $f(x, y) = \sqrt{x-y}$；$P(5, 1)$，$\mathbf{v} = 12\mathbf{i} + 5\mathbf{j}$

5. $f(x, y) = xe^{xy}$；$P(-3, 0)$，$\mathbf{v} = 2\mathbf{i} + 3\mathbf{j}$

6. $f(x, y, z) = \sqrt{xyz}$；$P(2, 4, 2)$，$\mathbf{v} = 4\mathbf{i} + 2\mathbf{j} - 4\mathbf{k}$

7. $f(x, y, z) = xe^{yz} + xye^z$；$P(-2, 1, 1)$，$\mathbf{v} = \mathbf{i} - 2\mathbf{j} + 3\mathbf{k}$

8. $f(x, y, z) = x \tan^{-1}\left(\dfrac{y}{z}\right)$；$P(1, 2, -2)$，$\mathbf{v} = \mathbf{i} + \mathbf{j} - \mathbf{k}$

在 9～12 題中，求 $f$ 在所予點的最大方向導數．

9. $f(x, y) = \sqrt{x^2 + 2y}$；$(4, 10)$

10. $f(x, y) = \ln(x^2 + y^2)$；$(1, 2)$

11. $f(x, y) = \cos(3x + 2y)$；$\left(\dfrac{\pi}{6}, -\dfrac{\pi}{8}\right)$

12. $f(x, y, z) = \dfrac{x}{y} + \dfrac{y}{z}$；$(4, 2, 1)$

13. 假設分佈在三維空間 $I\!R^3$ 中某區域的電位 $V$ 為

$$V(x, y, z) = 5x^2 - 3xy + xyz$$

(1) 求電位在點 $P(3, 4, 5)$ 沿著 $\mathbf{v} = \mathbf{i} + \mathbf{j} - \mathbf{k}$ 的方向的變化率．

(2) $V$ 在 $P$ 沿著什麼方向變化最快？

(3) 在 $P$ 的最大變化率為何？

14. 求函數 $f(x, y, z) = \ln(x^2 + y^2 - 1) + y + 6z$ 在點 $(1, 1, 0)$ 遞增與遞減最快的方向，並求函數在這些方向的方向導數．

15. 若在三維空間 $I\!R^3$ 中點 $(x, y, z)$ 的溫度 $T$ 為 $T = \dfrac{100}{x^2 + y^2 + z^2}$，此處 $x$、$y$ 以公分計，溫度 $T$ 以 °C 計．

(1) 求 $T$ 在點 $P(1, 3, -2)$ 沿著向量 $\mathbf{a} = \mathbf{i} - \mathbf{j} + \mathbf{k}$ 方向的變化率．

(2) 從 $P$ 沿著什麼方向，$T$ 增加得最快？$T$ 在 $P$ 點的最大變化率為何？

## 5-8 極大值與極小值

在第三冊第三章中,我們已學會了如何求解單變數函數的極值問題,在本節中,我們將討論二變數函數的極值問題. 在三維空間中,二變數函數 $z=f(x, y)$ 的圖形為一曲面,**相對極大點**就如同一座山峯的頂點,而**相對極小點**就如同山谷的谷底,如圖 5-17 所示.

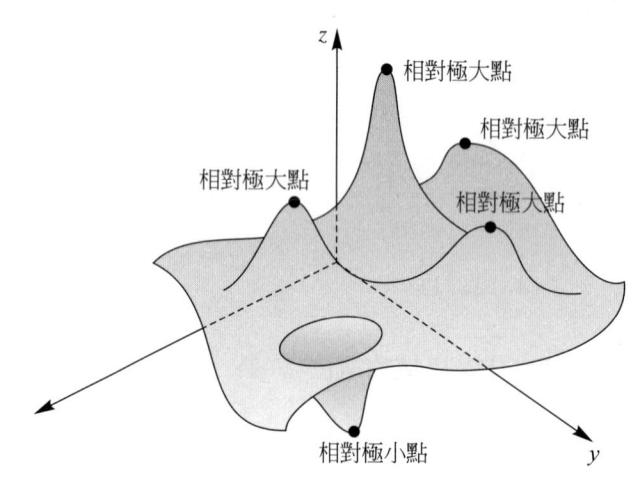

**圖 5-17**

### 定義 5-11

令 $f$ 為二變數 $x$ 與 $y$ 的函數.

(1) 若存在以 $(x_0, y_0)$ 為圓心的一圓,使得

$$f(x_0, y_0) \geq f(x, y)$$

對該圓內的所有點 $(x, y)$ 皆成立,則稱 $f$ 在點 $(x_0, y_0)$ 有**相對極大值** (或局部極大值).

(2) 若存在以 $(x_0, y_0)$ 為圓心的一圓,使得

$$f(x_0, y_0) \leq f(x, y)$$

對該圓內的所有點 $(x, y)$ 皆成立,則稱 $f$ 在點 $(x_0, y_0)$ 有**相對極小值** (或局部極小值).

(i) $f(x, y)$ 在 $(x_0, y_0)$
具有一相對極大值

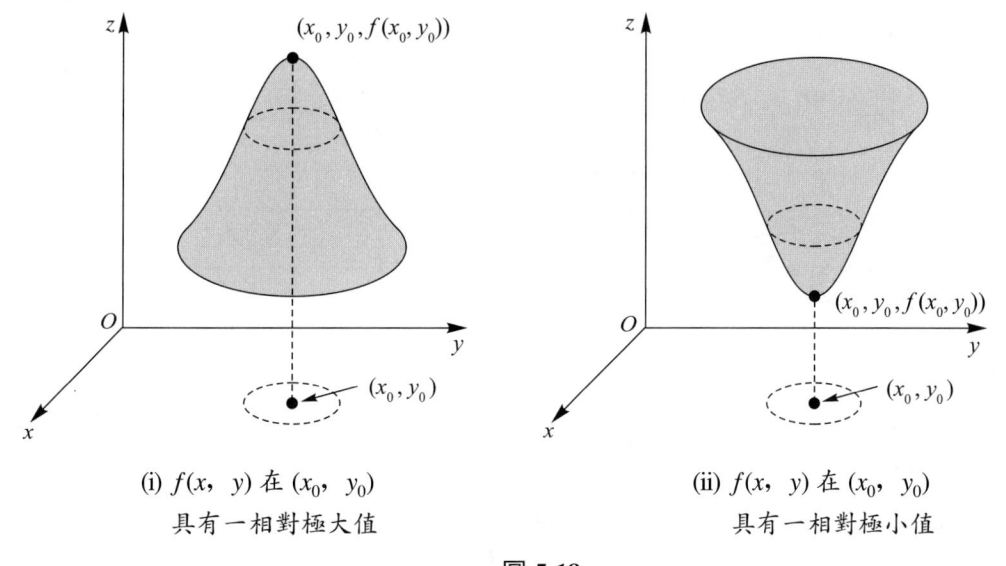

(ii) $f(x, y)$ 在 $(x_0, y_0)$
具有一相對極小值

圖 5-18

如圖 5-18 所示，函數 $f$ 有**相對極大值**與**相對極小值**.

仿照二變數函數相對極值的定義，我們可定義二變數函數之絕對極大值與絕對極小值.

## 定義 5-12

令 $f$ 為二變數函數，且點 $(x_0, y_0)$ 在 $f$ 的定義域內.
(1) 若 $f(x_0, y_0) \geq f(x, y)$ 對 $f$ 的定義域內的所有點 $(x, y)$ 皆成立，則稱 $f(x_0, y_0)$ 為 $f$ 的**絕對極大值**.
(2) 若 $f(x_0, y_0) \leq f(x, y)$ 對 $f$ 的定義域內的所有點 $(x, y)$ 皆成立，則稱 $f(x_0, y_0)$ 為 $f$ 的**絕對極小值**.

如圖 5-19 所示.

在第三冊第三章裡，我們曾經討論過函數 $f(x)$ 有相對極值之必要條件為 $f'(x_0) = 0$. 對兩個變數之函數 $f(x, y)$ 而言，如果假設 $f(x, y)$ 在 $(x_0, y_0)$ 有相對極大值，則此函數有相對極大值之條件為何？首先設 $x$ 為一常數，即設 $x = x_0$. 如圖 5-20 所示，在曲面與平面 $x = x_0$ 之交線 $C_1$ 上，我們有

數學 (四)

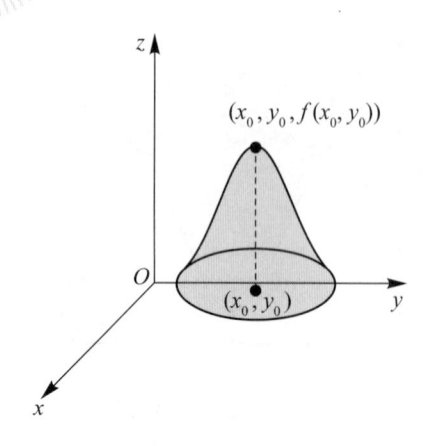

(i) $f(x_0, y_0)$ 為絕對極大值

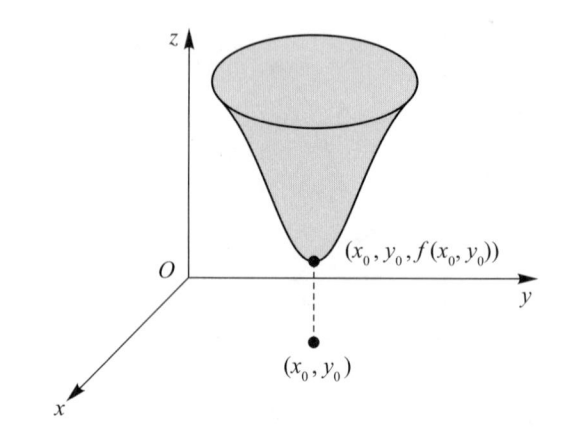

(ii) $f(x_0, y_0)$ 為絕對極小值

圖 5-19

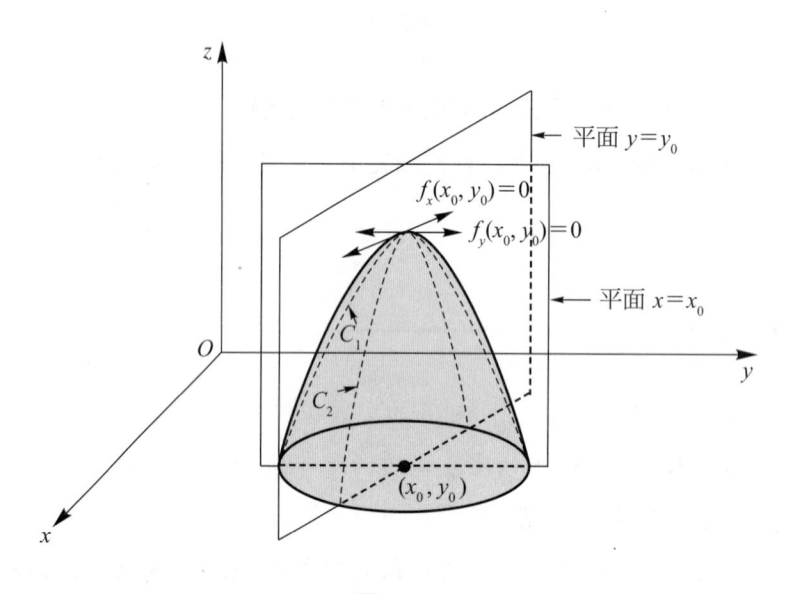

圖 5-20

$$f_y(x_0,\ y_0)=0 \quad \text{且} \quad f_{yy}(x_0,\ y_0) \le 0$$

同理，在曲面與平面 $y=y_0$ 之交線 $C_2$ 上，我們有

$$f_x(x_0,\ y_0)=0 \quad \text{且} \quad f_{xx}(x_0,\ y_0) \le 0.$$

## 定理 5-17

假設函數 $f(x, y)$ 在點 $(x_0, y_0)$ 有相對極大值或相對極小值，且偏導數 $f_x(x_0, y_0)$ 與 $f_y(x_0, y_0)$ 皆存在，則

$$f_x(x_0, y_0) = f_y(x_0, y_0) = 0.$$

**證** 令 $G(x) = f(x, y_0)$，依假設，$f$ 在 $x = x_0$ 有相對極值，且在 $x = x_0$ 為可微分．因此，

$$G'(x_0) = \lim_{h \to 0} \frac{G(x_0 + h) - G(x_0)}{h} = \lim_{h \to 0} \frac{f(x_0 + h, y_0) - f(x_0, y_0)}{h}$$

$$= f_x(x_0, y_0) = 0$$

同理，令 $H(y) = f(x_0, y)$，則它在 $y = y_0$ 有相對極值，且在 $y = y_0$ 為可微分．因此，

$$H'(y_0) = \lim_{k \to 0} \frac{H(y_0 + k) - H(y_0)}{k}$$

$$= \lim_{k \to 0} \frac{f(x_0, y_0 + k) - f(x_0, y_0)}{k}$$

$$= f_y(x_0, y_0) = 0.$$

於是，若 $f(x_0, y_0)$ 為 $f$ 的**相對極值**，則 $f_x(x_0, y_0) = f_y(x_0, y_0) = 0$ 與單變數函數類似，而 $f_x(x_0, y_0) = f_y(x_0, y_0) = 0$ 為 $f$ 在點 $(x_0, y_0)$ 有相對極值的必要條件且非充分條件．

## 定義 5-13 臨界點

令 $f$ 定義在包含點 $(x_0, y_0)$ 的開區域 $R$ 中．若下列兩條件中有一者成立，則點 $(x_0, y_0)$ 稱為 $f$ 的**臨界點**．

(1) $f_x(x_0, y_0) = 0$ 與 $f_y(x_0, y_0) = 0$．

(2) $f_x(x_0, y_0)$ 或 $f_y(x_0, y_0)$ 有一者不存在．

## 定理 5-18　相對極值僅發生在臨界點 ↪

若 $(x_0, y_0)$ 為一內點，且 $f$ 在點 $(x_0, y_0)$ 具有相對極值，則 $(x_0, y_0)$ 為 $f$ 的臨界點.

讀者應注意，在臨界點處並不一定有極值發生，使函數 $f$ 沒有相對極值的臨界點稱為 $f$ 的**鞍點**.

讀者應注意下列兩點敘述.

1. 連續函數在有界閉集合有**極值**.
2. $f$ 在區域 $R$ 的極值只在 $R$ 的**邊界點**或**臨界點**產生.

**例題 1**　**解題指引** ☺ 唯一的極值

若 $f(x, y) = 4 - x^2 - y^2$，求 $f$ 的相對極值.

**解**　$f_x(x, y) = -2x$，$f_y(x, y) = -2y$，令 $f_x(x, y) = 0$ 且 $f_y(x, y) = 0$，可得 $x = 0$，$y = 0$. 因此，$f(0, 0) = 4$ 為 $f$ 僅有的極值. 若 $(x, y) \neq (0, 0)$，則

$$f(x, y) = 4 - (x^2 + y^2) < 4$$

故 $f$ 在點 $(0, 0)$ 有相對極大值 4，如圖 5-21 所示，4 也是絕對極大值.

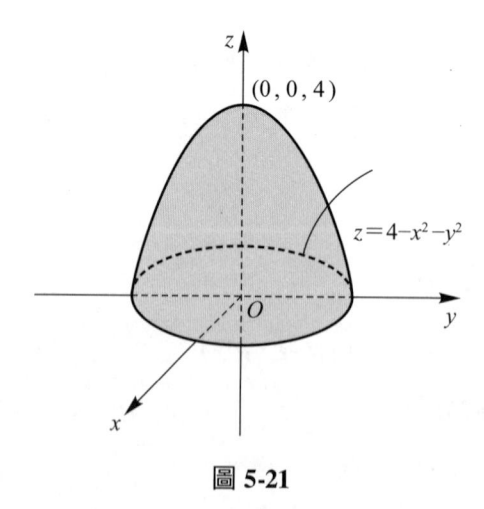

圖 5-21

## 例題 2　相對極值不存在

若 $f(x, y) = y^2 - x^2$，求 $f$ 的相對極值.

**解** 由 $f_x(x, y) = -2x = 0$ 與 $f_y(x, y) = 2y = 0$，可得 $x = 0, y = 0$. 然而，$f$ 在 $(0, 0)$ 無相對極值. 若 $y \neq 0$，則 $f(0, y) = y^2 > 0$；並且，若 $x \neq 0$，則 $f(x, 0) = -x^2 < 0$. 因此，在 $xy$-平面上圓心為 $(0, 0)$ 的任一圓內，存在一些點 (在 $y$-軸上) 使 $f$ 的值為正，且存在一些點 (在 $x$-軸上) 使 $f$ 的值為負. 因此，$f(0, 0) = 0$ 不是 $f(x, y)$ 在圓內的最大值也不是最小值，其圖形為**雙曲拋物面**，如圖 5-22 所示.

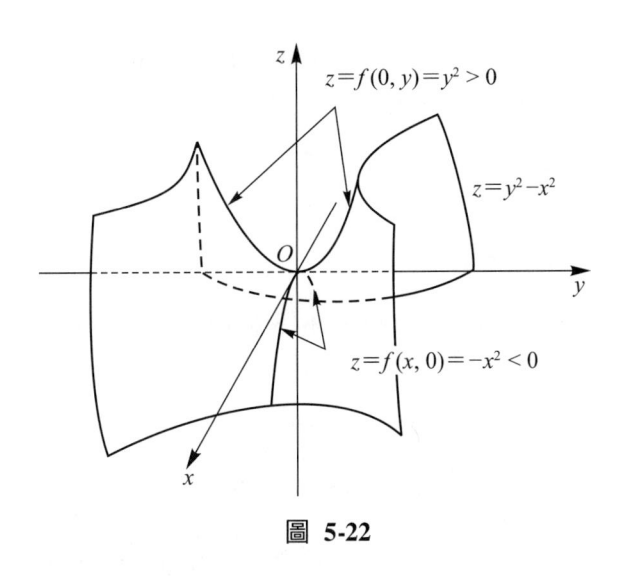

圖 5-22

## 例題 3　唯一的極值

求函數 $f(x, y) = \sqrt{x^2 + y^2}$ 的所有相對極值.

**解** 偏導函數為

$$f_x(x, y) = \frac{\partial}{\partial x} \sqrt{x^2 + y^2} = \frac{x}{\sqrt{x^2 + y^2}}$$

$$f_y(x, y) = \frac{\partial}{\partial y} \sqrt{x^2 + y^2} = \frac{y}{\sqrt{x^2 + y^2}}$$

兩個偏導函數在 $(x, y) = (0, 0)$ 皆無定義，對所有其它點，偏導數至少有一不為零. 因此, 很容易知道 $f(0, 0) = 0 < f(x, y), \forall (x, y) \neq (0, 0)$, 故 $f(0, 0) = 0$ 為相對極小值. 圖形如圖 5-23 所示.

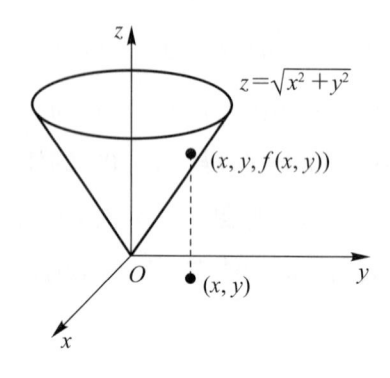

$f(0, 0) < f(x, y), \forall (x, y) \neq (0, 0)$;
$f(0, 0) = 0$ 為相對極小值

圖 5-23

**例題 4** 　**解題指引** ☺　利用配方法

求 $f(x, y) = 2x^2 + y^2 + 8x - 6y + 20$ 的相對極值.

**解**　因
$$f_x(x, y) = 4x + 8$$
$$f_y(x, y) = 2y - 6$$

故由 $f_x(x, y) = 0$ 與 $f_y(x, y) = 0$, 解得 $x = -2, y = 3$. 所以, $f$ 的臨界點為 $(-2, 3)$. $\forall (x, y) \neq (-2, 3)$, 利用配方法, 可得

$$f(x, y) = 2(x + 2)^2 + (y - 3)^2 + 3 > 3$$

所以, $f$ 的相對極小值發生在 $(-2, 3)$, 而相對極小值為 $f(-2, 3) = 3$. 如圖 5-24 所示.

在定理 5-16 中, $f_x(x_0, y_0) = f_y(x_0, y_0) = 0$ 係 $f$ 在 $(x_0, y_0)$ 有相對極值的必要條件. 至於充分條件可由下述定理得知.

曲面：$z=f(x, y)=2x^2+y^2+8$

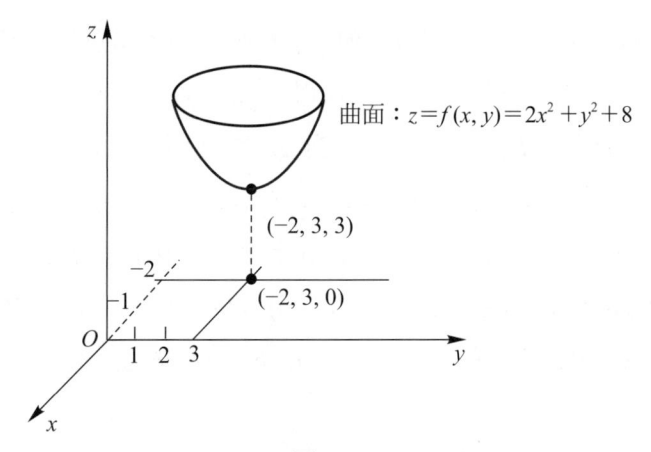

(−2, 3, 3)

(−2, 3, 0)

**圖 5-24**

### 定理 5-19　二階偏導數判別法

令二變數函數 $f$ 的二階偏導函數在以臨界點 $(x_0, y_0)$ 為圓心的某圓內皆為連續，又令

$$\Delta = f_{xx}(x_0, y_0) f_{yy}(x_0, y_0) - [f_{xy}(x_0, y_0)]^2$$

(1) 若 $\Delta > 0$ 且 $f_{xx}(x_0, y_0) > 0$，則 $f(x_0, y_0)$ 為 $f$ 的相對極小值.

(2) 若 $\Delta > 0$ 且 $f_{xx}(x_0, y_0) < 0$，則 $f(x_0, y_0)$ 為 $f$ 的相對極大值.

(3) 若 $\Delta < 0$，則 $f$ 在 $(x_0, y_0)$ 無相對極值，$(x_0, y_0)$ 為 $f$ 的鞍點.

(4) 若 $\Delta = 0$，則無法確定 $f(x_0, y_0)$ 是否為 $f$ 的相對極值.

**證** 我們僅證明 (1)，其餘留給讀者自證.

我們計算 $f$ 沿著單位向量 $\mathbf{u} = <h, k>$ 的方向的二階方向導數. 依定理 5-13，

$$D_{\mathbf{u}} f = f_x h + f_y k$$

可得
$$D_{\mathbf{u}}^2 f = D_{\mathbf{u}}(D_{\mathbf{u}} f) = \frac{\partial}{\partial x}(D_{\mathbf{u}} f) h + \frac{\partial}{\partial y}(D_{\mathbf{u}} f) k$$

$$= (f_{xx} h + f_{yx} k) h + (f_{xy} h + f_{yy} k) k$$

$$= f_{xx} h^2 + 2 f_{xy} hk + f_{yy} k^2$$

$$= f_{xx} \left( h + \frac{f_{xy}}{f_{xx}} k \right)^2 + \frac{k^2}{f_{xx}} (f_{xx} f_{yy} - f_{xy}^2) \quad \cdots\cdots (*)$$

因 $f_{xx}(a, b) > 0$ 且 $\Delta > 0$，又 $f_{xx}$ 與 $f_{xx}f_{yy} - f_{xy}^2$ 皆為連續，故存在以 $(a, b)$ 為圓心且半徑 $\delta > 0$ 的一個圓區域 $B$，使得 $f_{xx}(x, y) > 0$ 與 $\Delta > 0$ 對 $B$ 中所有點 $(x, y)$ 皆成立。所以，$D_{\mathbf{u}}^2 f(x, y) > 0$ 對 $B$ 中所有點 $(x, y)$ 皆成立。此表示若 $f$ 的圖形與沿著 $\mathbf{u}$ 的方向而通過點 $(a, b, f(a, b))$ 之平面的交線為 $C$，則 $C$ 在長度 $2\delta$ 的區間為上凹。這對每一向量 $\mathbf{u}$ 皆成立，因此，若我們限制點 $(x, y)$ 在 $B$ 中，則 $f$ 的圖形位於點 $(a, b, f(a, b))$ 之水平切平面的上方。於是，$f(x, y) \geq f(a, b)$ 對 $B$ 中所有點皆成立，而 $f(a, b)$ 為相對極小值。

**例題 5** **解題指引** ☺ 先利用定理 5-17 求函數 $f$ 之臨界點，再利用定理 5-19 判斷函數 $f$ 在臨界點是否產生相對極大值或相對極小值。

試求 $f(x, y) = x^3 - 4xy + 2y^2$ 之相對極值。

**解** $f_x(x, y) = 3x^2 - 4y$，$f_y(x, y) = -4x + 4y$。令 $f_x(x, y) = 0$ 與 $f_y(x, y) = 0$，解方程組

$$\begin{cases} 3x^2 - 4y = 0 \\ -4x + 4y = 0 \end{cases}$$

得 $x = 0$ 或 $x = \dfrac{4}{3}$。所以，臨界點為 $(0, 0)$ 與 $\left(\dfrac{4}{3}, \dfrac{4}{3}\right)$。

$$f_{xx}(x, y) = 6x, \ f_{yy}(x, y) = 4, \ f_{xy}(x, y) = -4.$$

(i) 若 $x = 0, y = 0$，則

$$\Delta = 24(0) - 16 = -16 < 0$$

所以點 $(0, 0)$ 為 $f$ 之鞍點。

(ii) 若 $x = \dfrac{4}{3}, y = \dfrac{4}{3}$，則

$$\Delta = 24\left(\dfrac{4}{3}\right) - 16 = 32 - 16 = 16 > 0$$

且

$$f_{xx}\left(\dfrac{4}{3}, \dfrac{4}{3}\right) = 6\left(\dfrac{4}{3}\right) = 8 > 0$$

於是，$f\left(\dfrac{4}{3}, \dfrac{4}{3}\right) = -\dfrac{32}{27}$ 為 $f$ 之相對極小值。

**例題 6** 解題指引 ☺ $\Delta=0$

求 $f(x, y)=25+(x-y)^4+(y-1)^4$ 的相對極值（若存在）.

**解**
$$f_x=4(x-y)^3, \qquad f_y=-4(x-y)^3+4(y-1)^3$$
$$f_{xx}=12(x-y)^2, \qquad f_{yy}=12(x-y)^2+12(y-1)^2$$
$$f_{xy}=-12(x-y)^2, \qquad f_{yx}=-12(x-y)^2$$

解方程組
$$\begin{cases} 4(x-y)^3=0 \\ -4(x-y)^3+4(y-1)^3=0 \end{cases}$$

可得 $x=y=1$. 因此，臨界點為 $(1, 1)$.
因
$$f_{xx}(1, 1)=0, \qquad f_{xy}(1, 1)=0, \qquad f_{yy}(1, 1)=0$$

可得 $\Delta=0$，故無法判斷 $f$ 在點 $(1, 1)$ 處是否有相對極值.
假設 $h$ 與 $k$ 是任意很小的正數或負數，則
$$f(1+h, 1+k)-f(1, 1)=25+[(1+h)-(1+k)]^4+[(1+k)-1]^4-25$$
$$=(h-k)^4+k^4$$

但是，對任意 $h$ 與 $k$,
$$(h-k)^4+k^4>0$$

因而 $\qquad f(1+h, 1+k)>f(1, 1)$

故函數 $f$ 在點 $(1, 1)$ 處有極小值，其值為 $f(1, 1)=25$.

**例題 7** 解題指引 ☺ 利用定理 5-19(1)

試求原點至曲面 $z^2=x^2y+4$ 的最小距離.

**解** 設 $P(x, y, z)$ 為曲面上任一點，則原點至 $P$ 之距離的平方為 $d^2=x^2+y^2+z^2$,
我們欲求 $P$ 點的坐標使得 $d^2$ ($d$ 亦是) 為最小值.
因 $P$ 點在曲面上，故其坐標滿足曲面方程式.
將 $z^2=x^2y+4$ 代入 $d^2=x^2+y^2+z^2$ 中，且令

$$d^2 = f(x, y) = x^2 + y^2 + x^2 y + 4 \quad \cdots\cdots\cdots ①$$

可得 $f_x(x, y) = 2x + 2xy$，$f_y(x, y) = 2y + x^2$

$$f_{xx}(x, y) = 2 + 2y,\ f_{yy}(x, y) = 2,\ f_{xy}(x, y) = 2x$$

欲求臨界點，我們可令 $f_x(x, y) = 0$ 且 $f_y(x, y) = 0$，即

$$\begin{cases} 2x + 2xy = 0 \\ 2y + x^2 = 0 \end{cases}$$

解得 $\begin{cases} x = 0 \\ y = 0 \end{cases}$，$\begin{cases} x = \sqrt{2} \\ y = -1 \end{cases}$，$\begin{cases} x = -\sqrt{2} \\ y = -1 \end{cases}$

(i) $\Delta = f_{xx}(0, 0) f_{yy}(0, 0) - [f_{xy}(0, 0)]^2 = 4 > 0$ 且 $f_{xx}(0, 0) = 2 > 0$

所以 $(0, 0)$ 會產生最小距離，以 $(0, 0)$ 代入 ① 式中，求出 $d^2 = 4$. 故原點與已知曲面之間的最小距離為 $2$.

(ii) $\Delta = f_{xx}(\pm\sqrt{2}, -1) f_{yy}(\pm\sqrt{2}, -1) - [f_{xy}(\pm\sqrt{2}, -1)]^2 = -8 < 0$

故 $f(x, y)$ 在 $(\sqrt{2}, -1)$ 與 $(-\sqrt{2}, -1)$ 無相對極值，而 $(\sqrt{2}, -1)$ 與 $(-\sqrt{2}, -1)$ 為 $f$ 的鞍點。

**例題 8** **解題指引** ☺ 在閉區域上求函數的絕對極值

設 $f(x, y) = x^2 + xy + y^2$，$R$ 為具頂點 $(1, 2)$、$(1, -2)$ 與 $(-1, -2)$ 的三角形區域，求 $f$ 在 $R$ 上的絕對極大值與絕對極小值.

**解**

$$f_x(x, y) = 2x + y, \quad f_y(x, y) = x + 2y,$$
$$f_{xx}(x, y) = 2, \quad f_{xy}(x, y) = 1,$$
$$f_{yy}(x, y) = 2.$$

解方程組 $\begin{cases} 2x + y = 0 \\ x + 2y = 0 \end{cases}$，可得 $x = 0$，$y = 0$.

若 $x = 0$，$y = 0$，則

$$\Delta = f_{xx}(0, 0) f_{yy}(0, 0) - [f_{xy}(0, 0)]^2 = 4 - 1 = 3 > 0$$

且 $f_{xx}(0, 0) = 2 > 0$，故 $f(0, 0) = 0$ 為 $f$ 的相對極小值。
但因點 $(0, 0)$ 不在 $f$ 之定義域 $R$ 的內部，故在 $R$ 的內部無相對極值。$R$ 的三個邊界分別為 $x=1$、$y=-2$ 及 $y=2x$，如圖 5-25 所示。

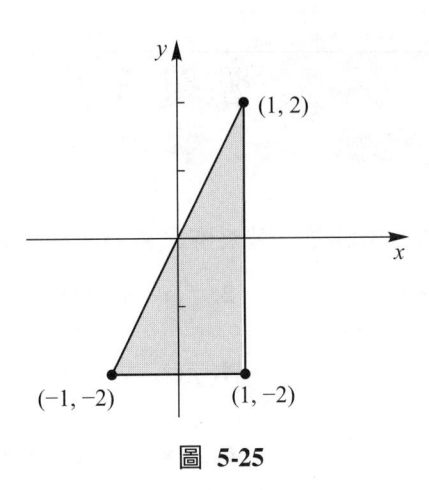

圖 5-25

因在各邊界上，$f$ 可表成一單變數函數，故在邊界上的極值可依第三冊第三章所述的方法求得，如下：

(i) 在邊界 $x=1$ 上，$f(1, y) = 1+y+y^2$，由 $\dfrac{d}{dy}(1+y+y^2) = 1+2y = 0$ 可得 $y = -\dfrac{1}{2}$。又 $\dfrac{d}{dy}(1+2y) = 2 > 0$，故依二階導數判別法，$f$ 在點 $\left(1, -\dfrac{1}{2}\right)$ 有極小值 $f\left(1, -\dfrac{1}{2}\right) = \dfrac{3}{4}$。

(ii) 在邊界 $y=-2$ 上，$f(x, -2) = x^2 - 2x + 4$，由 $\dfrac{d}{dx}(x^2 - 2x + 4) = 2x - 2 = 0$ 可得 $x=1$。又 $\dfrac{d}{dx}(2x-2) = 2 > 0$，故依二階導數判別法，$f$ 在點 $(1, -2)$ 有極小值 $f(1, -2) = 3$。

(iii) 在邊界 $y=2x$ 上，$f(x, 2x) = 7x^2$，由 $\dfrac{d}{dx}(7x^2) = 14x = 0$ 可得 $x=0$。又 $\dfrac{d}{dx}(14x) = 14 > 0$，故依二階導數判別法，$f$ 在點 $(0, 0)$ 有極小值 $f(0, 0) = 0$。在三個頂點處，$f(1, 2) = 7$，$f(1, -2) = 3$，$f(-1, -2) = 7$。

比較上面各值，我們可得絕對極大值為 $f(1, 2)=f(-1, -2)=7$，絕對極小值為 $f(0, 0)=0$.

## 習題 5-8

在 1～8 題中，求函數 $f$ 的相對極值．若沒有，則指出何點為鞍點．

1. $f(x, y)=x^2+4y^2-2x+8y-1$
2. $f(x, y)=xy$
3. $f(x, y)=x^3+y^3-6xy$
4. $f(x, y)=xy+\dfrac{2}{x}+\dfrac{4}{y}$
5. $f(x, y)=e^{-(x^2+y^2-4y)}$
6. $f(x, y)=e^x \cos y$
7. $f(x, y)=x \sin y$
8. $f(x, y)=xye^{-x^2-y^2}$

在 9～10 題中，若定義域為所指定區域 $R$，求 $f$ 的絕對極大值與絕對極小值．

9. $f(x, y)=x^3+3xy-y^3$；$R$ 為具頂點 $(1, 2)$、$(1, -2)$ 與 $(-1, -2)$ 的三角形區域．

10. $f(x, y)=x^2-6x+y^2-8y+7$；$R=\{(x, y)\,|\,x^2+y^2 \leq 1\}$

11. 求函數 $f(x, y)=x^2+y^2-2x-2y-2$ 在 $x=0$、$y=0$ 與 $y=9-x$ 所圍成三角形閉區域內的極值．

12. 求點 $(2, 1, -1)$ 到平面 $4x-3y+z=5$ 的最短距離．

13. 求三正數 $x$、$y$ 與 $z$ 使其和為 $32$，而且使 $P=xy^2z$ 的值為最大．

14. 求在球面 $x^2+y^2+z^2=4$ 上離點 $(1, 2, 3)$ 最近的點．

## ▶▶ 5-9 拉格蘭吉乘數

上一節所述二變數函數的極值求法當中，變數 $x$ 與 $y$ 並沒有受到任何限制，如果變數 $x$ 與 $y$ 須滿足限制條件 $g(x, y)=0$，這類問題就稱為受限制的極值問題．例如下面的例子分別屬於不受限制的極值問題與受限制的極值問題，讀者應比較兩者之不同．

## 例題 1　解題指引 ☺　判斷極小值

函數 $f(x, y) = x^2 + y^2$ 的極小值為 $f(0, 0) = 0$，如圖 5-26 所示.

**解**　函數 $f(x, y) = x^2 + y^2$ 的極小值受限制於 $x + y = 2$，該極小值發生在曲面與平面之交線的最低點處，如圖 5-27 所示.

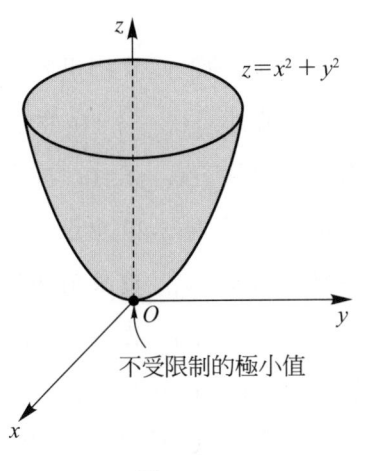

圖 5-26

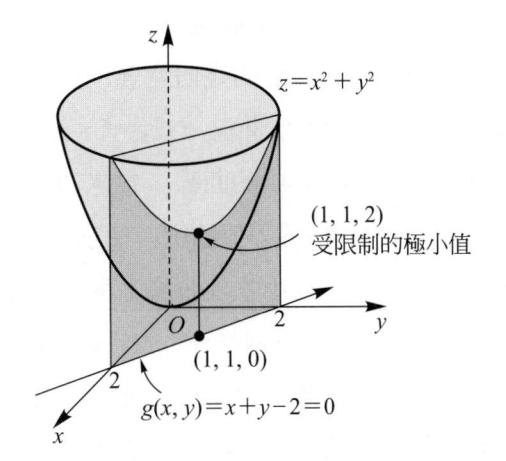

圖 5-27

## 例題 2　解題指引 ☺　判斷極大值

函數 $f(x, y) = 25 - x^2 - y^2$ 的極大值受限制於 $x + y = 4$，該極大值發生在曲面與平面之交線的最高點處，如圖 5-28 所示.

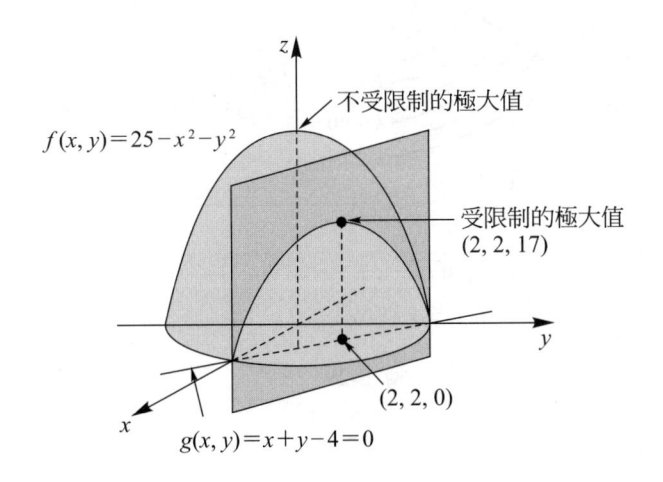

圖 5-28

有時，由受限制條件所獲得的方程式代入二變數函數中求得極大值或極小值就變成不受限制的極值問題，並且可以用上一節之方法求解函數的極值．但是，這種方法往往不切實際，尤其是求極大值或極小值的函數包含兩個變數或數個限制條件時為然．求受限制函數的極大值或極小值，最常用的方法為**拉格蘭吉乘數法**，此法係由法國大數學家拉格蘭吉 (1736〜1813) 發現．

我們先說明此方法的幾何意義，然後再給予理論上的證明．圖 5-29 提供此一問題的幾何意義，其中等值曲線 $f(x, y)=k$，$k$ 為常數，且限制條件 $g(x, y)=0$ 的圖形亦為曲線．如圖 5-29 中的曲線．欲求 $f$ 的極大值受限制於條件 $g(x, y)=0$，亦即，求具有可能最大 $k$ 值的等值曲線，使它相交於限制條件的曲線。由圖 5-29 中很顯然得知其幾何意義，即，這些等值曲線當中有一條等值曲線在點 $P_0(x_0, y_0)$ 與限制條件的曲線相切，因此，$f$ 在限制條件 $g(x, y)=0$ 之下的極大值為 $f(x_0, y_0)$．因為在此點，等值曲線與限制條件的曲線相切（亦即，具有共同切線），所以此兩曲線具有共同的垂直線．但在等值曲線上任一點，梯度 $\nabla f$ 垂直於等值曲線，同理，$\nabla g$ 垂直於限制條件的曲線，於是，$\nabla f$ 與 $\nabla g$ 在點 $P_0(x_0, y_0)$ 互相平行．因此，存在一常數 $\lambda \neq 0$ 使得 $\nabla f(x_0, y_0) = \lambda \nabla g(x_0, y_0)$．

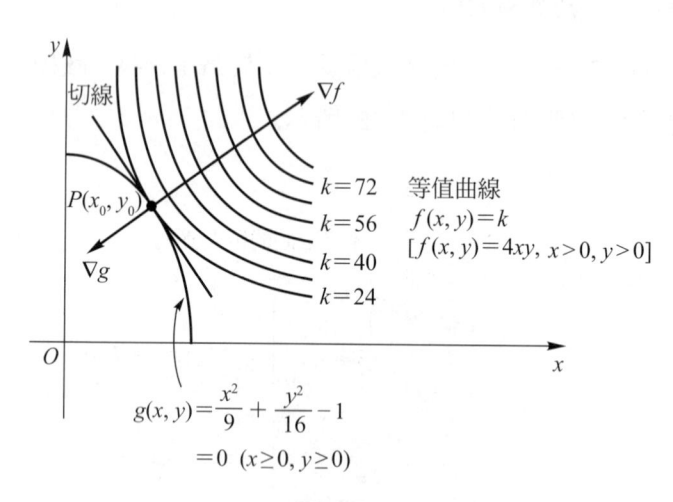

圖 5-29

## 定理 5-20　拉格蘭吉定理

令 $f(x, y)$ 與 $g(x, y)$ 具有連續一階偏導函數使得 $f(x, y)$ 在平滑曲線 $g(x, y)=0$ 上一點 $P(x_0, y_0)$ 具有極值，若 $\nabla g(x_0, y_0) \neq \mathbf{0}$，則存在一實數 $\lambda$ 使得

$$\nabla f(x_0, y_0) = \lambda \nabla g(x_0, y_0).$$

證　由於曲線 $g(x, y)=0$ 是平滑的，故它可以用向量函數

$$\mathbf{r}(t) = x(t)\mathbf{i} + y(t)\mathbf{j}$$

表示，其中 $x'(t)$ 與 $y'(t)$ 在開區間 $I$ 為連續，並令 $t_0$ 為 $t$ 的值使得 $x(t_0)=x_0$，$y(t_0)=y_0$，如圖 5-30 所示.

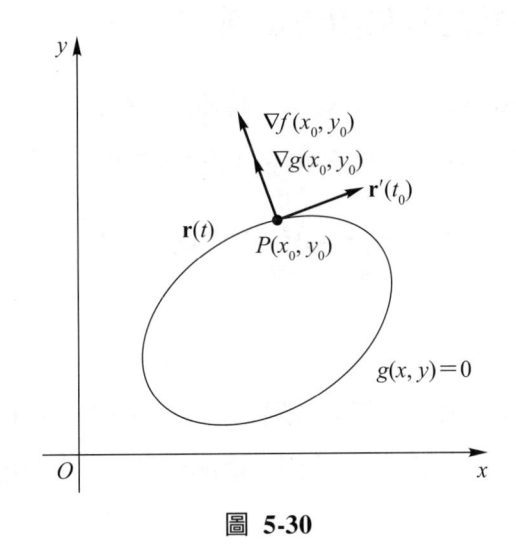

圖 5-30

如果定義函數 $h$ 為 $h(t)=f(x(t), y(t))$，則因為 $f(x_0, y_0)$ 為 $f$ 的極值，所以我們得知

$$h(t_0) = f(x(t_0), y(t_0)) = f(x_0, y_0)$$

為 $h$ 的極值，這蘊涵 $h'(t_0)=0$，又依連鎖法則可得

$$\begin{aligned}
D_t\, h(t)\big|_{t=t_0} &= f_x(x_0, y_0)\, x'(t_0) + f_y(x_0, y_0)\, y'(t_0) \\
&= (f_x(x_0, y_0)\mathbf{i} + f_y(x_0, y_0)\mathbf{j}) \cdot (x'(t_0)\mathbf{i} + y'(t_0)\mathbf{j}) \\
&= \nabla f(x_0, y_0) \cdot \mathbf{r}'(t_0) \\
&= 0
\end{aligned}$$

所以，$\nabla f(x_0, y_0)$ 垂直於切向量 $\mathbf{r}'(t_0)$。

又因為 $\mathbf{r}(t)$ 位於曲線 $g(x, y)=0$ 上，可知合成函數 $g(x(t), y(t))$ 為常數函數，所以，

$$D_t g(x(t), y(t))|_{t=t_0} = g_x(x_0, y_0) x'(t_0) + g_y(x_0, y_0) y'(t_0) = 0$$

亦即，
$$\nabla g(x_0, y_0) \cdot \mathbf{r}'(t_0) = 0$$

所以，$\nabla g(x_0, y_0)$ 亦垂直於切向量 $\mathbf{r}'(t_0)$。因此，梯度 $\nabla f(x_0, y_0)$ 與 $\nabla g(x_0, y_0)$ 互相平行，故存在一純量 $\lambda$ 使得

$$\nabla f(x_0, y_0) = \lambda \nabla g(x_0, y_0).$$

### 定理 5-21　三變數的拉格蘭吉定理

設 $f(x, y, z)$ 與 $g(x, y, z)$ 具有連續一階偏導函數且在曲面 $g(x, y, z)=0$ 上一點 $P(x_0, y_0, z_0)$ 具有極值，若 $\nabla g(x_0, y_0, z_0) \neq \mathbf{0}$，則存在一實數 $\lambda$，使得

$$\nabla f(x_0, y_0, z_0) = \lambda \nabla g(x_0, y_0, z_0).$$

## 拉格蘭吉乘數法

令 $f$ 與 $g$ 滿足拉格蘭吉定理的性質，$f$ 具有極小值或極大值且受限制於條件 $g(x, y)=0$ 或 $g(x, y, z)=0$。欲求 $f$ 的極小值或極大值，可利用下面的步驟求之。

**1.** 首先解方程組

$$\begin{cases} f_x(x, y) = \lambda g_x(x, y) \\ f_y(x, y) = \lambda g_y(x, y) \\ g(x, y) = 0 \end{cases} \quad \text{或} \quad \begin{cases} f_x(x, y, z) = \lambda g_x(x, y, z) \\ f_y(x, y, z) = \lambda g_y(x, y, z) \\ f_z(x, y, z) = \lambda g_z(x, y, z) \\ g(x, y, z) = 0 \end{cases}$$

此處 $\lambda$ 稱為**拉格蘭吉乘數**。

**2.** 計算 $f$ 在步驟 1 中所求得每一個點的函數值，最大值則為 $f$ 在限制條件下 $g(x, y)=0$ 或 $g(x, y, z)=0$ 的極大值，而最小值則為 $f$ 在限制條件下 $g(x, y)=0$ 或 $g(x, y, z)$

=0 的極小值.

## 定理 5-22　拉格蘭吉定理 (兩個限制條件)

設 $f(x, y, z)$、$g(x, y, z)$ 與 $h(x, y, z)$ 具有連續一階偏導函數.
若 $f$ 在兩個條件 $g(x, y, z)=0$ 與 $h(x, y, z)=0$ 的限制之下的極大值或極小值發生在一點 $(x, y, z)$，此處梯度 $\nabla g(x, y, z) \neq \mathbf{0}$，$\nabla h(x, y, z) \neq \mathbf{0}$，而且它們不平行，則對某兩常數 $\lambda$ 與 $\mu$，

$$\nabla f(x, y, z)=\lambda \nabla g(x, y, z)+\mu \nabla h(x, y, z)$$

成立.

**例題 3**　**解題指引** ☺　利用定理 5-20

試求在雙曲線 $xy=1$ 上最接近 $(0, 0)$ 之點的坐標.

**解**　令點 $P(x, y)$ 位於雙曲線上，依題意，我們須求原點至雙曲線上一點 $P(x, y)$ 的最短距離 $d=\sqrt{x^2+y^2}$，亦即，求 $d^2=f(x, y)=x^2+y^2$ 受限制於條件 $g(x, y)=xy-1=0$ 的極小值. 我們須解

$$\begin{cases} f_x(x, y)=\lambda g_x(x, y) \\ f_y(x, y)=\lambda g_y(x, y) \\ g(x, y)=0 \end{cases}$$

亦即，解

$$\begin{cases} 2x=\lambda y & \cdots\cdots① \\ 2y=\lambda x & \cdots\cdots② \\ xy-1=0 & \cdots\cdots③ \end{cases}$$

將 ① 式乘以 $x$，而 ② 式乘以 $y$，可得

$$2x^2=\lambda xy=2y^2$$

但由於 $xy=1>0$，故 $x$ 與 $y$ 必為同號. 因此，$x^2=y^2$，解得 $x=y$，代入 $xy$

=1 中，可得 $x=y=1$ 或 $x=y=-1$.

故雙曲線 $xy=1$ 上的兩點 $(1, 1)$ 與 $(-1, -1)$ 皆最接近原點，如圖 5-31 所示．

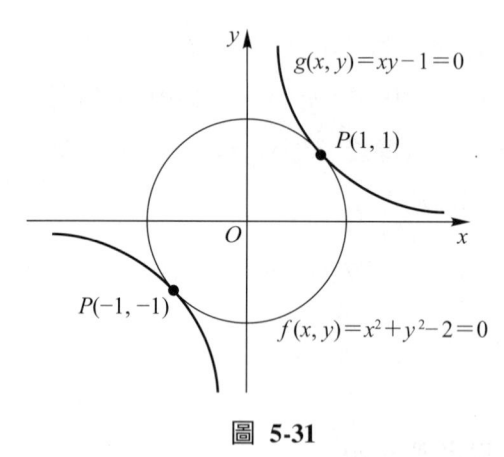

圖 5-31

**例題 4** **解題指引** 利用定理 5-20

求 $f(x, y)=x^2+y^2+4x-4y+3$ 在 $x^2+y^2 \leq 2$ 上的絕對極大值與絕對極小值．

**解** $f_x(x, y)=2x+4$，$f_y(x, y)=2y-4$

令 $f_x(x, y)=0$ 與 $f_y(x, y)=0$，解得 $x=-2$，$y=2$．

但不等式 $x^2+y^2 \leq 2$ 在 $x=-2$，$y=2$ 不能滿足，故點 $(-2, 2)$ 位於函數定義域之外．於是，函數無臨界點，因而極值必發生在定義域的邊界上（即，在曲線 $x^2+y^2=2$ 上）．我們利用拉格蘭吉乘數法且限制條件為

$$g(x, y)=x^2+y^2-2=0$$

所以我們須解

$$\begin{cases} f_x(x, y)=\lambda g_x(x, y) \\ f_y(x, y)=\lambda g_y(x, y) \\ g(x, y)=0 \end{cases}$$

即，解

$$\begin{cases} 2x+4=2\lambda x & \cdots\cdots① \\ 2y-4=2\lambda y & \cdots\cdots② \\ x^2+y^2=2 & \cdots\cdots③ \end{cases}$$

由 ① 式與 ② 式解得 $x=\dfrac{2}{\lambda-1}$，$y=\dfrac{2}{1-\lambda}$，代入 ③ 式中可得

$$\left(\dfrac{2}{\lambda-1}\right)^2+\left(\dfrac{2}{1-\lambda}\right)^2=2$$

解得 $\lambda=-1$ 與 $\lambda=3$.

當 $\lambda=-1$ 時，代入 ① 式及 ② 式，可得 $x=-1$，$y=1$.

當 $\lambda=3$ 時，代入 ① 式及 ② 式，可得 $x=1$，$y=-1$.

$$f(-1,\ 1)=1+1-4-4+3=-3$$
$$f(1,\ -1)=1+1+4+4+3=13$$

所以，$f(1,\ -1)=13$ 為絕對極大值，$f(-1,\ 1)=-3$ 為絕對極小值。

**例題 5** 　**解題指引** ☺ 利用定理 5-22

平面 $x+y+z=12$ 與拋物面 $z=x^2+y^2$ 的交線為一橢圓，求在此橢圓上的最高點與最低點。

**解** 令點 $(x,\ y,\ z)$ 的高度為 $z$，則我們想求 $f(x,\ y,\ z)=z$ 在受限制條件

$$g(x,\ y,\ z)=x+y+z-12=0$$

與
$$h(x,\ y,\ z)=x^2+y^2-z=0$$

之下的極大值與極小值。

利用拉格蘭吉乘數法，我們須解

$$\begin{cases}f_x(x,\ y,\ z)=\lambda g_x(x,\ y,\ z)+\mu h_x(x,\ y,\ z)\\ f_y(x,\ y,\ z)=\lambda g_y(x,\ y,\ z)+\mu h_y(x,\ y,\ z)\\ f_z(x,\ y,\ z)=\lambda g_z(x,\ y,\ z)+\mu h_z(x,\ y,\ z)\\ g(x,\ y,\ z)=0\\ h(x,\ y,\ z)=0\end{cases}$$

亦即，解

$$\begin{cases} 0 = \lambda + 2\mu x & \text{①} \\ 0 = \lambda + 2\mu y & \text{②} \\ 1 = \lambda - \mu & \text{③} \\ x + y + z - 12 = 0 & \text{④} \\ x^2 + y^2 - z = 0 & \text{⑤} \end{cases}$$

若 $\mu = 0$，則 ① 式蘊涵 $\lambda = 0$，此與 ③ 式矛盾．因此，$\mu \neq 0$，由 ① 與 ② 可得

$$2\mu x = -\lambda = 2\mu y$$

蘊涵 $x = y$，代入 ⑤ 式中可得 $2x^2 = z$，所以 ④ 式變成

$$x + x + 2x^2 - 12 = 0$$

即，

$$2x^2 + 2x - 12 = 0$$
$$x^2 + x - 6 = 0$$
$$(x+3)(x-2) = 0$$

於是，解得 $x = -3$ 與 $x = 2$．因 $y = x$ 與 $z = 2x^2$，故求得橢圓上的對應點為 $P_1(2, 2, 8)$ 與 $P_2(-3, -3, 18)$．$P_1$ 顯然為橢圓上的最低點，$P_2$ 顯然為橢圓上的最高點．

## 習題 5-9

1. 求函數 $f(x, y) = 2x^2 + y^2$ 在限制條件 $g(x, y) = x + y - 1 = 0$ 之下的相對極小值．

2. 求函數 $f(x, y) = 200x^{3/4}y^{1/4}$ 在限制條件 $250x + 400y = 120{,}000$ 之下的相對極大值．

3. 求函數 $f(x, y) = 4xy$ $(x > 0, y > 0)$ 在限制條件 $\dfrac{x^2}{9} + \dfrac{y^2}{16} = 1$ 之下的相對極大值．

4. 求函數 $f(x, y, z) = xyz$ $(x \geq 0, y \geq 0, z \geq 0)$ 的極大值，其中 $x$、$y$ 與 $z$ 皆滿足

$x^3+y^3+z^3=1$.

5. 求 $f(x, y, z)=3x+2y+z+5$ 在限制條件 $9x^2+4y^2-z=0$ 之下的極小值.

6. 求 $f(x, y, z)=2xy+6yz+8xz$ 在限制條件 $xyz=12,000$ 之下的極小值.

7. 有一矩形體盒子位於 $xy$-平面上，其中三個頂點分別位於 $x$-軸、$y$-軸與 $z$-軸的正方向上，第四個頂點位於平面 $6x+4y+3z=24$ 上，求該矩形體盒子的最大體積.

8. 求內接於橢球 $\dfrac{x^2}{a^2}+\dfrac{y^2}{b^2}+\dfrac{z^2}{c^2}=1$ 之最大矩形體的體積.

9. 若 $f(x, y, z)=4x^2+y^2+5z^2$，求平面 $2x+3y+4z=12$ 上一點使 $f(x, y, z)$ 在該點有極小值.

10. 求在球面 $x^2+y^2+z^2=4$ 上離點 $(2, 2, 2)$ 最近的點。

11. 求 $f(x, y, z)=x^2+2y^2+3z^2$ 在限制條件 $x+y+z=1$ 與 $x-y+2z=2$ 之下的極值.

12. 欲製造能裝 $108$ 立方米液體之無蓋矩形體水箱，試問可使表面積材料最省的長、寬、高各多少米？

13. 求在圓錐面 $z^2=x^2+y^2$ 與平面 $z=x+y+1$ 所圍成的體積中離原點最近與最遠的點.

# 6

# 多重積分

## 本章學習目標

- 瞭解二重積分的意義與其計算的方法
- 瞭解二重積分之幾何意義以及利用二重積分求三維空間立體的體積
- 能夠利用極坐標計算二重積分
- 能夠利用二重積分計算曲面之面積
- 瞭解三重積分的意義與其計算的方法
- 能夠利用柱面坐標與球面坐標計算三重積分
- 能夠利用重積分求薄片的質心,以及立體的形心
- 瞭解重積分的變數變換

## 6-1 二重積分

我們可將單變數函數的定積分觀念推廣到二個或更多個變數的積分，其觀念可用來計算體積、曲面面積、質量、形心、… 等等. 二變數函數的積分是在 $xy$-平面上的某區域 $R$ 進行，這樣的積分稱為二重積分. 往後，我們假設所涉及到的平面區域為包含整個邊界 (此為封閉曲線) 的有界區域.

今考慮用一組水平及與垂直的直線，將 $xy$-平面上的一區域 $R$ 任意分割成許多小區域，如圖 6-1 所示，並令那些完全落在 $R$ 內部的小矩形區域，分別標以 $R_1$, $R_2$, $R_3$, …, $R_n$，如圖 6-1 所示的陰影部分，則則我稱集合 $P=\{R_i\,|\,i=1,\,2,\,3,\,\cdots,\,n\}$ 為 $R$ 的**內分割**. $R_i$ 之對角線的最大長度記為 $\|P\|$，稱為分割 $P$ 的**範數**，符號 $\Delta A_i$ 用來表示 $R_i$ 的面積.

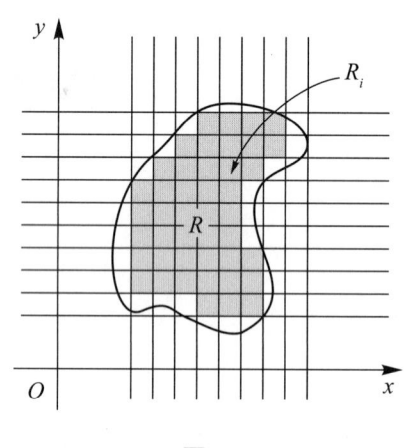

圖 6-1

### 定義 6-1

令 $f$ 為定義在區域 $R$ 的二變數函數，且 $P=\{R_i\,|\,i=1,\,2,\,3,\,\cdots,\,n\}$ 為 $R$ 的一內分割，若 $(x_i^*,\,y_i^*)$ 為 $R_i$ 中的任一點，則 $\sum_{i=1}^{n} f(x_i^*,\,y_i^*)\,\Delta A_i$ 稱為 $f$ 對內分割 $P$ 的黎曼和.

讀者應注意，二變數函數的黎曼和為：在 $R$ 之內分割中的第 $i$ 個小矩形區域內之一有序數對 $(x_i^*,\,y_i^*)$ 上計算二變數函數 $f(x,\,y)$ 的值，再以該小矩形區域的面積 $\Delta A_i$ 乘以此數，而後將每一項 $f(x_i^*,\,y_i^*)\,\Delta A_i$ 相加.

## 定義 6-2

令 $f$ 為定義在區域 $R$ 的二變數函數，若 $\lim\limits_{\|P\|\to 0}\sum\limits_{i=1}^{n}f(x_i^*,\ y_i^*)\Delta A_i$ 存在，則稱此極限為 $f$ 在 $R$ 的**二重積分**，記成

$$\iint_R f(x,\ y)\,dA$$

定義為
$$\iint_R f(x,\ y)\,dA = \lim_{\|P\|\to 0}\sum_{i=1}^{n}f(x_i^*,\ y_i^*)\Delta A_i.$$

若定義 6-2 的極限存在，則稱 $f$ 在區域 $R$ 為**可積分**. 此外，若 $f$ 在 $R$ 為連續，則 $f$ 在 $R$ 為可積分.

## 定理 6-1

若二變數函數 $f$ 與 $g$ 在區域 $R$ 皆為連續，則

(1) $\iint_R cf(x,\ y)\,dA = c\iint_R f(x,\ y)\,dA$，此處 $c$ 為常數.

(2) $\iint_R [f(x,\ y)\pm g(x,\ y)]\,dA = \iint_R f(x,\ y)\,dA \pm \iint_R g(x,\ y)\,dA.$

(3) 若對整個 $R$ 皆有 $f(x,\ y)\geq 0$，則 $\iint_R f(x,\ y)\,dA \geq 0.$

(4) 若對整個 $R$ 皆有 $f(x,\ y)\geq g(x,\ y)$，則

$$\iint_R f(x,\ y)\,dA \geq \iint_R g(x,\ y)\,dA.$$

(5) $\iint_R f(x,\ y)\,dA = \iint_{R_1} f(x,\ y)\,dA + \iint_{R_2} f(x,\ y)\,dA$

此處 $R$ 為二個不重疊子區域 $R_1$ 與 $R_2$ 的聯集.

### 例題 1　解題指引 ☺ 利用黎曼和

令 $R$ 是由頂點為 $(0, 0)$、$(4, 0)$、$(0, 8)$ 與 $(4, 8)$ 之矩形所圍成的區域，且 $P$ 為 $R$ 的內分割，其由具有 $x$-截距為 $0$、$2$、$4$ 的垂直線與具有 $y$-截距為 $0$、$2$、$4$、$6$、$8$ 的水平線所決定．若取 $(x_i^*, y_i^*)$ 為 $R_i$ 的中心點，求 $f(x, y) = x^2 - 3y$ 在區域 $R$ 之二重積分的近似值．

**解**　區域 $R$ 如圖 6-2 所示．

$R_i$ 的中心點坐標與函數在中心點的函數值分別為：

$(x_1^*, y_1^*) = (1, 1)$,　　$f(x_1^*, y_1^*) = -2$

$(x_2^*, y_2^*) = (1, 3)$,　　$f(x_2^*, y_2^*) = -8$

$(x_3^*, y_3^*) = (1, 5)$,　　$f(x_3^*, y_3^*) = -14$

$(x_4^*, y_4^*) = (1, 7)$,　　$f(x_4^*, y_4^*) = -20$

$(x_5^*, y_5^*) = (3, 1)$,　　$f(x_5^*, y_5^*) = 6$

$(x_6^*, y_6^*) = (3, 3)$,　　$f(x_6^*, y_6^*) = 0$

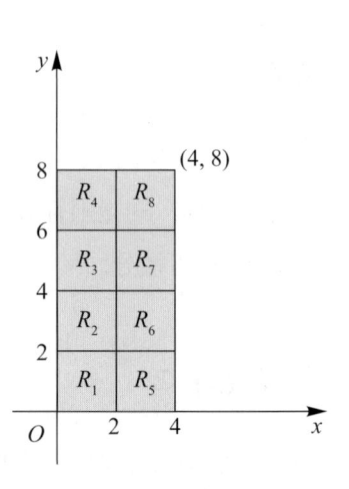

$(x_7^*, y_7^*) = (3, 5)$,　　$f(x_7^*, y_7^*) = -6$

$(x_8^*, y_8^*) = (3, 7)$,　　$f(x_8^*, y_8^*) = -12$

**圖 6-2**

則

$$\iint_R f(x, y)\, dA \approx \sum_{i=1}^{8} f(x_i^*, y_i^*)\, \Delta A_i$$

因每一個小正方形的面積為 $\Delta A_i = 4$，$i = 1, 2, 3, \cdots, 8$，故

$$\sum_{i=1}^{8} f(x_i^*, y_i^*)\, \Delta A_i = 4 \sum_{i=1}^{8} f(x_i^*, y_i^*)$$
$$= 4(-2 - 8 - 14 - 20 + 6 + 0 - 6 - 12)$$
$$= -224$$

所以，$\displaystyle\iint_R f(x, y)\, dA \approx -224$．

在整個區域 $R$ 中，若 $f(x, y) \geq 0$，如圖 6-3 所示，則直立矩形柱體的體積 $\Delta V_i$

**圖 6-3**

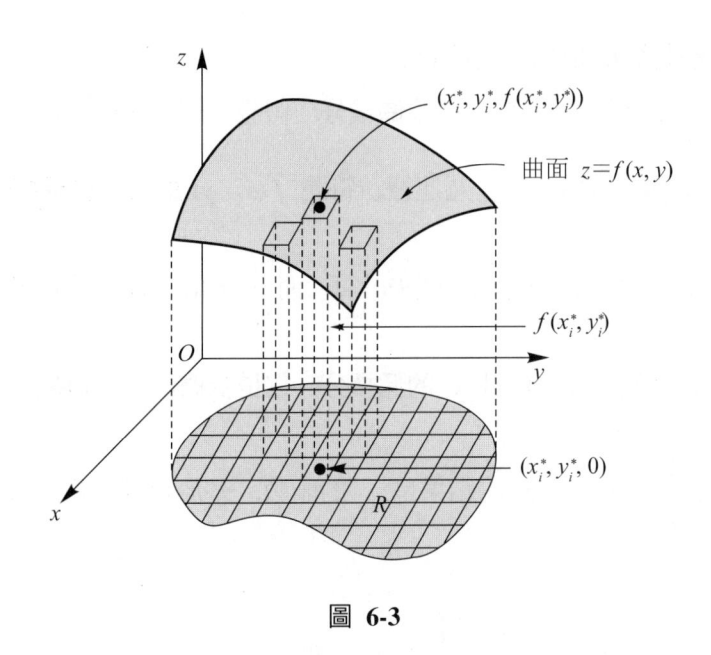

為 $f(x_i^*, y_i^*)\Delta A_i$，故所有直立矩形柱體體積的和 $\sum_{i=1}^{n} f(x_i^*, y_i^*)\Delta A_i$ 為介於平面區域 $R$ 與曲面 $z=f(x, y)$ 之間的立體體積 $V$ 的近似值．當 $\|P\|\to 0$ 時，若黎曼和的極限存在，則其代表立體的體積，即，

$$V = \iint_R f(x, y)\, dA.$$

在整個區域 $R$ 中，若 $f(x, y)=1$，則

$$\iint_R 1\, dA = \iint_R dA$$

代表在區域 $R$ 上方且具有一定高度 1 之立體的體積．在數值上，此與區域 $R$ 的面積相同．於是，

$$R \text{ 的面積} = \iint_R dA.$$

除了在非常簡單的情形之外，事實上，我們不可能由定義 6-2 去求二重積分的值．在本節裡，我們將討論如何使用微積分基本定理去計算二重積分．

首先，我們僅討論 $R$ 是矩形區域的情形.

針對偏微分的逆過程，我們可以定義偏積分. 假設二變數函數 $f(x, y)$ 在矩形區域 $R=\{(x, y) | a \leq x \leq b, c \leq y \leq d\}$ 為連續. 符號 $f(x, y)$ 對 $y$ 的偏積分 $\int_c^d f(x, y)\,dy$ 是依據使 $x$ 保持固定並對 $y$ 積分的方式去計算，而 $\int_c^d f(x, y)\,dy$ 的結果是 $x$ 的函數. 同理，$\int_a^b f(x, y)\,dx$ 是 $f(x, y)$ 對 $x$ 的偏積分，它是依據使 $y$ 保持固定並對 $x$ 積分的方式去計算，而 $\int_a^b f(x, y)\,dx$ 的結果是 $y$ 的函數. 基於這種情形，我們可以考慮下列的計算類型：

$$\int_a^b \left[ \int_c^d f(x, y)\,dy \right] dx$$

$$\int_c^d \left[ \int_a^b f(x, y)\,dx \right] dy$$

在第一個式子中，內積分 $\int_c^d f(x, y)\,dy$ 產生 $x$ 的函數，然後在區間 $[a, b]$ 被積分；在第二個式子中，內積分 $\int_a^b f(x, y)\,dx$ 產生 $y$ 的函數，然後在區間 $[c, d]$ 被積分. 這兩個式子皆稱為**疊積分** (或累次積分)，通常省略方括號而寫成

$$\int_a^b \int_c^d f(x, y)\,dy\,dx = \int_a^b \left[ \int_c^d f(x, y)\,dy \right] dx \tag{6-1}$$

$$\int_c^d \int_a^b f(x, y)\,dx\,dy = \int_c^d \left[ \int_a^b f(x, y)\,dx \right] dy. \tag{6-2}$$

**例題 2** 解題指引 ☺ 利用 (6-1) 及 (6-2) 式

計算 (1) $\int_0^{\pi/2} \int_0^{\pi/2} \sin(x+y)\,dy\,dx$  (2) $\int_1^2 \int_0^1 \dfrac{1}{(x+y)^2}\,dx\,dy$.

**解** (1) $\displaystyle\int_0^{\pi/2}\int_0^{\pi/2}\sin(x+y)\,dy\,dx = -\int_0^{\pi/2}\cos(x+y)\Big|_0^{\pi/2}dx$

$\displaystyle = \int_0^{\pi/2}\left[\cos x - \cos\left(x+\frac{\pi}{2}\right)\right]dx = \int_0^{\pi/2}(\cos x + \sin x)\,dx$

$\displaystyle = (\sin x - \cos x)\Big|_0^{\pi/2} = (1-0)-(0-1) = 2$

(2) $\displaystyle\int_1^2\int_0^1 \frac{1}{(x+y)^2}\,dx\,dy = \int_1^2\left(-\frac{1}{x+y}\right)\Big|_0^1 dy = \int_1^2\left(\frac{1}{y}-\frac{1}{1+y}\right)dy$

$\displaystyle = (\ln|y|-\ln|1+y|)\Big|_1^2 = \ln 2 - \ln 3 + \ln 2$

$\displaystyle = \ln\frac{4}{3}.$

**例題 3**　**解題指引** ☺ **分離變數**

(1) 試證：若 $f(x, y) = g(x)h(y)$ 且 $g$ 與 $h$ 皆為連續函數，則

$$\int_a^b\int_c^d f(x, y)\,dy\,dx = \left(\int_a^b g(x)\,dx\right)\left(\int_c^d h(y)\,dy\right).$$

(2) 利用 (1) 的結果計算 $\displaystyle\int_0^1\int_0^1 xye^{x^2+y^2}\,dy\,dx.$

**解** (1) $\displaystyle\int_a^b\int_c^d f(x, y)\,dy\,dx = \int_a^b\int_c^d g(x)h(y)\,dy\,dx = \int_a^b g(x)\left[\int_c^d h(y)\,dy\right]dx$

$\displaystyle = \left(\int_c^d h(y)\,dy\right)\left(\int_a^b g(x)\,dx\right)$

$\displaystyle = \left(\int_a^b g(x)\,dx\right)\left(\int_c^d h(y)\,dy\right)$

(2) $\displaystyle\int_0^1\int_0^1 xye^{x^2+y^2}\,dy\,dx = \int_0^1\int_0^1 xe^{x^2}\cdot ye^{y^2}\,dy\,dx = \left(\int_0^1 xe^{x^2}\,dx\right)\left(\int_0^1 ye^{y^2}\,dy\right)$

$$=\left(\int_0^1 xe^{x^2}\,dx\right)^2=\left(\frac{1}{2}e^{x^2}\bigg|_0^1\right)^2$$

$$=\frac{1}{4}(e-1)^2.$$

### 定理 6-2　富比尼定理

若函數 $f$ 在矩形區域 $R=\{(x,\,y)\,|\,a\le x\le b,\ c\le y\le d\}$ 為連續，則

$$\iint_R f(x,\,y)\,dA=\int_c^d\int_a^b f(x,\,y)\,dx\,dy=\int_a^b\int_c^d f(x,\,y)\,dy\,dx.$$

有關富比尼定理的證明超出本教科書的範圍，我們現在以體積的觀念來說明此定理是成立的. 若 $f(x,\,y)\ge 0$ 對所有 $(x,\,y)\in R$ 皆成立，則二重積分代表體積，故

$$V=\iint_R f(x,\,y)\,dA \tag{6-3}$$

利用平行於 $xz$-平面的平面將此立體截成薄片，此薄片的表面積為

$$A(y)=\int_a^b f(x,\,y)\,dx \tag{6-4}$$

如圖 6-4 所示. 但此立體的體積為

$$V=\int_c^d A(y)\,dy \tag{6-5}$$

將 (6-4) 式代入 (6-5) 式中，可得

$$V=\int_c^d A(y)\,dy=\int_c^d\left[\int_a^b f(x,\,y)\,dx\right]dy \tag{6-6}$$

當 (6-3) 式與 (6-6) 式同表 $V$ 時，我們得到

$$\iint_R f(x,\,y)\,dA=\int_c^d\int_a^b f(x,\,y)\,dx\,dy \tag{6-7}$$

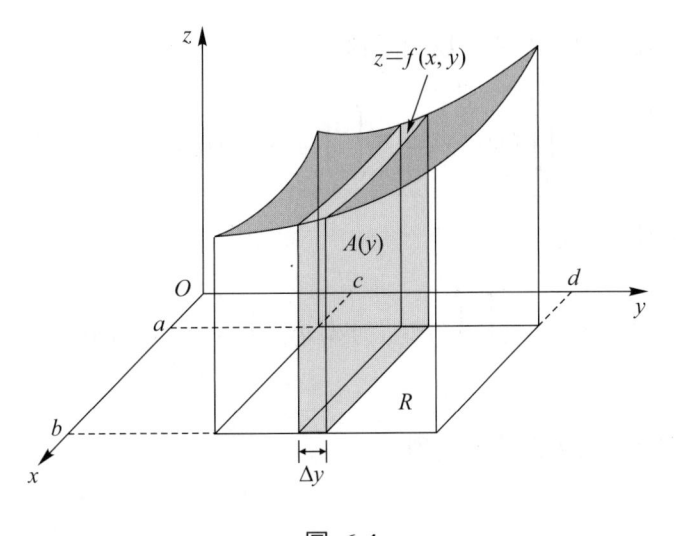

圖 6-4

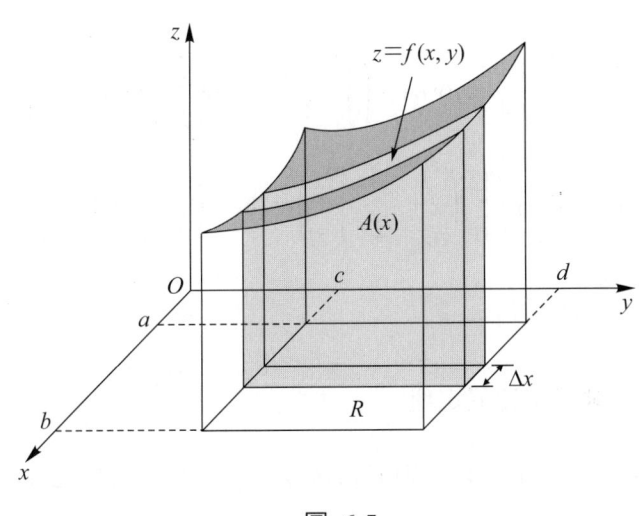

圖 6-5

倘若我們利用平行於 yz-平面的平面將此立體截成很多薄片，則在 x 處之薄片的面積為

$$A(x) = \int_c^d f(x,\ y)\, dy \tag{6-8}$$

如圖 6-5 所示．故此立體的體積為

$$V = \int_a^b A(x)\, dx = \int_a^b \left[\int_c^d f(x,\ y)\, dy\right] dx = \int_a^b \int_c^d f(x,\ y)\, dy\, dx \tag{6-9}$$

當 (6-3) 式與 (6-9) 式同表 $V$ 時，我們得到

$$\iint_R f(x,\ y)\,dA = \int_a^b \int_c^d f(x,\ y)\,dy\,dx \tag{6-10}$$

故由 (6-7) 式與 (6-10) 式知，

$$\iint_R f(x,\ y)\,dA = \int_c^d \int_a^b f(x,\ y)\,dx\,dy = \int_a^b \int_c^d f(x,\ y)\,dy\,dx.$$

**例題 4**　**解題指引** ☺ 利用富比尼定理

求 $\iint_R \dfrac{1+x}{1+y}\,dA$，其中 $R = \{(x,\ y)\,|\,-1 \le x \le 2,\ 0 \le y \le 1\}$.

**解**
$$\iint_R \dfrac{1+x}{1+y}\,dA = \int_{-1}^2 \int_0^1 \dfrac{1+x}{1+y}\,dy\,dx = \left(\int_0^1 \dfrac{1}{1+y}\,dy\right)\left(\int_{-1}^2 (1+x)\,dx\right)$$

$$= \left(\ln|1+y|\,\Big|_0^1\right)\left(x + \dfrac{x^2}{2}\,\Big|_{-1}^2\right) = (\ln 2)\left(2 + 2 + 1 - \dfrac{1}{2}\right)$$

$$= \dfrac{9}{2}\ln 2.$$

**例題 5**　**解題指引** ☺ 利用富比尼定理

求在平面 $z = 4 - x - y$ 下方且在矩形區域 $R = \{(x,\ y)\,|\,0 \le x \le 1,\ 0 \le y \le 2\}$ 上方之立體的體積.

**解**　體積 $V = \iint_R z\,dA = \int_0^2 \int_0^1 (4 - x - y)\,dx\,dy = \int_0^2 \left(4x - \dfrac{x^2}{2} - xy\right)\Big|_0^1 dy$

$$= \int_0^2 \left(\dfrac{7}{2} - y\right)dy = \left(\dfrac{7}{2}y - \dfrac{y^2}{2}\right)\Big|_0^2 = 5.$$

到目前為止，我們僅說明如何計算在矩形區域上的疊積分．現在，我們將計算推廣至在非矩形區域上的疊積分：

$$\int_a^b \int_{g_1(x)}^{g_2(x)} f(x, y) \, dy \, dx = \int_a^b \left[ \int_{g_1(x)}^{g_2(x)} f(x, y) \, dy \right] dx$$

$$\int_c^d \int_{h_1(y)}^{h_2(y)} f(x, y) \, dx \, dy = \int_c^d \left[ \int_{h_1(y)}^{h_2(y)} f(x, y) \, dx \right] dy.$$

**例題 6** 解題指引 ☺ 計算疊積分

計算 $\int_1^5 \int_0^x \dfrac{3}{x^2+y^2} \, dy \, dx$.

**解**
$$\int_1^5 \int_0^x \frac{3}{x^2+y^2} \, dy \, dx = \int_1^5 \frac{3}{x} \tan^{-1} \frac{y}{x} \bigg|_0^x dx = \int_1^5 \frac{3\pi}{4x} \, dx = \frac{3\pi}{4} \ln |x| \bigg|_1^5$$

$$= \frac{3\pi}{4} \ln 5.$$

**例題 7** 解題指引 ☺ 計算疊積分

計算 $\int_0^\pi \int_0^{\cos y} x \sin y \, dx \, dy$.

**解**
$$\int_0^\pi \int_0^{\cos y} x \sin y \, dx \, dy = \int_0^\pi \frac{1}{2} x^2 \sin y \bigg|_0^{\cos y} dy = \frac{1}{2} \int_0^\pi \cos^2 y \sin y \, dy$$

$$= -\frac{1}{2} \int_0^\pi \cos^2 y \, d(\cos y) = -\frac{1}{6} \cos^3 y \bigg|_0^\pi$$

$$= \frac{1}{3}.$$

我們想直接由定義 6-2 計算二重積分的值，並非一件容易的事．現在，我們將討論如何利用疊積分計算二重積分的值．在討論疊積分與二重積分的關係之前，我們先討論如圖 6-6 所示之 $xy$-平面上的各型區域．若區域 $R$ 為

$$R = \{(x, y) \mid a \le x \le b, \ g_1(x) \le y \le g_2(x)\}$$

其中函數 $g_1(x)$ 與 $g_2(x)$ 皆為連續函數，則我們稱它為**第 I 型區域**．又若 $R = \{(x, y)$

(i) 第 I 型區域　　　　　　　　　　　　(ii) 第 II 型區域

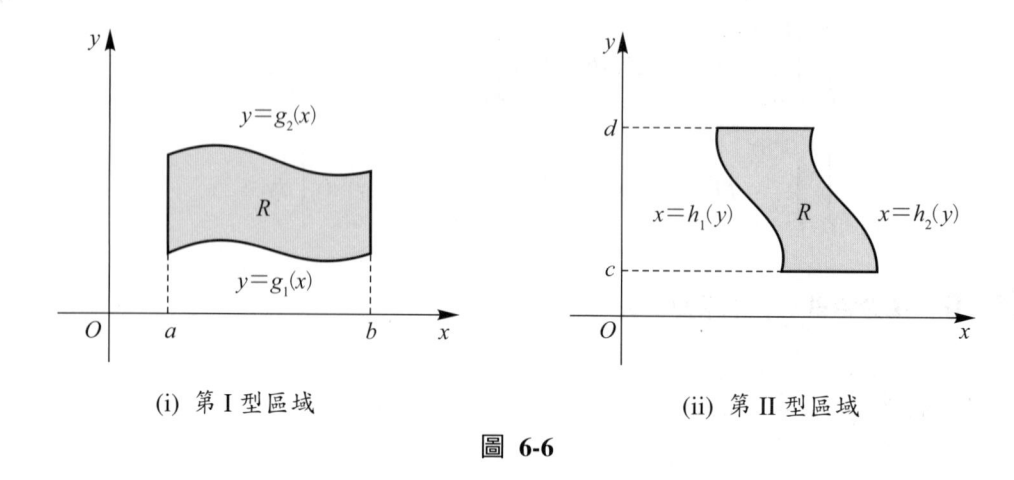

圖 6-6

$| h_1(y) \leq x \leq h_2(y),\ c \leq y \leq d \}$，其中 $h_1(y)$ 與 $h_2(y)$ 皆為連續函數，則稱它為**第 II 型區域**.

下面定理使我們能夠利用疊積分計算在第 I 型與第 II 型區域上的二重積分.

## 定理 6-3

假設 $f$ 在區域 $R$ 為連續，若 $R$ 為第 I 型區域，則

$$\iint_R f(x,\ y)\,dA = \int_a^b \int_{g_1(x)}^{g_2(x)} f(x,\ y)\,dy\,dx$$

若 $R$ 為第 II 型區域，則

$$\iint_R f(x,\ y)\,dA = \int_c^d \int_{h_1(y)}^{h_2(y)} f(x,\ y)\,dx\,dy.$$

欲應用定理 6-3，通常從區域 $R$ 的平面圖形開始 (不需要作 $f(x,\ y)$ 的圖形). 對第 I 型區域，我們可以求得公式

$$\iint_R f(x,\ y)\,dA = \int_a^b \int_{g_1(x)}^{g_2(x)} f(x,\ y)\,dy\,dx$$

中的積分界限如下：

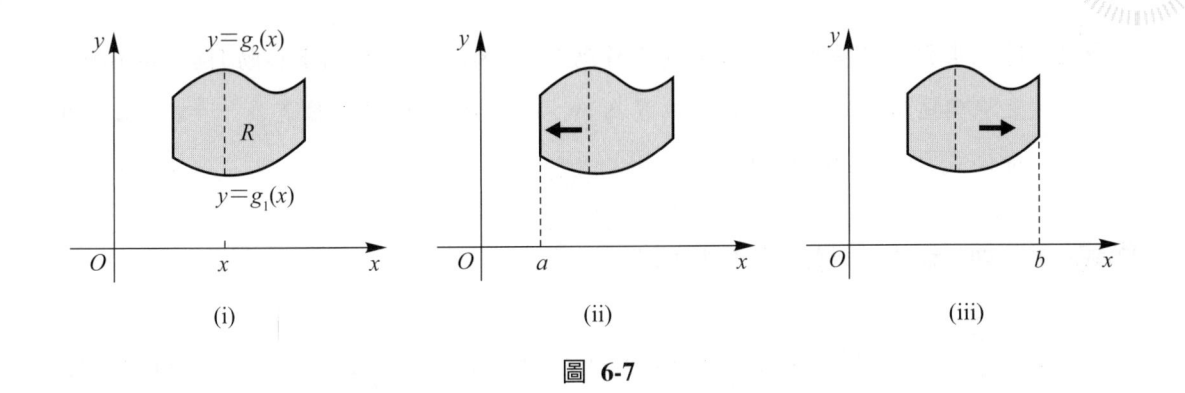

圖 6-7

**步驟 1**：我們在任一點 $x$ 畫出穿過區域 $R$ 的一條垂直線 [圖 6-7(i)]，此直線交 $R$ 的邊界兩次，最低交點在曲線 $y=g_1(x)$ 上，而最高交點在曲線 $y=g_2(x)$ 上，這些交點決定了公式中 $y$ 的積分界限.

**步驟 2**：將在步驟 1 所畫出的直線先向左移動 [圖 6-7(ii)]，然後向右移動 [圖 6-7(iii)]，直線與區域 $R$ 相交的最左邊位置為 $x=a$，而相交的最右邊位置為 $x=b$，由此可得公式中 $x$ 的積分界限.

若 $R$ 為第 II 型區域，則求得公式

$$\iint_R f(x, y)\, dA = \int_c^d \int_{h_1(y)}^{h_2(y)} f(x, y)\, dx\, dy$$

中的積分界限如下：

**步驟 1**：我們在任一點 $y$ 畫出穿過區域 $R$ 的一條水平線 [圖 6-8(i)]，此直線交 $R$ 的邊界兩次，最左邊的交點在曲線 $x=h_1(y)$ 上，而最右邊的交點在曲線 $x=h_2(y)$ 上，這些交點決定了公式中 $x$ 的積分界限.

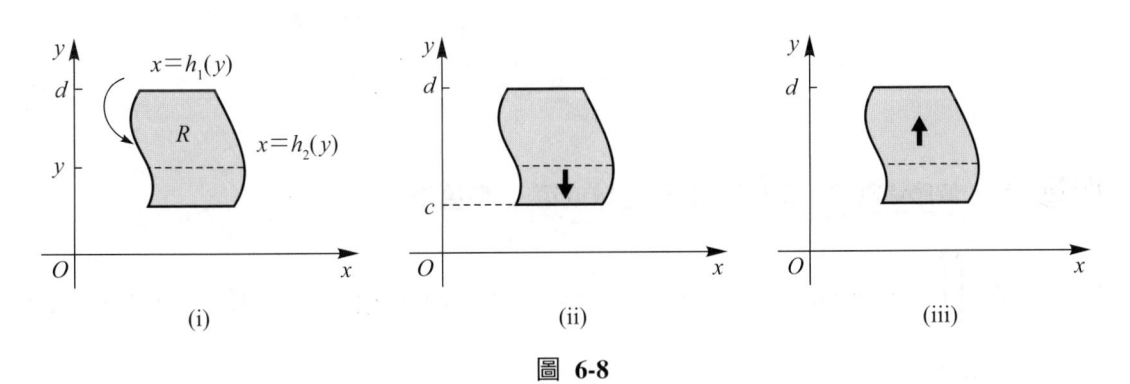

圖 6-8

**步驟 2**：將在步驟 1 所畫出的直線先向下移動 [圖 6-8(ii)]，然後向上移動 [圖 6-8(iii)]，直線與區域 $R$ 相交的最低位置為 $y=c$，而相交的最高位置為 $y=d$，由此可得公式中 $y$ 的積分界限。

**例題 8** 解題指引 ☺ 採用第 I 型區域

求 $\iint_R xy\,dA$，其中 $R$ 是由曲線 $y=\sqrt{x}$ 與直線 $y=\dfrac{x}{2}$、$x=1$、$x=4$ 所圍成的區域。

**解** 如圖 6-9 所示，$R$ 為第 I 型區域。於是，

$$\iint_R xy\,dA = \int_1^4 \int_{x/2}^{\sqrt{x}} xy\,dy\,dx = \int_1^4 \left. \frac{1}{2}xy^2 \right|_{x/2}^{\sqrt{x}} dx$$

$$= \int_1^4 \left( \frac{x^2}{2} - \frac{x^3}{8} \right) dx = \left. \left( \frac{x^3}{6} - \frac{x^4}{32} \right) \right|_1^4$$

$$= \frac{32}{3} - 8 - \left( \frac{1}{6} - \frac{1}{32} \right) = \frac{81}{32}.$$

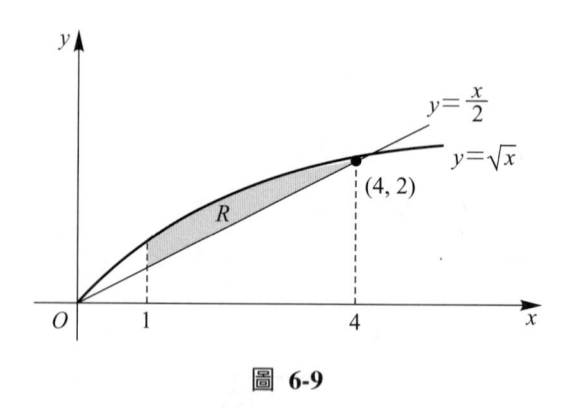

圖 6-9

**例題 9** 解題指引 ☺ 採用第 II 型區域或第 I 型區域

求 $\iint_R (2x-y^2)\,dA$，其中 $R$ 是由直線 $y=-x+1$、$y=x+1$ 與 $y=3$ 所圍成的三角形區域。

第六章 多重積分

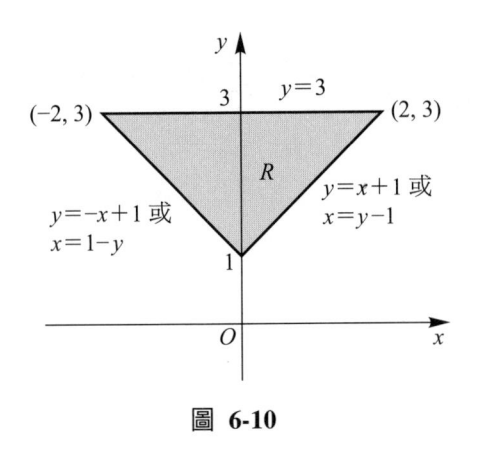

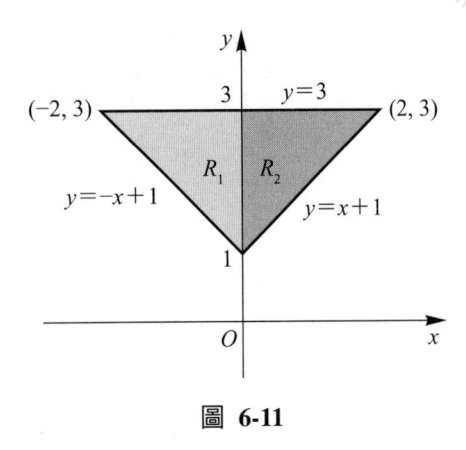

圖 6-10 (左圖): 倒三角形區域 $R$，頂點 $(-2,3)$、$(2,3)$、$(0,1)$，左邊 $y=-x+1$ 或 $x=1-y$，右邊 $y=x+1$ 或 $x=y-1$，上邊 $y=3$。

圖 6-11 (右圖): 同一區域分割為 $R_1$ 與 $R_2$ 兩個第 I 型區域。

**解** 方法 1：視 $R$ 為第 II 型區域，如圖 6-10 所示.

$$\iint_R (2x-y^2)\, dA = \int_1^3 \int_{1-y}^{y-1} (2x-y^2)\, dx\, dy = \int_1^3 (x^2-y^2 x)\Big|_{1-y}^{y-1} dy$$

$$= \int_1^3 [(1-2y+2y^2-y^3)-(1-2y+y^3)]\, dy$$

$$= \int_1^3 (2y^2-2y^3)\, dy = \left(\frac{2y^3}{3}-\frac{y^4}{2}\right)\Big|_1^3$$

$$= -\frac{68}{3}.$$

方法 2：我們亦可將 $R$ 視為兩個第 I 型區域 $R_1$ 與 $R_2$ 的聯集，如圖 6-11 所示.

$$\iint_R (2x-y^2)\, dA = \iint_{R_1}(2x-y^2)\, dA + \iint_{R_2}(2x-y^2)\, dA$$

$$= \int_{-2}^0 \int_{-x+1}^3 (2x-y^2)\, dy\, dx + \int_0^2 \int_{x+1}^3 (2x-y^2)\, dy\, dx$$

$$= \int_{-2}^0 \left(2xy-\frac{y^3}{3}\right)\Big|_{-x+1}^3 dx + \int_0^2 \left(2xy-\frac{y^3}{3}\right)\Big|_{x+1}^3 dx$$

$$= \int_{-2}^0 \left[2x^2+4x-9+\frac{(1-x)^3}{3}\right] dx + \int_0^2 \left[\frac{(x+1)^3}{3}-2x^2+4x-9\right] dx$$

$$= \left[\frac{2}{3}x^3+2x^2-9x-\frac{(1-x)^4}{12}\right]\Big|_{-2}^{0} + \left[\frac{(x+1)^4}{12}-\frac{2}{3}x^3+2x^2-9x\right]\Big|_{0}^{2}$$

$$= -\frac{68}{3}.$$

**例題 10** 解題指引 ☺ 分區積分

設 $R=\{(x, y) \mid |x|+|y| \le 1\}$，求 $\iint\limits_R e^{x+y}\,dA$.

**解** 區域 $R$ 如圖 6-12 所示.

$$\iint\limits_R e^{x+y}\,dA = \int_{-1}^{0}\int_{-x-1}^{x+1} e^x e^y\,dy\,dx + \int_{0}^{1}\int_{x-1}^{-x+1} e^x e^y\,dy\,dx$$

$$= \int_{-1}^{0} e^x \left(e^y \Big|_{-x-1}^{x+1}\right) dx + \int_{0}^{1} e^x \left(e^y \Big|_{x-1}^{-x+1}\right) dx$$

$$= \int_{-1}^{0} e^x (e^{x+1} - e^{-x-1})\,dx + \int_{0}^{1} e^x (e^{-x+1} - e^{x-1})\,dx$$

$$= \int_{-1}^{0} (e \cdot e^{2x} - e^{-1})\,dx + \int_{0}^{1} (e - e^{2x} \cdot e^{-1})\,dx$$

$$= \left(\frac{1}{2} e \cdot e^{2x} - e^{-1} x\right)\Big|_{-1}^{0} + \left(ex - \frac{1}{2} e^{2x} \cdot e^{-1}\right)\Big|_{0}^{1}$$

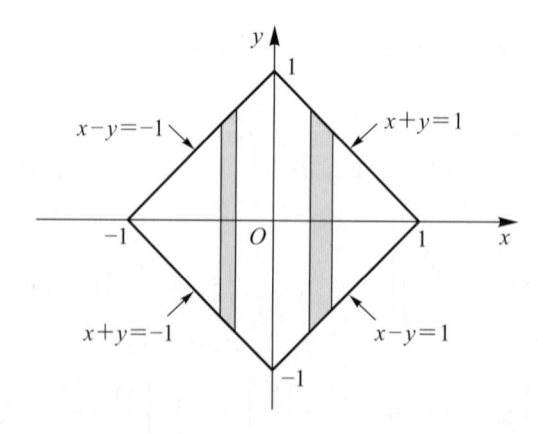

圖 6-12

$$= \frac{1}{2}e - \frac{1}{2}e^{-1} - e^{-1} + \left(e - \frac{1}{2}e + \frac{1}{2}e^{-1}\right)$$

$$= e - \frac{1}{e}.$$

雖然二重積分可利用定理 6-3 來計算，選擇 $dy\,dx$ 或 $dx\,dy$ 的積分順序往往與 $f(x, y)$ 的形式及區域 $R$ 有關；有時，所給予二重積分的計算非常地困難，或甚至不可能求解．然而，若變換 $dy\,dx$ 或 $dx\,dy$ 的積分順序，或許可能求得易於計算之等值的二重積分．

**例題 11** 解題指引 ☺ 顛倒積分的順序

計算 $\displaystyle\int_0^1 \int_{2x}^2 e^{y^2}\,dy\,dx.$

**解** 因所予的積分順序為 $dy\,dx$，故區域 $R$ 為第 I 型區域：$y = 2x$ 至 $y = 2$；$x = 0$ 至 $x = 1$. 今變換積分順序為 $dx\,dy$，則 $x$ 自 $0$ 至 $\dfrac{y}{2}$，$y$ 自 $0$ 至 $2$，如圖 6-13 所示．所以，

$$\int_0^1 \int_{2x}^2 e^{y^2}\,dy\,dx = \int_0^2 \int_0^{y/2} e^{y^2}\,dx\,dy = \int_0^2 xe^{y^2}\Big|_0^{y/2}\,dy$$

$$= \int_0^2 \frac{1}{2} y e^{y^2}\,dy = \frac{1}{4} \int_0^2 e^{y^2}\,d(y^2)$$

$$= \frac{1}{4} e^{y^2}\Big|_0^2 = \frac{1}{4}(e^4 - 1).$$

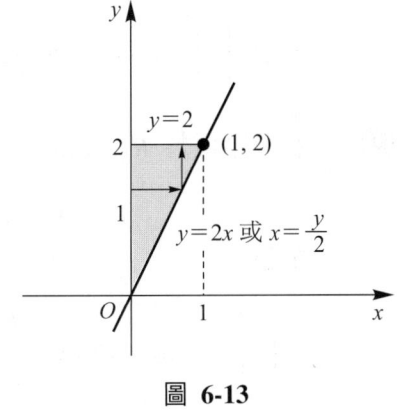

圖 6-13

**例題 12** 解題指引 ☺ 顛倒積分的順序

計算 $\displaystyle\int_0^{2\sqrt{\ln 3}} \int_{\frac{y}{2}}^{\sqrt{\ln 3}} e^{x^2}\,dx\,dy.$

**解** 因所予的積分順序為 $dx\,dy$，故視區域 $R$ 為第 II 型區域：$x=\dfrac{y}{2}$ 至 $x=\sqrt{\ln 3}$，$y=0$ 至 $y=2\sqrt{\ln 3}$.

今變換積分順序為 $dy\,dx$，則 $y$ 自 $0$ 至 $y=2x$，$x$ 自 $0$ 至 $\sqrt{\ln 3}$，如圖 6-14 所示. 所以，

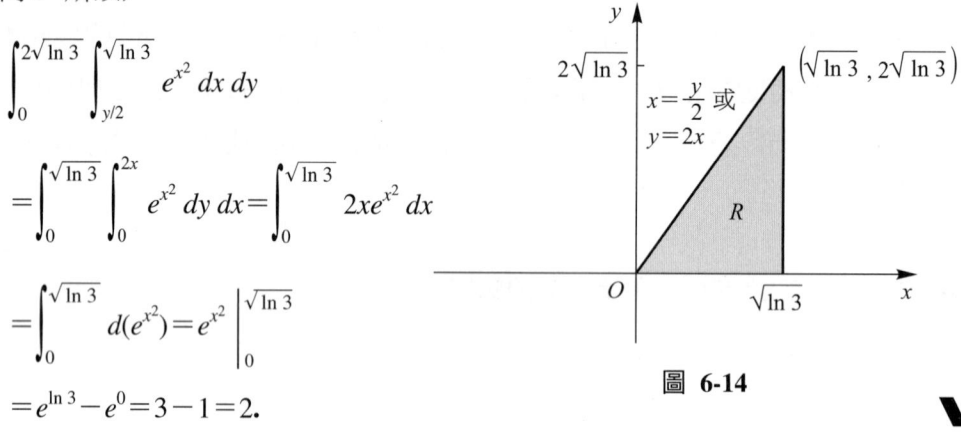

$$\int_0^{2\sqrt{\ln 3}} \int_{y/2}^{\sqrt{\ln 3}} e^{x^2}\,dx\,dy$$

$$=\int_0^{\sqrt{\ln 3}} \int_0^{2x} e^{x^2}\,dy\,dx = \int_0^{\sqrt{\ln 3}} 2xe^{x^2}\,dx$$

$$=\int_0^{\sqrt{\ln 3}} d(e^{x^2}) = e^{x^2}\Big|_0^{\sqrt{\ln 3}}$$

$$=e^{\ln 3}-e^0=3-1=2.$$

圖 6-14

## 例題 13　解題指引☺ 顛倒積分的順序

計算 $\displaystyle\int_0^3 \int_{y^2}^9 y\cos x^2\,dx\,dy$.

**解** 積分區域為 $R=\{(x,y)\mid y^2\le x\le 9,\ 0\le y\le 3\}$
$\qquad\qquad =\{(x,y)\mid 0\le x\le 9,\ 0\le y\le \sqrt{x}\}$

於是，

$$\int_0^3 \int_{y^2}^9 y\cos x^2\,dx\,dy = \int_0^9 \int_0^{\sqrt{x}} y\cos x^2\,dy\,dx$$

$$=\int_0^9 \cos x^2 \left(\dfrac{y^2}{2}\bigg|_0^{\sqrt{x}}\right) dx$$

$$=\int_0^9 \dfrac{1}{2}x\cos x^2\,dx$$

$$=\dfrac{1}{4}\sin x^2\bigg|_0^9 = \dfrac{1}{4}\sin 81.$$

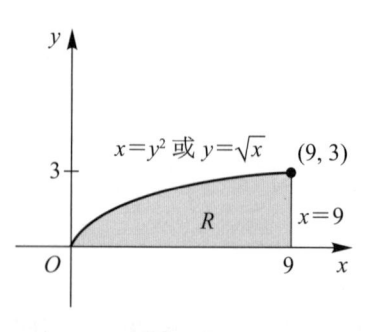

圖 6-15

## 例題 14　解題指引 ☺ 利用二重積分

求由兩拋物線 $y=x^2$ 與 $y=8-x^2$ 所圍成區域的面積.

**解**　區域 $R$ 如圖 6-16 所示，其為第 I 型區域. 所以，

$$R \text{ 的面積} = \iint_R dA = \int_{-2}^{2} \int_{x^2}^{8-x^2} dy\, dx$$

$$= \int_{-2}^{2} y \Big|_{x^2}^{8-x^2} dx$$

$$= \int_{-2}^{2} (8-2x^2)\, dx$$

$$= \left(8x - \frac{2}{3}x^3\right)\Big|_{-2}^{2}$$

$$= \frac{64}{3}.$$

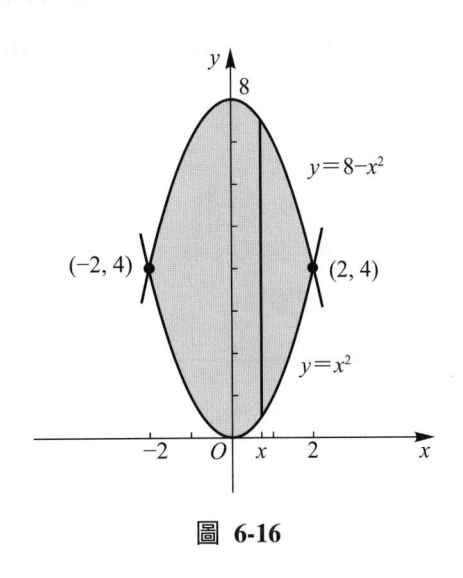

圖 6-16

## 例題 15　解題指引 ☺ 採用第 I 型區域

求由圓柱面 $x^2+y^2=4$ 與兩平面 $y+z=5$、$z=0$ 所圍成立體的體積.

**解**　如圖 6-17 所示，該立體的上邊界為平面 $z=5-y$，而下邊界為位於圓 $x^2+y^2=4$ 內部的區域 $R$，視 $R$ 為第 I 型區域，可得體積為

$$V = \iint_R z\, dA = \int_{-2}^{2} \int_{-\sqrt{4-x^2}}^{\sqrt{4-x^2}} (5-y)\, dy\, dx$$

$$= \int_{-2}^{2} 5y - \frac{y^2}{2} \Big|_{-\sqrt{4-x^2}}^{\sqrt{4-x^2}} dx$$

$$= \int_{-2}^{2} 10\sqrt{4-x^2}\, dx = 10 \cdot 2\pi = 20\pi$$

$$\left(\int_{-2}^{2} \sqrt{4-x^2}\, dx = \text{半徑為 2 的半圓區域面積}\right).$$

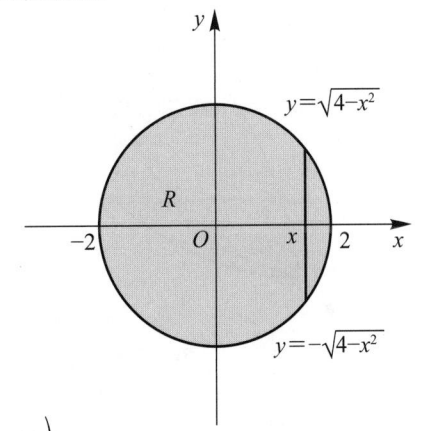

圖 6-17

### 例題 16　解題指引 ☺ 採用第 I 型區域

求兩圓柱體 $x^2+y^2 \leq r^2$ 與 $x^2+z^2 \leq r^2$ ($r > 0$) 所共有的體積．

**解** 兩圓柱體所共有的立體，僅繪出第一卦限的部分，如圖 6-18(i) 所示．依對稱性，我們只要求出此部分的體積，然後將結果再乘以 8，即，

$$V = 8\iint_R z\, dA = 8\iint_R \sqrt{r^2-x^2}\, dA$$

此處 $R$ 是位於第一象限內在圓 $x^2+y^2=r^2$ 內部的區域，如圖 6-18(ii) 所示．所以，體積為

$$V = 8\int_0^r \int_0^{\sqrt{r^2-x^2}} \sqrt{r^2-x^2}\, dy\, dx$$

$$= 8\int_0^r y\sqrt{r^2-x^2}\, \Big|_0^{\sqrt{r^2-x^2}} dx$$

$$= 8\int_0^r (r^2-x^2)\, dx$$

$$= 8\left(r^2 x - \frac{x^3}{3}\right)\Big|_0^r = \frac{16}{3}r^3.$$

(i)　　　　　　　　　　　(ii)

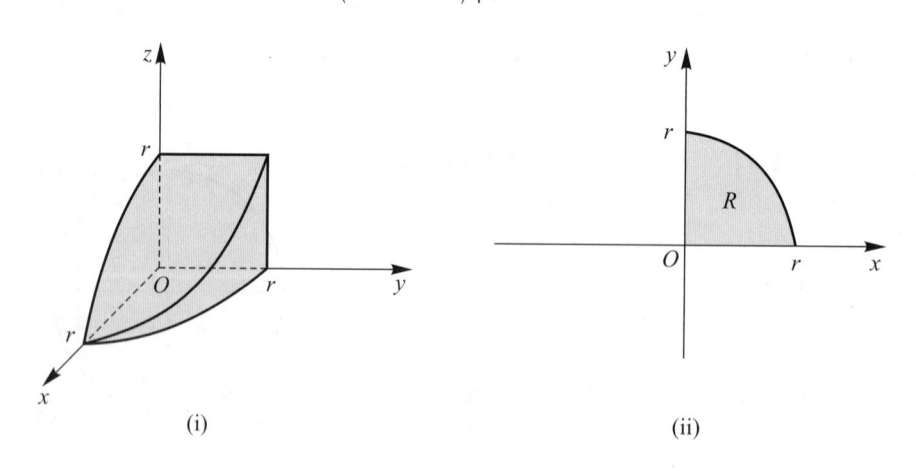

圖 6-18

## 習題 6-1

1. 設 $R = \{(x, y) \mid 0 \leq x \leq 3,\ 0 \leq y \leq 3\}$，並定義

$$f(x, y) = \begin{cases} 1, & \text{若 } 0 \leq x \leq 3,\ 0 \leq y < 1 \\ 2, & \text{若 } 0 \leq x \leq 3,\ 1 \leq y < 2 \\ 3, & \text{若 } 0 \leq x \leq 3,\ 2 \leq y \leq 3 \end{cases}$$

計算 $\iint_R f(x, y)\, dA$.

2. 令 $R$ 是由頂點為 $(0, 0)$、$(4, 4)$、$(8, 4)$ 與 $(12, 0)$ 之梯形所圍成的區域，且 $P$ 為 $R$ 的內分割，其由具有 $x$-截距為 $0, 2, 4, 6, 8, 10, 12$ 的垂直線與具有 $y$-截距為 $0, 2, 4$ 的水平線所決定. 若 $f(x, y) = xy$，取 $(u_i, v_i)$ 為 $R_i$ 的中心點，求黎曼和.

3. 計算下列各積分.

    (1) $\displaystyle\int_{-3}^{3}\int_{-1}^{1} |x^2 y^3|\, dy\, dx$
    (2) $\displaystyle\int_{-3}^{3}\int_{-2}^{2} [\![x^2]\!]\, y^3\, dy\, dx$
    (3) $\displaystyle\int_{-2}^{2}\int_{-1}^{1} [\![x^2]\!]\, |y^3|\, dy\, dx$

4. 計算 $\displaystyle\int_{0}^{\sqrt{\ln 2}}\int_{0}^{1} \frac{xye^{x^2}}{1+y^2}\, dy\, dx$.

計算 5～10 題中的疊積分.

5. $\displaystyle\int_{-1}^{2}\int_{1}^{4} (2x + 6x^2 y)\, dx\, dy$

6. $\displaystyle\int_{0}^{\pi/4}\int_{0}^{2} x \cos y\, dx\, dy$

7. $\displaystyle\int_{0}^{2}\int_{0}^{\pi/2} e^y \sin x\, dx\, dy$

8. $\displaystyle\int_{1}^{2}\int_{-\pi/2}^{\pi/2} \frac{\sin y}{x}\, dy\, dx$

9. $\displaystyle\int_{0}^{\ln 3}\int_{0}^{\ln 2} e^{x+y}\, dy\, dx$

10. $\displaystyle\int_{0}^{\infty}\int_{0}^{\infty} xe^{-(x+2y)}\, dx\, dy$

在 11～13 題中，將在區域 $R$ 的二重積分表成疊積分，並求其值.

**11.** $\iint\limits_R (2x+y)\, dA$，此處 $R=\{(x, y)\,|\,-1\leq x\leq 2,\ -1\leq y\leq 4\}$

**12.** $\iint\limits_R y^2 x\, dA$，此處 $R=\{(x, y)\,|\,-3\leq x\leq 2,\ 0\leq y\leq 1\}$

**13.** $\iint\limits_R x\sin(x+y)\, dA$，此處 $R=\left\{(x, y)\,|\,0\leq x\leq \dfrac{\pi}{6},\ 0\leq y\leq \dfrac{\pi}{3}\right\}$

計算 14～21 題中的疊積分.

**14.** $\displaystyle\int_1^3 \int_{\pi/6}^{y^2} 2y\cos x\, dx\, dy$

**15.** $\displaystyle\int_1^2 \int_{x^3}^{x} e^{y/x}\, dy\, dx$

**16.** $\displaystyle\int_0^{\pi/9} \int_{\pi/4}^{3r} \sec^2\theta\, d\theta\, dr$

**17.** $\displaystyle\int_0^2 \int_0^{\sqrt{4-x^2}} (x+y)\, dy\, dx$

**18.** $\displaystyle\int_0^1 \int_y^1 \dfrac{1}{1+y^2}\, dx\, dy$

**19.** $\displaystyle\int_0^3 \int_0^y \sqrt{y^2+16}\, dx\, dy$

**20.** $\displaystyle\int_2^3 \int_0^{1/y} \ln y\, dx\, dy$

**21.** $\displaystyle\int_0^{\pi/2} \int_0^{\sin y} e^x \cos y\, dx\, dy$

在 22～26 題中，顛倒積分的順序，並計算所得的積分.

**22.** $\displaystyle\int_0^1 \int_{3y}^3 e^{x^2}\, dx\, dy$

**23.** $\displaystyle\int_0^2 \int_{y^2}^4 y\cos x^2\, dx\, dy$

**24.** $\displaystyle\int_0^1 \int_{2x}^2 e^{y^2}\, dy\, dx$

**25.** $\displaystyle\int_0^1 \int_y^1 \dfrac{1}{1+x^4}\, dx\, dy$

**26.** $\displaystyle\int_0^2 \int_{y/2}^1 ye^{x^3}\, dx\, dy$

求 27～30 題中的二重積分.

**27.** $\iint\limits_R (y-xy^2)\, dA$，此處 $R=\{(x, y)\,|\,0\leq y\leq 1,\ -y\leq x\leq y+1\}$.

**28.** $\iint_R e^{\frac{x}{y}}\,dA$，此處 $R=\{(x,\ y)\,|\,1\le y\le 2,\ y\le x\le y^3\}$.

**29.** $\iint_R xy^2\,dA$，此處 $R$ 為具有頂點 $(0,\ 0)$、$(3,\ 1)$ 與 $(-2,\ 1)$ 的三角形區域.

**30.** $\iint_R \dfrac{y}{1+x^2}\,dA$，此處 $R$ 是由 $y=0$、$y=\sqrt{x}$ 與 $x=4$ 等圖形所圍成的區域.

**31.** 求由各坐標平面與平面 $z=6-2x-3y$ 所圍成四面體的體積.

**32.** 求由各坐標平面與曲面 $z=9-x^2-y^2$ 在第一卦限內所圍成立體的體積.

**33.** 求圓柱面 $x^2+y^2=9$ 與兩平面 $2x+3y+4z=12$ 及 $z=0$ 所圍成立體的體積.

# 6-2 用極坐標表二重積分

在極坐標平面上的區域 $R$ 如圖 6-19 所示，它是由中心在極而半徑為 $r_1$ 與 $r_2$ 的二圓弧以及由極射出的二射線所圍成，稱為**極矩形區域**. 若 $\Delta\theta$ 代表二射線之間夾角的弧度量，且 $\Delta r=r_2-r_1$，則該極矩形區域的面積 $\Delta A$ 為

$$\begin{aligned}\Delta A &=\frac{1}{2}r_2^2\,\Delta\theta-\frac{1}{2}r_1^2\,\Delta\theta\\ &=\frac{1}{2}(r_1+r_2)(r_2-r_1)\,\Delta\theta\end{aligned}$$

若我們以 $\bar{r}$ 代表平均半徑 $\dfrac{1}{2}(r_1+r_2)$，則

$$\Delta A=\bar{r}\Delta r\,\Delta\theta. \qquad \textbf{(6-11)}$$

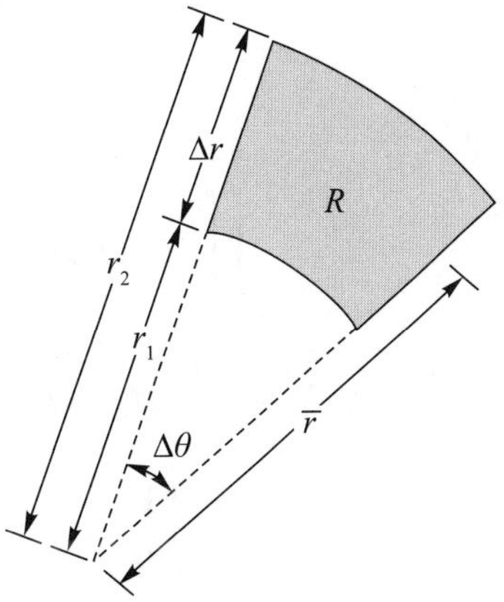

**圖 6-19**

假設 $f$ 為極坐標 $r$ 與 $\theta$ 的函數且在圖 6-20(i) 所示的極區域

$$R=\{(r,\ \theta)\,|\,g_1(\theta)\le r\le g_2(\theta),\ \alpha\le\theta\le\beta\}$$

為連續，我們可仿照直角坐標黎曼和的極限，定義 $f$ 在 $R$ 的二重積分.

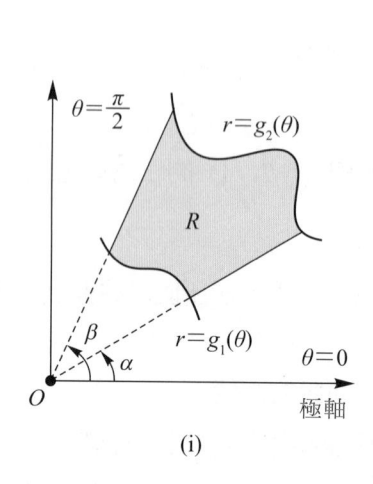

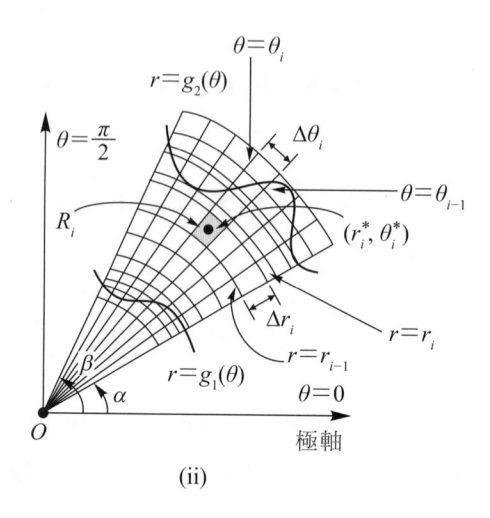

**圖 6-20**

設函數 $g_1(\theta)$ 與 $g_2(\theta)$ 為連續函數，且對於區間 $[\alpha, \beta]$ 中所有 $\theta$ 而言，$g_1(\theta) \leq g_2(\theta)$。若藉如圖 6-20(ii) 所示的圓弧與射線將 $R$ 再予以細分，則完全位於 $R$ 內的極矩形區域 $R_1, R_2, R_3, \cdots, R_n$ 的集合稱為 $R$ 的**極內分割** $P$，$P$ 的**範數** $\|P\|$ 為 $R_i$ 之最長對角線的長度。若我們在 $R_i$ 內選擇一點 $(r_i, \theta_i)$ 使得 $r_i$ 為平均半徑，則依 (6-11) 式，$R_i$ 的面積 $\Delta A_i$ 為 $r_i \Delta r_i \Delta \theta_i$。若 $f$ 為二變數 $r$ 與 $\theta$ 的連續函數，則

$$\lim_{\|P\| \to 0} \sum_{i=1}^{n} f(r_i, \theta_i) \Delta A_i$$

存在，並定義

$$\iint\limits_R f(r, \theta)\, dA = \lim_{\|P\| \to 0} \sum_{i=1}^{n} f(r_i, \theta_i) \Delta A_i \tag{6-12}$$

上式的二重積分可藉疊積分計算如下：

$$\iint\limits_R f(r, \theta)\, dA = \int_\alpha^\beta \int_{g_1(\theta)}^{g_2(\theta)} f(r, \theta)\, r\, dr\, d\theta \tag{6-13}$$

另一方面，若區域 $R$ 如圖 6-21 所示，則

$$\iint\limits_R f(r, \theta)\, dA = \int_a^b \int_{h_1(r)}^{h_2(r)} f(r, \theta)\, r\, d\theta\, dr. \tag{6-14}$$

有時，在適當的條件下，直角坐標的二重積分可以轉換成極坐標的二重積分。首

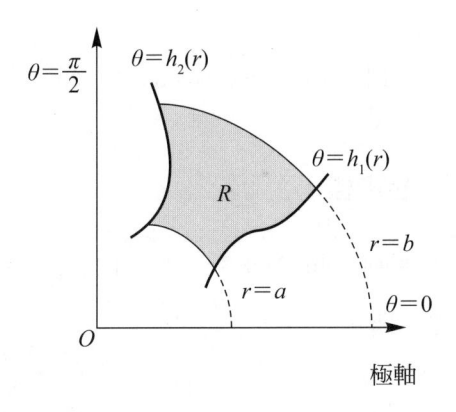

圖 6-21

先，將被積分函數中的變數 $x$ 與 $y$ 分別換成 $r\cos\theta$ 與 $r\sin\theta$；其次，將 $dy\,dx$（或 $dx\,dy$）換成 $r\,dr\,d\theta$（或 $r\,d\theta\,dr$），並將積分的界限變換到極坐標，即，

$$\iint_R f(x,\,y)\,dA = \int_\alpha^\beta \int_{g_1(\theta)}^{g_2(\theta)} f(r\cos\theta,\,r\sin\theta)\,r\,dr\,d\theta. \tag{6-15}$$

**例題 1** **解題指引** ☺ 利用極坐標

設 $R = \{(x,\,y)\,|\,\pi^2 \leq x^2+y^2 \leq 4\pi^2\}$，求 $\iint_R \sin\sqrt{x^2+y^2}\,dx\,dy$.

**解**
$$\iint_R \sin\sqrt{x^2+y^2}\,dx\,dy = \iint_R \sin(x^2+y^2)^{\frac{1}{2}}\,dx\,dy = \int_0^{2\pi}\int_\pi^{2\pi}(\sin r)\,r\,dr\,d\theta$$

$$= \left(\int_0^{2\pi}d\theta\right)\left(\int_\pi^{2\pi}(\sin r)\,r\,dr\right) = 2\pi\int_\pi^{2\pi}(\sin r)\,r\,dr$$

令 $u=r$，$dv=\sin r\,dr$，則 $du=dr$，$v=-\cos r$，可得

$$\int_\pi^{2\pi}(\sin r)\,r\,dr = -r\cos r\Big|_\pi^{2\pi} + \int_\pi^{2\pi}\cos r\,dr$$

$$= -(2\pi\cos 2\pi - \pi\cos\pi) + \sin r\Big|_\pi^{2\pi}$$

$$= -(2\pi+\pi) = -3\pi$$

故 $$\iint_R \sin\sqrt{x^2+y^2}\,dx\,dy = -6\pi^2.$$

**例題 2**　**解題指引** 😊 **利用極坐標**

求圓柱面 $x^2+y^2=9$ 與兩平面 $2x+3y+4z=12$ 及 $z=0$ 所圍成立體的體積.

**解**　立體的體積如圖 6-22 所示.
令 $x=r\cos\theta,\ y=r\sin\theta$, 則

$$z = \frac{1}{4}(12-2x-3y)$$

$$= \frac{1}{4}(12-2r\cos\theta-3r\sin\theta)$$

$$= f(r,\ \theta)$$

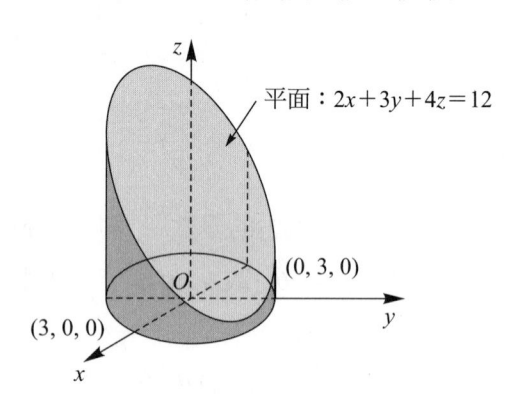

故體積為

$$V = \frac{1}{4}\int_0^{2\pi}\int_0^3 (12-2r\cos\theta-3r\sin\theta)\,r\,dr\,d\theta$$

$$= \frac{1}{4}\int_0^{2\pi}\left(6r^2-\frac{2}{3}r^3\cos\theta-r^3\sin\theta\right)\Big|_0^3 d\theta$$

$$= \frac{1}{4}\int_0^{2\pi}(54-18\cos\theta-27\sin\theta)\,d\theta = 27\pi.$$

**圖 6-22**

**例題 3**　**解題指引** 😊 **利用極坐標**

計算 $\displaystyle\int_{-2}^{2}\int_0^{\sqrt{4-x^2}}(x^2+y^2)^{\frac{3}{2}}\,dy\,dx.$

**解**　由積分的界限得知, 積分的區域是由 $y=\sqrt{4-x^2}$ 與 $y=0$ 等圖形所圍成, 如圖 6-23 所示. 在被積分函數中以 $r^2$ 代換 $x^2+y^2$, 又以 $r\,dr\,d\theta$ 代換 $dy\,dx$, 並改變積分的

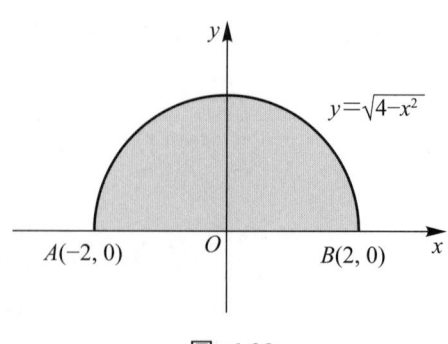

**圖 6-23**

界限可得

$$\int_{-2}^{2}\int_{0}^{\sqrt{4-x^2}}(x^2+y^2)^{\frac{3}{2}}\,dy\,dx=\int_{0}^{\pi}\int_{0}^{2}r^3\,r\,dr\,d\theta$$

$$=\int_{0}^{\pi}\int_{0}^{2}r^4\,dr\,d\theta=\frac{32}{5}\int_{0}^{\pi}d\theta$$

$$=\frac{32\pi}{5}.$$

**例題 4** 解題指引 ☺ 利用極坐標

求拋物面 $z=4-x^2-y^2$ 與 $xy$-平面所圍成立體的體積.

**解** 立體在第一卦限內的部分如圖 6-24 所示. 依對稱性, 只要求此部分的體積並將結果乘以 4 即可. 所以, 體積為

$$V=4\iint_{R}(4-x^2-y^2)\,dA$$

$$=4\int_{0}^{2}\int_{0}^{\sqrt{4-x^2}}(4-x^2-y^2)\,dy\,dx$$

我們將上式轉換成極坐標, 可得

$$V=4\int_{0}^{\pi/2}\int_{0}^{2}(4-r^2)\,r\,dr\,d\theta$$

$$=4\int_{0}^{\pi/2}\left(2r^2-\frac{r^4}{4}\right)\bigg|_{0}^{2}d\theta$$

$$=4\int_{0}^{\pi/2}4\,d\theta=16\,\theta\bigg|_{0}^{\pi/2}$$

$$=8\pi.$$

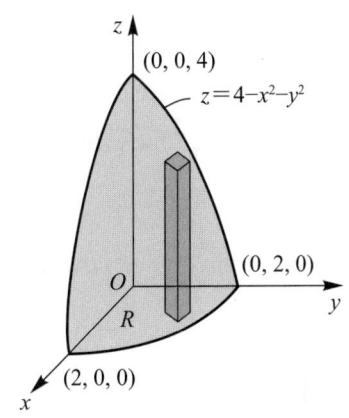

圖 6-24

## 習題 6-2

計算 1～3 題中的疊積分.

1. $\displaystyle\int_0^{\pi/2}\int_0^{\sin\theta} r\,dr\,d\theta$

2. $\displaystyle\int_0^{\pi/2}\int_0^{\cos\theta} r^2\sin\theta\,dr\,d\theta$

3. $\displaystyle\int_0^{\pi}\int_0^{1-\cos\theta} r\sin\theta\,dr\,d\theta$

在 4～9 題中，先變換成極坐標再計算積分.

4. $\displaystyle\int_{-a}^{a}\int_0^{\sqrt{a^2-x^2}} e^{-(x^2+y^2)}\,dy\,dx$

5. $\displaystyle\int_1^2\int_0^x \frac{1}{\sqrt{x^2+y^2}}\,dy\,dx$

6. $\displaystyle\int_0^1\int_0^{\sqrt{1-x^2}} e^{\sqrt{x^2+y^2}}\,dy\,dx$

7. $\displaystyle\int_0^1\int_0^{\sqrt{1-x^2}} \frac{1}{\sqrt{4-x^2-y^2}}\,dy\,dx$

8. $\displaystyle\int_0^1\int_0^{\sqrt{1-y^2}} \sin(x^2+y^2)\,dx\,dy$

9. $\displaystyle\int_0^1\int_0^{\sqrt{1-x^2}} \frac{1}{\sqrt{x^2+y^2}}\,dy\,dx$

10. 求 $\displaystyle\iint_R \frac{1}{\sqrt{x^2+y^2}}\,dA$，此處 $R$ 是同時位於心臟線 $r=1+\sin\theta$ 內部與圓 $r=1$ 外部的區域.

11. 求 $\displaystyle\iint_R x\,dA$，此處 $R$ 是在第一象限內介於兩圓 $x^2+y^2=4$ 與 $x^2+y^2=2x$ 之間的區域.

12. 求 $\displaystyle\iint_R e^{x^2+y^2}\,dA$，此處 $R=\{(x,y)\mid 0\le y\le x,\ x^2+y^2\le 1\}$.

13. 利用極坐標計算 $\displaystyle\iint_R \sqrt{4-x^2-y^2}\,dA$，此處 $R=\{(x,y)\mid x^2+y^2\le 4,\ 0\le y\le x\}$.

**14.** 求同時位於球 $x^2+y^2+z^2=25$ 內部與圓柱 $x^2+y^2=9$ 外部之立體的體積.

## ▶▶ 6-3 三重積分

在本節中，我們將沿用二重積分的方法——疊積分，來討論三重積分，其計算也將仿照二重積分．但讀者應特別注意二重積分與三重積分基本上的不同為：二重積分中的函數是定義在平面區域上的二變數函數 $f(x, y)$，而三重積分中的函數是定義在三維空間中的立體上的三變數函數 $f(x, y, z)$．往後，我們所涉及到的立體區域為包含整個邊界的有界立體．

假設立體區域 $G=\{(x, y, z)|(x, y)\in R, u_1(x, y)\leq z\leq u_2(x, y)\}$，其中 $R$ 為 $G$ 在 $xy$-平面上的投影，它可以分割成第 I 型與第 II 型的子區域，$u_1$ 與 $u_2$ 皆為 $x$ 與 $y$ 的連續函數，如圖 6-25 所示．注意，立體 $G$ 的上邊界為曲面 $z=u_2(x, y)$，而下邊界為曲面 $z=u_1(x, y)$．

若用平行於三個坐標平面的平面將 $G$ 分割成完完整整位於 $G$ 的內部的 $n$ 個小矩形體 $G_1, G_2, G_3, \cdots, G_n$，則 $P=\{G_1, G_2, G_3, \cdots, G_n\}$ 構成 $G$ 的一內分割，$P$ 的**範數** $\|P\|$ 為所有 $G_i$ 中最長對角線的長度．若 $\Delta x_i$、$\Delta y_i$ 與 $\Delta z_i$ 分別表 $G_i$ 的尺寸，則 $G_i$ 的體積為 $\Delta V_i = \Delta x_i \Delta y_i \Delta z_i$．設 $(x_i^*, y_i^*, z_i^*)$ 為 $G_i$ 中任一點，則

$$\sum_{i=1}^{n} f(x_i^*, y_i^*, z_i^*) \Delta V_i$$

稱為 $f$ 對 $P$ 的**黎曼和**．

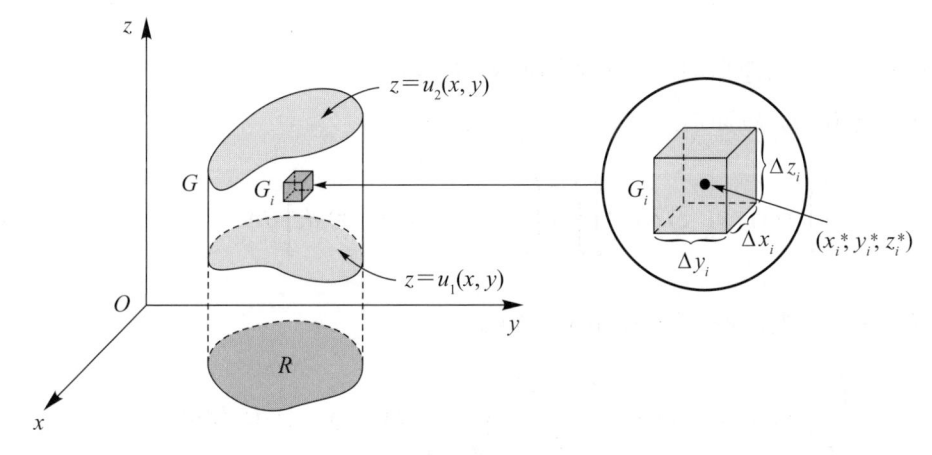

**圖 6-25**

## 定義 6-3

設三變數函數定義在立體區域 $G=\{(x, y, z) | (x, y) \in R, u_1(x, y) \leq z \leq u_2(x, y)\}$ 上，$(x_i^*, y_i^*, z_i^*)$ 為 $G_i$ 中任一點，若 $\lim\limits_{\|P\| \to 0} \sum\limits_{i=1}^{n} f(x_i^*, y_i^*, z_i^*) \Delta V_i$ 存在，則稱此極限為 $f$ 在 $G$ 的**三重積分**，定義為

$$\iiint_G f(x, y, z) \, dV = \lim_{\|P\| \to 0} \sum_{i=1}^{n} f(x_i^*, y_i^*, z_i^*) \Delta V_i.$$

在 $f(x, y, z)=1$ 的特殊情形中，

$$G \text{ 的體積} = \iiint_G dV$$

三重積分具有單變數積分與二重積分的一些性質：

**1.** $\iiint_G cf(x, y, z) \, dV = c \iiint_G f(x, y, z) \, dV$ （$c$ 為常數）

**2.** $\iiint_G [f(x, y, z) \pm g(x, y, z)] \, dV = \iiint_G f(x, y, z) \, dV \pm \iiint_G g(x, y, z) \, dV$

**3.** $\iiint_G f(x, y, z) \, dV = \iiint_{G_1} f(x, y, z) \, dV + \iiint_{G_2} f(x, y, z) \, dV$

其中立體區域 $G$ 分割成兩個不重疊子區域 $G_1$ 與 $G_2$。

若 $f$ 在整個 $G$ 為連續，則

$$\iiint_G f(x, y, z) \, dV = \iint_R \left[ \int_{u_1(x, y)}^{u_2(x, y)} f(x, y, z) \, dz \right] dA \tag{6-16}$$

若區域 $R$ 為第 I 型區域，則 (6-16) 式變成

$$\iiint_G f(x, y, z) \, dV = \int_a^b \int_{g_1(x)}^{g_2(x)} \int_{u_1(x, y)}^{u_2(x, y)} f(x, y, z) \, dz \, dy \, dx \tag{6-17}$$

上式等號的右邊稱為**疊積分**，其計算的步驟是 $f(x, y, z)$ 依 $z$、$y$、$x$ 的順序作偏積分，再按一般方法代入所指定的界限而計算．同理，若 $R$ 為第 II 型區域，則 (6-16) 式變成

$$\iiint_G f(x, y, z) \, dV = \int_c^d \int_{h_1(y)}^{h_2(y)} \int_{u_1(x, y)}^{u_2(x, y)} f(x, y, z) \, dz \, dx \, dy. \tag{6-18}$$

**例題 1** **解題指引** ☺ 依順序 $dz \, dy \, dx$ 積分

若 $G = \{(x, y, z) \mid -1 \le x \le 3, \ 1 \le y \le 4, \ 0 \le z \le 2\}$，計算 $\iiint_G 2xy^3 z^2 \, dV$．

**解**
$$\iiint_G 2xy^3 z^2 \, dV = \int_{-1}^3 \int_1^4 \int_0^2 2xy^3 z^2 \, dz \, dy \, dx = \int_{-1}^3 \int_1^4 \left. \frac{2}{3} xy^3 z^3 \right|_0^2 dy \, dx$$

$$= \int_{-1}^3 \int_1^4 \frac{16}{3} xy^3 \, dy \, dx = \int_{-1}^3 \left. \frac{4}{3} xy^4 \right|_1^4 dx = \int_{-1}^3 340 \, x \, dx$$

$$= 170 \, x^2 \Big|_{-1}^3 = 1360.$$

**例題 2** **解題指引** ☺ 依順序 $dz \, dy \, dx$ 積分

求由圓柱面 $x^2 + y^2 = 9$ 與兩平面 $z = 1$ 及 $x + z = 5$ 所圍成立體的體積．

**解** 立體 $G$ 與其在 $xy$-平面上的投影示於圖 6-26 中，此立體的上邊界為平面 $x + z$

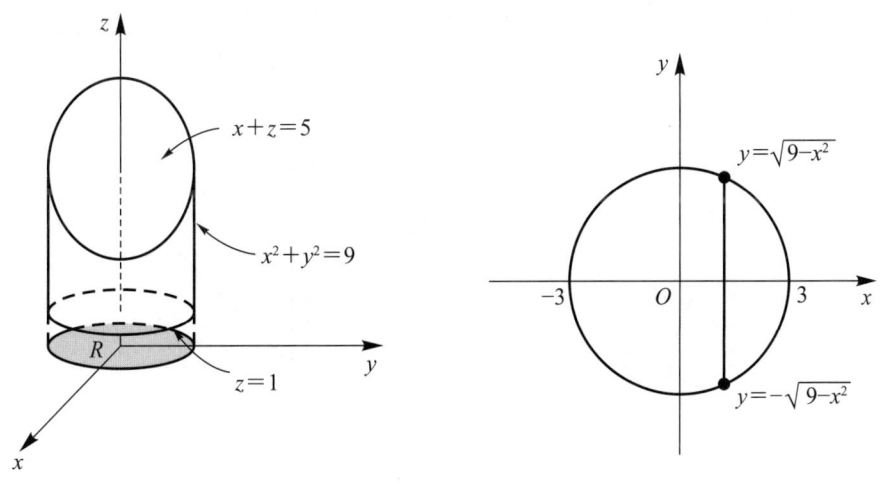

圖 6-26

$=5$ 或 $z=5-x$, 而下邊界為平面 $z=1$.

$$G \text{ 的體積} = \iiint_G dV = \iint_R \left(\int_1^{5-x} dz\right) dA$$

$$= \int_{-3}^3 \int_{-\sqrt{9-x^2}}^{\sqrt{9-x^2}} \int_1^{5-x} dz\, dy\, dx = \int_{-3}^3 \int_{-\sqrt{9-x^2}}^{\sqrt{9-x^2}} z \Big|_1^{5-x} dy\, dx$$

$$= \int_{-3}^3 \int_{-\sqrt{9-x^2}}^{\sqrt{9-x^2}} (4-x)\, dy\, dx = \int_{-3}^3 (8-2x)\sqrt{9-x^2}\, dx$$

$$= 8\int_{-3}^3 \sqrt{9-x^2}\, dx - 2\int_{-3}^3 x\sqrt{9-x^2}\, dx$$

$$= 8\left(\frac{9\pi}{2}\right) - 0 = 36\pi.$$

**例題 3**　**解題指引** ☺　依順序 $dz\, dy\, dx$ 積分

令 $G$ 為在第一卦限中用兩平面 $y=x$ 與 $x=0$ 自圓柱體 $x^2+z^2 \leq 1$ 切出的楔形體, 求 $\iiint_G z\, dV$ 的值.

**解**　立體 $G$ 與其在 $xy$-平面上的投影 $R$ 示於圖 6-27 中, 此立體的上邊界為圓柱面, 而下邊界為 $xy$-平面. 因圓柱面 $y^2+z^2=1$ 位於 $xy$-平面上方之部分的方程式為 $z=\sqrt{1-y^2}$, 而 $xy$-平面的方程式為 $z=0$, 故

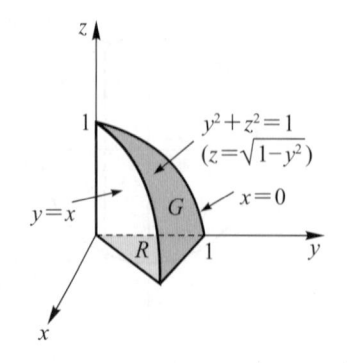

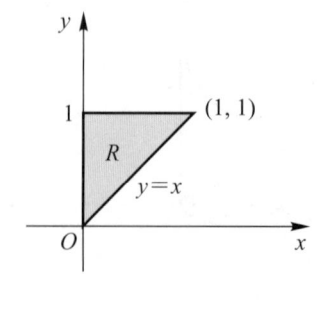

圖 6-27

$$\iiint_G z\, dV = \iint_R \left( \int_0^{\sqrt{1-y^2}} z\, dz \right) dA = \int_0^1 \int_0^y \int_0^{\sqrt{1-y^2}} z\, dz\, dx\, dy$$

$$= \int_0^1 \int_0^y \left. \frac{z^2}{2} \right|_0^{\sqrt{1-y^2}} dx\, dy = \int_0^1 \int_0^y \frac{1}{2}(1-y^2)\, dx\, dy$$

$$= \frac{1}{2} \int_0^1 (1-y^2) x \Big|_0^y dy = \frac{1}{2} \int_0^1 (y-y^3)\, dy$$

$$= \frac{1}{2} \left( \frac{y^2}{2} - \frac{y^4}{4} \right) \Big|_0^1 = \frac{1}{8}.$$

對於某些立體區域而言，計算三重積分時最好先對 $x$ 或 $y$ 積分而不是 $z$. 例如，若立體區域 $G=\{(x, y, z)\,|\,(x, z)\in R,\ u_1(x, z) \leq y \leq u_2(x, z)\}$，其中 $R$ 在 $xz$-平面上的投影，如圖 6-28 所示，則可得

$$\iiint_G f(x, y, z)\, dV = \iint_R \left[ \int_{u_1(x, z)}^{u_2(x, z)} f(x, y, z)\, dy \right] dA \tag{6-19}$$

若 $R=\{(x, z)\,|\,a \leq x \leq b,\ g_1(x) \leq z \leq g_2(x)\}$，則 (6-19) 式變成

$$\iiint_G f(x, y, z)\, dV = \int_a^b \int_{g_1(x)}^{g_2(x)} \int_{u_1(x, z)}^{u_2(x, z)} f(x, y, z)\, dy\, dz\, dx \tag{6-20}$$

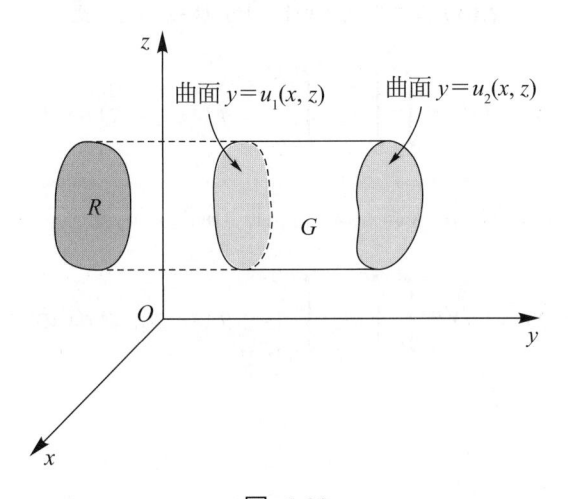

圖 6-28

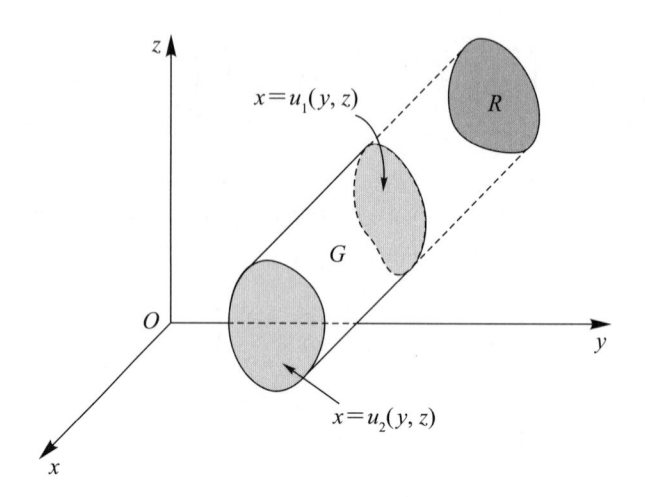

圖 6-29

若 $R=\{(x, z) \mid h_1(z) \leq x \leq h_2(z), k \leq z \leq l\}$，則 (6-19) 式變成

$$\iiint_G f(x, y, z)\, dV = \int_k^l \int_{h_1(z)}^{h_2(z)} \int_{u_1(x, z)}^{u_2(x, z)} f(x, y, z)\, dy\, dx\, dz. \tag{6-21}$$

最後，若立體區域 $G=\{(x, y, z) \mid (y, z) \in R, u_1(y, z) \leq x \leq u_2(y, z)\}$，其中 $R$ 為 $G$ 在 $yz$-平面上的投影，如圖 6-29 所示，則可得

$$\iiint_G f(x, y, z)\, dV = \iint_R \left[ \int_{u_1(y, z)}^{u_2(y, z)} f(x, y, z)\, dx \right] dA \tag{6-22}$$

若 $R=\{(y, z) \mid c \leq y \leq d, g_1(y) \leq z \leq g_2(y)\}$，則 (6-22) 式變成

$$\iiint_G f(x, y, z)\, dV = \int_c^d \int_{g_1(y)}^{g_2(y)} \int_{u_1(y, z)}^{u_2(y, z)} f(x, y, z)\, dx\, dz\, dy \tag{6-23}$$

若 $R=\{(y, z) \mid h_1(z) \leq y \leq h_2(z), k \leq z \leq l\}$，則 (6-22) 式變成

$$\iiint_G f(x, y, z)\, dV = \int_k^l \int_{h_1(z)}^{h_2(z)} \int_{u_1(y, z)}^{u_2(y, z)} f(x, y, z)\, dx\, dy\, dz. \tag{6-24}$$

## 例題 4  解題指引 ☺ 變換積分的順序

計算 $\displaystyle\int_0^4 \int_0^1 \int_{2y}^2 \frac{4\cos(x^2)}{2\sqrt{z}}\,dx\,dy\,dz$.

**解**
$$\int_0^4 \int_0^1 \int_{2y}^2 \frac{4\cos(x^2)}{2\sqrt{z}}\,dx\,dy\,dz = \int_0^4 \int_0^2 \int_0^{x/2} \frac{4\cos(x^2)}{2\sqrt{z}}\,dy\,dx\,dz$$

$$= \int_0^4 \int_0^2 \frac{x\cos(x^2)}{2\sqrt{z}} \cdot \frac{x^2}{2}\,dx\,dz = \int_0^4 \int_0^2 \frac{x\cos(x^2)}{\sqrt{z}}\,dx\,dz$$

$$= \int_0^4 \frac{\sin(x^2)}{2\sqrt{z}}\Big|_0^2 dz = \int_0^4 \frac{\sin 4}{2\sqrt{z}}\,dz$$

$$= (\sin 4)z^{\frac{1}{2}}\Big|_0^4 = 2\sin 4.$$

## 習題 6-3

計算 1～7 題中的疊積分.

1. $\displaystyle\int_0^2 \int_0^1 \int_1^2 x^2 yz\,dx\,dy\,dz$

2. $\displaystyle\int_{-3}^7 \int_0^{2x} \int_y^{x-1} dz\,dy\,dx$

3. $\displaystyle\int_0^{\pi/2} \int_0^z \int_0^y \sin(x+y+z)\,dx\,dy\,dz$

4. $\displaystyle\int_0^1 \int_0^{1-x^2} \int_3^{4-x^2-y} x\,dz\,dy\,dx$

5. $\displaystyle\int_2^3 \int_0^{3y} \int_1^{yz} (2x+y+z)\,dx\,dz\,dy$

6. $\displaystyle\int_0^1 \int_0^{\ln x} \int_0^{x+y} e^{x+y+z}\,dz\,dy\,dx$

7. $\displaystyle\int_1^2 \int_3^x \int_0^{\sqrt{3}y} \frac{y}{y^2+z^2}\,dz\,dy\,dx$

8. 求 $\iiint_G \dfrac{1}{(x+y+z+1)^3} \, dV$,其中 $G=\{(x, y, z) \mid x \geq 0, y \geq 0, z \geq 0, x+y+z \leq 1\}$.

9. 求由方程式 $y=x^2$、$y+z=4$、$x=0$ 與 $z=0$ 等圖形所圍成立體的體積.

10. 求由兩拋物面 $x^2=y$、$z^2=y$ 及平面 $y=1$ 所圍成立體的體積.

## ▶▶ 6-4 用柱面坐標與球面坐標表三重積分

### 一、用柱面坐標表三重積分

我們已在 6-2 節中知道某些二重積分利用極坐標比較容易求值.在本節中,我們將討論某些三重積分利用柱面坐標或球面坐標一樣會比較容易求值.

假設立體區域 $G=\{(r, \theta, z) \mid (r, \theta) \in R, u_1(r, \theta) \leq z \leq u_2(r, \theta)\}$,其中 $R$ 為立體 $G$ 在 $xy$-平面上的投影而用極坐標表示,$u_1$ 與 $u_2$ 皆為連續函數,如圖 6-30 所示. 若 $f$ 為柱面坐標 $r$、$\theta$ 與 $z$ 的函數,且在 $G$ 為連續,則可得

$$\iiint_G f(r, \theta, z) \, dV = \iint_R \left[ \int_{u_1(r, \theta)}^{u_2(r, \theta)} f(r, \theta, z) \, dz \right] dA \tag{6-25}$$

若 $R=\{(r, \theta) \mid \alpha \leq \theta \leq \beta, g_1(\theta) \leq r \leq g_2(\theta)\}$,則 (6-25) 式變成

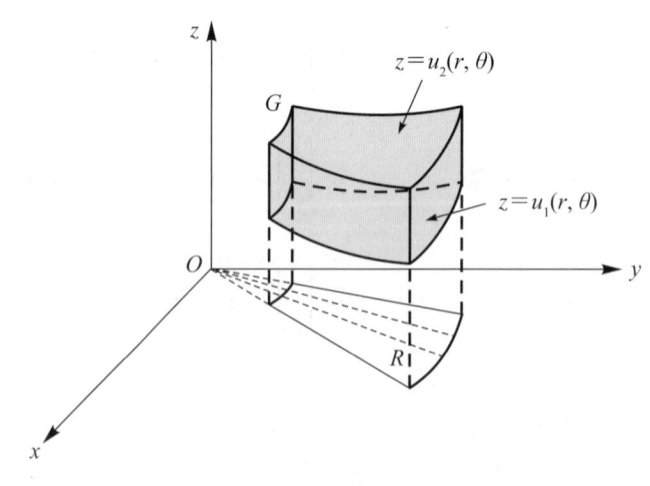

圖 6-30

$$\iiint_G f(r, \theta, z)\, dV = \int_\alpha^\beta \int_{g_1(\theta)}^{g_2(\theta)} \int_{u_1(r,\theta)}^{u_2(r,\theta)} f(r, \theta, z)\, r\, dz\, dr\, d\theta \qquad \text{(6-26)}$$

若 $R = \{(r, \theta) \mid h_1(r) \leq \theta \leq h_2(r),\ a \leq r \leq b\}$，則 (6-25) 式變成

$$\iiint_G f(r, \theta, z)\, dV = \int_a^b \int_{h_1(r)}^{h_2(r)} \int_{u_1(r,\theta)}^{u_2(r,\theta)} f(r, \theta, z)\, r\, dz\, d\theta\, dr. \qquad \text{(6-27)}$$

通常，在以直角坐標表示的三重積分中，若被積分函數或積分的界限含有形如 $x^2 + y^2$ 或 $\sqrt{x^2 + y^2}$ 的式子時，我們用柱面坐標表示會比較容易計算，因 $x^2 + y^2$ 或 $\sqrt{x^2 + y^2}$ 可用柱面坐標分別化成 $r^2$ 或 $r$.

**例題 1** 　**解題指引** ☺ 依順序 $dz\, dr\, d\theta$ 積分

計算 $\displaystyle\int_{-1}^{1} \int_{-\sqrt{1-x^2}}^{\sqrt{1-x^2}} \int_{0}^{2\sqrt{1-x^2-y^2}} dz\, dy\, dx.$

**解** 我們由 $z$ 的積分界限可知 $G$ 為橢球體 $4x^2 + 4y^2 + z^2 = 4$ 的上半部，由 $x$ 與 $y$ 的積分界限，在 $xy$-平面上的投影 $R$ 是由圓 $x^2 + y^2 = 1$ 所圍成，如圖 6-31 所示.

積分的區域 $G$ 與其在 $xy$-平面上的投影可用不等式敘述如下：

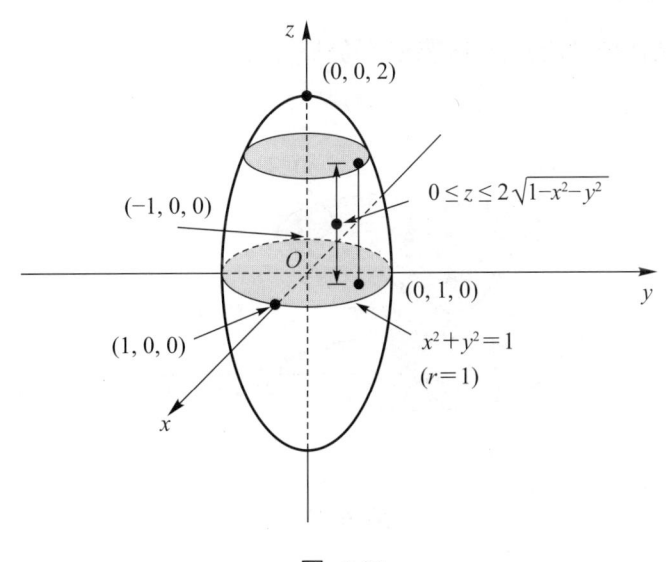

圖 6-31

$$0 \leq z \leq 2\sqrt{1-x^2-y^2}, \quad -\sqrt{1-x^2} \leq y \leq \sqrt{1-x^2}, \quad -1 \leq x \leq 1$$

即,

$$G = \{(r, \theta, z) \mid 0 \leq r \leq 1, \ 0 \leq \theta \leq 2\pi, \ 0 \leq z \leq 2\sqrt{1-r^2}\}$$

於是,

$$原式 = \int_0^{2\pi} \int_0^1 \int_0^{2\sqrt{1-r^2}} r \, dz \, dr \, d\theta = \int_0^{2\pi} \int_0^1 zr \bigg|_0^{2\sqrt{1-r^2}} dr \, d\theta$$

$$= \int_0^{2\pi} \int_0^1 2r\sqrt{1-r^2} \, dr \, d\theta = \int_0^{2\pi} \left[ -\frac{2}{3}(1-r^2)^{\frac{3}{2}} \bigg|_0^1 \right] d\theta = \frac{4\pi}{3}.$$

讀者應注意此三重疊積分的幾何意義表示橢球體上半部的體積.

**例題 2** **解題指引** ☺ 依順序 $dz \, dr \, d\theta$ 積分

計算 $\displaystyle\int_{-2}^{2} \int_{-\sqrt{4-x^2}}^{\sqrt{4-x^2}} \int_{\sqrt{x^2+y^2}}^{2} (x^2+y^2) \, dz \, dy \, dx.$

**解** 此疊積分係在下列立體區域的三重積分.

$$G = \{(x, y, z) \mid -2 \leq x \leq 2, \ -\sqrt{4-x^2} \leq y \leq \sqrt{4-x^2}, \ \sqrt{x^2+y^2} \leq z \leq 2\}$$

如圖 6-32 所示.

此立體區域經轉換成柱面坐標較容易計算. 因

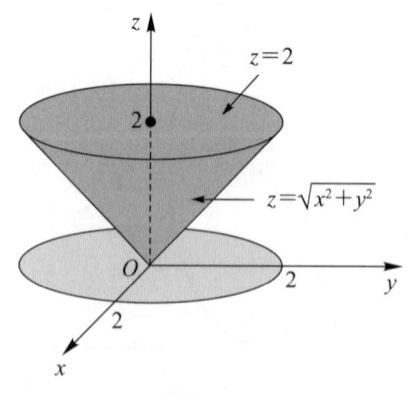

圖 6-32

$$G = \{(r, \theta, z) \mid 0 \leq \theta \leq 2\pi,\ 0 \leq r \leq 2,\ r \leq z \leq 2\}$$

故 $\displaystyle\int_{-2}^{2}\int_{-\sqrt{4-x^2}}^{\sqrt{4-x^2}}\int_{\sqrt{x^2+y^2}}^{2}(x^2+y^2)\,dz\,dy\,dx = \iiint_{G}(x^2+y^2)\,dV$

$$= \int_{0}^{2\pi}\int_{0}^{2}\int_{r}^{2} r^2 r\,dz\,dr\,d\theta = \int_{0}^{2\pi}\int_{0}^{2} r^3 z\bigg|_{r}^{2}\,dr\,d\theta$$

$$= \int_{0}^{2\pi}\int_{0}^{2} r^3(2-r)\,dr\,d\theta = \left(\int_{0}^{2} r^3(2-r)\,dr\right)\left(\int_{0}^{2\pi}d\theta\right)$$

$$= \left[\left(\frac{r^4}{2} - \frac{r^5}{5}\bigg|_{0}^{2}\right)\right](2\pi) = \frac{16\pi}{5}.$$

## 二、用球面坐標表三重積分

三重積分也可在球面坐標中考慮．假設含 $\rho$、$\theta$ 與 $\phi$ 的函數 $f$ 在形如 $G=\{(\rho, \theta, \phi) \mid a \leq \rho \leq b,\ \alpha \leq \theta \leq \beta,\ c \leq \phi \leq d\}$ 的區域上為連續．我們藉方程式 $\rho = \rho_i$、$\theta = \theta_i$ 及 $\phi = \phi_i$ 的圖形將 $G$ 分割成 $n$ 個球形楔 $G_1$, $G_2$, $\cdots$, $G_n$，一典型的球形楔如圖 6-33 所示．

若 $\Delta V_i$ 為 $G_i$ 的體積，則

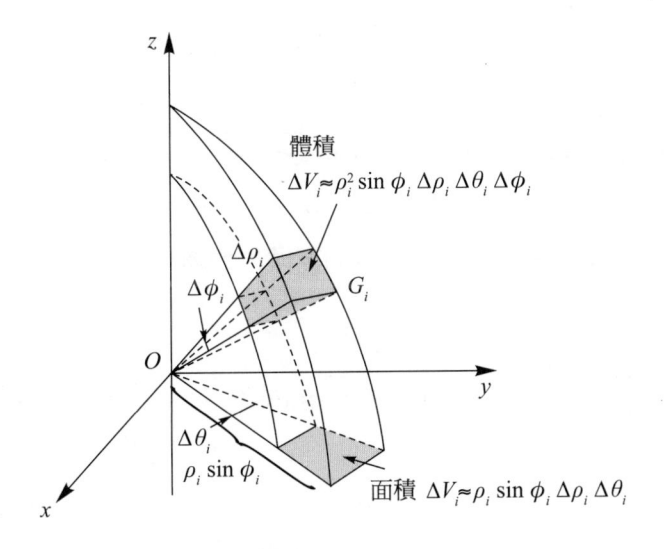

**圖 6-33**

$$\Delta V_i \approx (\rho_i\, \Delta\phi_i)(\Delta\rho_i)(\rho_i \sin\phi_i\, \Delta\theta_i) = \rho_i^2 \sin\phi_i\, \Delta\rho_i\, \Delta\theta_i\, \Delta\phi_i$$

令 $(\rho_i^*,\, \theta_i^*,\, \phi_i^*)$ 為 $G_i$ 中任一點，並計算 $f$ 在該點的值，定義

$$\iiint_G f(\rho,\, \theta,\, \phi)\, dV = \lim_{\|P_i\|\to 0} \sum_{i=1}^{n} f(\rho_i^*,\, \theta_i^*,\, \phi_i^*)\, \Delta V_i$$

若 $f$ 在 $G$ 為連續，則我們可得

$$\iiint_G f(\rho,\, \theta,\, \phi)\, dV = \int_c^d \int_\alpha^\beta \int_a^b f(\rho,\, \theta,\, \phi)\, \rho^2 \sin\phi\, d\rho\, d\theta\, d\phi. \tag{6-28}$$

若立體區域 $G = \{(\rho,\, \theta,\, \phi)\,|\, u_1(\theta,\, \phi) \leq \rho \leq u_2(\theta,\, \phi),\ \alpha \leq \theta \leq \beta,\ c \leq \phi \leq d\}$，則我們可將 (6-28) 式推廣如下：

$$\iiint_G f(\rho,\, \theta,\, \phi)\, dV = \int_c^d \int_\alpha^\beta \int_{u_1(\theta,\, \phi)}^{u_2(\theta,\, \phi)} f(\rho,\, \theta,\, \phi)\, \rho^2 \sin\phi\, d\rho\, d\theta\, d\phi \tag{6-29}$$

在三重積分中，當積分區域的邊界是由正圓錐面與球面所構成時，通常利用球面坐標去計算．

**例題 3** 解題指引 ☺ 利用球面坐標

計算 $\displaystyle\int_{-3}^{3} \int_{-\sqrt{9-x^2}}^{\sqrt{9-x^2}} \int_0^{\sqrt{9-x^2-y^2}} z^2 \sqrt{x^2+y^2+z^2}\, dz\, dy\, dx.$

**解** 積分區域 $G$ 的上邊界為半球面 $z = \sqrt{9-x^2-y^2}$，而下邊界為 $xy$-平面，即，$z = 0$。立體 $G$ 在 $xy$-平面上的投影是由圓 $x^2+y^2=9$ 所圍成的區域，如圖 6-34 所示．於是，

$$\int_{-3}^{3} \int_{-\sqrt{9-x^2}}^{\sqrt{9-x^2}} \int_0^{\sqrt{9-x^2-y^2}} z^2 \sqrt{x^2+y^2+z^2}\, dz\, dy\, dx$$

$$= \iiint_G z^2 \sqrt{x^2+y^2+z^2}\, dV$$

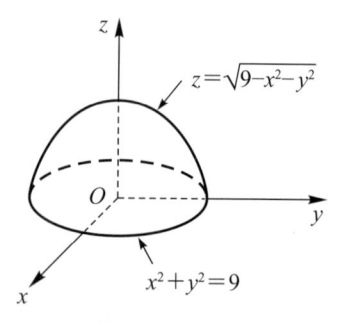

圖 6-34

$$= \int_0^{\pi/2} \int_0^{2\pi} \int_0^3 (\rho \cos \phi)^2 \rho \cdot \rho^2 \sin \phi \, d\rho \, d\theta \, d\phi$$

$$= \int_0^{\pi/2} \int_0^{2\pi} \int_0^3 \rho^5 \cos^2 \phi \sin \phi \, d\rho \, d\theta \, d\phi$$

$$= \int_0^{\pi/2} \int_0^{\pi/2} \frac{243}{2} \cos^2 \phi \sin \phi \, d\theta \, d\phi$$

$$= 243\pi \int_0^{\pi/2} \cos^2 \phi \sin \phi \, d\phi$$

$$= 243\pi \left( -\frac{1}{3} \cos^3 \phi \, \bigg|_0^{\pi/2} \right) = 81\pi.$$

**例題 4**　**解題指引** ☺　利用球面坐標

求上邊界為半徑是 1 的球面，且下邊界為圓錐面 $\phi = \dfrac{\pi}{6}$ 之立體的體積.

**解**　參考圖 6-35，可知積分變數 $\rho$、$\theta$ 與 $\phi$ 的界限為

$$0 \leq \rho \leq 1, \ 0 \leq \theta \leq 2\pi, \ 0 \leq \phi \leq \frac{\pi}{6}$$

於是，體積為

$$V = \int_0^{\pi/6} \int_0^{2\pi} \int_0^1 \rho^2 \sin \phi \, d\rho \, d\theta \, d\phi$$

$$= \int_0^{\pi/6} \int_0^{2\pi} \frac{1}{3} \sin \phi \, d\theta \, d\phi$$

$$= \int_0^{\pi/6} \frac{2\pi}{3} \sin \phi \, d\phi$$

$$= \frac{2\pi}{3} \left( 1 - \frac{\sqrt{3}}{2} \right).$$

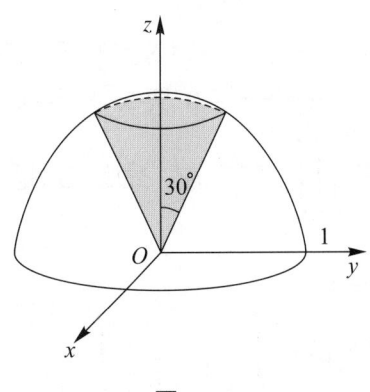

圖 6-35

## 習題 6-4

1. 計算下列各疊積分.

   (1) $\int_{\pi/6}^{\pi/2} \int_0^3 \int_0^{r\sin\theta} r\csc^3\theta \, dz \, dr \, d\theta$

   (2) $\int_0^{\pi/3} \int_0^{\sin\theta} \int_0^{r\sin\theta} r \, dz \, dr \, d\theta$

   (3) $\int_0^{\pi/2} \int_0^{2\sin\theta} \int_{-\sqrt{4-r^2}}^{\sqrt{4-r^2}} 2r \, dz \, dr \, d\theta$

   (4) $\int_0^1 \int_0^{\sqrt{z}} \int_0^{2\pi} (r^2\cos^2\theta + z^2)r \, d\theta \, dr \, dz$

   (5) $\int_0^{\pi/2} \int_0^{\pi} \int_0^{2\sin\phi} \rho^2 \sin\phi \, d\rho \, d\phi \, d\theta$

   (6) $\int_0^{2\pi} \int_0^{\pi/4} \int_0^{\sec\phi} \rho^3 \sin\phi \cos\phi \, d\rho \, d\phi \, d\theta$

2. 計算 $\iiint_G (x^2+y^2) \, dV$；$G$ 是由圓柱面 $x^2+y^2=4$ 與平面 $z=-1$ 及 $z=2$ 所圍成的立體.

3. 求由圓拋物面 $z=x^2+y^2$ 與平面 $z=4$ 所圍成立體的體積.

4. 求上邊界為球面 $x^2+y^2+z^2=8$，且下邊界為圓拋物面 $2z=x^2+y^2$ 的立體的體積.

5. 求由 $z=x^2+y^2$、$x^2+y^2=4$ 與 $z=0$ 等圖形所圍成立體的體積.

6. 求由 $x^2+y^2-z^2=0$ 與 $x^2+y^2=4$ 等圖形所圍成立體的體積.

7. 計算 $\iiint_G e^{x^2+y^2} \, dV$，此處 $G$ 是由圓柱面 $x^2+y^2=9$、$xy$-平面與平面 $z=5$ 所圍成的立體.

8. 計算疊積分 $\int_{-1}^1 \int_{-\sqrt{1-x^2}}^{\sqrt{1-x^2}} \int_{x^2+y^2}^{2-x^2-y^2} (x^2+y^2)^{\frac{3}{2}} \, dz \, dy \, dx$.

9. 計算 $\iiint_G \sqrt{x^2+y^2+z^2} \, dV$，此處 $G$ 是由圓錐面 $\phi = \dfrac{\pi}{6}$ 的下方與球面 $\rho=2$ 的上方所圍成的立體.

10. 計算 $\iiint_G y^2 \, dV$，此處 $G$ 是單位球 $x^2+y^2+z^2 \leq 1$ 位於第一卦限內的部分.

11. 求同時在球 $x^2+y^2+z^2=16$ 內部、圓錐 $z=\sqrt{x^2+y^2}$ 外部與 $xy$-平面上方之立體的體積.

12. 先將直角坐標變換成柱面坐標再計算 $\int_0^1 \int_0^{\sqrt{1-y^2}} \int_0^{\sqrt{4-x^2-y^2}} z \, dz \, dx \, dy$.

13. 先將直角坐標變換成球面坐標再計算

$$\int_{-2}^{2} \int_{-\sqrt{4-x^2}}^{\sqrt{4-x^2}} \int_{-\sqrt{x^2+y^2}}^{\sqrt{8-x^2-y^2}} (x^2+y^2+z^2) \, dz \, dy \, dx.$$

14. 將下列柱面坐標的積分變換成直角坐標的積分，但不必計算.

$$\int_0^{2\pi} \left[ \int_0^4 \left( \int_{-r}^{\sqrt{16-r^2}} z^2 \, r^5 \cos^4 \theta \, dz \right) dr \right] d\theta.$$

## ▶▶ 6-5 重積分的應用

若我們考慮一均勻 (即，密度為常數) 薄片，則其質量 $m$ 為 $\rho A$，此處 $A$ 為該薄片的面積且 $\rho$ 為其面積密度 (即，每單位面積的質量). 一般，由於物質並非均勻，故面積密度是可變的. 假設一薄片可用 $xy$-平面上某一區域 $R$ 來表示，且其面積密度函數 $\rho = \rho(x, y)$ 在 $R$ 為連續，如果欲求該薄片的總質量 $m$，我們可使用二重積分.

首先，令 $P = \{R_1, R_2, \cdots, R_n\}$ 為 $R$ 的內分割. 若在面積為 $\Delta A_i$ 的矩形區域 $R_i$ 內，選取一點 $(x_i^*, y_i^*)$，則對應於 $R_i$ 的小薄片之質量的近似值為

$$(\text{面積密度}) \cdot (\text{面積}) = \rho(x_i^*, y_i^*) \Delta A_i$$

將所有的質量相加，薄片的總質量近似於

$$\sum_{i=1}^{n} \rho(x_i^*, y_i^*) \Delta A_i$$

若分割 $P$ 的範數 $\|P\| \to 0$，則薄片的質量 $m$ 為

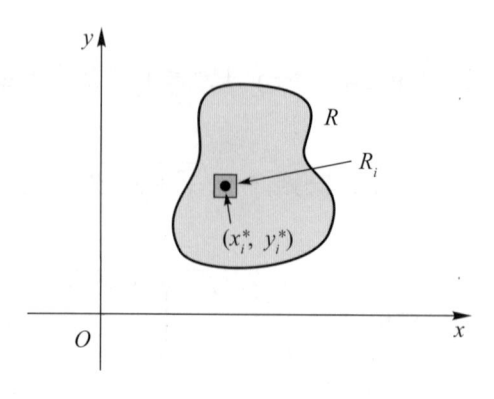

圖 6-36

$$m = \lim_{\|P\| \to 0} \sum_{i=1}^{n} \rho(x_i^*, y_i^*) \Delta A_i = \iint_R \rho(x, y) \, dA \qquad (6\text{-}30)$$

由 (6-30) 式可知，若面積密度 $\rho$ 為常數，則

$$m = \iint_R \rho \, dA = \rho \iint_R dA = \rho A$$

若一質量 $m$ 的質點置於距定軸 $L$ 的距離為 $d$，則對該軸的**力矩** $M_L$ 為 $M_L = md$．

令一非均勻密度的薄片具有平面區域 $R$ 的形狀，並假設在點 $(x, y)$ 的面積密度 $\rho(x, y)$ 在 $R$ 為連續．若 $P = \{R_1, R_2, \cdots, R_n\}$ 為 $R$ 的內分割，則在 $R_i$ 內選取一點 $(x_i^*, y_i^*)$，如圖 6-36 所示．若假設對應於 $R_i$ 的小薄片的質量集中在點 $(x_i^*, y_i^*)$，則其對 $x$-軸的力矩為乘積 $y_i^* \rho(x_i^*, y_i^*) \Delta A_i$．若將這些力矩相加，且取範數 $\|P\| \to 0$ 時的極限，則整個薄片對 $x$-軸的**力矩** $M_x$ 為

$$M_x = \lim_{\|P\| \to 0} \sum_{i=1}^{n} y_i^* \rho(x_i^*, y_i^*) \Delta A_i = \iint_R y \rho(x, y) \, dA \qquad (6\text{-}31)$$

同理，整個薄片對 $y$-軸的**力矩** $M_y$ 為

$$M_y = \lim_{\|P\| \to 0} \sum_{i=1}^{n} x_i^* \rho(x_i^*, y_i^*) \Delta A_i = \iint_R x \rho(x, y) \, dA \qquad (6\text{-}32)$$

若我們定義薄片的**質心坐標**為

$$\bar{x} = \frac{M_y}{m}, \qquad \bar{y} = \frac{M_x}{m}$$

則

$$\bar{x}=\frac{\iint\limits_R x\rho(x,\ y)\ dA}{\iint\limits_R \rho(x,\ y)\ dA}\ ,\qquad \bar{y}=\frac{\iint\limits_R y\rho(x,\ y)\ dA}{\iint\limits_R \rho(x,\ y)\ dA} \qquad (6\text{-}33)$$

讀者應注意，若 $\rho(x,\ y)$ 為常數，則薄片的質心稱為形心．

**例題 1** **解題指引** ☺ 利用 (6-33) 式

一薄片係位於第一象限內在 $y=\sin x$ 與 $y=\cos x$ 等圖形之間由 $x=0$ 到 $x=\dfrac{\pi}{4}$ 的區域，若密度為 $\rho(x,\ y)=y$，求此薄片的質心．

**解** 由圖 6-37 可知

$$m=\iint\limits_R y\ dA=\int_0^{\pi/4}\int_{\sin x}^{\cos x} y\ dy\ dx$$

$$=\int_0^{\pi/4}\left(\frac{y^2}{2}\bigg|_{\sin x}^{\cos x}\right)dx$$

$$=\frac{1}{2}\int_0^{\pi/4}(\cos^2 x-\sin^2 x)\ dx$$

$$=\frac{1}{2}\int_0^{\pi/4}\cos 2x\ dx$$

$$=\frac{1}{4}\sin 2x\bigg|_0^{\pi/4}=\frac{1}{4}$$

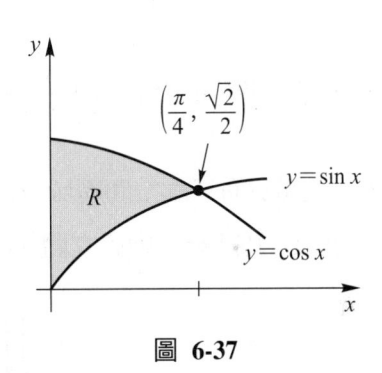

圖 6-37

現在，

$$M_y=\iint\limits_R xy\ dA=\int_0^{\pi/4}\int_{\sin x}^{\cos x} xy\ dy\ dx=\int_0^{\pi/4}\frac{1}{2}xy^2\bigg|_{\sin x}^{\cos x}dx$$

$$=\frac{1}{2}\int_0^{\pi/4} x\cos 2x\ dx=\left(\frac{1}{4}x\sin 2x+\frac{1}{8}\cos 2x\right)\bigg|_0^{\pi/4}=\frac{\pi-2}{16}.$$

同理，

$$M_x = \iint\limits_R y^2\, dA = \int_0^{\pi/4}\int_{\sin x}^{\cos x} y^2\, dy\, dx = \frac{1}{3}\int_0^{\pi/4}(\cos^3 x - \sin^3 x)\, dx$$

$$= \frac{1}{3}\int_0^{\pi/4}[\cos x\,(1-\sin^2 x) - \sin x\,(1-\cos^2 x)]\, dx$$

$$= \frac{1}{3}\left(\sin x - \frac{1}{3}\sin^3 x + \cos x - \frac{1}{3}\cos^3 x\right)\Bigg|_0^{\pi/4} = \frac{5\sqrt{2}-4}{18}.$$

因此，

$$\bar{x} = \frac{M_y}{m} = \frac{\dfrac{\pi-2}{16}}{\dfrac{1}{4}} = \frac{\pi-2}{4}\quad,\quad \bar{y} = \frac{M_x}{m} = \frac{\dfrac{5\sqrt{2}-4}{18}}{\dfrac{1}{4}} = \frac{10\sqrt{2}-8}{9}$$

於是，薄片的質心為 $\left(\dfrac{\pi-2}{4},\ \dfrac{10\sqrt{2}-8}{9}\right)$。

若一立體具有三維空間區域 $G$ 的形狀，且在點 $(x, y, z)$ 的**密度**為 $\rho(x, y, z)$，此處 $\rho$ 在 $G$ 為連續，則此立體 $G$ 的**質量**為

$$m = \iiint\limits_S \rho(x,\ y,\ z)\, dV \tag{6-34}$$

若質量 $m$ 的質點位於點 $(x, y, z)$，則其對 $xy$-平面、$xz$-平面與 $yz$-平面的**力矩**分別為

$$\begin{aligned}M_{xy} &= \iiint\limits_S z\rho(x,\ y,\ z)\, dV\\[4pt] M_{xz} &= \iiint\limits_S y\rho(x,\ y,\ z)\, dV\\[4pt] M_{yz} &= \iiint\limits_S x\rho(x,\ y,\ z)\, dV\end{aligned} \tag{6-35}$$

立體 $G$ 之質心的坐標分別為

$$\bar{x} = \frac{M_{yz}}{m}, \quad \bar{y} = \frac{M_{xz}}{m}, \quad \bar{z} = \frac{M_{xy}}{m}. \tag{6-36}$$

**例題 2** **解題指引** ☺ 利用 (6-36) 式

某立體的形狀為底半徑 $a$ 與高 $h$ 的正圓柱，若在一點 $P$ 的密度與由底面到 $P$ 的距離成比例，求該立體的質心．

**解** 若我們引入如圖 6-38 的坐標系，則該立體是由 $x^2+y^2=a^2$、$z=0$ 與 $z=h$ 等圖形所圍成．依假設，我們可以假設在點 $(x, y, z)$ 的密度為 $\rho(x, y, z)=kz$，$k$ 為一常數．顯然，質心在 $z$-軸上，所以，只要求 $\bar{z}=\dfrac{M_{xy}}{m}$ 即可．再者，依 $\rho$ 的形式與立體的對稱性，我們可以對第一卦限內的部分計算 $m$ 與 $M_{xy}$，然後乘以 4．

利用 (6-34) 式可得

$$\begin{aligned}
m &= 4\int_0^a \int_0^{\sqrt{a^2-x^2}} \int_0^h kz\,dz\,dy\,dx \\
&= 4k \int_0^a \int_0^{\sqrt{a^2-x^2}} \frac{h^2}{2} dy\,dx \\
&= 2kh^2 \int_0^a \sqrt{a^2-x^2}\,dx \\
&= 2kh^2 \left(\frac{\pi a^2}{4}\right) = \frac{k\pi h^2 a^2}{2}
\end{aligned}$$

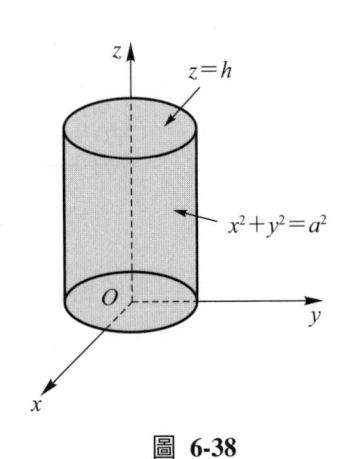

圖 6-38

其次，利用 (6-35) 式可得

$$M_{xy} = 4\int_0^a \int_0^{\sqrt{a^2-x^2}} \int_0^h z(kz)\,dz\,dy\,dx = 4k\int_0^a \int_0^{\sqrt{a^2-x^2}} \frac{h^3}{3}\,dy\,dx$$

$$= \frac{4kh^3}{3}\int_0^a \sqrt{a^2-x^2}\,dx = \frac{4kh^3}{3}\left(\frac{\pi a^2}{4}\right) = \frac{k\pi h^3 a^2}{3}$$

最後，可得

$$\bar{z} = \frac{M_{xy}}{m} = \frac{k\pi h^3 a^2}{3}\left(\frac{2}{k\pi h^2 a^2}\right) = \frac{2}{3}h$$

因此，質心是在圓柱的中心軸上，距下底 $\frac{2}{3}$ 高度處.

若一質量 $m$ 的質點距定軸 $L$ 的距離為 $d$，則其對該軸的**轉動慣量** $I_L$ 定義為

$$I_L = md^2$$

若一可變面積密度 $\rho(x, y)$ 的薄片可藉 $xy$-平面上的區域 $R$ 表示，則其對 $x$-軸的轉動慣量為

$$I_x = \lim_{\|P\| \to 0} \sum_{i=1}^{n} \underbrace{[\rho(x_i^*, y_i^*) \Delta A_i]}_{\text{質量}} \underbrace{(y_i^*)^2}_{\substack{\text{距離的}\\\text{平 方}}} = \iint_R y^2 \rho(x, y)\, dA \tag{6-37}$$

同理，對 $y$-軸的轉動慣量 $I_y$ 定義為

$$I_y = \lim_{\|P\| \to 0} \sum_{i=1}^{n} \underbrace{[\rho(x_i^*, y_i^*) \Delta A_i]}_{\text{質量}} \underbrace{(x_i^*)^2}_{\substack{\text{距離的}\\\text{平 方}}} = \iint_R x^2 \rho(x, y)\, dA \tag{6-38}$$

若我們將 $\rho(x_i^*, y_i^*) \Delta A_i$ 乘以自原點至點 $(x_i^*, y_i^*)$ 的距離的平方和 $(x_i^*)^2 + (y_i^*)^2$，並將這種項的和取極限，則可得薄片對原點的轉動慣量 $I_o$. 因此，

$$I_o = \lim_{\|P\| \to 0} \sum_{i=1}^{n} \underbrace{[\rho(x_i^*, y_i^*) \Delta A_i]}_{\text{質量}} \underbrace{[(x_i^*)^2 + (y_i^*)^2]}_{\substack{\text{距離的}\\\text{平 方}}} = \iint_R (x^2 + y^2) \rho(x, y)\, dA \tag{6-39}$$

注意，$I_o = I_x + I_y$.

若 $\rho = \rho(x, y, z)$ 為立體 $G$ 上的連續密度函數，則 $G$ 對 $x$-軸、$y$-軸與 $z$-軸的轉動慣量分別為

$$I_x = \iiint_G (y^2 + z^2)\, \rho(x, y, z)\, dV$$

$$I_y = \iiint_G (x^2+z^2)\,\rho(x,\,y,\,z)\,dV \tag{6-40}$$

$$I_z = \iiint_G (x^2+y^2)\,\rho(x,\,y,\,z)\,dV$$

若 $I$ 為薄片對一已知軸的轉動慣量，則其對該軸的迴轉半徑定義為

$$R_g = \sqrt{\dfrac{I}{m}}\,. \tag{6-41}$$

**例題 3**　**解題指引** ☺ 利用 **(6-37)** 式

一薄片 $T$ 具有如圖 6-39(i) 所示的半圓區域，若在點 $P$ 的密度與由直徑 $AB$ 到 $P$ 的距離成比例，求此薄片對通過 $A$ 與 $B$ 之直線的轉動慣量.

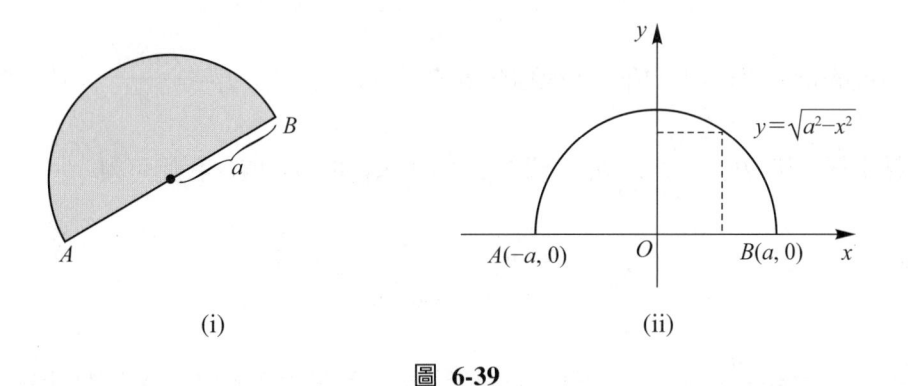

圖 6-39

**解**　如果我們引進如圖 6-39(ii) 的坐標系，則在點 $(x,\,y)$ 的密度為 $\rho(x,\,y) = ky$. 所欲求的轉動慣量為

$$I_x = \int_{-a}^{a}\!\int_{0}^{\sqrt{a^2-x^2}} y^2(ky)\,dy\,dx = k\int_{-a}^{a} \dfrac{1}{4}y^4\bigg|_{0}^{\sqrt{a^2-x^2}}dx$$

$$= \dfrac{k}{4}\int_{-a}^{a}(a^4-2a^2x^2+x^4)\,dx = \dfrac{4ka^5}{15}.$$

## 例題 4  解題指引 ☺ 利用 (6-40) 式

求例題 2 中的立體對其對稱軸的轉動慣量與迴轉半徑.

**解** 此立體繪於圖 6-38 中，其中 $\rho(x, y, z)=kz$.

$$I_z = 4\int_0^a \int_0^{\sqrt{a^2-x^2}} \int_0^h (x^2+y^2)\, kz\, dz\, dy\, dx$$

$$= 4k\int_0^a \int_0^{\sqrt{a^2-x^2}} (x^2+y^2)\, \frac{h^2}{2}\, dy\, dx$$

$$= 2kh^2 \int_0^a \left(x^2 y + \frac{y^3}{3}\right)\Big|_0^{\sqrt{a^2-x^2}} dx$$

$$= 2kh^2 \int_0^a \left[x^2\sqrt{a^2-x^2} + \frac{1}{3}(a^2-x^2)^{\frac{3}{2}}\right] dx$$

最後的積分可以用三角代換或積分表來計算，可得出 $I_z = \dfrac{k\pi h^2 a^4}{4}$. 若 $R_g$ 為迴轉半徑，則 $R_g^2 = \dfrac{I_z}{m}$. 利用例題 2 中所求得的 $m$ 值，我們可得

$$R_g^2 = \frac{k\pi h^2 a^4}{4} \cdot \frac{2}{k\pi h^2 a^2} = \frac{a^2}{2}$$

因此，$R_g = \dfrac{a}{\sqrt{2}} \approx 0.7a$，即，迴轉半徑為一距圓柱的軸大約為圓柱半徑之 $\dfrac{7}{10}$ 的距離.

## 習題 6-5

在 1～9 題中求薄片的質量 $m$ 與質心 $(\bar{x}, \bar{y})$，其中該薄片具有所予方程式的圖形所圍成區域 $R$ 的形狀與所指定的密度.

1. $x=0$, $x=4$, $y=0$, $y=3$；$\rho(x, y)=y+1$

2. $y=0$, $y=\sqrt{4-x^2}$；$\rho(x, y)=y$

3. $y=0$, $y=\sin x$, $0 \leq x \leq \pi$；$\rho(x, y)=y$

4. $y=x^2$, $y=4$；在點 $P(x, y)$ 的密度與由 $y$-軸到 $P$ 的距離成比例.

5. $y=e^{-x^2}$, $y=0$, $x=-1$, $x=1$；$\rho(x, y)=|xy|$

6. $y=e^x$, $y=0$, $x=0$, $x=1$；$\rho(x, y)=2-x+y$

7. $r=1+\cos\theta$；$\rho(r, \theta)=r$

8. $r=2\cos\theta$；在點 $P(r, \theta)$ 的密度與由極點到 $P$ 的距離成比例.

9. $r=4\cos\theta$ 之圖形的內部與 $r=2$ 之圖形的外部；在點 $P(r, \theta)$ 的密度與由 $P$ 到極軸的距離成比例.

10. 一立體具有由 $4-z=9x^2+y^2$、$y=4x$、$z=0$ 與 $y=0$ 等圖形在第一卦限內所圍成區域的形狀. 若在點 $P(x, y, z)$ 的密度與由原點到 $P$ 的距離成比例，試寫出求 $\bar{x}$ 所需的積分公式.

11. 若密度是與點的坐標之和成比例，求由平面 $x+y+z=1$、$x=0$、$y=0$ 與 $z=0$ 所圍成四面體的質心。

12. 若密度是與離原點距離的平方成比例，求由圓柱面 $x^2+y^2=9$ 與平面 $z=0$ 及 $z=4$ 所圍成立體的質心.

13. 求由球面 $x^2+y^2+z^2=a^2$ ($a>0$) 與各坐標平面在第一卦限內所圍成均勻立體的質心.

14. 求由 $z=x^2+y^2$、$x^2+y^2=4$ 與 $z=0$ 等圖形所圍成均勻立體的質心.

15. 求由 $x^2+y^2-z^2=0$ 與 $x^2+y^2=4$ 等圖形所圍成立體的質心.

16. 令 $Q=\{(x, y, z) \mid 1 \leq z \leq 5-x^2-y^2, 1 \leq x^2+y^2\}$，若在點 $P(x, y, z)$ 的密度與由 $xy$-平面到 $P$ 的距離成比例，求 $Q$ 的質量與質心.

17. 若密度與離球心的距離成比例，求半徑為 $a$ 之半球體的質心.

18. 若在 $P$ 點的密度與由球心到 $P$ 的距離平方成比例，求位於球 $x^2+y^2+z^2=1$ 外部與球 $x^2+y^2+z^2=2$ 內部之立體的質量.

19. 若一薄片係由方程式 $y=x^{\frac{1}{3}}$、$x=8$ 與 $y=0$ 等圖形所圍成的區域且密度為 $\rho(x, y)=y^2$，求此薄片的 $I_x$、$I_y$ 與 $I_o$.

20. 設一薄片的形狀為三角形，其頂點為 $(0, 0)$、$(0, a)$ 與 $(a, 0)$，密度為 $\rho(x, y) = x^2 + y^2$，求此薄片的 $I_x$、$I_y$ 與 $I_o$.

21. 設一薄片的形狀為正方形，其頂點分別為 $(0, 0)$、$(0, a)$、$(a, a)$ 與 $(a, 0)$，密度為 $\rho(x, y) = x + y$，求此薄片對 $x$-軸的迴轉半徑 $(a > 0)$.

22. 求半徑為 $a$ 的均勻（$\rho$ 為常數）圓形薄片對一直徑的迴轉半徑與轉動慣量.

23. 若在點 $P$ 的密度與由 $z$-軸到 $P$ 的距離成比例，求由 $z = \sqrt{x^2 + y^2}$ 與 $z = 4$ 等圖形所圍成的圓錐體對 $z$-軸的轉動慣量與迴轉半徑.

## ▶▶ 6-6 重積分的變數變換

我們曾在第五章提出如何利用變數變換化簡積分；然而，變數變換在二重積分中也很有用. 例如，若新變數 $r$ 及 $\theta$ 與原變數 $x$ 及 $y$ 的關係式為：

$$x = r \cos \theta, \quad y = r \sin \theta$$

則變數變換 (6-15) 式可寫成

$$\iint_R f(x, y)\, dA = \iint_R f(r \cos \theta, r \sin \theta)\, r\, dA$$

此處 $R$ 為 $xy$-平面上的區域，而 $S$ 為 $r\theta$-平面上對應於 $R$ 的區域.

一般而言，我們考慮自 $uv$-平面至 $xy$-平面的一個變換 $T$：

$$T(u, v) = (x, y)$$

此處

$$x = x(u, v), \quad y = y(u, v) \tag{6-42}$$

通常，我們假設 $T$ 為 $C^1$ 變換，其表示 $x$ 與 $y$ 皆有連續一階偏導函數.

變換 $T$ 實際上正是一個函數，其定義域與值域皆為 $\mathbb{R}^2$ 的子集合. 若 $T(u_1, v_1) = (x_1, y_1)$，則點 $(x_1, y_1)$ 稱為點 $(u_1, v_1)$ 的像. 若無任何兩點有相同的像，則 $T$ 稱為一對一. 如圖 6-40 所示，若變換 $T$ 將 $uv$-平面上的區域 $S$ 變換到 $xy$-平面上的區域 $R$，則稱 $R$ 為 $S$ 的像.

### 圖 6-40

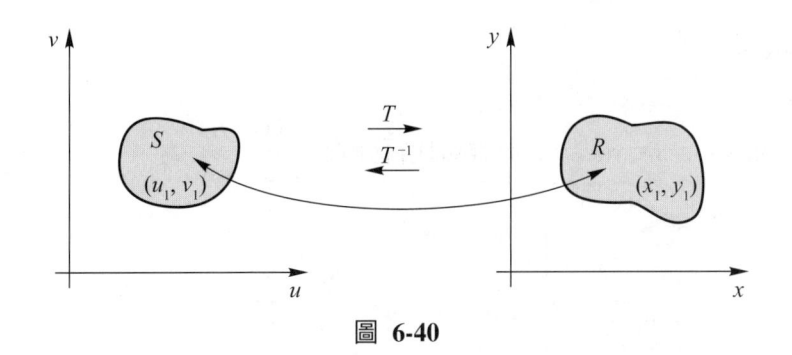

若 $T$ 為一對一變換，則它有一個自 $xy$-平面至 $uv$-平面的**逆變換** $T^{-1}$，可由 (6-42) 式解得：

$$u = u(x, y), \quad v = v(x, y). \tag{6-43}$$

**例題 1** 解題指引 ☺ 變換後的像

求長方形區域 $S = \{(u, v) \mid 0 \leq u \leq 2, \ 0 \leq v \leq 1\}$ 在變換 $x = u - 2v$, $y = 2u - v$ 下的像。

**解** 首先，找出 $S$ 的四個邊的像。

第一個邊為 $S_1 : v = 0$, $0 \leq u \leq 2$，可得 $x = u$, $y = 2u$，故 $y = 2x$。

第二個邊為 $S_2 : u = 2$, $0 \leq v \leq 1$，可得 $x = 2 - 2v$, $y = 4 - v$，故 $x = 2y - 6$。

第三個邊為 $S_3 : v = 1$, $0 \leq u \leq 2$，可得 $x = u - 2$, $y = 2u - 1$，故 $y = 2x + 3$。

第四個邊為 $S_4 : u = 0$, $0 \leq v \leq 1$，可得 $x = -2v$, $y = -v$，故 $x = 2y$。

綜合上面的討論，可知 $S$ 的像是在 $xy$-平面上由直線 $y = 2x$、$x = 2y - 6$、$y = 2x + 3$ 及 $x = 2y$ 所圍成的區域 $R$，如圖 6-41 所示。

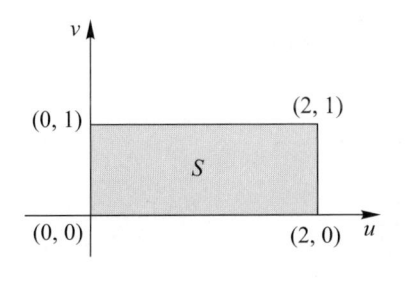

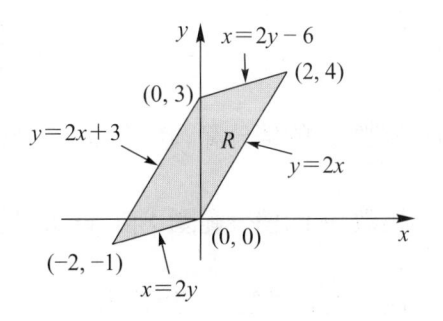

### 圖 6-41

## 定義 6-4

變換 $x = x(u, v)$, $y = y(u, v)$ 的雅可比行列式 $\dfrac{\partial(x, y)}{\partial(u, v)}$ 為

$$\frac{\partial(x, y)}{\partial(u, v)} = \begin{vmatrix} \dfrac{\partial x}{\partial u} & \dfrac{\partial x}{\partial v} \\ \dfrac{\partial y}{\partial u} & \dfrac{\partial y}{\partial v} \end{vmatrix} = \frac{\partial x}{\partial u} \frac{\partial y}{\partial v} - \frac{\partial x}{\partial v} \frac{\partial y}{\partial u}.$$

下面定理提供了二重積分的變數變換公式.

## 定理 6-4

設一對一的 $C^1$ 變換將 $uv$-平面上的區域 $S$ 映到 $xy$-平面上的區域 $R$, 且 $\dfrac{\partial(x, y)}{\partial(u, v)} \neq 0$. 若函數 $f$ 在 $R$ 為連續, $R$ 與 $S$ 為第 I 型或第 II 型區域, 則

$$\iint_R f(x, y) \, dx \, dy = \iint_S f(x(u, v), y(u, v)) \left| \frac{\partial(x, y)}{\partial(u, v)} \right| du \, dv. \tag{6-44}$$

### 例題 2　解題指引 ☺ 利用極坐標

求下列的積分值.

(1) $\displaystyle\int_0^{a/\sqrt{2}} \int_y^{\sqrt{a^2-y^2}} x \, dx \, dy$　　(2) $\displaystyle\int_0^{\infty} \int_0^{\infty} e^{-(x^2+y^2)} \, dx \, dy$

**解** (1) 變數 $x$ 的積分範圍：自 $x=y$ 至 $x=\sqrt{a^2-x^2}$,

變數 $y$ 的積分範圍：自 $y=0$ 至 $y=\dfrac{a}{\sqrt{2}}$.

由以上的界限, 可以找出 $xy$-坐標平面上的積分區域, 如圖 6-42 所示. 利用雅可比行列式, 可得

圖 6-42　　　　　　　　　　　　　圖 6-43

$$\int_0^{a/\sqrt{2}} \int_y^{\sqrt{a^2-y^2}} x\, dx\, dy = \int_0^{\pi/4} \int_0^a (r\cos\theta)\, r\, dr\, d\theta = \int_0^{\pi/4} \int_0^a r^2 \cos\theta\, dr\, d\theta$$

$$= \int_0^{\pi/4} \frac{1}{3} r^3 \cos\theta \Big|_0^a d\theta = \frac{a^3}{3} \int_0^{\pi/4} \cos\theta\, d\theta$$

$$= \frac{a^3}{3} \left(\sin\theta \Big|_0^{\pi/4}\right) = \frac{\sqrt{2}}{6} a^3.$$

(2) 變數 $x$ 的積分範圍：自 $0$ 至 $\infty$.

變數 $y$ 的積分範圍：自 $0$ 至 $\infty$.

由以上的界限，可找出 $xy$-坐標平面上的積分區域，如圖 6-43 所示. 利用雅可比行列式，可得

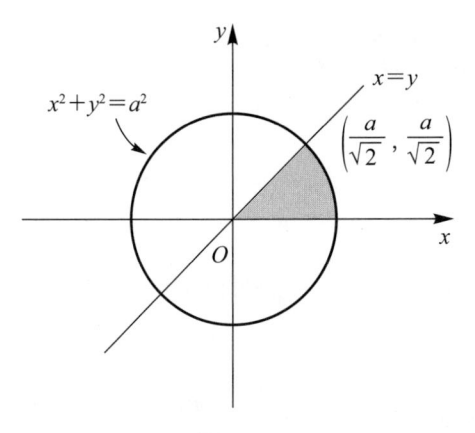

$$\int_0^\infty \int_0^\infty e^{-(x^2+y^2)}\, dx\, dy = \int_0^{\pi/2} \int_0^\infty e^{-r^2} r\, dr\, d\theta$$

內層積分為

$$\int_0^\infty e^{-r^2} r\, dr = -\frac{1}{2} \lim_{t\to\infty} \int_0^t e^{-r^2}\, d(-r^2)$$

$$= -\frac{1}{2} \lim_{t\to\infty} \left(e^{-r^2}\Big|_0^t\right) = -\frac{1}{2} \lim_{t\to\infty} (e^{-t^2} - 1) = \frac{1}{2}$$

故 $\displaystyle\int_0^\infty\int_0^\infty e^{-(x^2+y^2)}\,dx\,dy = \frac{1}{2}\int_0^{\pi/2}d\theta = \frac{\pi}{4}$.

**例題 3** 解題指引 ☺ 利用 (6-44) 式

計算 $\displaystyle\iint_R e^{\frac{y-x}{y+x}}\,dA$；此處 $R$ 是由直線 $x+y=2$ 與二坐標軸所圍成的三角形區域.

**解** 令 $u=y-x$, $v=y+x$, 則 $x=\dfrac{1}{2}(v-u)$, $y=\dfrac{1}{2}(v+u)$, 可得雅可比行列式為

$$\frac{\partial(x,y)}{\partial(u,v)} = \begin{vmatrix} \dfrac{\partial x}{\partial u} & \dfrac{\partial x}{\partial v} \\ \dfrac{\partial y}{\partial u} & \dfrac{\partial y}{\partial v} \end{vmatrix} = \begin{vmatrix} -\dfrac{1}{2} & \dfrac{1}{2} \\ \dfrac{1}{2} & \dfrac{1}{2} \end{vmatrix} = -\dfrac{1}{2}$$

欲在 $uv$-平面上求出 $R$ 的像 $S$，我們先注意 $R$ 的三個邊. 直線 $x=0$ 映到直線 $u=v$，直線 $y=0$ 映到直線 $u=-v$，直線 $x+y=2$ 映到直線 $v=2$. 因此，三直線 $u=v$、$u=-v$ 與 $v=2$ 形成三角形區域 $S$ 的邊界，如圖 6-44 所示. 我們也可證得 $R$ 內部的點映到 $S$ 內部的點. 因 $S=\{(u,v)\mid -v\leq u\leq v,\ 0\leq v\leq 2\}$，故

$$\iint_R e^{\frac{y-x}{y+x}}\,dx\,dy = \iint_S e^{u/v}\left|\frac{\partial(x,y)}{\partial(u,v)}\right|du\,dv = \frac{1}{2}\int_0^2\int_{-v}^v e^{u/v}\,du\,dv$$

$$= \frac{1}{2}\int_0^2 \left(e-\frac{1}{e}\right)v\,dv = e-\frac{1}{e}.$$

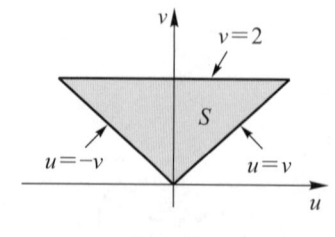

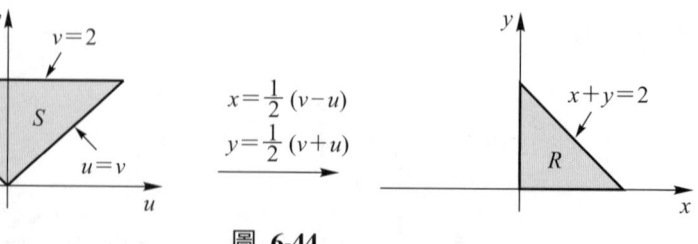

圖 6-44

另外，我們也可得到三重積分的變數變換公式. 令 $uvw$-空間中的區域 $S$ 映到 $xyz$-空間中的區域 $R$ 的變換 $T$ 為：

$$x = g(u, v, w), \quad y = h(u, v, w), \quad z = k(u, v, w)$$

$T$ 的雅可比行列式為：

$$\frac{\partial(x, y, z)}{\partial(u, v, w)} = \begin{vmatrix} \dfrac{\partial x}{\partial u} & \dfrac{\partial x}{\partial v} & \dfrac{\partial x}{\partial w} \\ \dfrac{\partial y}{\partial u} & \dfrac{\partial y}{\partial v} & \dfrac{\partial y}{\partial w} \\ \dfrac{\partial z}{\partial u} & \dfrac{\partial z}{\partial v} & \dfrac{\partial z}{\partial w} \end{vmatrix}$$

在類似於定理 6-4 的假設下，我們得到下面的公式：

$$\iiint_R f(x, y, z)\, dx\, dy\, dz$$

$$= \iiint_S f(g(u, v, w), h(u, v, w), k(u, v, w)) \left| \frac{\partial(x, y, z)}{\partial(u, v, w)} \right| du\, dv\, dw. \quad \textbf{(6-45)}$$

若利用球面坐標與直角坐標的關係式，

$$x = \rho \sin\phi \cos\theta, \quad y = \rho \sin\phi \sin\theta, \quad z = \rho \cos\phi$$

我們計算雅可比行列式如下：

$$\frac{\partial(x, y, z)}{\partial(\rho, \theta, \phi)} = \begin{vmatrix} \sin\phi \cos\theta & -\rho \sin\phi \sin\theta & \rho \cos\phi \cos\theta \\ \sin\phi \sin\theta & \rho \sin\phi \cos\theta & \rho \cos\phi \sin\theta \\ \cos\phi & 0 & -\rho \sin\phi \end{vmatrix}$$

$$= -\rho^2 \sin\phi \cos^2\phi - \rho^2 \sin\phi \sin^2\phi$$
$$= -\rho^2 \sin\phi$$

因 $0 \leq \phi \leq \pi$，可得 $\sin\phi \geq 0$，故

$$\left|\frac{\partial(x,\ y,\ z)}{\partial(\rho,\ \theta,\ \phi)}\right| = |-\rho^2 \sin\phi| = \rho^2 \sin\phi$$

依 (6-45) 式可得

$$\iiint_R f(x,\ y,\ z)\ dx\ dy\ dz$$

$$= \iiint_S f(\rho\sin\phi\cos\theta,\ \rho\sin\phi\sin\theta,\ \rho\cos\phi)\rho^2\sin\phi\ d\rho\ d\theta\ d\phi$$

此與 (6-29) 式一致.

## 習題 6-6

在 1～5 題中，求各變換的雅可比行列式.

1. $x = u^2 - v^2$, $y = 2uv$
2. $x = u - v^2$, $y = u + v^2$
3. $x = e^{2u}\cos v$, $y = e^{2u}\sin v$
4. $x = u + v + w$, $y = u + v - w$, $z = u - v + w$
5. $x = 3u$, $y = 2v^2$, $z = 4w^3$

6. 計算 $\iint_R \dfrac{x-y}{x+y}\,dA$，此處 $R$ 為具頂點 $(0,\ 2)$、$(1,\ 1)$、$(2,\ 2)$ 與 $(1,\ 3)$ 的正方形區域.

7. 計算 $\iint_R \cos\left(\dfrac{y-x}{y+x}\right) dA$，此處 $R$ 為具頂點 $(1,\ 0)$、$(2,\ 0)$、$(0,\ 2)$ 與 $(0,\ 1)$ 的梯形區域.

8. 計算 $\iint_R \dfrac{x+2y}{\cos(x-y)}\,dA$，此處 $R$ 為由直線 $y=x$、$y=x-1$、$x+2y=0$ 與 $x+2y=2$ 所圍成的平行四邊形區域.

9. 計算 $\iint\limits_R \sin(9x^2+4y^2)\,dA$，此處 $R=\{(x,\ y)\,|\,9x^2+4y^2\leq 1,\ x\geq 0,\ y\geq 0\}$。

10. 計算 $\iint\limits_R e^{x+y}\,dA$，此處 $R=\{(x,\ y)\,|\,|x|+|y|\leq 1\}$。

11. 利用變換：$x=u^2,\ y=v^2,\ z=w^2$，求位於第一卦限內由曲面 $\sqrt{x}+\sqrt{y}+\sqrt{z}=1$ 與各坐標平面所圍成立體的體積。

12. 求橢球體 $\dfrac{x^2}{a^2}+\dfrac{y^2}{b^2}+\dfrac{z^2}{c^2}\leq 1\ (a>0,\ b>0,\ c>0)$ 的體積。

# 7 無窮級數

## 本章學習目標

- 瞭解函數極限之意義
- 熟練判斷數列的斂散性
- 如何檢驗正項級數的斂散性
- 如何檢驗交錯級數的斂散性
- 瞭解絕對收斂與條件收斂的意義
- 如何求冪級數的收斂區間與收斂半徑
- 如何將函數展開成泰勒級數或麥克勞林級數
- 瞭解泰勒級數的應用
- 瞭解二項級數與其收斂區間

## 7-1 無窮數列

無窮級數的理論是建立在無窮數列上，所以，我們先討論無窮數列的觀念，再來討論無窮級數．

### 定義 7-1

**無窮數列** (infinite sequence of numbers) 是一個函數，其定義域為所有大於或等於某正整數 $n_0$ 的正整數所成的集合．

通常，$n_0$ 取為 1，因而無窮數列的定義域為所有正整數的集合，即 **N**．然而，有時候，為了使數列有定義，其定義域不一定從 1 開始．

若 $f$ 為一無窮數列，則對每一正整數 $n$ 恰有一實數 $f(n)$ 與其對應．

$$\begin{array}{ccccc} 1, & 2, & 3, & 4, \cdots, & n, \cdots \\ \downarrow & \downarrow & \downarrow & \downarrow & \downarrow \\ f(1), & f(2), & f(3), & f(4), \cdots, & f(n), \cdots \end{array}$$

若令 $a_n = f(n)$，則上式可寫成

$$a_1, a_2, a_3, \cdots, a_n, \cdots$$

記為 $\{a_1, a_2, a_3, \cdots, a_n, \cdots\}$，其中 $a_1$ 稱為無窮數列的**首項** (first term)，$a_2$ 稱為**第二項** (second term)，$a_n$ 稱為**第 $n$ 項** (nth term)．有時候，我們將該數列表成 $\{a_n\}_{n=1}^{\infty}$ 或 $\{a_n\}$．例如，$\{3^n\}$ 表示第 $n$ 項為 $a_n = 3^n$ 的數列，由定義 7-1 知，數列 $\{3^n\}$ 為對每一正整數 $n$ 滿足 $f(n) = 3^n$ 的函數 $f$．

因數列是函數，故我們可以作出它的圖形，方法有兩種：一者是在數線上描出數 $a_n$ 的位置，另一者是在坐標平面上描出點 $(n, a_n)$ 的位置．例如，數列 $\left\{\dfrac{1}{n}\right\}_{n=1}^{\infty}$ 的圖形如圖 7-1 所示．

图 7-1

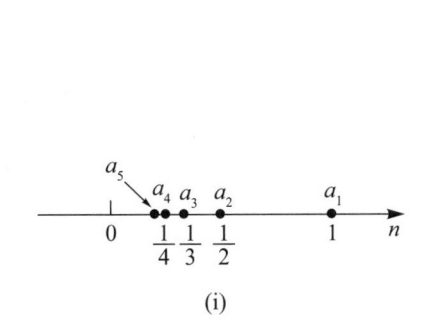

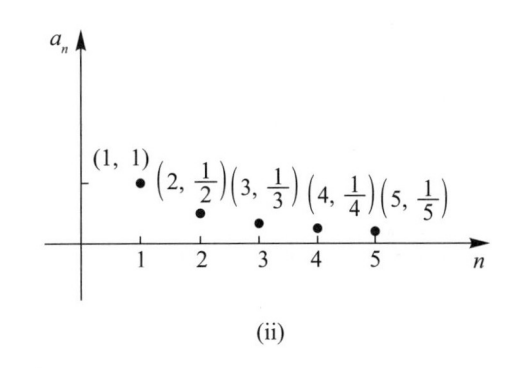

## 定義 7-2　直觀的定義

給予數列 $\{a_n\}$，$L$ 為一實數，當 $n$ 充分大時，數 $a_n$ 任意地靠近 $L$，則稱 $L$ 為數列 $\{a_n\}$ 的極限 (limit)，以 $\lim\limits_{n\to\infty} a_n = L$ 表示，或記為：當 $n\to\infty$ 時，$a_n \to L$.

若 $\lim\limits_{n\to\infty} a_n = L$ 成立，則稱數列 $\{a_n\}$ 收斂到 $L$. 倘若 $\lim\limits_{n\to\infty} a_n$ 不存在，則稱此數列 $\{a_n\}$ 無極限，或稱 $\{a_n\}$ 發散.

## 定理 7-1　唯一性

若 $\lim\limits_{n\to\infty} a_n = L$ 且 $\lim\limits_{n\to\infty} a_n = M$，則 $L = M$.

例如，$a_n = (-1)^n + \dfrac{1}{n}$，

而 $\lim\limits_{n\to\infty} a_n = \begin{cases} 1, & \text{當 } n \text{ 為正偶數} \\ -1, & \text{當 } n \text{ 為正奇數} \end{cases}$

圖形如圖 7-2 所示. 因 $\lim\limits_{n\to\infty} a_n$ 未能趨近某定數 $L$，故 $\{a_n\}$ 發散.

若選取的 $n$ 足夠大時，$a_n$ 能夠隨心所欲的變大，則數列 $\{a_n\}$ 沒有極限，此時可記為 $\lim\limits_{n\to\infty} a_n = \infty$，例如，數列 $\{n^2 + n\}$ 為發散數列，因為 $\lim\limits_{n\to\infty} (n^2 + n) = \infty$.

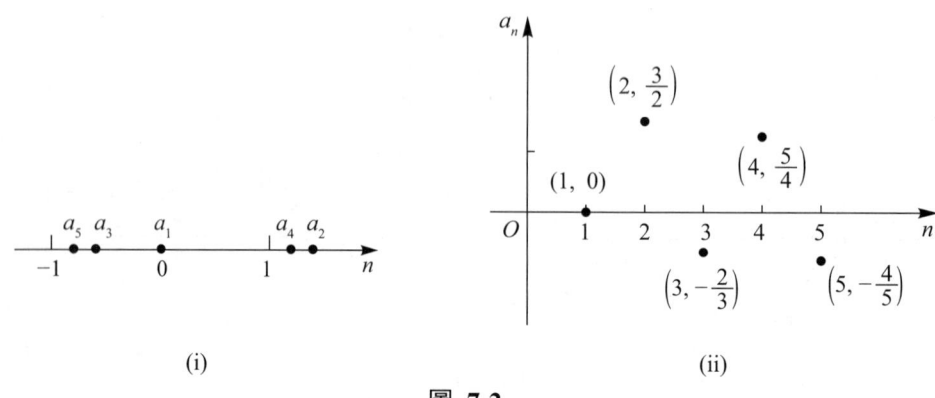

圖 7-2

### 定理 7-2

(1) $\lim\limits_{n \to \infty} r^n = 0$ (若 $|r| < 1$).　　(2) $\lim\limits_{n \to \infty} |r^n| = \infty$ (若 $|r| > 1$).

有關無窮數列的極限定理與函數在無限大處極限定理相類似，故下面的定理只敘述而不予以證明．

### 定理 7-3

設 $\{a_n\}$ 與 $\{b_n\}$ 皆為收斂數列．若 $\lim\limits_{n \to \infty} a_n = A$ 且 $\lim\limits_{n \to \infty} b_n = B$，則

(1) $\lim\limits_{n \to \infty} k a_n = k \lim\limits_{n \to \infty} a_n = kA$，$k$ 為常數．

(2) $\lim\limits_{n \to \infty} (a_n \pm b_n) = \lim\limits_{n \to \infty} a_n \pm \lim\limits_{n \to \infty} b_n = A \pm B$

(3) $\lim\limits_{n \to \infty} (a_n b_n) = (\lim\limits_{n \to \infty} a_n)(\lim\limits_{n \to \infty} b_n) = AB$

(4) $\lim\limits_{n \to \infty} \dfrac{a_n}{b_n} = \dfrac{\lim\limits_{n \to \infty} a_n}{\lim\limits_{n \to \infty} b_n} = \dfrac{A}{B}$，$B \neq 0$

**例題 1**　**解題指引** ☺ 利用定理 7-3

數列 $\left\{\dfrac{n}{9n+4}\right\}$ 是收斂抑或發散？

**解** 因 $\lim\limits_{n\to\infty}\dfrac{n}{9n+4}=\lim\limits_{n\to\infty}\dfrac{1}{9+\dfrac{4}{n}}=\dfrac{\lim\limits_{n\to\infty}1}{\lim\limits_{n\to\infty}9+\lim\limits_{n\to\infty}\dfrac{4}{n}}=\dfrac{1}{9+0}=\dfrac{1}{9}$

故數列收斂.

**例題 2** **解題指引** ☺ 各項化成指數形式

求數列 $\left\{\sqrt{2},\ \sqrt{2\sqrt{2}},\ \sqrt{2\sqrt{2\sqrt{2}}},\ \cdots\right\}$ 的極限.

**解** $a_1=2^{\frac{1}{2}}$, $a_2=2^{\frac{1}{2}}\cdot 2^{\frac{1}{4}}=2^{\frac{3}{4}}$, $a_3=2^{\frac{1}{2}}\cdot 2^{\frac{1}{4}}\cdot 2^{\frac{1}{8}}=2^{\frac{7}{8}}$, $\cdots$,

$a_n=2^{1-\frac{1}{2^n}}$, 故 $\lim\limits_{n\to\infty}a_n=\lim\limits_{n\to\infty}2^{1-\frac{1}{2^n}}=2$.

## 定理 7-4

設 $\lim\limits_{n\to\infty}a_n=L$, $a_n$ 均在函數 $f$ 的定義域內, 又 $f$ 在 $x=L$ 為連續, 則

$$\lim_{n\to\infty}f(a_n)=f(L)$$

即,  $$\lim_{n\to\infty}f(a_n)=f(\lim_{n\to\infty}a_n).$$

**例題 3** **解題指引** ☺ 利用定理 7-4

因 $f(x)=\sin x$ 在 $(-\infty,\ \infty)$ 為連續, 故

$$\lim_{n\to\infty}\sin\left(\dfrac{n\pi+5}{2n+3}\right)=\sin\left(\lim_{n\to\infty}\dfrac{n\pi+5}{2n+3}\right)=\sin\dfrac{\pi}{2}=1.$$

## 定理 7-5 無窮數列的夾擠定理

設 $\{a_n\}$、$\{b_n\}$ 與 $\{c_n\}$ 皆為無窮數列, 且對所有正整數 $n\geq n_0$ ($n_0$ 為某固定正整數) 恆有 $a_n\leq b_n\leq c_n$. 若 $\lim\limits_{n\to\infty}a_n=\lim\limits_{n\to\infty}c_n=L$, 則 $\lim\limits_{n\to\infty}b_n=L$.

**例題 4**　**解題指引** 利用定理 7-5

求數列 $\left\{\dfrac{\sin^2 n}{2^n}\right\}$ 的極限.

**解**：因對每一正整數 $n$ 均有 $0 < \sin^2 n < 1$，故 $0 < \dfrac{\sin^2 n}{2^n} < \dfrac{1}{2^n}$.

又 $\lim\limits_{n\to\infty} \dfrac{1}{2^n} = \lim\limits_{n\to\infty} \left(\dfrac{1}{2}\right)^n = 0$，可得 $\lim\limits_{n\to\infty} \dfrac{\sin^2 n}{2^n} = 0$，故數列的極限為 $0$.

註：$\lim\limits_{n\to\infty} a_n = 0 \Leftrightarrow \lim\limits_{n\to\infty} |a_n| = 0$.

下面的定理對於求數列的極限非常有用.

### 定理 7-6

若 $f$ 為定義在 $x \geq n_0$ 的函數，$n_0$ 為某固定正整數，$a_n = f(n)\,(n \geq n_0)$，

(1) 若 $\lim\limits_{x\to\infty} f(x) = L$，則 $\lim\limits_{n\to\infty} a_n = L$.

(2) 若 $\lim\limits_{x\to\infty} f(x) = \infty$（或 $-\infty$），則 $\lim\limits_{n\to\infty} a_n = \infty$（或 $-\infty$）.

註：定理 7-6 的逆敘述不一定成立. 例如：$\lim\limits_{n\to\infty} \sin \pi n = 0$.

定理 7-6 告訴我們能夠應用函數的極限定理（當 $x \to \infty$）求數列的極限. 最重要的是羅必達法則的應用，說明如下：

若 $a_n = f(n)$，$b_n = g(n)$，當 $x \to \infty$ 時，$\lim\limits_{x\to\infty} \dfrac{f(x)}{g(x)}$ 為不定型 $\dfrac{\infty}{\infty}$，則

$\lim\limits_{n\to\infty} \dfrac{a_n}{b_n} = \lim\limits_{x\to\infty} \dfrac{f(x)}{g(x)} = \lim\limits_{x\to\infty} \dfrac{f'(x)}{g'(x)}$，倘若右端的極限存在.

**例題 5**　**解題指引** 利用羅必達法則

求 $\lim\limits_{n\to\infty} \dfrac{\ln n}{n}$.

**解** 設 $f(x)=\dfrac{\ln x}{x}$, $x \geq 1$, 則

$$\lim_{x\to\infty}\frac{\ln x}{x}=\lim_{x\to\infty}\frac{\dfrac{1}{x}}{1}=0$$

故 $\lim\limits_{n\to\infty}\dfrac{\ln n}{n}=0.$

當我們在使用羅必達法則去求數列的極限時，往往視 $n$ 為變數，而對 $n$ 直接微分.

**例題 6** 解題指引 ☺ 利用羅必達法則

求下列各數列的極限.

(1) $\left\{\dfrac{\ln n}{n^2}\right\}$   (2) $\left\{\dfrac{e^n}{n+3e^n}\right\}$

**解** (1) $\lim\limits_{n\to\infty}\dfrac{\ln n}{n^2}=\lim\limits_{n\to\infty}\dfrac{\dfrac{1}{n}}{2n}=\lim\limits_{n\to\infty}\dfrac{1}{2n^2}=0.$

(2) $\lim\limits_{n\to\infty}\dfrac{e^n}{n+3e^n}=\lim\limits_{n\to\infty}\dfrac{e^n}{1+3e^n}=\lim\limits_{n\to\infty}\dfrac{e^n}{3e^n}=\lim\limits_{n\to\infty}\dfrac{1}{3}=\dfrac{1}{3}.$

表 7-1 中的極限非常重要，在求數列的極限時常常會用到.

表 **7-1**

1. $\lim\limits_{n\to\infty}\dfrac{\ln n}{n}=0$    2. $\lim\limits_{n\to\infty}\sqrt[n]{n}=1$

3. $\lim\limits_{n\to\infty}x^{\frac{1}{n}}=1\ (x>0)$    4. $\lim\limits_{n\to\infty}x^n=0\ (|x|<1)$

5. $\lim\limits_{n\to\infty}\left(1+\dfrac{x}{n}\right)^n=e^x$    6. $\lim\limits_{n\to\infty}\dfrac{x^n}{n!}=0$

## 定義 7-3

若 $a_1 < a_2 < a_3 < \cdots < a_n < \cdots$，則數列 $\{a_n\}$ 稱為**遞增** (increasing).
若 $a_1 \leq a_2 \leq a_3 \leq \cdots \leq a_n \leq \cdots$，則數列 $\{a_n\}$ 稱為**非遞減** (nondecreasing).
若 $a_1 > a_2 > a_3 > \cdots > a_n > \cdots$，則數列 $\{a_n\}$ 稱為**遞減** (decreasing).
若 $a_1 \geq a_2 \geq a_3 \geq \cdots \geq a_n \geq \cdots$，則數列 $\{a_n\}$ 稱為**非遞增** (nonincreasing).

遞增數列是非遞減，但反之未必；遞減數列是非遞增，但反之未必.

我們經常可能在寫出數列的最初幾項後，猜測數列是遞增、遞減、非遞增或非遞減. 然而，為了確定猜測是正確的，我們可利表 7-2 所列情形加以判斷.

表 7-2

| 連續兩項的差 | 類型 |
|---|---|
| $a_n - a_{n+1} < 0$ | 遞增 |
| $a_n - a_{n+1} > 0$ | 遞減 |
| $a_n - a_{n+1} \leq 0$ | 非遞減 |
| $a_n - a_{n+1} \geq 0$ | 非遞增 |

### 例題 7　解題指引 ☺ 計算連續兩項的差

試證數列 $\left\{\dfrac{1}{2},\ \dfrac{2}{3},\ \dfrac{3}{4},\ \cdots,\ \dfrac{n}{n+1},\ \cdots\right\}$ 為遞增.

**解**　令 $a_n = \dfrac{n}{n+1}$，則

$$a_n - a_{n+1} = \dfrac{n}{n+1} - \dfrac{n+1}{n+2} = \dfrac{n^2 + 2n - n^2 - 2n - 1}{(n+1)(n+2)}$$

$$= -\dfrac{1}{(n+1)(n+2)} < 0,\ n \geq 1.$$

故證得數列為遞增.

另外，對各項皆為正的數列，我們可利用表 7-3 判斷該數列是屬哪一種類型.

表 7-3

| 連續兩項的比 | 類　型 |
|---|---|
| $\dfrac{a_{n+1}}{a_n} > 1$ | 遞增 |
| $\dfrac{a_{n+1}}{a_n} < 1$ | 遞減 |
| $\dfrac{a_{n+1}}{a_n} \geq 1$ | 非遞減 |
| $\dfrac{a_{n+1}}{a_n} \leq 1$ | 非遞增 |

**例題 8** 解題指引 ☺ 檢查連續兩項的比

試證數列 $\left\{\dfrac{1}{2},\ \dfrac{2}{3},\ \dfrac{3}{4},\ \cdots,\ \dfrac{n}{n+1},\ \cdots\right\}$ 為遞增.

**解** 令 $a_n = \dfrac{n}{n+1}$，則

$$\dfrac{a_{n+1}}{a_n} = \dfrac{n+1}{n+2} \cdot \dfrac{n+1}{n} = \dfrac{n^2+2n+1}{n^2+2n} > 1,\ n \geq 1$$

故證得數列為遞增.

**例題 9** 解題指引 ☺ 檢查連續兩項的比

試證數列 $\left\{\dfrac{e}{2!},\ \dfrac{e^2}{3!},\ \dfrac{e^3}{4!},\ \cdots,\ \dfrac{e^n}{(n+1)!},\ \cdots\right\}$ 為遞減.

**解** 令 $a_n = \dfrac{e^n}{(n+1)!}$，則

$$\dfrac{a_{n+1}}{a_n} = \dfrac{e^{n+1}}{(n+2)!} \cdot \dfrac{(n+1)!}{e^n} = \dfrac{e}{n+2} < 1,\ n \geq 1$$

故證得數列為遞減.

最後，若 $f(n)=a_n$ 為數列的第 $n$ 項，又對 $x \geq 1$，$f$ 為可微分，則我們可利用表 7-4 確定該數列是屬哪一種類型.

表 7-4

| $f'(x)\,(x \geq 1)$ | 具有第 $n$ 項 $a_n=f(n)$ 的數列的類型 |
|---|---|
| $f'(x) > 0$ | 遞增 |
| $f'(x) < 0$ | 遞減 |
| $f'(x) \geq 0$ | 非遞減 |
| $f'(x) \leq 0$ | 非遞增 |

**例題 10**  解題指引 ☺ 計算導數

在例題 7 與 8 中，我們考慮連續兩項的差與比，已證得數列 $\left\{\dfrac{1}{2},\ \dfrac{2}{3},\ \dfrac{3}{4},\ \cdots,\ \dfrac{n}{n+1},\ \cdots\right\}$ 為遞增. 另外，我們可以處理如下：

令 $f(x)=\dfrac{x}{x+1}$ [因而 $a_n=f(n)$]，則

$$f'(x)=\dfrac{x+1-x}{(x+1)^2}=\dfrac{1}{(x+1)^2} > 0,\ x \geq 1$$

故證得數列為遞增.

**定理 7-7**

(1) 對數列 $a_1 \leq a_2 \leq a_3 \leq \cdots \leq a_n \leq a_{n+1} \leq \cdots$，若存在一常數 $M$ 使得對所有 $n$ 恆有 $a_n \leq M$，則數列收斂到極限 $L$，其中 $L \leq M$.

(2) 對數列 $a_1 \geq a_2 \geq a_3 \geq \cdots \geq a_n \geq a_{n+1} \geq \cdots$，若存在一常數 $M$ 使得對所有 $n$ 恆有 $a_n \geq M$，則數列收斂到極限 $L$，其中 $L \geq M$.

## 例題 11　解題指引 ☺ 利用定理 7-7(1)

如例題 7 所示，$\dfrac{1}{2} < \dfrac{2}{3} < \dfrac{3}{4} < \cdots < \dfrac{n}{n+1} < \cdots$。因 $a_n = \dfrac{n}{n+1} < 1$，$n=1$，$2$，$3$，$\cdots$，故令 $M=1$，可知數列 $\left\{\dfrac{n}{n+1}\right\}$ 必定收斂到極限 $L(=1) \leq M$。確實就是這種情形，因為

$$\lim_{n\to\infty} \dfrac{n}{n+1} = \lim_{n\to\infty} \dfrac{1}{1+\dfrac{1}{n}} = 1.$$

因數列 $\{a_n\}$ 的極限是在 $n$ 變大時描述相當後面之項的情形，故可以改變或甚至刪掉數列中的有限項，而不影響斂散性或極限值.

## 例題 12　解題指引 ☺ 利用定理 7-7(2)

試證：數列 $\left\{6,\ \dfrac{6^2}{2!},\ \dfrac{6^3}{3!},\ \cdots,\ \dfrac{6^n}{n!},\ \cdots\right\}$ 為收斂.

**解**　令 $a_n = \dfrac{6^n}{n!}$，則 $\dfrac{a_{n+1}}{a_n} = \dfrac{6^{n+1}}{(n+1)!} \cdot \dfrac{n!}{6^n} = \dfrac{6}{n+1}$

對 $n=1$，$2$，$3$，$4$ 而言，$\dfrac{a_{n+1}}{a_n} > 1$，故 $a_{n+1} > a_n$. 於是，$a_1 < a_2 < a_3 < a_4 < a_5$.

對 $n=5$ 而言，$\dfrac{a_{n+1}}{a_n} = 1$，故 $a_5 = a_6$.

對 $n \geq 6$ 而言，$\dfrac{a_{n+1}}{a_n} < 1$，故 $a_6 > a_7 > a_8 > a_9 > \cdots$.

於是，若捨去所予數列的前五項 (不影響斂散性)，則所得數列為遞減，因而數列收斂到某極限，其中該極限大於或等於 0 (因數列的每一項皆為正).

## 習題 7-1

求 1～8 題中，求各數列的極限。

1. $\left\{\dfrac{n^2(n+4)}{2n^3+n^2+n-3}\right\}$

2. $\left\{\dfrac{n^2}{2n-1}-\dfrac{n^2}{2n+1}\right\}$

3. $\left\{\dfrac{100n}{n^{\frac{3}{2}}+1}\right\}$

4. $\left\{\sqrt[n]{3^n+5^n}\right\}$

5. $\{e^{-n}\ln n\}$

6. $\left\{n\sin\dfrac{\pi}{n}\right\}$

7. $\left\{\dfrac{n}{2^n}\right\}$

8. $\left\{\left(1-\dfrac{2}{n}\right)^n\right\}$

在 9～11 題中，求每一數列的第 $n$ 項。數列是收斂抑或發散？若收斂，則求 $\lim\limits_{n\to\infty} a_n$。

9. $\left\{\left(1-\dfrac{1}{2}\right),\ \left(\dfrac{1}{2}-\dfrac{1}{3}\right),\ \left(\dfrac{1}{3}-\dfrac{1}{4}\right),\ \left(\dfrac{1}{4}-\dfrac{1}{5}\right),\ \cdots\right\}$

10. $\left\{(\sqrt{2}-\sqrt{3}),\ (\sqrt{3}-\sqrt{4}),\ (\sqrt{4}-\sqrt{5}),\ \cdots\right\}$

11. $\left\{1,\ \dfrac{2}{2^2-1^2},\ \dfrac{3}{3^2-2^2},\ \dfrac{4}{4^2-3^2},\ \cdots\right\}$

12. (1) 求 $\lim\limits_{n\to\infty}\left(\dfrac{1}{n^2}+\dfrac{2}{n^2}+\dfrac{3}{n^2}+\cdots+\dfrac{n}{n^2}\right)$.

　　(2) 求 $\lim\limits_{n\to\infty}\left(\dfrac{1^2}{n^2}+\dfrac{2^2}{n^2}+\dfrac{3^2}{n^2}+\cdots+\dfrac{n^2}{n^2}\right)$.

13. 利用"若 $\{a_n\}$ 為收斂數列，則 $\lim\limits_{n\to\infty} a_{n+1}=\lim\limits_{n\to\infty} a_n$"的事實求下列各數列的極限。

　　(1) $\{\sqrt{2},\ \sqrt{2\sqrt{2}},\ \sqrt{2\sqrt{2\sqrt{2}}},\ \cdots\}$

　　(2) $\{\sqrt{2},\ \sqrt{2+\sqrt{2}},\ \sqrt{2+\sqrt{2+\sqrt{2}}},\ \cdots\}$

14 (1) 試證：半徑為 $r$ 的圓內接正 $n$ 邊形的周長為 $P_n=2rn\sin\dfrac{\pi}{n}$.

(2) 利用數列 $\{P_n\}$ 的極限求法，試證：當 $n$ 增加時，其周長趨近圓周長.

## ▶▶ 7-2　無窮級數

若 $\{a_n\}$ 為無窮數列，則形如

$$a_1+a_2+a_3+\cdots+a_n+\cdots$$

的式子稱為**無窮級數** (infinite series)，或簡稱為**級數**. 級數可用求和記號表之，寫成 $\sum\limits_{n=1}^{\infty} a_n$ 或 $\sum a_n$，而後一個和的求和變數為 $n$. 每一數 $a_n$，$n=1, 2, 3, \cdots$，稱為級數的**項** (term)，$a_n$ 稱為**通項** (general term). 現在我們考慮一級數的前 $n$ 項部分和 $S_n$：

$$S_n=a_1+a_2+a_3+\cdots+a_n$$

故

$$S_1=a_1$$
$$S_2=a_1+a_2$$
$$S_3=a_1+a_2+a_3$$
$$S_4=a_1+a_2+a_3+a_4$$

等等，無窮數列

$$S_1, S_2, S_3, \cdots, S_n, \cdots$$

稱為無窮級數 $\sum\limits_{n=1}^{\infty} a_n$ 的**部分和數列** (sequence of partial sums).

這觀念引導出下面的定義.

### 定義 7-4

若存在一實數 $S$ 使得無窮級數 $\sum\limits_{n=1}^{\infty} a_n$ 的部分和數列 $\{S_n\}$ 收斂，即，

$$\lim_{n\to\infty} S_n=\lim_{n\to\infty}\sum_{i=1}^{n} a_i=S$$

則稱 $S$ 為此級數的**和** (sum)，而稱級數**收斂**. 若 $\lim\limits_{n\to\infty} S_n$ 不存在，則稱級數**發散**，發散級數不能求和.

### 例題 1　解題指引 ☺ 化成部分分式和

證明級數 $\displaystyle\sum_{n=1}^{\infty}\frac{1}{n(n+1)}$ 收斂，並求其和．

**解**　因 $a_n=\dfrac{1}{n(n+1)}=\dfrac{1}{n}-\dfrac{1}{n+1}$，

故　　$S_n=\left(1-\dfrac{1}{2}\right)+\left(\dfrac{1}{2}-\dfrac{1}{3}\right)+\left(\dfrac{1}{3}-\dfrac{1}{4}\right)+\cdots+\left(\dfrac{1}{n}-\dfrac{1}{n+1}\right)$

$\qquad=1-\dfrac{1}{n+1}=\dfrac{n}{n+1}$

又 $\displaystyle\lim_{n\to\infty}S_n=\lim_{n\to\infty}\dfrac{n}{n+1}=1$，所以，級數收斂且其和為 1．

### 例題 2　解題指引 ☺ 利用部分和數列

判斷級數 $1-1+1-1+1-1+\cdots$ 的斂散性．

**解**　部分和為 $S_1=1$，$S_2=1-1=0$，$S_3=1-1+1=1$，$S_4=1-1+1-1=0$．於是，部分和數列為 $\{1,\ 0,\ 1,\ 0,\ 1,\ 0,\ 1,\ \cdots\}$．因這是發散數列，故所予級數發散．

### 例題 3　解題指引 ☺ 利用部分和數列

試證調和級數 (harmonic series) $\displaystyle\sum_{n=1}^{\infty}\dfrac{1}{n}=1+\dfrac{1}{2}+\dfrac{1}{3}+\dfrac{1}{4}+\cdots$ 發散．

**解**　部分和為：

$S_1=1$

$S_2=1+\dfrac{1}{2}>\dfrac{1}{2}+\dfrac{1}{2}=\dfrac{2}{2}$

$S_4=S_2+\dfrac{1}{3}+\dfrac{1}{4}>S_2+\left(\dfrac{1}{4}+\dfrac{1}{4}\right)=S_2+\dfrac{1}{2}>\dfrac{3}{2}$

$S_8=S_4+\dfrac{1}{5}+\dfrac{1}{6}+\dfrac{1}{7}+\dfrac{1}{8}>S_4+\left(\dfrac{1}{8}+\dfrac{1}{8}+\dfrac{1}{8}+\dfrac{1}{8}\right)$

$$=S_4+\frac{1}{2}>\frac{4}{2}$$

$$S_{16}=S_8+\frac{1}{9}+\frac{1}{10}+\frac{1}{11}+\frac{1}{12}+\frac{1}{13}+\frac{1}{14}+\frac{1}{15}+\frac{1}{16}$$

$$>S_8+\left(\frac{1}{16}+\frac{1}{16}+\frac{1}{16}+\frac{1}{16}+\frac{1}{16}+\frac{1}{16}+\frac{1}{16}+\frac{1}{16}\right)$$

$$=S_8+\frac{1}{2}>\frac{5}{2}$$

$$\vdots$$

$$S_{2^n}>\frac{n+1}{2}$$

可得 $\lim_{n\to\infty} S_{2^n}=\infty$，故證得級數發散.

## 定理 7-8

若 $\sum a_n$ 收斂，則 $\lim_{n\to\infty} a_n=0$.

讀者應注意 $\lim_{n\to\infty} a_n=0$ 為級數收斂的必要條件，但非充分條件. 也就是說，即使若第 $n$ 項趨近零，級數也未必收斂. 例如，調和級數 $\sum_{n=1}^{\infty}\frac{1}{n}$ 發散，雖然 $\lim_{n\to\infty} a_n=\lim_{n\to\infty}\frac{1}{n}=0$.

利用定理 7-8，很容易得到下面的結果.

## 定理 7-9 發散檢驗法 (divergence test)

若 $\lim_{n\to\infty} a_n\neq 0$，則級數 $\sum a_n$ 發散.

例如，級數 $\sum_{n=1}^{\infty}\frac{n}{2n+1}$ 發散，因為 $\lim_{n\to\infty} a_n=\lim_{n\to\infty}\frac{n}{2n+1}=\frac{1}{2}\neq 0$.

形如 $\sum_{n=0}^{\infty} ar^n = a + ar + ar^2 + ar^3 + \cdots$ (此處 $a \neq 0$) 的級數稱為**幾何級數** (geometric series)，而 $r$ 稱為**公比** (common ratio).

### 定理 7-10

已知幾何級數 $\sum_{n=0}^{\infty} ar^n$，其中 $a \neq 0$.

(1) 若 $|r| < 1$，則級數收斂，其和為 $\dfrac{a}{1-r}$.

(2) 若 $|r| \geq 1$，則級數發散.

**例題 4** 解題指引 ☺ 利用定理 7-10(1)

試證幾何級數 $\sum_{n=1}^{\infty} \left(-\dfrac{1}{3}\right)^{n-1} = 1 - \dfrac{1}{3} + \dfrac{1}{9} - \dfrac{1}{27} + \cdots$ 收斂，並求其和.

**解** 因 $\left|-\dfrac{1}{3}\right| < 1$，故級數收斂，其和為 $S = \dfrac{1}{1-\left(-\dfrac{1}{3}\right)} = \dfrac{3}{4}$.

**例題 5** 解題指引 ☺ 利用定理 7-10(1)

化循環小數 $0.785785785\cdots$ 為有理數.

**解** 我們可以寫成 $0.785785785\cdots = 0.785 + 0.000785 + 0.000000785 + \cdots$
故所予小數為幾何級數 (其中 $a = 0.785$，$r = 0.001$) 的和.

於是，$0.785785785\cdots = \dfrac{a}{1-r} = \dfrac{0.785}{1-0.001} = \dfrac{0.785}{0.999} = \dfrac{785}{999}$.

**例題 6** 解題指引 ☺ 利用定理 7-10(1)

求級數 $\sum_{n=3}^{\infty} \left(\dfrac{e}{\pi}\right)^{n-1}$ 的和.

**解** $\sum_{n=3}^{\infty} \left(\dfrac{e}{\pi}\right)^{n-1} = \sum_{n=1}^{\infty} \left(\dfrac{e}{\pi}\right)^2 \left(\dfrac{e}{\pi}\right)^{n-1}$，此為幾何級數，其中 $a = \left(\dfrac{e}{\pi}\right)^2$，$r = \dfrac{e}{\pi}$.

因 $|r|=\dfrac{e}{\pi}<1$，故級數收斂，其和為

$$S=\dfrac{\left(\dfrac{e}{\pi}\right)^2}{1-\dfrac{e}{\pi}}=\dfrac{e^2}{\pi(\pi-e)}.$$

## 定理 7-11

若 $\sum a_n$ 與 $\sum b_n$ 皆為收斂級數，其和分別為 $A$ 與 $B$，則
(1) $\sum(a_n+b_n)$ 收斂且和為 $A+B$.
(2) 若 $c$ 為常數，則 $\sum ca_n$ 收斂且和為 $cA$.
(3) $\sum(a_n-b_n)$ 收斂且和為 $A-B$.

## 定理 7-12

若 $\sum a_n$ 發散且 $c\neq 0$，則 $\sum ca_n$ 也發散.

## 定理 7-13

若 $\sum a_n$ 收斂且 $\sum b_n$ 發散，則 $\sum(a_n+b_n)$ 發散.

### 例題 7　解題指引 ☺ 利用定理 7-13

試證 $\displaystyle\sum_{n=1}^{\infty}\dfrac{n+2}{n(n+1)}$ 發散.

**解**　$\dfrac{n+2}{n(n+1)}=\dfrac{1}{n(n+1)}+\dfrac{1}{n}$，由例題 1 可知 $\displaystyle\sum_{n=1}^{\infty}\dfrac{1}{n(n+1)}$ 收斂，又，調和級數 $\displaystyle\sum_{n=1}^{\infty}\dfrac{1}{n}$ 發散，故可知 $\displaystyle\sum_{n=1}^{\infty}\left[\dfrac{1}{n(n+1)}+\dfrac{1}{n}\right]$ 發散.

## 習題 7-2

判斷 1～8 題中的各級數的斂散性．若收斂，則求其和．

1. $\displaystyle\sum_{n=1}^{\infty}\left(\dfrac{5}{n+2}-\dfrac{5}{n+3}\right)$

2. $\displaystyle\sum_{n=1}^{\infty}\dfrac{2}{(3n+1)(3n-2)}$

3. $\displaystyle\sum_{n=1}^{\infty}\left[\left(\dfrac{3}{2}\right)^n+\left(\dfrac{2}{3}\right)^n\right]$

4. $\displaystyle\sum_{n=1}^{\infty}\dfrac{3^{n+1}}{5^{n-1}}$

5. $\displaystyle\sum_{n=0}^{\infty}\left[2\left(\dfrac{1}{3}\right)^n+3\left(\dfrac{1}{6}\right)^n\right]$

6. $\displaystyle\sum_{n=1}^{\infty}\dfrac{1}{9n^2+3n-2}$

7. $\displaystyle\sum_{n=1}^{\infty}\ln\dfrac{n}{n+1}$

8. $\displaystyle\sum_{n=3}^{\infty}\dfrac{3}{n-2}$

9. 化循環小數 $0.782178217821\cdots$ 為有理數．

10. 已知一級數的前 $n$ 項和為 $S_n=\dfrac{2n}{n+2}$，則 (1) 此級數是否收斂？(2) 求此級數．

11. 利用幾何級數證明：

    (1) $\displaystyle\sum_{n=0}^{\infty}x^n=\dfrac{1}{1+x}$，$-1<x<1$

    (2) $\displaystyle\sum_{n=0}^{\infty}(-1)^nx^n=\dfrac{1}{1+x}$，$-1<x<1$

    (3) $\displaystyle\sum_{n=0}^{\infty}(x-3)^n=\dfrac{1}{4-x}$，$2<x<4$

    (4) $\displaystyle\sum_{n=0}^{\infty}(-1)^nx^{2n}=\dfrac{1}{1+x^2}$，$-1<x<1$

12. 當 $p$ 的值為多少時，級數 $\displaystyle\sum_{n=2}^{\infty}\dfrac{1}{(\ln p)^n}$ 會收斂？

13. 某球從 8 公尺高處落下，它每一次撞擊地面後垂直向上反彈的高度為前一次高度的四分之三，若該球無限地反彈，求它經過的總距離．

## ▶▶ 7-3 正項級數

若一級數的每一項均為正，則稱為**正項級數** (positive-term series)．我們可藉由下面的定理檢驗其斂散性．

## 定理 7-14　積分檢驗法 (integral test)

已知 $\sum_{n=N}^{\infty} a_n$ 為正項級數，令 $f(n)=a_n$，$n=N$（$N$ 為某正整數），$N+1$，$N+2$，…．若 $f$ 在區間 $[N, \infty)$ 為正值且連續的遞減函數，則 $\sum_{n=N}^{\infty} a_n$ 與 $\int_{N}^{\infty} f(x)\,dx$ 同時收斂抑或同時發散．

**例題 1**　解題指引 ☺ 利用積分檢驗法

判斷級數 $\sum_{n=1}^{\infty} \dfrac{1}{n}$ 的斂散性．

**解**　函數 $f(x)=\dfrac{1}{x}$ 在 $[1, \infty)$ 為正值且連續的遞減函數，因為 $f'(x)=-\dfrac{1}{x^2}<0$ $(x \geq 1)$．

$$\int_{1}^{\infty} \frac{1}{x}\,dx = \lim_{t \to \infty} \int_{1}^{t} \frac{1}{x}\,dx = \lim_{t \to \infty} \left(\ln x \, \Big|_{1}^{t}\right) = \lim_{t \to \infty}(\ln t - \ln 1) = \infty$$

因積分發散，故可知級數發散．

**例題 2**　解題指引 ☺ 利用積分檢驗法

判斷級數 $\sum_{n=1}^{\infty} \dfrac{1}{n^2}$ 的斂散性．

**解**　函數 $f(x)=\dfrac{1}{x^2}$ 在 $[1, \infty)$ 為正值且連續的遞減函數．因為 $f'(x)=-\dfrac{2}{x^3}<0$ $(x \geq 1)$．

$$\int_{1}^{\infty} \frac{1}{x^2}\,dx = \lim_{t \to \infty} \int_{1}^{t} \frac{1}{x^2}\,dx = \lim_{t \to \infty}\left(-\frac{1}{x}\,\Big|_{1}^{t}\right) = \lim_{t \to \infty}\left(-\frac{1}{t}+1\right)=1$$

因積分收斂，故可知級數收斂．

註：在例題 2 中，不可從 $\int_{1}^{\infty} \dfrac{1}{x^2}\,dx=1$ 錯誤地推斷 $\sum_{n=1}^{\infty} \dfrac{1}{n^2}=1$．（欲知這是錯誤的，

我們將級數寫成：$1+\dfrac{1}{2^2}+\dfrac{1}{3^2}+\cdots$；它的和顯然超過 1.)

**例題 3** 解題指引 ☺ 利用積分檢驗法

判斷級數 $\displaystyle\sum_{n=3}^{\infty}\dfrac{\ln n}{n}$ 的斂散性.

**解** 函數 $f(x)=\dfrac{\ln x}{x}$ 在 $[3,\infty)$ 為正值且連續的遞減函數，因為

$$f'(x)=\dfrac{1-\ln x}{x^2}<0 \;(x\geq 3)$$

$$\int_3^{\infty}\dfrac{\ln x}{x}dx=\lim_{t\to\infty}\int_3^{t}\dfrac{\ln x}{x}dx=\lim_{t\to\infty}\left[\dfrac{1}{2}(\ln x)^2\Big|_3^t\right]$$

$$=\dfrac{1}{2}\lim_{t\to\infty}[(\ln t)^2-(\ln 3)^2]=\infty$$

故可知級數 $\displaystyle\sum_{n=3}^{\infty}\dfrac{\ln n}{n}$ 發散.

形如 $\displaystyle\sum_{n=1}^{\infty}\dfrac{1}{n^p}=1+\dfrac{1}{2^p}+\dfrac{1}{3^p}+\dfrac{1}{4^p}+\cdots+\dfrac{1}{n^p}+\cdots$（$p>0$）的級數稱為 **$p$-級數**（**$p$-series**）. 當 $p=1$ 時，則為調和級數.

### 定理 7-15　$p$-級數檢驗法（$p$-series test）

(1) 若 $p>1$，則 $\displaystyle\sum_{n=1}^{\infty}\dfrac{1}{n^p}$ 收斂. 　　(2) 若 $p\leq 1$，則 $\displaystyle\sum_{n=1}^{\infty}\dfrac{1}{n^p}$ 發散.

**例題 4** 解題指引 ☺ 利用 $p$-級數檢驗法

判斷下列各級數的斂散性.

(1) $1+\dfrac{1}{2^2}+\dfrac{1}{3^2}+\cdots+\dfrac{1}{n^2}+\cdots$ 　　(2) $2+\dfrac{2}{\sqrt{2}}+\dfrac{2}{\sqrt{3}}+\cdots+\dfrac{2}{\sqrt{n}}+\cdots$

**解** (1) 因級數 $\sum_{n=1}^{\infty} \dfrac{1}{n^2}$ 為 $p$-級數且 $p=2>1$，故收斂.

(2) 因級數 $\sum_{n=1}^{\infty} \dfrac{1}{\sqrt{n}}$ 為 $p$-級數且 $p=\dfrac{1}{2}<1$，故發散，因而 $\sum_{n=1}^{\infty} \dfrac{2}{\sqrt{n}}$ 也發散.

### 定理 7-16　比較檢驗法 (comparison test)

假設 $\sum a_n$ 與 $\sum b_n$ 均為正項級數.

(1) 若 $\sum b_n$ 收斂且對每一正整數 $n$，$a_n \leq b_n$，則 $\sum a_n$ 收斂.

(2) 若 $\sum b_n$ 發散且對每一正整數 $n$，$a_n \geq b_n$，則 $\sum a_n$ 發散.

**例題 5**　**解題指引**　利用比較檢驗法

判斷下列各級數的斂散性.

(1) $\sum_{n=1}^{\infty} \dfrac{n}{n^3+1}$ 　　(2) $\sum_{n=1}^{\infty} \dfrac{\ln(n+2)}{n}$

**解** (1) 對每一 $n \geq 1$，

$$\dfrac{n}{n^3+1} < \dfrac{n}{n^3} = \dfrac{1}{n^2}$$

因 $\sum_{n=1}^{\infty} \dfrac{1}{n^2}$ 為收斂的 $p$-級數，故級數 $\sum_{n=1}^{\infty} \dfrac{n}{n^3+2}$ 收斂.

(2) 對每一 $n \geq 1$，

$$\ln(n+2) > 1$$

可得

$$\dfrac{\ln(n+2)}{n} > \dfrac{1}{n}$$

因 $\sum_{n=1}^{\infty} \dfrac{1}{n}$ 為發散級數，故 $\sum_{n=1}^{\infty} \dfrac{\ln(n+2)}{n}$ 發散.

### 定理 7-17　比值檢驗法 (ratio test)

設 $\sum a_n$ 為正項級數且令

$$\lim_{n \to \infty} \frac{a_{n+1}}{a_n} = L$$

(1) 若 $L < 1$，則級數收斂.

(2) 若 $L > 1$，或若 $\lim_{n \to \infty} \frac{a_{n+1}}{a_n} = \infty$，則級數發散.

(3) 若 $L = 1$，則無法判斷斂散性.

註：若 $\lim_{n \to \infty} \frac{a_{n+1}}{a_n} = 1$，則定理 7-17 失效，而必須利用其它的檢驗法. 例如，我們知道 $\sum \frac{1}{n}$ 發散，但 $\sum \frac{1}{n^2}$ 收斂. 對前者而言，

$$\lim_{n \to \infty} \frac{a_{n+1}}{a_n} = \lim_{n \to \infty} \frac{\frac{1}{n+1}}{\frac{1}{n}} = \lim_{n \to \infty} \frac{n}{n+1} = 1$$

對後者而言，

$$\lim_{n \to \infty} \frac{a_{n+1}}{a_n} = \lim_{n \to \infty} \frac{\frac{1}{(n+1)^2}}{\frac{1}{n^2}} = \lim_{n \to \infty} \frac{n^2}{(n+1)^2} = 1.$$

**例題 6**　**解題指引** ☺ 利用比值檢驗法

判斷下列各級數的斂散性.

(1) $\sum_{n=1}^{\infty} \frac{n!}{n^n}$　　　　(2) $\sum_{n=1}^{\infty} \frac{2^n}{n^2}$

**解**　(1) $L = \lim_{n \to \infty} \frac{a_{n+1}}{a_n} = \lim_{n \to \infty} \left[ \frac{(n+1)!}{(n+1)^{n+1}} \cdot \frac{n^n}{n!} \right] = \lim_{n \to \infty} \left( \frac{n}{n+1} \right)^n$

$$=\lim_{n\to\infty}\frac{1}{\left(\frac{n+1}{n}\right)^n}=\frac{1}{\lim_{n\to\infty}\left(1+\frac{1}{n}\right)^n}=\frac{1}{e}<1$$

故級數收斂.

(2) $L=\lim\limits_{n\to\infty}\dfrac{a_{n+1}}{a_n}=\lim\limits_{n\to\infty}\left[\dfrac{2^{n+1}}{(n+1)^2}\cdot\dfrac{n^2}{2^n}\right]=2\lim\limits_{n\to\infty}\left(\dfrac{n}{n+1}\right)^2=2>1$

故級數發散.

## 習題 7-3

**1.** 利用積分檢驗法判斷下列各級數的斂散性.

(1) $\sum\limits_{n=1}^{\infty}\dfrac{1}{n(n+1)}$ 　　　　(2) $\sum\limits_{n=2}^{\infty}\dfrac{1}{n\ln n}$

(3) $\sum\limits_{n=1}^{\infty}\dfrac{n}{e^n}$ 　　　　(4) $\sum\limits_{n=1}^{\infty}\dfrac{n^2}{n^3+2}$

**2.** 利用比較檢驗法判斷下列各級數的斂散性.

(1) $1+\dfrac{1}{\sqrt{3}}+\dfrac{1}{\sqrt{8}}+\dfrac{1}{\sqrt{15}}+\cdots+\dfrac{1}{\sqrt{n^2-1}}+\cdots,\ n\geq 2$

(2) $\dfrac{1}{1\cdot 2}+\dfrac{1}{2\cdot 3}+\dfrac{1}{3\cdot 4}+\cdots+\dfrac{1}{n(n+1)}+\cdots$

(3) $\sum\limits_{n=1}^{\infty}\dfrac{n^2}{n^3+2}$ 　　　　(4) $\sum\limits_{n=1}^{\infty}\dfrac{2+\cos n}{n^2}$

**3.** 利用比值檢驗法判斷下列各級數的斂散性.

(1) $\sum\limits_{n=1}^{\infty}\dfrac{n^n}{n!}$ 　　(2) $\sum\limits_{n=1}^{\infty}\dfrac{n^2}{3^n}$ 　　(3) $\sum\limits_{n=1}^{\infty}\dfrac{4^n}{n!}$ 　　(4) $\sum\limits_{n=1}^{\infty}\dfrac{n!}{n^3}$

## 7-4 交錯級數,絕對收斂,條件收斂

形如

$$a_1-a_2+a_3-a_4+\cdots+(-1)^{n-1}a_n+\cdots=\sum_{n=1}^{\infty}(-1)^{n-1}a_n$$

或

$$-a_1+a_2-a_3+a_4+\cdots+(-1)^n a_n+\cdots=\sum_{n=1}^{\infty}(-1)^n a_n$$

(此處 $a_n>0$, $n=1, 2, 3, \cdots$) 的級數稱為**交錯級數** (alternating series).

### 定理 7-18　交錯級數檢驗法 (alternating series test)

若對每一正整數 $n$, $a_n \geq a_{n+1} > 0$, 且 $\lim_{n\to\infty} a_n = 0$, 則 $\sum_{n=N}^{\infty}(-1)^{n-1}a_n$ 收斂.

**例題 1**　解題指引 ☺ 利用交錯級數檢驗法

試證交錯調和級數 $\sum_{n=1}^{\infty}(-1)^{n-1}\dfrac{1}{n}$ 是收斂.

**解**　若欲應用交錯級數檢驗法,則必須證明:

(i) 對每一正整數 $n$ 皆有 $a_{n+1} \leq a_n$.

(ii) $\lim_{n\to\infty} a_n = 0$.

現在, $a_n = \dfrac{1}{n}$, $a_{n+1} = \dfrac{1}{n+1}$, 可知 $0 < \dfrac{1}{n+1} < \dfrac{1}{n}$ 對所有 $n \geq 1$ 成立.

又

$$\lim_{n\to\infty} a_n = \lim_{n\to\infty} \dfrac{1}{n} = 0$$

故證得此交錯級數收斂.

**例題 2**　解題指引 ☺ 利用交錯級數檢驗法

交錯級數 $\sum_{n=1}^{\infty}(-1)^{n-1}\dfrac{\sqrt{n}}{n+1}$ 是收斂抑或發散?

**解** 令 $f(x)=\dfrac{\sqrt{x}}{x+1}$，使得 $f(n)=a_n$，

則 $$f'(x)=-\dfrac{x-1}{2\sqrt{x}\,(x+1)^2}<0,\ x>1$$

故函數 $f$ 在 $[1,\infty)$ 為遞減函數. 因此，對所有 $n\geq 1$，$a_{n+1}\leq a_n$ 恆成立.

又 $$\lim_{n\to\infty}a_n=\lim_{n\to\infty}\dfrac{\sqrt{n}}{n+1}=\lim_{n\to\infty}\dfrac{\sqrt{\dfrac{1}{n}}}{1+\dfrac{1}{n}}=0$$

因此，所予交錯級數收斂.

## 定義 7-5

若 $\sum |a_n|$ 收斂，則級數 $\sum a_n$ 稱為**絕對收斂** (absolutely convergent).

**例題 3** **解題指引** ☺ 利用定義 7-5

交錯級數 $\displaystyle\sum_{n=1}^{\infty}\dfrac{(-1)^{n-1}}{n^2}$ 為絕對收斂，因為

$$\sum_{n=1}^{\infty}\left|\dfrac{(-1)^{n-1}}{n^2}\right|=\sum_{n=1}^{\infty}\dfrac{1}{n^2}$$

為一收斂的 $p$-級數 $(p=2>1)$.

## 定義 7-6

若 $\sum |a_n|$ 發散且 $\sum a_n$ 收斂，則 $\sum a_n$ 稱為**條件收斂** (conditionally convergent).

**例題 4** **解題指引** ☺ 利用定義 7-6

(1) 交錯調和級數 $1-\dfrac{1}{2}+\dfrac{1}{3}-\dfrac{1}{4}+\dfrac{1}{5}-\dfrac{1}{6}+\cdots$ 為條件收斂.

(2) 級數 $1 - \dfrac{1}{\sqrt{2}} + \dfrac{1}{\sqrt{3}} - \dfrac{1}{\sqrt{4}} + \cdots + (-1)^{n+1} \dfrac{1}{\sqrt{n}} + \cdots$ 為條件收斂.

### 定理 7-19

若 $\sum\limits_{n=1}^{\infty} |a_n|$ 收斂，則 $\sum\limits_{n=1}^{\infty} a_n$ 收斂.

### 定理 7-20　比值檢驗法

令 $\sum a_n$ 為各項皆不為零的級數且 $L = \lim\limits_{n \to \infty} \left| \dfrac{a_{n+1}}{a_n} \right|$.

(1) 若 $L < 1$，則 $\sum a_n$ 絕對收斂.
(2) 若 $L > 1$，則 $\sum a_n$ 發散.
(3) 若 $L = 1$，則無法判斷斂散性.

**例題 5**　**解題指引** 利用定理 7-20

若 $|r| < 1$，則幾何級數 $a + ar + ar^2 + \cdots + ar^n + \cdots$ 收斂. 事實上，若 $|r| < 1$，則它是絕對收斂，因為

$$L = \lim_{n \to \infty} \left| \dfrac{a_{n+1}}{a_n} \right| = \lim_{n \to \infty} \left| \dfrac{ar^{n+1}}{ar^n} \right| = \lim_{n \to \infty} |r| < 1.$$

**例題 6**　**解題指引** 利用定理 7-20

判斷級數 $\sum\limits_{n=1}^{\infty} (-1)^{n-1} \dfrac{2^{2n-1}}{n \, 3^n}$ 的斂散性.

**解**　因
$$\lim_{n \to \infty} \left| \dfrac{a_{n+1}}{a_n} \right| = \lim_{n \to \infty} \left| \dfrac{(-1)^n 2^{2n+1}}{(n+1) 3^{n+1}} \cdot \dfrac{n \, 3^n}{(-1)^{n-1} 2^{2n-1}} \right|$$

$$= \lim_{n \to \infty} \dfrac{4n}{3(n+1)} = \dfrac{4}{3}$$

因 $L = \dfrac{4}{3} > 1$，故知級數發散.

## 定理 7-21　重排定理 (rearrangement theorem)

絕對收斂級數的項可以重新排列而不會影響其收斂及和．

然而，條件收斂級數的項若重新排列，可能使得新級數收斂到其它值或發散．例如，令 $S$ 為條件收斂的交錯調和級數的和，即

$$S = 1 - \frac{1}{2} + \frac{1}{3} - \frac{1}{4} + \frac{1}{5} - \frac{1}{6} + \cdots$$

將此級數中的項重新排列成

$$\left(1 - \frac{1}{2} - \frac{1}{4}\right) + \left(\frac{1}{3} - \frac{1}{6} - \frac{1}{8}\right) + \left(\frac{1}{5} - \frac{1}{10} - \frac{1}{12}\right) + \cdots$$

可得新的級數

$$\left(\frac{1}{2} - \frac{1}{4}\right) + \left(\frac{1}{6} - \frac{1}{8}\right) + \left(\frac{1}{10} - \frac{1}{12}\right) + \cdots$$
$$= \frac{1}{2}\left(1 - \frac{1}{2} + \frac{1}{3} - \frac{1}{4} + \frac{1}{5} - \frac{1}{6} + \cdots\right) = \frac{S}{2}.$$

## 習題 7-4

判斷下列級數是絕對收斂、條件收斂或發散？

1. $\sum\limits_{n=1}^{\infty} (-1)^n \dfrac{n}{n^2+1}$

2. $\sum\limits_{n=1}^{\infty} (-1)^n \dfrac{1}{n\sqrt{n}}$

3. $\sum\limits_{n=1}^{\infty} (-1)^{n-1} \dfrac{n^2}{e^n}$

4. $\sum\limits_{n=2}^{\infty} (-1)^n \dfrac{1}{n \ln n}$

5. $\sum\limits_{n=1}^{\infty} \dfrac{(-100)^n}{n!}$

6. $\sum\limits_{n=3}^{\infty} (-1)^n \dfrac{\ln n}{n}$

7. $\sum\limits_{n=1}^{\infty} \dfrac{\sin n}{n\sqrt{n}}$

8. $\sum\limits_{n=1}^{\infty} \dfrac{\cos n\pi}{n}$

9. $\displaystyle\sum_{n=1}^{\infty} \frac{n \cos n\pi}{n^2+2}$

10. $\displaystyle\sum_{n=1}^{\infty} \frac{\sin n}{n^2}$

## ▶▶ 7-5 冪級數

在前面幾節中，我們研究常數項級數．在本節中，我們將考慮含有變數項的級數，這種級數在許多數學分支與物理科學裡相當重要．

我們從定理 7-10 可知，若 $|x| < 1$，則

$$1+x+x^2+x^3+\cdots+x^n+\cdots=\frac{1}{1-x}$$

此式等號右邊是一函數，其定義域為所有實數 $x \neq 1$ 的集合；而等號左邊是另一函數，其定義域為 $-1 < x < 1$．等式僅在後者定義域（即，$-1 < x < 1$）成立，因它們同時在該範圍有定義．在 $-1 < x < 1$ 中，左邊的幾何級數"代表"函數 $\dfrac{1}{1-x}$．

如今，我們將研究像 $\displaystyle\sum_{n=0}^{\infty} x^n$ 這種類型的"無窮多項式"，並探討代表它們的函數的一些問題．

### 定義 7-7 冪級數 (power series)

若 $c_0, c_1, c_2, \cdots$ 皆為常數且 $x$ 為一變數，則形如

$$\sum_{n=0}^{\infty} c_n x^n = c_0+c_1 x+c_2 x^2+\cdots+c_n x^n+\cdots$$

的級數稱為**中心在 $x=0$ 的冪級數** (power series centered at $x=0$)；形如

$$\sum_{n=0}^{\infty} c_n (x-a)^n = c_0+c_1(x-a)+c_2(x-a)^2+\cdots+c_n(x-a)^n+\cdots$$

的級數稱為**中心在 $x=a$ 的冪級數** (power series centered at $x=a$)，常數 $a$ 稱為**中心** (center)．

若在冪級數 $\sum c_n x^n$ 中以數值代 $x$，則可得收斂抑或發散的常數項級數．因而，產

生了一個基本的問題，即，所予冪級數對於何種 $x$ 值收斂的問題.

本節的主要目的是在決定使冪級數收斂的所有 $x$ 值. 通常，我們利用比值檢驗法以求得 $x$ 的值.

**例題 1** 解題指引 ☺ 利用定理 7-10

冪級數 $\sum_{n=0}^{\infty} x^n = 1 + x + x^2 + \cdots + x^n + \cdots$ 為一幾何級數，其公比 $r = x$，因此，當 $|x| < 1$ 時，此冪級數收斂.

**例題 2** 解題指引 ☺ 利用比值檢驗法

求所有的 $x$ 值使得冪級數 $\sum_{n=0}^{\infty} \dfrac{x^n}{n!}$ 絕對收斂.

**解** 令 $u_n = \dfrac{x^n}{n!}$，則

$$\lim_{n\to\infty}\left|\dfrac{u_{n+1}}{u_n}\right| = \lim_{n\to\infty}\left|\dfrac{x^{n+1}}{(n+1)!}\cdot\dfrac{n!}{x^n}\right| = \lim_{n\to\infty}\dfrac{|x|}{n+1} = 0 < 1$$

對所有實數 $x$ 皆成立，所以，所予冪級數對所有實數絕對收斂.

**例題 3** 解題指引 ☺ 利用比值檢驗法

求所有的 $x$ 值使得冪級數 $\sum_{n=0}^{\infty} n!\,x^n$ 收斂.

**解** 令 $u_n = n!\,x^n$，若 $x \neq 0$，則

$$\lim_{n\to\infty}\left|\dfrac{u_{n+1}}{u_n}\right| = \lim_{n\to\infty}\left|\dfrac{(n+1)!\,x^{n+1}}{n!\,x^n}\right| = \lim_{n\to\infty}|(n+1)x| = \infty$$

因此，只有 $x = 0$ 才能使級數收斂.

由以上三個例子的結果，歸納出下面的定理，其證明可在高等微積分教本中找到.

### 定理 7-22

對冪級數 $\sum_{n=0}^{\infty} c_n (x-a)^n$ 而言，下列當中恰有一者成立：

(1) 級數僅對 $x=a$ 收斂.

(2) 級數對所有 $x$ 絕對收斂.

(3) 存在一正數 $r$，使得級數在 $|x-a|<r$ 時絕對收斂，而在 $|x-a|>r$ 時發散. 在 $x=a-r$ 與 $x=a+r$，級數可能絕對收斂、或條件收斂、或發散.

在情形 (3) 中，我們稱 $r$ 為**收斂半徑** (radius of convergence)；在情形 (1) 中，級數僅對 $x=a$ 收斂，我們定義收斂半徑為 $r=0$；在情形 (2) 中，級數對所有 $x$ 絕對收斂，我們定義收斂半徑為 $r=\infty$. 使得冪級數收斂的所有 $x$ 值所構成的區間稱為**收斂區間** (interval of convergence). 示於圖 7-3.

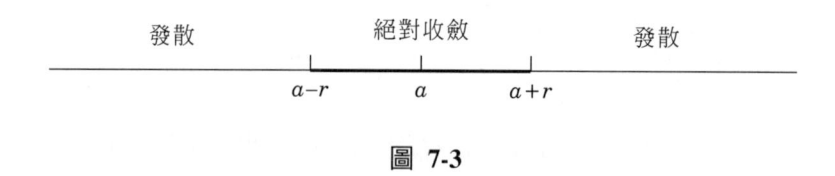

```
發散          絕對收斂          發散
         |─────────────|
       a−r       a       a+r
```

圖 7-3

### 例題 4　解題指引☺ 利用比值檢驗法

求冪級數 $\sum_{n=1}^{\infty} \dfrac{x^n}{\sqrt{n}}$ 的收斂區間.

**解** 令 $u_n = \dfrac{x^n}{\sqrt{n}}$，則

$$\lim_{n\to\infty} \left| \frac{u_{n+1}}{u_n} \right| = \lim_{n\to\infty} \left| \frac{x^{n+1}}{\sqrt{n+1}} \cdot \frac{\sqrt{n}}{x^n} \right| = \lim_{n\to\infty} \left| \frac{\sqrt{n}}{\sqrt{n+1}} x \right|$$

$$= \lim_{n\to\infty} \frac{\sqrt{n}}{\sqrt{n+1}} |x| = |x|$$

可知級數在 $|x|<1$ 時絕對收斂. 令 $x=1$，代入可得 $\sum_{n=1}^{\infty} \dfrac{1}{\sqrt{n}}$，此為發散的 $p$-

級數 $\left(p=\dfrac{1}{2}\right)$. 令 $x=-1$, 代入可得 $\sum_{n=1}^{\infty}(-1)^n\dfrac{1}{\sqrt{n}}$, 此為收斂的交錯級數. 於是, 所予級數的收斂區間為 $[-1, 1)$.

冪級數 $\sum_{n=0}^{\infty}c_n(x-a)^n$ 收斂半徑一般可用比值檢驗法求得. 例如, 假設

$$\lim_{n\to\infty}\left|\dfrac{c_{n+1}}{c_n}\right|=L$$

則

$$\lim_{n\to\infty}\dfrac{|c_{n+1}(x-a)^{n+1}|}{|c_n(x-a)^n|}=L|x-a|$$

對 $|x-a|<\dfrac{1}{L}$ 而言, $\sum_{n=0}^{\infty}c_n(x-a)^n$ 絕對收斂.

對 $|x-a|>\dfrac{1}{L}$ 而言, $\sum_{n=0}^{\infty}c_n(x-a)^n$ 發散.

收斂半徑 $r=\dfrac{1}{L}=\lim_{n\to\infty}\left|\dfrac{c_n}{c_{n+1}}\right|$. (7-1)

**例題 5** 解題指引 ☺ 利用公式 (7-1)

求冪級數 $\sum_{n=1}^{\infty}\dfrac{(x-5)^n}{n^2}$ 的收斂區間與收斂半徑.

**解** 收斂半徑為 $r=\lim_{n\to\infty}\left|\dfrac{c_n}{c_{n+1}}\right|=\lim_{n\to\infty}\dfrac{(n+1)^2}{n^2}=1$.

若 $|x-5|<1$, 即, $4<x<6$, 則級數絕對收斂. 若 $x=4$, 則原級數變成

$$\sum_{n=1}^{\infty}\dfrac{(-1)^n}{n^2}=-1+\dfrac{1}{2^2}-\dfrac{1}{3^2}+\dfrac{1}{4^2}-\cdots$$

此為收斂級數. 若 $x=6$, 則原級數變成

$$\sum_{n=1}^{\infty}\dfrac{1}{n^2}=1+\dfrac{1}{2^2}+\dfrac{1}{3^2}+\dfrac{1}{4^2}+\cdots$$

此為收斂 $p$-級數 ($p=2$). 於是, 所予級數的收斂區間為 $[4, 6]$.

冪級數可以用來定義一函數，而其定義域為該級數的收斂區間．明確地說，對收斂區間中每一 $x$，令

$$f(x)=\sum_{n=0}^{\infty} c_n(x-a)^n$$

若由此來定義函數 $f$，則稱 $\sum_{n=0}^{\infty} c_n(x-a)^n$ 為 $f(x)$ 的**冪級數表示式** (power series representation). 例如，$\dfrac{1}{1-x}$ 的冪級數表示式為幾何級數 $1+x+x^2+\cdots$ ($-1<x<1$)，即，$\dfrac{1}{1-x}=1+x+x^2+\cdots$，$|x|<1$.

函數 $f(x)$ 的冪級數表示式可以用來求得 $f'(x)$ 與 $\int f(x)\,dx$ 等的冪級數表示式．下面定理告訴我們，對 $f(x)$ 的冪級數表示式**逐項微分** (term-by-term differentiation) 或**逐項積分** (term-by-term integration) 可以求得 $f'(x)$ 或 $\int f(x)\,dx$ 等的冪級數表示式.

## 定理 7-23　冪級數的逐項微分與逐項積分

若冪級數 $\sum_{n=0}^{\infty} c_n(x-a)^n$ 有非零的收斂半徑 $r$，又對區間 $(a-r, a+r)$ 中的每一 $x$ 恆有 $f(x)=\sum_{n=0}^{\infty} c_n(x-a)^n$，則：

(1) 級數 $\sum_{n=0}^{\infty} \dfrac{d}{dx}[c_n(x-a)^n]=\sum_{n=1}^{\infty} nc_n(x-a)^{n-1}$ 的收斂半徑為 $r$，對區間 $(a-r, a+r)$ 中所有 $x$ 恆有

$$f'(x)=\sum_{n=1}^{\infty} nc_n(x-a)^{n-1}$$

$$f''(x)=\sum_{n=2}^{\infty} n(n-1)c_n(x-a)^{n-2}$$

$$\vdots \qquad \vdots$$

(2) 級數 $\sum_{n=0}^{\infty}\left[\int c_n(x-a)^n dx\right]=\sum_{n=0}^{\infty}\dfrac{c_n}{n+1}(x-a)^{n+1}$ 的收斂半徑為 $r$，且對區間 $(a-r, a+r)$ 中所有 $x$ 恆有

$$\int f(x)\,dx=\sum_{n=0}^{\infty}\dfrac{c_n}{n+1}(x-a)^{n+1}+C$$

(3) 對區間 $[a-r, a+r]$ 中所有 $\alpha$ 與 $\beta$，級數 $\sum_{n=0}^{\infty}\left[\int_\alpha^\beta c_n(x-a)^n dx\right]$ 絕對收斂且

$$\int_\alpha^\beta f(x)\,dx=\sum_{n=0}^{\infty}\left[\dfrac{c_n}{n+1}(x-a)^{n+1}\Big|_\alpha^\beta\right].$$

註：定理 7-23 告訴我們，雖然冪級數微分或積分後的收斂半徑保持不變，但是這並不表示收斂區間仍然一樣；有可能原冪級數在某端點收斂，而微分後的冪級數在該端點發散．

**例題 6** 解題指引 ☺ 逐項積分

若 $f(x)=\sum_{n=1}^{\infty}\dfrac{x^n}{n}$，求 $f(x)$、$f'(x)$ 與 $f''(x)$ 的收斂區間．

**解** 利用 (7-1) 式，$r=\lim_{n\to\infty}\left|\dfrac{c_n}{c_{n+1}}\right|=\lim_{n\to\infty}\dfrac{n+1}{n}=1$．

$f(x)=\sum_{n=1}^{\infty}\dfrac{x^n}{n}$ 在 $x=1$ 發散而在 $x=-1$ 收斂，故其收斂區間為 $[-1, 1)$．

利用定理 7-23，$f'(x)$ 與 $f''(x)$ 的收斂半徑皆為 1．

$f'(x)=\sum_{n=1}^{\infty}x^{n-1}$ 在 $x=\pm 1$ 發散，故其收斂區間為 $(-1, 1)$．

$f''(x)=\sum_{n=2}^{\infty}(n-1)x^{n-2}$ 在 $x=\pm 1$ 發散，故其收斂區間為 $(-1, 1)$．

**例題 7** 解題指引 ☺ 逐項積分

求 $\ln(1+x)$ 的冪級數表示式．

**解** 因 $\dfrac{d}{dx}\ln(1+x)=\dfrac{1}{1+x}=\dfrac{1}{1-(-x)}$

$\qquad\qquad =1+(-x)+(-x)^2+(-x)^3+(-x)^4+\cdots$ （利用幾何級數）

$\qquad\qquad =1-x+x^2-x^3+x^4-\cdots,\ -1<x<1$

故 $\quad\ln(1+x)=\displaystyle\int(1-x+x^2-x^3+x^4-\cdots)\,dx$

$\qquad\qquad =x-\dfrac{x^2}{2}+\dfrac{x^3}{3}-\dfrac{x^4}{4}+\dfrac{x^5}{5}-\cdots+C$

以 $x=0$ 代入上式，可得 $C=0$.

於是，$\ln(1+x)=x-\dfrac{x^2}{2}+\dfrac{x^3}{3}-\dfrac{x^4}{4}+\dfrac{x^5}{5}-\cdots,\ -1<x<1$.

但此級數在 $x=1$ 收斂到 $\ln(1+1)=\ln 2$，所以，

$\qquad\ln(1+x)=x-\dfrac{x^2}{2}+\dfrac{x^3}{3}-\dfrac{x^4}{4}+\dfrac{x^5}{5}-\cdots,\ -1<x\le 1$.

### 例題 8　解題指引☺ 逐項積分

求 $\tan^{-1}x$ 的冪級數表示式.

**解** 因 $\dfrac{d}{dx}\tan^{-1}x=\dfrac{1}{1+x^2}=\dfrac{1}{1-(-x^2)}$

$\qquad\qquad =1-x^2+x^4-x^6+x^8-\cdots,\ -1<x<1$ （利用幾何級數）

故 $\quad\tan^{-1}x=\displaystyle\int(1-x^2+x^4-x^6+x^8-\cdots)\,dx$

$\qquad\qquad =x-\dfrac{x^3}{3}+\dfrac{x^5}{5}-\dfrac{x^7}{7}+\dfrac{x^9}{9}-\cdots+C$

以 $x=0$ 代入上式，可得 $C=0$.

於是，$\tan^{-1}x=x-\dfrac{x^3}{3}+\dfrac{x^5}{5}-\dfrac{x^7}{7}+\dfrac{x^9}{9}-\cdots,\ -1<x<1$.

但此級數在 $x=1$ 收斂到 $\tan^{-1}1=\dfrac{\pi}{4}$，而在 $x=-1$ 收斂到 $\tan^{-1}(-1)=-\dfrac{\pi}{4}$，所以，

$$\tan^{-1} x = x - \frac{x^3}{3} + \frac{x^5}{5} - \frac{x^7}{7} + \frac{x^9}{9} - \cdots, \quad -1 \leq x \leq 1.$$

## 習題 7-5

在 1～10 題中，求下列各冪級數的收斂區間．

**1.** $\sum_{n=1}^{\infty} nx^n$

**2.** $\sum_{n=1}^{\infty} (-1)^n \dfrac{x^n}{n(n+2)}$

**3.** $\sum_{n=0}^{\infty} (-1)^n \dfrac{x^n}{2^n}$

**4.** $\sum_{n=0}^{\infty} (-1)^n \dfrac{x^{2n}}{(2n)!}$

**5.** $\sum_{n=2}^{\infty} \dfrac{x^n}{\ln n}$

**6.** $\sum_{n=1}^{\infty} \dfrac{(x-1)^n}{n}$

**7.** $\sum_{n=0}^{\infty} \dfrac{(x+2)^n}{n!}$

**8.** $\sum_{n=0}^{\infty} \dfrac{(x-3)^n}{2^n}$

**9.** $\sum_{n=0}^{\infty} \left(\dfrac{3}{4}\right)^n (x+5)^n$

**10.** $\sum_{n=1}^{\infty} (-1)^n \dfrac{2 \cdot 4 \cdot 6 \cdot \cdots \cdot (2n)}{1 \cdot 3 \cdot 5 \cdot \cdots \cdot (2n-1)} x^n$

**11.** 試證：若冪級數 $\sum_{n=0}^{\infty} c_n x^n$ 的收斂半徑為 $r$，則冪級數 $\sum_{n=0}^{\infty} c_n x^{2n}$ 的收斂半徑為 $\sqrt{r}$．

**12.** 試證：(1) $\sum_{n=1}^{\infty} nx^n = \dfrac{x}{(1-x)^2}$ (2) $\sum_{n=1}^{\infty} \dfrac{x^n}{n} = \ln\left(\dfrac{1}{1-x}\right)$

## ▶▶ 7-6　泰勒級數與麥克勞林級數

若函數 $f(x)$ 是由冪級數 $\sum_{n=0}^{\infty} c_n(x-a)^n$ 所表示，即，

$$f(x) = \sum_{n=0}^{\infty} c_n(x-a)^n, \quad |x-a| < r, \; r > 0$$

則由定理 7-23(1) 知，$f$ 的 $n$ 階導函數在 $|x-a| < r$ 時存在．於是，由連續微分可得

$$f'(x) = \sum_{n=1}^{\infty} nc_n(x-a)^{n-1} = c_1 + 2c_2(x-a) + 3c_3(x-a)^2 + \cdots$$

$$f''(x) = \sum_{n=2}^{\infty} n(n-1)c_n(x-a)^{n-2} = 2c_2 + 6c_3(x-a) + 12c_4(x-a)^2 + \cdots$$

$$f'''(x) = \sum_{n=3}^{\infty} n(n-1)(n-2)c_n(x-a)^{n-3} = 6c_3 + 24c_4(x-a) + \cdots$$

$$\vdots$$

對任何正整數 $n$，

$$f^{(n)}(x) = n!\, c_n + \text{含有因子 } (x-a) \text{ 之項的和}$$

現在，我們以 $x=a$ 代入上式可得

$$c_n = \frac{f^{(n)}(a)}{n!}, \quad n \geq 0$$

此即 $f(x)$ 的冪級數表示式之 $n$ 次項的係數，於是，我們有下面的定理.

### 定理 7-24

若
$$f(x) = \sum_{n=0}^{\infty} c_n(x-a)^n, \quad |x-a| < r$$

則其係數為
$$c_n = \frac{f^{(n)}(a)}{n!}$$

且
$$f(x) = \sum_{n=0}^{\infty} \frac{f^{(n)}(a)}{n!}(x-a)^n$$

$$= f(a) + f'(a)(x-a) + \frac{f''(a)}{2}(x-a)^2 + \frac{f'''(a)}{3!}(x-a)^3 + \cdots \qquad (7\text{-}2)$$

此定理所得到的冪級數稱為 $f(x)$ 在 $x=a$ 處的**泰勒級數** (Taylor series). 若 $a=0$，則變成

$$f(x) = \sum_{n=0}^{\infty} \frac{f^{(n)}(0)}{n!} x^n \qquad (7\text{-}3)$$

上式右邊的級數稱為**麥克勞林級數** (Maclaurin series).

## 例題 1　解題指引 ☺ 利用 (7-2) 式

求 $f(x)=\sin x$ 在 $x=\dfrac{\pi}{4}$ 處的泰勒級數.

**解**

$$f(x)=\sin x, \qquad f\left(\dfrac{\pi}{4}\right)=\dfrac{\sqrt{2}}{2}$$

$$f'(x)=\cos x, \qquad f'\left(\dfrac{\pi}{4}\right)=\dfrac{\sqrt{2}}{2}$$

$$f''(x)=-\sin x, \qquad f''\left(\dfrac{\pi}{4}\right)=-\dfrac{\sqrt{2}}{2}$$

$$f'''(x)=-\cos x, \qquad f'''\left(\dfrac{\pi}{4}\right)=-\dfrac{\sqrt{2}}{2}$$

$$f^{(4)}(x)=\sin x, \qquad f^{(4)}\left(\dfrac{\pi}{4}\right)=\dfrac{\sqrt{2}}{2}$$

$$\vdots \qquad\qquad \vdots$$

故泰勒級數為

$$\dfrac{\sqrt{2}}{2}+\dfrac{\sqrt{2}}{2}\left(x-\dfrac{\pi}{4}\right)-\dfrac{\sqrt{2}}{2\cdot 2!}\left(x-\dfrac{\pi}{4}\right)^2-\dfrac{\sqrt{2}}{2\cdot 3!}\left(x-\dfrac{\pi}{4}\right)^3$$

$$+\dfrac{\sqrt{2}}{2\cdot 4!}\left(x-\dfrac{\pi}{4}\right)^4+\cdots.$$

## 例題 2　解題指引 ☺ 利用 (7-2) 式

求 $f(x)=\ln x$ 在 $x=1$ 處的泰勒級數.

**解**　對 $f(x)=\ln x$ 連續微分, 可得

$$f(x)=\ln x, \qquad\qquad f(1)=0$$

$$f'(x)=\dfrac{1}{x}, \qquad\qquad f'(1)=1$$

$$f''(x)=-\dfrac{1}{x^2}, \qquad\qquad f''(1)=-1$$

$$f'''(x) = \frac{1 \cdot 2}{x^3}, \qquad f'''(1) = 2!$$

$$\vdots$$

$$f^{(n)}(x) = (-1)^{n-1} \frac{(n-1)!}{x^n}, \qquad f^{(n)}(1) = (-1)^{n-1}(n-1)!$$

於是，泰勒級數為

$$(x-1) - \frac{1}{2}(x-1)^2 + \frac{1}{3}(x-1)^3 - \cdots + \frac{(-1)^{n-1}}{n}(x-1)^n + \cdots$$

$$= \sum_{n=1}^{\infty} \frac{(-1)^{n-1}}{n}(x-1)^n$$

由比值檢驗法可得知此級數的收斂區間為 (0，2]．但讀者應注意 $f(x) = \ln x$ 的麥克勞林級數的表示式並不存在．(何故？)

為了參考方便，我們在表 7-5 中列出一些重要函數的麥克勞林級數，並指出使級數收斂到該函數的區間．

表 7-5

| 麥克勞林級數 | 收斂區間 |
|---|---|
| $\dfrac{1}{1-x} = \sum\limits_{n=0}^{\infty} x^n = 1 + x + x^2 + x^3 + \cdots$ | $(-1, 1)$ |
| $e^x = \sum\limits_{n=0}^{\infty} \dfrac{x^n}{n!} = 1 + x + \dfrac{x^2}{2!} + \dfrac{x^3}{3!} + \cdots$ | $(-\infty, \infty)$ |
| $\sin x = \sum\limits_{n=0}^{\infty} (-1)^n \dfrac{x^{2n+1}}{(2n+1)!} = x - \dfrac{x^3}{3!} + \dfrac{x^5}{5!} - \dfrac{x^7}{7!} + \cdots$ | $(-\infty, \infty)$ |
| $\cos x = \sum\limits_{n=0}^{\infty} (-1)^n \dfrac{x^{2n}}{(2n)!} = 1 - \dfrac{x^2}{2!} + \dfrac{x^4}{4!} - \dfrac{x^6}{6!} + \cdots$ | $(-\infty, \infty)$ |
| $\ln(1+x) = \sum\limits_{n=0}^{\infty} (-1)^n \dfrac{x^{n+1}}{n+1} = x - \dfrac{x^2}{2} + \dfrac{x^3}{3} - \dfrac{x^4}{4} + \cdots$ | $(-1, 1]$ |
| $\tan^{-1} x = \sum\limits_{n=0}^{\infty} (-1)^n \dfrac{x^{2n+1}}{2n+1} = x - \dfrac{x^3}{3} + \dfrac{x^5}{5} - \dfrac{x^7}{7} + \cdots$ | $[-1, 1]$ |

**例題 3** 解題指引 ☺ 作代換

利用 $\dfrac{1}{1-x}$ 的麥克勞林級數求下列各函數的麥克勞林級數.

(1) $f(x) = \dfrac{x}{1-x^2}$        (2) $f(x) = \dfrac{1}{1+x}$

**解** (1) $\dfrac{1}{1-x} = 1 + x + x^2 + x^3 + x^4 + \cdots,\ -1 < x < 1$

以 $x^2$ 代 $x$，可得

$$\dfrac{1}{1-x^2} = 1 + x^2 + (x^2)^2 + (x^2)^3 + (x^2)^4 + \cdots$$

$$= 1 + x^2 + x^4 + x^6 + x^8 + \cdots,\ -1 < x < 1$$

(2) $\dfrac{1}{1-x} = 1 + x + x^2 + x^3 + x^4 + \cdots,\ -1 < x < 1$

以 $-x$ 代 $x$，可得

$$\dfrac{1}{1+x} = \dfrac{1}{1-(-x)} = 1 + (-x) + (-x)^2 + (-x)^3 + (-x)^4 + \cdots$$

$$= 1 - x + x^2 - x^3 + x^4 - \cdots,\ -1 < x < 1.$$

**例題 4** 解題指引 ☺ 利用 $\sin x$ 的麥克勞林級數

求下列各函數的麥克勞林級數.

(1) $f(x) = \dfrac{\sin x}{x}$        (2) $f(x) = \sin 2x$

**解** 利用

$$\sin x = x - \dfrac{x^3}{3!} + \dfrac{x^5}{5!} - \dfrac{x^7}{7!} + \dfrac{x^9}{9!} - \cdots,\ -\infty < x < \infty$$

可得

(1) $\dfrac{\sin x}{x} = 1 - \dfrac{x^2}{3!} + \dfrac{x^4}{5!} - \dfrac{x^6}{7!} + \dfrac{x^8}{9!} - \cdots,\ -\infty < x < \infty$

(2) $\sin 2x = 2x - \dfrac{(2x)^3}{3!} + \dfrac{(2x)^5}{5!} - \dfrac{(2x)^7}{7!} + \dfrac{(2x)^9}{9!} - \cdots$

$$= 2x - \frac{2^3}{3!}x^3 + \frac{2^5}{5!}x^5 - \frac{2^7}{7!}x^7 + \frac{2^9}{9!}x^9 - \cdots, \quad -\infty < x < \infty.$$

**例題 5** **解題指引** ☺ 利用 $\sin x$ 的麥克勞林級數

計算 (1) $\displaystyle\lim_{x \to 0} \frac{\sin x}{x}$ (2) $\displaystyle\int_0^1 \sin x^2 \, dx$

**解** (1) $\displaystyle\lim_{x \to 0} \frac{\sin x}{x} = \lim_{x \to 0} \left(1 - \frac{x^2}{3!} + \frac{x^4}{5!} - \frac{x^6}{7!} + \frac{x^8}{9!} - \cdots \right) = 1$

(2) $\displaystyle\int_0^1 \sin x^2 \, dx = \int_0^1 \left( x^2 - \frac{x^6}{3!} + \frac{x^{10}}{5!} - \frac{x^{14}}{7!} + \frac{x^{18}}{9!} - \cdots \right) dx$

$$= \left( \frac{x^3}{3} - \frac{x^7}{7 \cdot 3!} + \frac{x^{11}}{11 \cdot 5!} - \frac{x^{15}}{15 \cdot 7!} + \frac{x^{19}}{19 \cdot 9!} - \cdots \right) \Big|_0^1$$

$$= \frac{1}{3} - \frac{1}{7 \cdot 3!} + \frac{1}{11 \cdot 5!} - \frac{1}{15 \cdot 7!} + \frac{1}{19 \cdot 9!} - \cdots$$

取此級數的前三項可得

$$\int_0^1 \frac{\sin x}{x} \, dx \approx \frac{1}{3} - \frac{1}{7 \cdot 3!} + \frac{1}{11 \cdot 5!} \approx 0.310.$$

**例題 6** **解題指引** ☺ 利用 $\cos x$ 的麥克勞林級數

求 $f(x) = \sin^2 x$ 的麥克勞林級數

**解** $\sin^2 x = \dfrac{1}{2}(1 - \cos 2x)$

$$= \frac{1}{2}\left[ 1 - \left( 1 - \frac{2^2}{2!}x^2 + \frac{2^4}{4!}x^4 - \frac{2^6}{6!}x^6 + \frac{2^8}{8!}x^8 - \cdots \right) \right]$$

$$= \frac{1}{2}\left( \frac{2^2}{2!}x^2 - \frac{2^4}{4!}x^4 + \frac{2^6}{6!}x^6 - \frac{2^8}{8!}x^8 + \cdots \right)$$

$$= \frac{2}{2!}x^2 - \frac{2^3}{4!}x^4 + \frac{2^5}{6!}x^6 - \frac{2^7}{8!}x^8 + \cdots, \quad -\infty < x < \infty.$$

**例題 7** **解題指引** ☺ 利用 $e^x$ 的麥克勞林級數

計算 (1) $\displaystyle\lim_{x\to 0}\frac{e^x-x-1}{3x^2}$ (2) $\displaystyle\int_0^1 e^{-x^2}\,dx$

**解** (1) $\displaystyle\lim_{x\to 0}\frac{e^x-x-1}{3x^2}=\lim_{x\to 0}\frac{\left(1+x+\frac{x^2}{2!}+\frac{x^3}{3!}+\cdots\right)-x-1}{3x^2}$

$$=\lim_{x\to 0}\frac{\frac{x^2}{2!}+\frac{x^3}{3!}+\cdots}{3x^2}$$

$$=\frac{1}{3}\lim_{x\to 0}\left(\frac{1}{2}+\frac{x}{3!}+\frac{x^2}{4!}+\cdots\right)=\frac{1}{6}$$

(2) 欲求 $e^{-x^2}$ 的麥克勞林級數的最簡單方法是將

$$e^x=1+x+\frac{x^2}{2!}+\frac{x^3}{3!}+\frac{x^4}{4!}+\cdots$$

中的 $x$ 換成 $-x^2$，而得

$$e^{-x^2}=1-x^2+\frac{x^4}{2!}-\frac{x^6}{3!}+\frac{x^8}{4!}-\cdots$$

所以， $\displaystyle\int_0^1 e^{-x^2}\,dx=\int_0^1\left(1-x^2+\frac{x^4}{2!}-\frac{x^6}{3!}+\frac{x^8}{4!}-\cdots\right)dx$

$$=\left.\left(x-\frac{x^3}{3}+\frac{x^5}{5\cdot 2!}-\frac{x^7}{7\cdot 3!}+\frac{x^9}{9\cdot 4!}-\cdots\right)\right|_0^1$$

$$=1-\frac{1}{3}+\frac{1}{5\cdot 2!}-\frac{1}{7\cdot 3!}+\frac{1}{9\cdot 4!}-\cdots$$

取此級數的前三項，可得

$$\int_0^1 e^{-x^2}\,dx=1-\frac{1}{3}+\frac{1}{5\cdot 2!}=1-\frac{1}{3}+\frac{1}{10}=\frac{23}{30}\approx 0.767.$$

**例題 8** 解題指引 ☺ 利用表 7-5

(1) $e = 1 + 1 + \dfrac{1}{2!} + \dfrac{1}{3!} + \dfrac{1}{4!} + \cdots + \dfrac{1}{n!} + \cdots \approx 2.71828$

(2) $\ln 2 = \ln(1+1) = 1 - \dfrac{1}{2} + \dfrac{1}{3} - \dfrac{1}{4} + \dfrac{1}{5} - \cdots$

(3) $\dfrac{\pi}{4} = \tan^{-1} 1 = 1 - \dfrac{1}{3} + \dfrac{1}{5} - \dfrac{1}{7} + \dfrac{1}{9} - \cdots$

或 $\pi = 4\left(1 - \dfrac{1}{3} + \dfrac{1}{5} - \dfrac{1}{7} + \dfrac{1}{9} - \cdots\right)$.

## 習題 7-6

在 1～2 題中，求各函數的泰勒級數 (以 $a$ 為中心).

**1.** $f(x) = \sin x$；$a = \dfrac{\pi}{3}$ 　　**2.** $f(x) = e^{2x}$；$a = -1$

在 3～7 題中，求各函數的麥克勞林級數.

**3.** $f(x) = \dfrac{x^2}{1+3x}$

**4.** $f(x) = \dfrac{1}{3+x}$ $\left(\text{提示：} \dfrac{1}{3+x} = \dfrac{1}{3} \cdot \dfrac{1}{1-(-x/3)}\right)$

**5.** $f(x) = \sin x \cos x$ $\left(\text{提示：} \sin x \cos x = \dfrac{1}{2} \sin 2x\right)$

**6.** $f(x) = \cos^2 x$ $\left(\text{提示：} \cos^2 x = \dfrac{1}{2}(1 + \cos 2x)\right)$

**7.** $f(x) = xe^{-2x}$

在 8～11 題中，利用適當的麥克勞林級數，求所予級數的和.

8. $2 + \dfrac{4}{2!} + \dfrac{8}{3!} + \dfrac{16}{4!} + \cdots$

9. $1 - \ln 3 + \dfrac{(\ln 3)^2}{2!} - \dfrac{(\ln 3)^2}{3!} + \cdots$

10. $\pi - \dfrac{\pi^3}{3!} + \dfrac{\pi^5}{5!} - \dfrac{\pi^7}{7!} + \cdots$

11. $1 - \dfrac{e^2}{2!} + \dfrac{e^4}{4!} - \dfrac{e^6}{6!} + \cdots$

利用麥克勞林級數 (取前三項) 求下列積分的近似值到小數第三位.

12. $\displaystyle\int_0^{1/2} \dfrac{dx}{1+x^4}$

13. $\displaystyle\int_0^1 \cos\sqrt{x}\, dx$

# 習題答案

## 第1章 不定型，瑕積分

### 習題 1-1

1. $\dfrac{1}{40}$  2. $\ln 3$  3. $\dfrac{1}{3}$  4. $-\dfrac{1}{2}$  5. $-\dfrac{1}{2}$  6. $\dfrac{1}{6}$  7. 0  8. $\dfrac{1}{3}$

9. 1  10. 0  11. 0  12. $\dfrac{2}{5}$  13. 0  14. 0  15. $-\infty$  16. $\infty$  17. $-1$

18. $\dfrac{1}{3}$  19. $\sin 3$  20. 1  21. $\sqrt{\sin x}$  22. $a=-3,\ b=\dfrac{9}{2}$

23. $a=-3,\ b=4,\ c=\dfrac{6}{\pi}$

### 習題 1-2

1. 0  2. 1  3. 0  4. 1  5. $\dfrac{1}{2}$  6. 0  7. $\dfrac{2}{\pi}$  8. 0  9. 0  10. $-\dfrac{1}{2}$  11. 0

12. $\dfrac{1}{2}$  13. $\ln a$  14. 1  15. 1  16. $-\dfrac{1}{6}$  17. $-\dfrac{1}{3}$

### 習題 1-3

1. 1  2. 1  3. 1  4. 1  5. 1  6. 1  7. $e^a$  8. $e^{ab}$  9. $e^{\frac{1}{6}}$  10. 6  11. $\dfrac{1}{2}$

12. $e^2$  13. $\dfrac{1}{\sqrt{e}}$  14. 1  15. $e$  16. $e$  17. $e^{1/e}$  18. $e^{-1}$  19. $e^{-\frac{1}{6}}$  20. 1

21.

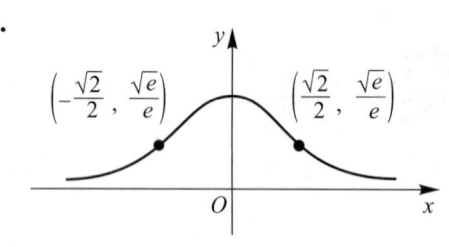

$\left(-\dfrac{\sqrt{2}}{2}, \dfrac{\sqrt{e}}{e}\right)$ $\left(\dfrac{\sqrt{2}}{2}, \dfrac{\sqrt{e}}{e}\right)$

22.

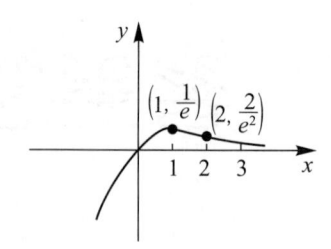

$\left(1, \dfrac{1}{e}\right)$ $\left(2, \dfrac{2}{e^2}\right)$

**習題 1-4**

1. 3, 收斂  2. $\dfrac{\pi}{2a}$, 收斂  3. $-\dfrac{1}{4}$, 收斂  4. 0, 收斂  5. $\dfrac{1}{\ln 2}$, 收斂

6. 0, 收斂  7. $\dfrac{1}{2}\ln 2$, 收斂  8. 0, 收斂  9. $\ln 2$, 收斂  10. $\dfrac{\pi}{32}$, 收斂

11. $\infty$, 發散  12. $-\infty$, 發散  13. $\dfrac{1}{\ln 2}$, 收斂  14. $\infty$, 發散  15. $-\infty$, 發散

16. $\pi$, 收斂  17. $\ln 5 + \tan^{-1} 2 - \dfrac{\pi}{2}$, 收斂  18. $\infty$, 發散  19. $\dfrac{\pi}{2}+1$, 收斂

20. $\pi$, 收斂  21. 1, 收斂  22. $\dfrac{\pi}{3}$, 收斂  23. $p > 1$

24. (1) 發散  (2) 收斂  (3) 收斂  25. $\sqrt{\pi}$  26. $\dfrac{\sqrt{\pi}}{3}$

# 第 2 章  定積分的應用

**習題 2-1**

1. $\dfrac{73}{6}$  2. $\dfrac{115}{6}$  3. $\dfrac{64\sqrt{2}}{3}$

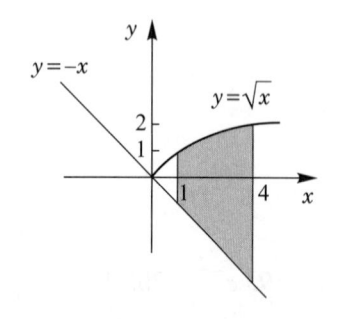

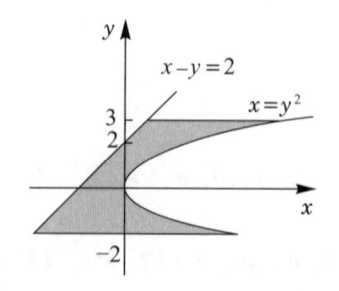

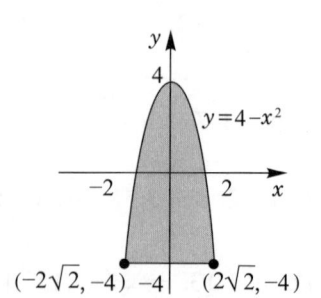

**4.** $\dfrac{1}{12}$

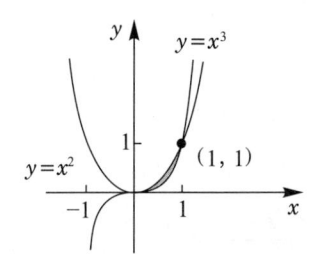

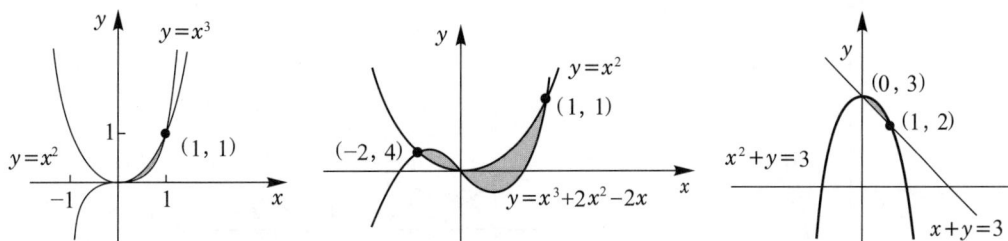

**5.** $\dfrac{37}{12}$

**6.** $\dfrac{1}{6}$

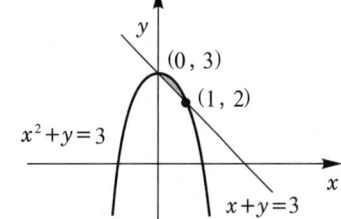

**7.** $\dfrac{9}{2}$

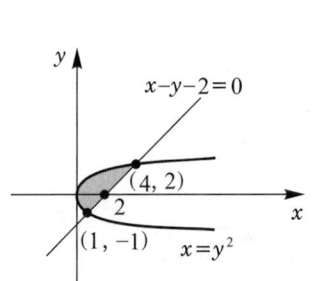

**8.** 16

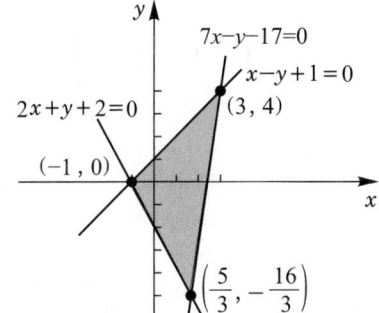

**9.** $\dfrac{8}{15}$

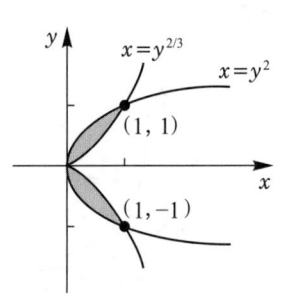

**10.** $\dfrac{13}{6}$

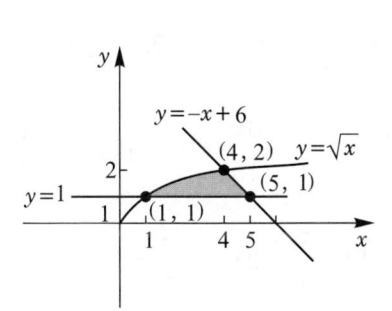

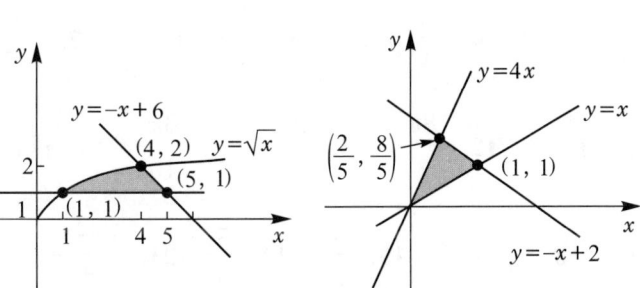

**11.** $\dfrac{3}{5}$

**12.** $\dfrac{1}{2}$

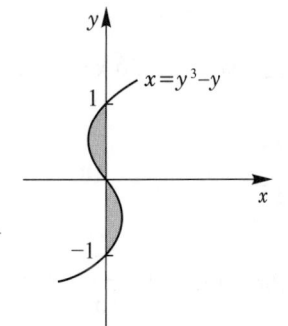

13. $\dfrac{37}{12}$

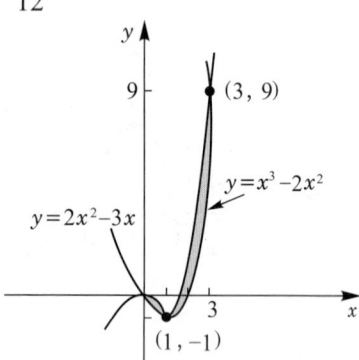

14. $4\sqrt{2}$

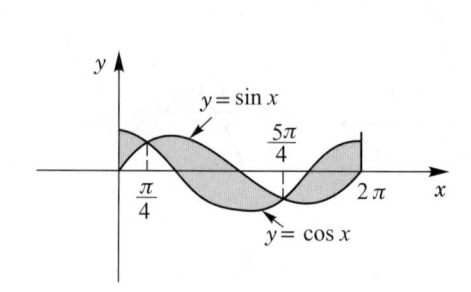

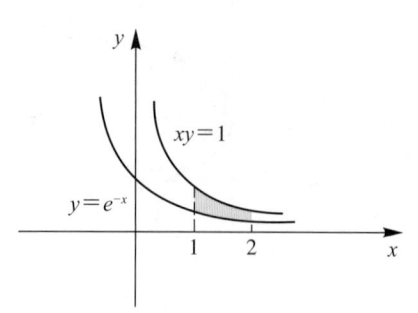

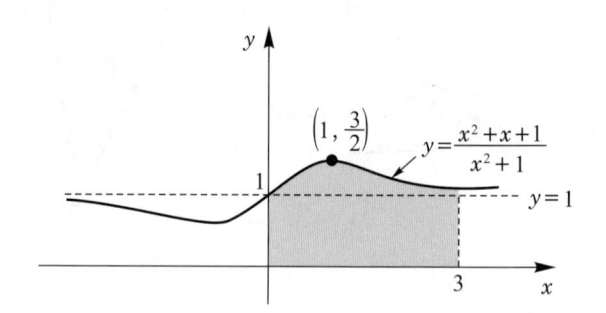

15. $\ln 2 + \dfrac{1}{e^2} - \dfrac{1}{e}$

16. $3 + \dfrac{1}{2}\ln 10$

**習題 2-2**

1. $\dfrac{5}{12}\pi r^3$  2. $36\sqrt{3}$  3. $\dfrac{2}{3}r^3 \tan\theta$  4. $\dfrac{1}{4}(\pi+2)$  5. $\dfrac{3\pi}{4}$  6. $\dfrac{\pi}{2}$  7. $\dfrac{117\pi}{5}$

8. $\dfrac{2\pi}{35}$  9. $\dfrac{7\pi}{3}$  10. $2\sqrt{3}\pi$  11. $\pi$  12. $\dfrac{8\pi}{3}$  13. $\dfrac{28\pi}{3}$  14. $\dfrac{3\pi}{10}$  15. $\pi\left(1-\dfrac{1}{e}\right)$

16. $2\pi$  17. (1) $\dfrac{7\pi}{15}$  (2) $\dfrac{\pi}{2}$  18. $\dfrac{4}{3}\pi ab^2$  19. $\dfrac{\pi}{2}$  20. $\dfrac{\pi}{5}$  21. $\dfrac{844\pi}{5}$

22. $\dfrac{3\pi}{10}$  23. $\dfrac{\pi}{2}$  24. $\dfrac{32\pi}{5}$  25. (1) $\dfrac{128\pi}{3}$  (2) $64\pi$  26. $\dfrac{1}{3}\pi r^2 h$

27. (1) 圓盤法，$\pi$  (2) 圓柱殼法，$\pi$  28. $\dfrac{4\pi}{3}(r^2-a^2)^{\frac{3}{2}}$  29. $2\pi^2 a^2 b$  30. $\dfrac{11}{24}\pi r^3$

## 習題 2-3

1. $\dfrac{8}{27}\left(10\sqrt{10}-\dfrac{13\sqrt{13}}{8}\right)$　2. $\dfrac{8}{27}\left(10\sqrt{10}-\dfrac{13\sqrt{13}}{8}\right)$　3. $\dfrac{21}{16}$　4. $\dfrac{95\sqrt{85}-8}{243}$

5. $\dfrac{4}{3}$　6. $\dfrac{33}{16}$　7. 9.0734　8. 0.8814　9. $\sqrt{2}+\ln(1+\sqrt{2})$　10. $\sqrt{3}-\dfrac{1}{3}$

11. $\dfrac{13}{4}$　12. $y=\sqrt{x},\ y=-\sqrt{x}+2$　13. $6a$

## 習題 2-4

1. $\dfrac{\pi}{6}(17\sqrt{17}-5\sqrt{5})$　2. $\dfrac{5\pi}{27}(29\sqrt{145}-2\sqrt{10})$　3. $4\sqrt{2}\pi$

4. $\pi\left(\sqrt{2}-\dfrac{\sqrt{1+e^2}}{e^2}+\ln\dfrac{1+\sqrt{2}}{1+\sqrt{1+e^2}}\right)$　5. $\dfrac{128(2\sqrt{2}-1)\pi}{3}$

6. $\dfrac{\pi}{27}(296\sqrt{37}-13\sqrt{13})$　7. $\pi\left(2\sqrt{5}-\sqrt{2}+\ln\dfrac{2+\sqrt{5}}{1+\sqrt{2}}\right)$　8. $40\sqrt{2}\pi$

9. $\dfrac{\pi}{9}(17^{\frac{3}{2}}-1)$　10. $A=\pi[e\sqrt{1+e^2}+\ln(e+\sqrt{1+e^2})-\sqrt{2}-\ln(\sqrt{2}+1)]$

11. $\dfrac{\pi}{8}[21-8\ln 2-(\ln 2)^2]$　12. $A=\dfrac{\pi a^2(e^2+4-e^{-2})}{2}$　13. $\pi\left[\dfrac{315}{16}-8\ln 2-(\ln 2)^2\right]$

14. 略　15. $\pi[\sqrt{2}+\ln(1+\sqrt{2})]$

## 習題 2-5

1. 1000 磅　2. 500 磅　3. $\dfrac{232000}{3}$ 磅　4. $\dfrac{15625}{3}$ 磅　5. $\dfrac{7000}{3}$ 磅

6. 540 磅　7. $\dfrac{\sqrt{2}}{2}\rho a^3$　8. $62.5\pi rh^2$ 磅　9. 1497.6 磅

## 習題 2-6

1. (1) $k=9$ 達因／厘米　(2) 40.5 達因-厘米　(3) 337.5 達因-厘米

2. 24 牛頓-米　3. $56250\pi$ 呎-磅　4. 75000 呎-磅

**5.** (1) 作功與所花時間無關  (2) 2550 呎-磅  **6.** 276 呎-磅  **7.** 32250 呎-磅
**8.** 120000 呎-噸  **9.** $2ak$ 磅

### 習題 2-7

**1.** $M_x = -27$, $M_y = -46$, 質心為 $\left(-\dfrac{23}{7}, -\dfrac{27}{14}\right)$

**2.** 形心為 $\left(\dfrac{4}{5}, \dfrac{2}{7}\right)$  **3.** 形心為 $\left(\dfrac{\pi}{2}, \dfrac{\pi}{8}\right)$

**4.** 形心為 $\left(-\dfrac{1}{2}, -\dfrac{3}{5}\right)$  **5.** 形心為 $\left(\dfrac{1}{\ln 2}, \dfrac{\tan^{-1}\left(\dfrac{3}{4}\right)}{8\ln 2}\right)$

**6.** 形心為 $\left(\dfrac{3-e^2}{2(e^2-1)}, \dfrac{e^2+1}{4e^2}\right)$  **7.** 形心為 $\left(0, \dfrac{e^4+4e^2-1}{8e(e^2-1)}\right)$

**8.** 形心為 $\left(\dfrac{4a}{3\pi}, \dfrac{4a}{3\pi}\right)$  **9.** 形心為 $\left(0, \dfrac{20a}{3(8+\pi)}\right)$  **10.** $V = 4\pi$

## 第 3 章　參數方程式與極坐標

### 習題 3-1

**1.** $x^2 - 24x + 16y = 0$　**2.** $x^2 + xy - 2x - y + 2 = 0$　**3.** $x^2 - 2xy + y^2 - y = 0$
**4.** $x(y-3)^2 = 4$　**5.** $(x^2+y^2)^3 = 4x^2y^2$

**6.**

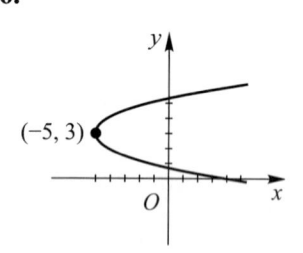

**7.**

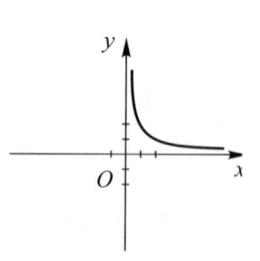

**8.**

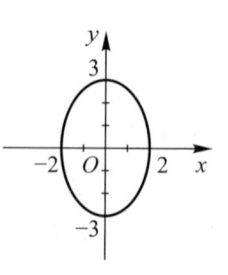

**9.**

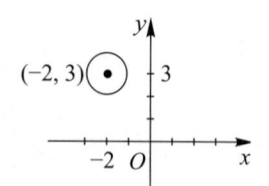

**10.**

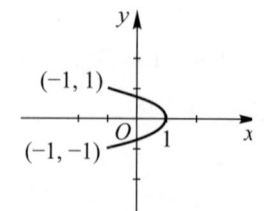

**11.**

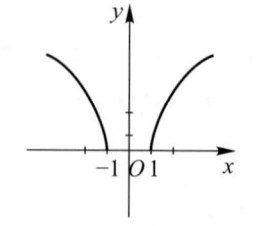

12. $P$ 點由 $(1, 0)$ 沿著圓 $x^2+y^2=1$ 依逆時鐘方向繞到 $(-1, 0)$

13. $P$ 點由 $(0, 1)$ 沿著圓 $x^2+y^2=1$ 依順時鐘方向繞到 $(0, -1)$

14. $P$ 點由 $(-1, 0)$ 沿著圓 $x^2+y^2=1$ 依順時鐘方向繞到 $(1, 0)$

15. $\dfrac{dy}{dx}=t$, $\dfrac{d^2y}{dx^2}=\dfrac{1}{6t}$   16. $\dfrac{dy}{dx}=\dfrac{2t^2-3}{2t^2+3}$, $\dfrac{d^2y}{dx^2}=\dfrac{24t^3}{(2t^2+3)^3}$

17. $\dfrac{dy}{dx}=2(2t-3)\sqrt{t-1}$, $\dfrac{d^2y}{dx^2}=2(6t+1)$   18. $2x-y+2=0$

19. $x-36y+52=0$   20. $x+6y-4=0$   21. $3x+2y-6\sqrt{2}=0$

22. (1) $(16, -16)$ 與 $(16, 16)$   (2) $(0, 0)$

23. (1) $(2, -1)$   (2) $(1, 0)$   24. (1) $(0, -9)$   (2) $(-2, -6)$ 與 $(2, -6)$

25. $-\dfrac{44}{3}$   26. $\dfrac{2(4-\sqrt{2})}{3}$

## 習題 3-2

1. $(2, 2\sqrt{3})$   2. $\left(\dfrac{3\sqrt{2}}{2}, \dfrac{3\sqrt{2}}{2}\right)$   3. $\left(-\dfrac{5\sqrt{3}}{2}, -\dfrac{5}{2}\right)$

4. $\left(2, \dfrac{\pi}{3}+2n\pi\right)$ 或 $\left(-2, \dfrac{4\pi}{3}+2n\pi\right)$, 此處 $n$ 為任意整數

5. $\left(-4, \dfrac{\pi}{6}+2n\pi\right)$ 或 $\left(4, \dfrac{7\pi}{6}+2n\pi\right)$, 此處 $n$ 為任意整數

6. $\left(1, \dfrac{3\pi}{4}+2n\pi\right)$ 或 $\left(-1, -\dfrac{\pi}{4}+2n\pi\right)$, 此處 $n$ 為任意整數,   7. $\theta=\dfrac{\pi}{2}$

8. $r=-5\csc\theta$   9. $\theta=\dfrac{3\pi}{4}$   10. $r=4p\cot\theta\csc\theta$   11. $r=8\tan\theta\sec\theta$

12. $r^2=16\sec 2\theta$   13. $r^2=\dfrac{36}{4+5\cos^2\theta}$

**14.** $x=-6$

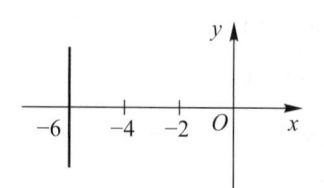

**15.** $(x-3)^2+y^2=9$

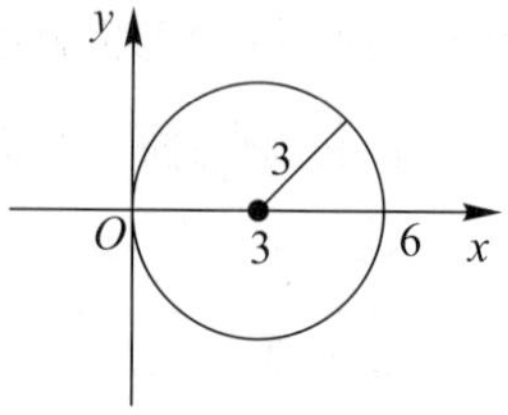

**16.** $(x-4)^2+(y-2)^2=9$

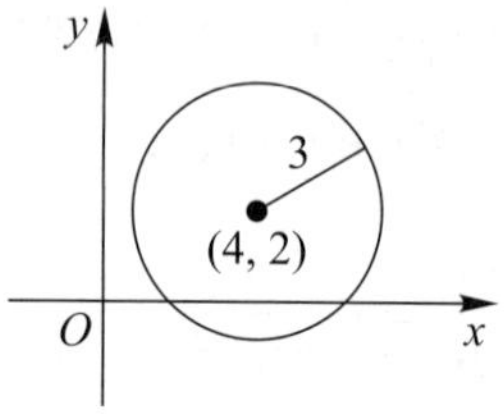

**17.** $3x^2+4y^2-12x=36$

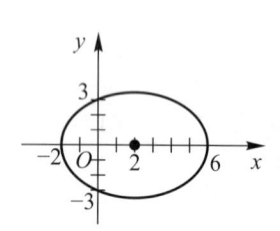

**18.** $xy=2$

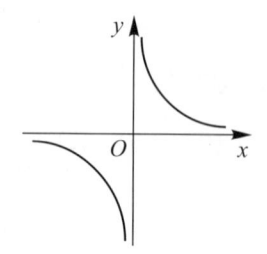

**19.**

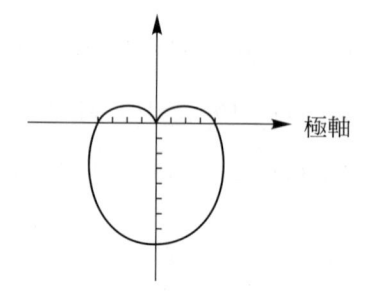

**20.**

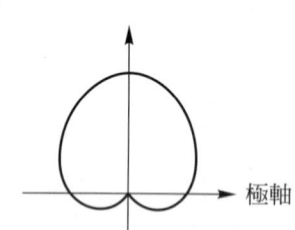

**21.**

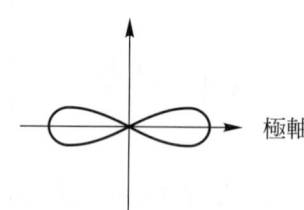

**22.**

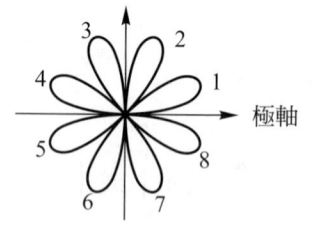

**23.**

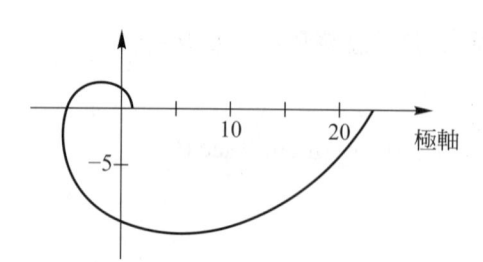

**24.** $\left(6,\dfrac{\pi}{3}\right)$ 與 $\left(6,-\dfrac{\pi}{3}\right)$

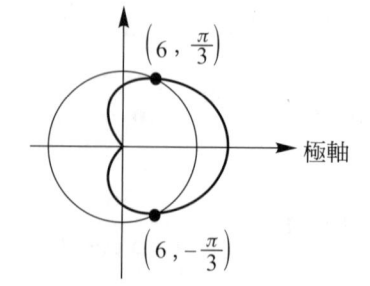

25. $\left(1, \dfrac{\pi}{2}\right)$ 與 $\left(1, \dfrac{3\pi}{2}\right)$，另一交點為極點. 26. $\left(2, \dfrac{\pi}{6}\right)$ 與 $\left(2, \dfrac{5\pi}{6}\right)$，另一交點為極點.

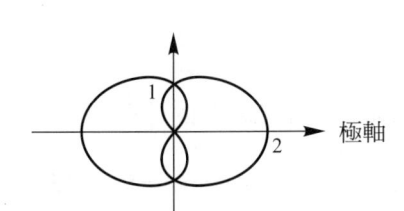

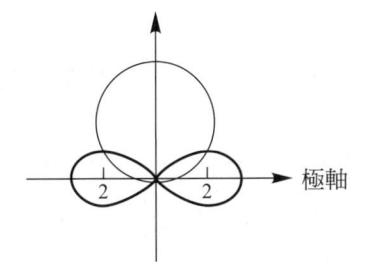

27. $m = \dfrac{\sqrt{3}}{3}$   28. $m = -1$   29. $m = 2$   30. $24\pi$   31. $\dfrac{147\pi}{2}$   32. 5   33. 4

34. $\dfrac{19\pi}{2}$   35. $\dfrac{\pi}{2}$   36. $\dfrac{33\pi}{2}$   37. $\pi$   38. $\dfrac{4(3\sqrt{3}-\pi)}{3}$   39. $\dfrac{4\pi}{3}+2\sqrt{3}$

40. 8   41. $\sqrt{2}\,(1-e^{-2\pi})$   42. $\dfrac{\sqrt{1+(\ln 2)^2}}{\ln 2}(2^{\pi}-1)$   43. 2   44. $\dfrac{128\pi}{5}$

45. $8\pi(2-\sqrt{2})$   46. $4\pi^2 a^2$

**習題 3-3**

1. 0   2. $\dfrac{4\sqrt{5}}{25}$   3. $\dfrac{36\sqrt{89}}{7921}$   4. $\dfrac{6\sqrt{13}}{169}$

5. $x^2+y^2+8x-7y-3=0$

6. $x^2+y^2-\pi x+\dfrac{\pi^2}{4}-1=0$

7. $\rho(0)=1$, $\rho(\pi)=1$   8. (1) $\rho(0)=\dfrac{1}{4}$, $\rho(1)=\dfrac{1}{8}$, $\rho(-1)=\dfrac{1}{8}$

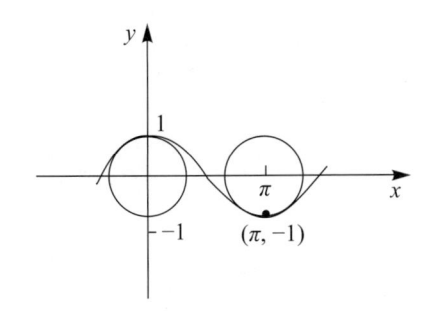

(2)

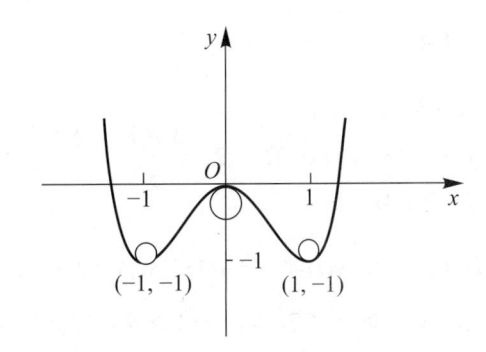

# 第 4 章 三維空間的向量幾何

## 習題 4-1

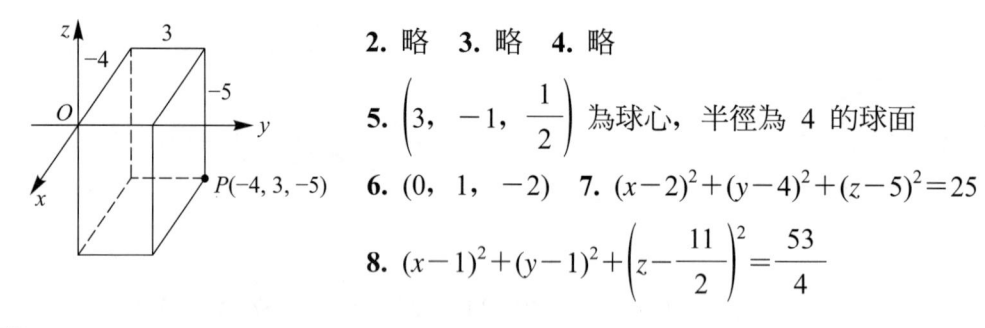

1. [圖：立方體，頂點 $P(-4, 3, -5)$，標示 $-4, 3, -5$]
2. 略  3. 略  4. 略
5. $\left(3, -1, \dfrac{1}{2}\right)$ 為球心，半徑為 4 的球面
6. $(0, 1, -2)$  7. $(x-2)^2+(y-4)^2+(z-5)^2=25$
8. $(x-1)^2+(y-1)^2+\left(z-\dfrac{11}{2}\right)^2=\dfrac{53}{4}$

## 習題 4-2

1. $x=\left\langle -\dfrac{8}{3}, \dfrac{1}{2}, \dfrac{8}{3}\right\rangle$  2. $k=\pm\dfrac{4}{\sqrt{30}}$  3. $\sqrt{466}$

4. $\mathbf{u}=\dfrac{3}{7}\mathbf{i}+\dfrac{6}{7}\mathbf{j}-\dfrac{2}{7}\mathbf{k}$  5. 略  6. (1) $\mathbf{i}+2\mathbf{j}-3\mathbf{k}$  (2) $\mathbf{j}+2\mathbf{k}$  (3) $-2\mathbf{k}$

7. $a=-2$, $b=1$, $c=-3$

## 習題 4-3

1. $\angle ABC \approx 0.2288$ 弧度（約 $13.11°$）  2. (1) 直角  (2) 鈍角  (3) 銳角  (4) 鈍角
3. 略  4. 略  5. 略  6. 略  7. (1) $-44\mathbf{i}+55\mathbf{j}-22\mathbf{k}$  (2) $-14\mathbf{i}-20\mathbf{j}-82\mathbf{k}$

8. $\mathbf{u}_1=\dfrac{4}{9}\mathbf{i}+\dfrac{1}{9}\mathbf{j}+\dfrac{8}{9}\mathbf{k}$, $\mathbf{u}_2=-\dfrac{4}{9}\mathbf{i}-\dfrac{1}{9}\mathbf{j}-\dfrac{8}{9}\mathbf{k}$  9. 略  10. $3\sqrt{5}$

11. $\dfrac{\sqrt{374}}{2}$  12. (1) 不在同一平面上  (2) 在同一平面上  13. 略  14. 略

## 習題 4-4

1. $\begin{cases} x=3+2t \\ y=-1+t, \ t\in \mathbb{R} \\ z=2+3t \end{cases}$  2. $\dfrac{x-1}{5}=\dfrac{y+1}{-2}=\dfrac{z-2}{3}$

3. $x(t)=1+2t$, $y(t)=-4+3t$, $x(t)=2+4t$,

4. $\langle x, y, z\rangle = \langle 2, 4, -1\rangle + t\langle 3, -4, 8\rangle$, $t\in \mathbb{R}$

**5.** $\sqrt{2}+\ln|1+\sqrt{2}|$  **6.** $e-e^{-1}$  **7.** $\dfrac{3}{2}$  **8.** $e^2$

## 習題 4-5

**1.** $\dfrac{x-4}{1}=\dfrac{y}{-5}=\dfrac{z-6}{2}$  **2.** 直線與平面平行  **3.** $\left(-\dfrac{173}{3},\ -\dfrac{43}{3},\ \dfrac{49}{3}\right)$

**4.** $6x-5y-z+84=0$  **5.** $y+2z=9$  **6.** $\theta=\cos^{-1}\left(\dfrac{4}{21}\right)\approx 79°$  **7.** 略

**8.** 橢圓拋物面  **9.** 單葉雙曲面 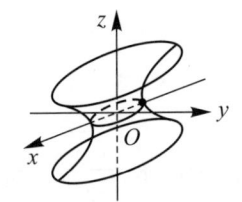  **10.** 雙葉雙曲面

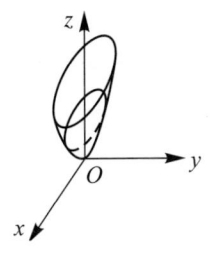

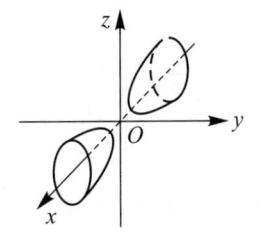

**11.** 指數柱面 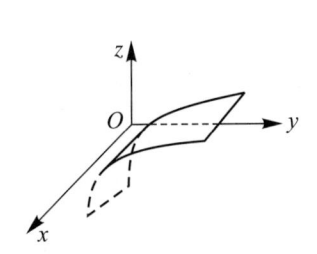  **12.** 雙曲拋物面 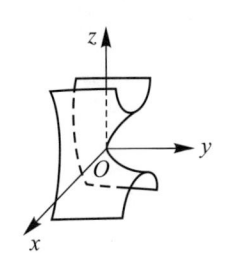  **13.** 餘弦柱面

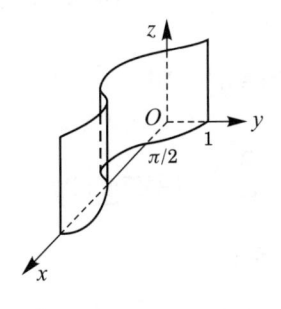

## 習題 4-6

**1.** (1) $(-1,\ \sqrt{3},\ 1)$  (2) $(1,\ 1,\ \sqrt{2})$  (3) $(-1,\ -\sqrt{3},\ 8)$

**2.** (1) $(1,\ \pi,\ 0)$  (2) $\left(2,\ \dfrac{\pi}{6},\ 4\right)$  (3) $\left(4\sqrt{2},\ \dfrac{\pi}{4},\ 4\right)$

**3.** (1) $r^2+z^2=16$  (2) $r\cos\theta+2r\sin\theta+3z=6$  (3) $r^2+z^2-2r\cos\theta=0$

**4.** (1) $\left(\sqrt{\dfrac{3}{2}},\ \sqrt{\dfrac{3}{2}},\ 1\right)$  (2) $\left(\dfrac{\sqrt{3}}{4},\ \dfrac{1}{4},\ \dfrac{\sqrt{3}}{2}\right)$  (3) $(0,\ \sqrt{2},\ -\sqrt{2})$

5. (1) $\left(2, \dfrac{\pi}{4}, \dfrac{\pi}{4}\right)$ (2) $\left(2, \dfrac{7\pi}{4}, \dfrac{3\pi}{4}\right)$ 6. $\rho - 2\sin\phi\cos\theta = 0$

**習題 4-7**

1. $(0, 1) \cup (1, \infty)$  2. (1) $\mathbf{j} + \dfrac{\pi}{2}\mathbf{k}$  (2) $\left\langle 2, \dfrac{1}{2}, \sin 3 \right\rangle$

3. (1) $\mathbf{F}'(t) = \cos t\,\mathbf{i} - e^{-t}\mathbf{j} + \mathbf{k}$

   (2) $\mathbf{F}'(t) = (\cos t + 2t)\mathbf{i} + (\cos t + 2t)\mathbf{j} + 3(\cos t + 2t)\mathbf{k}$

   (3) $\mathbf{F}'(t) = 2t\mathbf{i} - (5t^4 + e^t)\mathbf{j} + (3t^2 - e^t)\mathbf{k}$

4. $\dfrac{d\mathbf{F}}{dt} = \langle \cos t, -\sin t, 1 \rangle$, $\dfrac{d^2\mathbf{F}}{dt^2} = \langle -\sin t, -\cos t, 0 \rangle$

   $\left|\dfrac{d\mathbf{F}}{dt}\right| = \sqrt{2}$, $\left|\dfrac{d^2\mathbf{F}}{dt^2}\right| = 1$

5. 略  6. $\dfrac{\sqrt{5}}{5}(\mathbf{j} + 2\mathbf{k})$  7. $\dfrac{\sqrt{17}}{17}(-4\mathbf{j} + \mathbf{k})$  8. $\dfrac{\sqrt{3}}{3}(\mathbf{i} - \mathbf{j} + \mathbf{k})$

9. $\dfrac{\sqrt{3}}{3}(\mathbf{i} + \mathbf{j} + \mathbf{k})$  10. $\mathbf{F}(t) = 2(t-2)\mathbf{i} + \dfrac{1}{2}\ln\left(\dfrac{t^2+1}{2}\right)\mathbf{j} + \dfrac{1}{2}(t^2-1)\mathbf{k}$

11. $\mathbf{F}(t) = (t^4 + 2)\mathbf{i} - (t^2 + 4)\mathbf{j}$

# 第 5 章  偏導函數

**習題 5-1**

1. $\{(x, y) \mid x \neq 0\}$  2. $\{(x, y) \mid x \neq 2y\}$  3. $\{(x, y) \mid x \leq 1, y \neq 0\}$

4. $\{(x, y, z) \mid x^2 + y^2 + z^2 \leq 25\}$  5. $\{(x, y) \mid x^2 + y^2 \leq 1, x \neq 0\}$

6. $\{(x, y) \mid x + y < 4\}$  7. $\{(x, y) \mid -1 \leq x + y \leq 1\}$

8.                              9. 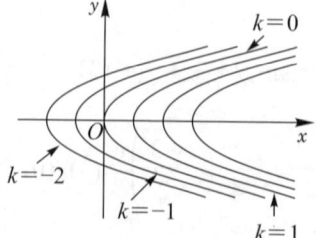                              10.

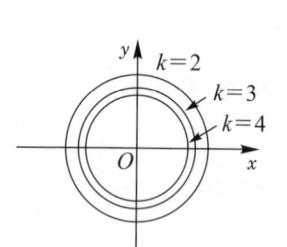

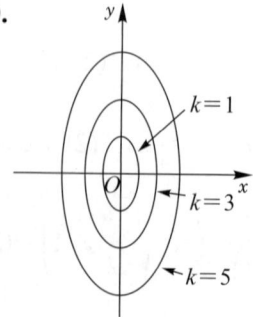

**11.** $x^2+2y^2$  **12.** $\sin^2(x^2+y^2)$  **13.** $2(3xy+3yz+xz)+1$

## 習題 5-2

**1.** $\dfrac{3}{2}$  **2.** $\dfrac{7}{4}$  **3.** 0  **4.** 1  **5.** 不存在  **6.** 1

**7.** $f$ 在 $\{(x, y) \mid x+y > 1\}$ 為連續  **8.** $f$ 在 $\{(x, y) \mid x^2+y^2 < 2\}$ 為連續

**9.** $f$ 在 $\mathbb{R}^2$ 為連續  **10.** $f$ 在原點以外皆為連續

## 習題 5-3

**1.** $f_x(1, -1)=\dfrac{3}{2}$, $f_y(-1, 1)=\dfrac{1}{2}$  **2.** $f_{xy}(0, 3)=1+e^3$, $f_{yy}(2, 0)=2$

**3.** $f_x=-e^{x^2}$, $f_y=e^{y^2}$  **4.** $f_{xy}(1, -1, 0)=-e$, $f_{yz}(0, 1, 0)=-\dfrac{1}{e}$, $f_{zx}(0, 0, 1)=e$

**5.** 6  **6.** $\dfrac{4}{25}$  **7.** 略  **8.** 略  **9.** 略

## 習題 5-4

**1.** 1  **2.** $\begin{cases} y=1 \\ 3x-z=\dfrac{9}{2} \end{cases}$  **3.** $x-y-z=0$  **4.** $x+z=-1$  **5.** $x-\sqrt{3}\,y+z=1-\dfrac{\sqrt{3}\pi}{6}$

**6.** $z-e^3y+e^3=0$  **7.** $x-y-z=0$  **8.** $z-2x-y+1=0$  **9.** $2x+ez=0$

**10.** $2x+4y-14=0$  **11.** $x-14y+z=14$

## 習題 5-5

**1.** $dz=\left(\sin y-\dfrac{y}{x^2}\right)dx+\left(x\cos y+\dfrac{1}{x}\right)dy$  **2.** $dz=\dfrac{y}{x^2+y^2}dx-\dfrac{x}{x^2+y^2}dy$

**3.** $dz=\dfrac{y}{1+x^2y^2}dx+\dfrac{x}{1+x^2y^2}dy$  **4.** $dw=\dfrac{1}{2\sqrt{x}}dx+\dfrac{1}{2\sqrt{y}}dy+\dfrac{1}{2\sqrt{z}}dz$

**5.** $dw=2xe^{yz}dx+(x^2ze^{yz}+\ln z)dy+\left(x^2ye^{yz}+\dfrac{y}{z}\right)dz$  **6.** 0.44  **7.** 2.9733

**8.** 2%  **9.** 略

## 習題 5-6

1. 0　　2. $\dfrac{\partial z}{\partial u} = 2uv\,[\cos(u+v) + (u+v)\cos(uv^2)] - uv^2 \sin(u+v) + \sin(uv^2)$

3. 2　　4. 0　　5. $\dfrac{\partial w}{\partial s}\bigg|_{s=0,\,t=1} = 3,\ \dfrac{\partial w}{\partial t}\bigg|_{s=0,\,t=1} = 2$

6. $\dfrac{dy}{dx} = \dfrac{y\sin x - \sin y}{x\cos y + \cos x}$　　7. $\dfrac{dy}{dx} = -\dfrac{y}{x}$

8. $\dfrac{\partial z}{\partial x} = \dfrac{2xy}{y\sin(yz) - 2z},\ \dfrac{\partial z}{\partial y} = \dfrac{x^2 - z\sin(yz)}{y\sin(yz) - 2z}$

9. $\dfrac{\partial z}{\partial x} = -\dfrac{yz(x+y+z)+1}{xy(x+y+z)+1},\ \dfrac{\partial z}{\partial y} = -\dfrac{xz(x+y+z)+1}{xy(x+y+z)+1}$

## 習題 5-7

1. $5+\sqrt{3}$　　2. $\dfrac{13-3\sqrt{3}}{2}$　　3. $-\dfrac{8}{5}$　　4. $\dfrac{7}{52}$　　5. $\dfrac{29}{\sqrt{13}}$　　6. $\dfrac{1}{6}$　　7. $-\dfrac{\sqrt{14}\,e}{7}$

8. $-\dfrac{\sqrt{3}\,\pi}{12}$　　9. $\dfrac{\sqrt{17}}{6}$　　10. $\dfrac{2\sqrt{5}}{5}$　　11. $\dfrac{\sqrt{26}}{2}$　　12. $\dfrac{\sqrt{17}}{2}$

13. (1) $\dfrac{32\sqrt{3}}{3}$　　(2) $38\mathbf{i}+6\mathbf{j}+12\mathbf{k}$　　(3) $2\sqrt{406}$

14. $f$ 在 $\mathbf{u}=\dfrac{2}{7}\mathbf{i}+\dfrac{3}{7}\mathbf{j}+\dfrac{6}{7}\mathbf{k}$ 之方向遞增最快，方向導數為 7，

　　$f$ 在 $-\mathbf{u}=-\dfrac{2}{7}\mathbf{i}-\dfrac{3}{7}\mathbf{j}-\dfrac{6}{7}\mathbf{k}$ 遞減最快，方向導數為 $-7$。

15. (1) $\dfrac{200}{49\sqrt{3}}$ (°C/公分)　　(2) 梯度方向，$\dfrac{200}{196}\sqrt{1+9+4}$ (°C/公分)

## 習題 5-8

1. $f(1,\,-1)=-6$ 為相對極小值　　2. $(0,\,0)$ 為鞍點

3. $(0,\,0)$ 為鞍點，$f(2,\,2)=-8$ 為 $f$ 之相對極小值

4. $f(1,\,2)=6$ 為 $f$ 之相對極小值　　5. $f(0,\,2)=e^4$ 為 $f$ 之相對極大值

**6.** $f$ 無相對極值　**7.** $(0, n\pi)$ 為 $f$ 之鞍點

**8.** (i) $(0, 0)$ 為 $f$ 之鞍點

(ii) $f\left(\dfrac{1}{\sqrt{2}}, \dfrac{1}{\sqrt{2}}\right) = \dfrac{1}{2}e^{-1}$ 為 $f$ 的相對極大值

(iii) $f\left(\dfrac{1}{\sqrt{2}}, \dfrac{-1}{\sqrt{2}}\right) = \dfrac{-1}{2}e^{-1}$ 為 $f$ 的相對極小值

**9.** 絕對極小值為 $f(1, 2) = f(1, -1) = -1$，絕對極大值 $f(-1, -2) = 13$

**10.** 絕對極小值 $f\left(\dfrac{3}{5}, \dfrac{4}{5}\right) = -2$，絕對極大值 $f\left(-\dfrac{3}{5}, -\dfrac{4}{5}\right) = 18$

**11.** 絕對極大值 61，絕對極小值 $-4$.

**12.** $\dfrac{1}{\sqrt{26}}$　**13.** $x = 8$, $y = 16$, $z = 8$　**14.** $x = \dfrac{\sqrt{14}}{7}$, $y = \dfrac{2\sqrt{14}}{7}$, $z = \dfrac{3\sqrt{14}}{7}$

## 習題 5-9

**1.** $f\left(\dfrac{1}{3}, \dfrac{2}{3}\right) = \dfrac{2}{3}$　**2.** $f(360, 75) \approx 48{,}643$　**3.** $f\left(\dfrac{3}{\sqrt{2}}, 2\sqrt{2}\right) = 24$

**4.** $f\left(\dfrac{1}{\sqrt[3]{3}}, \dfrac{1}{\sqrt[3]{3}}, \dfrac{1}{\sqrt[3]{3}}\right) = \dfrac{1}{3}$ 為極大值　**5.** 極小值為 $f\left(-\dfrac{1}{6}, -\dfrac{2}{4}, \dfrac{1}{2}\right) = \dfrac{9}{2}$

**6.** $f(30, 40, 10) = 7{,}200$ 為極小值　**7.** $\dfrac{64}{9}$　**8.** $\dfrac{8\sqrt{3}}{9}abc$

**9.** $f\left(\dfrac{5}{11}, \dfrac{30}{11}, \dfrac{8}{11}\right) = \dfrac{120}{11}$　**10.** $\left(\dfrac{2\sqrt{3}}{3}, \dfrac{2\sqrt{3}}{3}, \dfrac{2\sqrt{3}}{3}\right)$

**11.** 絕對極小值 $f\left(\dfrac{18}{23}, -\dfrac{6}{23}, \dfrac{11}{23}\right) = \dfrac{33}{23}$　**12.** 長 6 米，寬 6 米，高 3 米

**13.** 最近點為 $\left(-1 + \dfrac{\sqrt{2}}{2}, -1 + \dfrac{\sqrt{2}}{2}, -1 + \sqrt{2}\right)$,

最遠點為 $\left(-1 - \dfrac{\sqrt{2}}{2}, -1 - \dfrac{\sqrt{2}}{2}, -1 - \sqrt{2}\right)$

## 第 6 章 多重積分

**習題 6-1**

1. 18  2. 240  3. (1) 9  (2) 0  (3) $5-\sqrt{3}-\sqrt{2}$  4. $\dfrac{1}{4}\ln 2$

5. 234  6. $\sqrt{2}$  7. $e^2-1$  8. 0  9. 2  10. $\dfrac{1}{2}$  11. $\dfrac{75}{2}$  12. $-\dfrac{5}{6}$

13. $\dfrac{\sqrt{3}-1}{2}-\dfrac{\pi}{12}$  14. $\cos 1-\cos 9-4$  15. $\dfrac{e(4-e^3)}{2}$  16. $\dfrac{3\ln 2-\pi}{9}$

17. $\dfrac{16}{3}$  18. $\dfrac{\pi-2\ln 2}{4}$  19. $\dfrac{61}{3}$  20. $\dfrac{1}{2}[(\ln 3)^2-(\ln 2)^2]$  21. $e-2$

22. $\dfrac{1}{6}(e^9-1)$  23. $\dfrac{1}{4}\sin 16$  24. $\dfrac{1}{4}(e^4-1)$  25. $\dfrac{\pi}{8}$  26. $\dfrac{2}{3}(e-1)$

27. $\dfrac{3}{4}$  28. $\dfrac{e}{2}(e^3-4)$  29. $\dfrac{1}{2}$  30. $\dfrac{\ln 17}{4}$  31. 6  32. $\dfrac{81\pi}{8}$  33. $27\pi$

**習題 6-2**

1. $\dfrac{\pi}{8}$  2. $\dfrac{1}{12}$  3. $\dfrac{4}{3}$  4. $\dfrac{\pi}{2}(1-e^{-a^2})$  5. $\ln(\sqrt{2}+1)$  6. $\dfrac{\pi}{2}$  7. $\dfrac{\pi}{2}(2-\sqrt{3})$

8. $\dfrac{\pi}{4}(1-\cos 1)$  9. $\dfrac{\pi}{2}$  10. 2  11. $\dfrac{16-3\pi}{6}$  12. $\dfrac{\pi}{8}(e-1)$  13. $\dfrac{2\pi}{3}$  14. $\dfrac{256\pi}{3}$

**習題 6-3**

1. $\dfrac{7}{3}$  2. $-40$  3. $\dfrac{1}{3}$  4. $\dfrac{1}{12}$  5. $\dfrac{7561}{5}$  6. $-\dfrac{e^2-8e+15}{8}$  7. $-\dfrac{\pi}{2}$

8. $\dfrac{1}{2}\ln 2-\dfrac{5}{16}$  9. $\dfrac{128}{15}$  10. 2

**習題 6-4**

1. (1) $9\sqrt{3}$  (2) $-\dfrac{3\sqrt{3}}{64}+\dfrac{\pi}{24}$  (3) $\dfrac{16}{9}(3\pi-4)$  (4) $\dfrac{\pi}{3}$  (5) $\dfrac{\pi^2}{2}$  (6) $\dfrac{\pi}{4}$

**2.** $24\pi$  **3.** $8\pi$  **4.** $\dfrac{4\pi(8\sqrt{2}-7)}{3}$  **5.** $8\pi$  **6.** $\dfrac{32\pi}{3}$  **7.** $5\pi(e^9-1)$  **8.** $\dfrac{8\pi}{35}$

**9.** $4\pi(2-\sqrt{3})$  **10.** $\dfrac{\pi}{30}$  **11.** $\dfrac{64\sqrt{2}\,\pi}{3}$  **12.** $\dfrac{7\pi}{16}$  **13.** $\dfrac{256\pi(\sqrt{2}-1)}{5}$  **14.** 略

## 習題 6-5

**1.** $m=30$, $(\bar{x},\bar{y})=\left(2,\dfrac{9}{5}\right)$  **2.** $m=\dfrac{16}{3}$, $(\bar{x},\bar{y})=\left(0,\dfrac{3\pi}{8}\right)$

**3.** $m=\dfrac{\pi}{4}$, $(\bar{x},\bar{y})=\left(\dfrac{\pi}{2},\dfrac{16}{9\pi}\right)$  **4.** $m=8k$, $(\bar{x},\bar{y})=\left(0,\dfrac{8}{3}\right)$

**5.** $m=\dfrac{1-e^{-2}}{4}$, $(\bar{x},\bar{y})=\left(0,\dfrac{4(1-e^{-3})}{9(1-e^{-2})}\right)$

**6.** $m=\dfrac{e^2+8e-13}{4}$, $(\bar{x},\bar{y})=\left(\dfrac{e^2-8e+33}{2(e^2+8e-13)},\dfrac{8e^3+27e^2-53}{18(e^2+8e-13)}\right)$

**7.** $m=\dfrac{5\pi}{3}$, $(\bar{x},\bar{y})=\left(\dfrac{21}{20},0\right)$  **8.** $m=\dfrac{32k}{9}$, $(\bar{x},\bar{y})=\left(\dfrac{6}{5},0\right)$

**9.** $m=\dfrac{22k}{3}$, $(\bar{x},\bar{y})=\left(\dfrac{27}{11},0\right)$  **10.** $\bar{x}=\dfrac{M_{yz}}{m}$

**11.** $(\bar{x},\bar{y},\bar{z})=\left(\dfrac{4}{15},\dfrac{4}{15},\dfrac{4}{15}\right)$  **12.** $(\bar{x},\bar{y},\bar{z})=\left(0,0,\dfrac{150}{59}\right)$

**13.** $(\bar{x},\bar{y},\bar{z})=\left(\dfrac{3}{8}a,\dfrac{3}{8}a,\dfrac{3}{8}a\right)$  **14.** $V=8\pi$, $(\bar{x},\bar{y},\bar{z})=\left(0,0,\dfrac{4}{3}\right)$

**15.** $(\bar{x},\bar{y},\bar{z})=\left(0,0,\dfrac{3}{4}\right)$  **16.** $m=9k\pi$, $(\bar{x},\bar{y},\bar{z})=\left(0,0,\dfrac{9}{4}\right)$

**17.** $(\bar{x},\bar{y},\bar{z})=\left(0,0,\dfrac{2a}{5}\right)$  **18.** $m=\dfrac{124k\pi}{5}$

**19.** $I_x=\dfrac{96}{5}$, $I_y=\dfrac{1024}{3}$, $I_o=\dfrac{5408}{15}$  **20.** $I_x=\dfrac{7a^6}{180}$, $I_y=\dfrac{7a^6}{180}$, $I_o=\dfrac{7a^6}{90}$

**21.** $R_g=\sqrt{\dfrac{5}{12}}\,a$  **22.** $I_x=\dfrac{\pi a^4\rho}{4}$, $R_g=\dfrac{a}{2}$  **23.** $I_z=\dfrac{4096k\pi}{15}$, $R_g=4\sqrt{\dfrac{2}{5}}$

## 習題 6-6

1. $4(u^2+v^2)$  2. $4v$  3. $2e^{4u}$  4. $-4$  5. $144\,vw^2$  6. $-\ln 2$  7. $\dfrac{3}{2}\sin 1$

8. $\dfrac{2}{3}\ln(\sec 1+\tan 1)$  9. $\dfrac{\pi}{6}(1-\cos 1)$  10. $e-\dfrac{1}{e}$  11. $\dfrac{1}{90}$  12. $\dfrac{4}{3}\pi abc$

# 第 7 章　無窮級數

## 習題 7-1

1. $\dfrac{1}{2}$  2. $\dfrac{1}{2}$  3. 0  4. 5  5. 0  6. $\pi$  7. 0  8. $e^{-2}$  9. 0, 收斂

10. 0, 收斂  11. $\dfrac{1}{2}$, 收斂  12. (1) $\dfrac{1}{2}$  (2) $\infty$

13. (1) $L=2$ ($L\neq 0$)  (2) $L=2$ (因 $L$ 不為負)  14. 略

## 習題 7-2

1. $\dfrac{5}{3}$  2. $\dfrac{2}{3}$  3. 發散  4. $\dfrac{45}{2}$  5. $\dfrac{33}{5}$  6. $\dfrac{1}{6}$  7. 發散

8. 發散  9. $\dfrac{869}{1111}$  10. (1) 收斂  (2) $\displaystyle\sum_{n=1}^{\infty}\dfrac{4}{(n+1)(n+2)}$  11. 略

12. $p>e$ 或 $0<p<\dfrac{1}{e}$  13. 56 (公尺)

## 習題 7-3

1. (1) 收斂  (2) 發散  (3) 收斂  (4) 發散
2. (1) 發散  (2) 收斂  (3) 發散  (4) 收斂
3. (1) 發散  (2) 收斂  (3) 收斂  (4) 發散

## 習題 7-4

1. 條件收斂  2. 絕對收斂  3. 絕對收斂  4. 條件收斂  5. 絕對收斂
6. 條件收斂  7. 絕對收斂  8. 條件收斂  9. 條件收斂  10. 絕對收斂

**習題 7-5**

**1.** $(-1, 1)$　**2.** $[-1, 1]$　**3.** $(-2, 2)$　**4.** $(-\infty, \infty)$　**5.** $[-1, 1)$　**6.** $[0, 2)$

**7.** $(-\infty, \infty)$　**8.** $(1, 5)$　**9.** $\left(-\dfrac{19}{3}, -\dfrac{11}{3}\right)$　**10.** $(-1, 1)$　**11.** 略　**12.** 略

**習題 7-6**

**1.** $\dfrac{\sqrt{3}}{2} + \dfrac{1}{2}\left(x - \dfrac{\pi}{3}\right) - \dfrac{\sqrt{3}}{2 \cdot 2!}\left(x - \dfrac{\pi}{3}\right)^2 - \dfrac{1}{2 \cdot 3!}\left(x - \dfrac{1}{3}\right)^3$

$+ \dfrac{\sqrt{3}}{2 \cdot 4!}\left(x - \dfrac{1}{3}\right)^4$, $-\infty < x < \infty$

**2.** $\displaystyle\sum_{n=0}^{\infty} \dfrac{2^n e^{-2}}{n!}(x+1)^n$, $-\infty < x < \infty$

**3.** $\dfrac{x^2}{1+3x} = \displaystyle\sum_{n=0}^{\infty}(-1)^n 3^n x^{n+2}$, $-\dfrac{1}{3} < x < \dfrac{1}{3}$

**4.** $\dfrac{1}{3+x} = \displaystyle\sum_{n=0}^{\infty}(-1)^n \dfrac{x^n}{3^{n+1}}$, $-3 < x \leq 3$

**5.** $\sin x \cos x = \displaystyle\sum_{n=0}^{\infty}(-1)^n \dfrac{2^{2n}}{(2n+1)!}x^{2n+1}$, $-\infty < x < \infty$

**6.** $\cos^2 x = 1 + \displaystyle\sum_{n=0}^{\infty}(-1)^n \dfrac{2^{2n-1}}{(2n!)}x^{2n}$, $-\infty < x < \infty$

**7.** $xe^{-2x} = x\displaystyle\sum_{n=0}^{\infty}(-1)^n \dfrac{(-2x)^n}{n!} = \displaystyle\sum_{n=0}^{\infty}(-1)^n \dfrac{2^n}{n!}x^{n+1}$, $-\infty < x < \infty$

**8.** $e^2 - 1$　**9.** $\dfrac{1}{3}$　**10.** $0$　**11.** $\cos e$　**12.** $0.494$　**13.** $0.764$

# 數 學

著者　楊精松　莊紹容

## 附冊
〈積分的方法〉

*mathematics*

東華書局

9789574836949

# 8

# 積分的方法

## 本章學習目標

- 能夠利用積分基本公式與變數變換求不定積分
- 瞭解分部積分法
- 瞭解三角函數乘冪的積分法
- 瞭解三角代換積分法
- 能夠利用部分分式求有理函數的積分
- 瞭解代換積分法
- 瞭解積分近似值 (數值積分) 的求法

## ▶▶ 8-1 不定積分的基本公式

在本節中，我們將複習前面學過的積分公式．我們以 $u$ 為積分變數而不以 $x$ 為積分變數，重新敘述那些積分公式，因為當使用代換時，若出現該形式，則可立即獲得結果．今列出一些基本公式，如下：

1. $\int u^r\, du = \dfrac{u^{r+1}}{r+1} + C \ (r \neq -1)$

2. $\int \dfrac{du}{u} = \ln |u| + C$

3. $\int e^u\, du = e^u + C$

4. $\int a^u\, du = \dfrac{a^u}{\ln a} + C \ (a > 0,\ a \neq 1)$

5. $\int \sin u\, du = -\cos u + C$

6. $\int \cos u\, du = \sin u + C$

7. $\int \tan u\, du = -\ln |\cos u| + C = \ln |\sec u| + C$

8. $\int \cot u\, du = \ln |\sin u| + C = -\ln |\csc u| + C$

9. $\int \sec u\, du = \ln |\sec u + \tan u| + C$

10. $\int \csc u\, du = \ln |\csc u - \cot u| + C$

11. $\int \sec^2 u\, du = \tan u + C$

12. $\int \csc^2 u\, du = -\cot u + C$

13. $\int \sec u \tan u\, du = \sec u + C$

14. $\int \csc u \cot u\, dt = -\csc u + C$

15. $\int \dfrac{du}{\sqrt{a^2 - u^2}} = \sin^{-1} \dfrac{u}{a} + C \ (a > 0)$

16. $\int \dfrac{du}{a^2 + u^2} = \dfrac{1}{a} \tan^{-1} \dfrac{u}{a} + C \ (a \neq 0)$

17. $\int \dfrac{du}{u\sqrt{u^2 - a^2}} = \dfrac{1}{a} \sec^{-1} \dfrac{u}{a} + C \ (a > 0)$

18. $\int \cosh u\, du = \sinh u + C$

19. $\int \sinh u\, du = \cosh u + C$

20. $\int \operatorname{sech}^2 u\, du = \tanh u + C$

21. $\int \operatorname{csch}^2 u\, du = -\coth u + C$

22. $\int \operatorname{sech} u \tanh u \, du = -\operatorname{sech} u + C$    23. $\int \operatorname{csch} u \coth u \, du = -\operatorname{csch} u + C$

**例題 1**　**解題指引** ☺　作 $u$-代換

求 $\int \dfrac{4x+2}{x^2+x+5} \, dx.$

**解**　令 $u = x^2+x+5$，則 $du = (2x+1) \, dx$，故

$$\int \frac{4x+2}{x^2+x+5} \, dx = \int \frac{2(2x+1) \, dx}{x^2+x+5} = 2 \int \frac{du}{u} = 2 \ln |u| + C$$
$$= 2 \ln (x^2+x+5) + C.$$

**例題 2**　**解題指引** ☺　作 $u$-代換

求 $\int \dfrac{dx}{x(\ln x)^2}.$

**解**　令 $u = \ln x$，則 $du = \dfrac{dx}{x}$，故

$$\int \frac{dx}{x(\ln x)^2} = \int \frac{du}{u^2} = -\frac{1}{u} + C = -\frac{1}{\ln x} + C.$$

**例題 3**　**解題指引** ☺　作 $u$-代換

求 $\int \sec x \tan x \sqrt{2+\sec x} \, dx.$

**解**　令 $u = 2 + \sec x$，則 $du = \sec x \tan x \, dx$，故

$$\int \sec x \tan x \sqrt{2+\sec x} \, dx = \int \sqrt{u} \, du = \frac{2}{3} u^{3/2} + C$$
$$= \frac{2}{3} (2+\sec x)^{3/2} + C.$$

### 例題 4　作 $u$-代換

求 $\displaystyle\int \frac{dx}{1+e^x}$.

**解**　方法 1：$\displaystyle\int \frac{dx}{1+e^x} = \int \left(1 - \frac{e^x}{1+e^x}\right) dx = x - \int \frac{e^x}{1+e^x} dx$

令 $u = 1 + e^x$，則 $du = e^x\, dx$，可得

$$\int \frac{e^x}{1+e^x} dx = \int \frac{du}{u} = \ln|u| + C = \ln(1+e^x) + C'$$

故 $\displaystyle\int \frac{dx}{1+e^x} = x - [\ln(1+e^x) + C'] = x - \ln(1+e^x) + C$

方法 2：$\displaystyle\int \frac{dx}{1+e^x} = \int \frac{e^{-x}}{1+e^{-x}} dx$

令 $u = 1 + e^{-x}$，則 $du = -e^{-x}\, dx$，故

$$\int \frac{dx}{1+e^x} = \int \frac{e^{-x}}{1+e^{-x}} dx = -\int \frac{du}{u}$$
$$= -\ln|u| + C' = -\ln(1+e^{-x}) + C'$$
$$= x - \ln(1+e^x) + C.$$

### 例題 5　利用定積分的 $u$-代換

求 $\displaystyle\int_0^1 \frac{\tan^{-1} x}{1+x^2} dx$.

**解**　令 $u = \tan^{-1} x$，則 $du = \dfrac{dx}{1+x^2}$.

當 $x = 0$ 時，$u = 0$；當 $x = 1$ 時，$u = \dfrac{\pi}{4}$.

$$\int_0^1 \frac{\tan^{-1} x}{1+x^2} dx = \int_0^{\pi/4} u\, du = \left.\frac{u^2}{2}\right|_0^{\pi/4} = \frac{\pi^2/16}{2} = \frac{\pi^2}{32}.$$

第八章　積分的方法　8-5

**例題 6** 　**解題指引** ☺　作 $u$-代換

求 $\displaystyle\int \sqrt{\dfrac{2+3\sqrt{x}}{x}}\,dx$.

**解**　令 $u=\sqrt{2+3\sqrt{x}}$，則 $u^2=2+3\sqrt{x}$，$2u\,du=\dfrac{3}{2\sqrt{x}}\,dx$，$\dfrac{dx}{\sqrt{x}}=\dfrac{4}{3}u\,du$

故　$\displaystyle\int \sqrt{\dfrac{2+3\sqrt{x}}{x}}\,dx=\dfrac{4}{3}\int u^2\,du=\dfrac{4}{9}u^3+C$

$\hspace{6em}=\dfrac{4}{9}(2+3\sqrt{x})^{3/2}+C.$

**例題 7** 　**解題指引** ☺　令 $u=\sqrt{x}-1$ 作代換

求 $\displaystyle\int \dfrac{dx}{x-\sqrt{x}}$.

**解**　$\displaystyle\int \dfrac{dx}{x-\sqrt{x}}=\int \dfrac{dx}{\sqrt{x}\,(\sqrt{x}-1)}$

令 $u=\sqrt{x}-1$，則 $du=\dfrac{dx}{2\sqrt{x}}$，$2du=\dfrac{dx}{\sqrt{x}}$，故

$\displaystyle\int \dfrac{dx}{x-\sqrt{x}}=\int \dfrac{dx}{\sqrt{x}\,(\sqrt{x}-1)}=\int \dfrac{2\,du}{u}$

$\hspace{6em}=2\ln|u|+C=2\ln|\sqrt{x}-1|+C.$

**例題 8** 　**解題指引** ☺　作 $u$-代換

求 $\displaystyle\int \dfrac{dx}{\sqrt{x}\,\sqrt{1-x}}$.

**解**　令 $u=\sqrt{x}$，則 $u^2=x$，$2u\,du=dx$，故

$$\int \frac{dx}{\sqrt{x}\sqrt{1-x}} = \int \frac{2u}{u\sqrt{1-u^2}}\,du = 2\int \frac{du}{\sqrt{1-u^2}}$$

$$= 2\sin^{-1} u + C = 2\sin^{-1}\sqrt{x} + C.$$

## 習題 8-1

求下列各積分.

1. $\displaystyle\int \frac{x+2}{\sqrt{4-x^2}}\,dx$

2. $\displaystyle\int \frac{dx}{2+\tan^2 x}$

3. $\displaystyle\int_1^3 \frac{1}{\sqrt{y}\,(1+y)}\,dy$

4. $\displaystyle\int_1^4 \frac{e^{\sqrt{x}}}{\sqrt{x}}\,dx$

5. $\displaystyle\int_2^4 \frac{1}{2y\sqrt{y-1}}\,dy$

6. $\displaystyle\int_2^4 \frac{2}{x^2-6x+10}\,dx$

7. $\displaystyle\int_0^9 \frac{2\log(x+1)}{x+1}\,dx$

8. $\displaystyle\int x\sec x^2\,dx$

9. $\displaystyle\int_0^{\pi/2} \tan\frac{x}{2}\,dx$

10. $\displaystyle\int \frac{[\ln(\ln x)]^4}{x \ln x}\,dx$

11. $\displaystyle\int \frac{dx}{\sqrt{1-x^2}\left(\dfrac{\pi}{4}+\sin^{-1} x\right)}$

12. $\displaystyle\int \frac{dx}{x\sqrt{x^2-1}\,\sec^{-1} x}$

13. $\displaystyle\int \frac{dx}{\sqrt{x}\,(\sqrt{x}+1)}$

14. $\displaystyle\int \frac{2^{\ln x}}{x}\,dx$

15. $\displaystyle\int e^x \csc(e^x+1)\,dx$

16. $\displaystyle\int x^2 \cos(1-x^3)\,dx$

17. $\displaystyle\int \frac{x-2}{(x^2-4x+3)^3}\,dx$

18. $\displaystyle\int \cot x \ln \sin x\,dx$

19. $\displaystyle\int \frac{(\ln x)^n}{x}\,dx$

20. $\displaystyle\int \frac{e^x}{\sqrt{e^x-1}}\,dx$

21. $\displaystyle\int_1^{e^{\pi/3}} \frac{dx}{x\cos(\ln x)}$

22. $\displaystyle\int \frac{\cot(3+\ln x)}{x}\,dx$

23. $\displaystyle\int_0^{\pi/6} \sin 2x \sqrt{\cos 2x}\,dx$

24. $\displaystyle\int \frac{\sin x \cos x}{\sqrt{1+\sin^2 x}}\,dx$

25. $\displaystyle\int \frac{2}{x\sqrt{1-4\ln^2 x}}\,dx$      26. $\displaystyle\int \frac{\cos x}{\sqrt{3+\cos^2 x}}\,dx$      27. $\displaystyle\int \frac{\ln x}{x+4x\ln^2 x}\,dx$

28. $\displaystyle\int 4^{e^x} e^x\,dx$      29. $\displaystyle\int_{e}^{e^4} \frac{dx}{x\sqrt{\ln x}}$      30. $\displaystyle\int \frac{3^{1/x}}{x^2}\,dx$

31. $\displaystyle\int \frac{2^{\tan x}}{\cos^2 x}\,dx$      32. $\displaystyle\int \sinh x\sqrt{2+\cosh x}\,dx$      33. $\displaystyle\int \frac{e^{\sinh x}}{\operatorname{sech} x}\,dx$

## ▶▶ 8-2　分部積分法

若 $f$ 與 $g$ 皆為可微分函數，則

$$\frac{d}{dx}[f(x)\,g(x)] = f'(x)\,g(x) + f(x)\,g'(x)$$

積分上式可得

$$\int [f'(x)\,g(x) + f(x)\,g'(x)]\,dx = f(x)\,g(x)$$

或

$$\int f'(x)\,g(x)\,dx + \int f(x)\,g'(x)\,dx = f(x)\,g(x)$$

上式可整理成

$$\int f(x)\,g'(x)\,dx = f(x)\,g(x) - \int f'(x)\,g(x)\,dx$$

若令 $u=f(x)$ 且 $v=g(x)$，則 $du=f'(x)\,dx$，$dv=g'(x)\,dx$，故上面的公式可寫成

$$\int u\,dv = uv - \int v\,du \qquad (8\text{-}1)$$

在利用 (8-1) 式時，如何選取 $u$ 及 $dv$，並無一定的步驟可循。通常盡量將可積分的部分視為 $dv$，而其他式子視為 $u$。基於此理由，利用 (8-1) 式求不定積分的方法稱為**分部積分法**。對於定積分所對應的公式為

$$\int_a^b f(x)\,g'(x)\,dx = f(x)\,g(x)\Big|_a^b - \int_a^b f'(x)\,g(x)\,dx \qquad (8\text{-}2)$$

現在，我們提出可利用分部積分法計算的一些積分型：

**1.** $\int x^n e^{ax}\,dx$, $\int x^n \sin ax\,dx$, $\int x^n \cos ax\,dx$，其中 $n$ 為正整數。

此處，令 $u = x^n$, $dv =$ 剩下部分。

**例題 1** 　**解題指引** ☺ 利用分部積分法

求 $\int x e^x\,dx$。

**解**　令 $u = x$, $dv = e^x\,dx$，則 $du = dx$, $v = \int e^x\,dx = e^x$,

故 $\int x e^x\,dx = x e^x - \int e^x\,dx = x e^x - e^x + C$。

**註**：在上面例題中，我們由 $dv$ 計算 $v$ 時，省略積分常數，而寫成 $v = \int e^x\,dx = e^x$。假使我們放入一個積分常數，而寫成 $v = \int e^x\,dx = e^x + C_1$，則常數 $C_1$ 最後將抵消。在分部積分法中總是如此，因此，我們由 $dv$ 計算 $v$ 時，通常省略常數。

讀者應注意，欲成功地利用分部積分法，必須選取適當的 $u$ 與 $dv$，使得新積分較原積分容易。例如，假使我們在例題 1 中令 $u = e^x$, $dv = x\,dx$，則 $du = e^x\,dx$, $v = \dfrac{1}{2}x^2$，故

$$\int x e^x\,dx = \frac{1}{2}x^2 e^x - \frac{1}{2}\int x^2 e^x\,dx$$

上式右邊的積分比原積分複雜，這是由於 $dv$ 的選取不當所致。

**例題 2** **解題指引** ☺ 利用分部積分法

求 $\int x \sin 2x \, dx$.

**解** 令 $u=x$, $dv=\sin 2x \, dx$, 則 $du=dx$, $v=-\dfrac{1}{2}\cos 2x$, 故

$$\int x \sin 2x \, dx = -\dfrac{x}{2}\cos 2x + \dfrac{1}{2}\int \cos 2x \, dx$$

$$= -\dfrac{x}{2}\cos 2x + \dfrac{1}{4}\sin 2x + C.$$

**2.** $\int x^m (\ln x)^n \, dx$, $m \neq -1$, $n$ 為正整數.

此處, 令 $u=(\ln x)^n$, $dv=x^m \, dx$.

**例題 3** **解題指引** ☺ 利用分部積分法, 令 $u=\ln x$, $dv=dx$

求 $\int \ln x \, dx$.

**解** 令 $u=\ln x$, $dv=dx$, 則 $du=\dfrac{dx}{x}$, $v=x$, 故

$$\int \ln x \, dx = x \ln x - \int x \cdot \dfrac{dx}{x}$$

$$= x \ln x - x + C.$$

**3.** $\int x^n \sin^{-1} x \, dx$, $\int x^n \cos^{-1} x \, dx$, $\int x^n \tan^{-1} x \, dx$, 其中 $n$ 為非負整數.

此處, 令 $dv=x^n \, dx$, $u=$ 剩下部分.

**例題 4** **解題指引** ☺ 利用分部積分法，令 $u=\tan^{-1} x$, $dv=dx$

求 $\int_0^1 \tan^{-1} x\, dx$.

**解** 令 $u=\tan^{-1} x$, $dv=dx$, 則 $du=\dfrac{dx}{1+x^2}$, $v=x$, 故

$$\int_0^1 \tan^{-1} x\, dx = x\tan^{-1} x \Big|_0^1 - \int_0^1 \dfrac{x}{1+x^2}\, dx$$

$$= \tan^{-1} 1 - \tan^{-1} 0 - \dfrac{1}{2}\int_0^1 \dfrac{2x}{1+x^2}\, dx$$

$$= \dfrac{\pi}{4} - \dfrac{1}{2}\left[\ln(1+x^2)\Big|_0^1\right]$$

$$= \dfrac{\pi}{4} - \dfrac{1}{2}(\ln 2 - \ln 1) = \dfrac{\pi}{4} - \dfrac{1}{2}\ln 2.$$

4. $\int e^{ax}\sin bx\, dx$, $\int e^{ax}\cos bx\, dx$

此處，令 $u=e^{ax}$, $dv=$ 剩下部分；或令 $dv=e^{ax}\, dx$, $u=$ 剩下部分.

**例題 5** **解題指引** ☺ 重複利用分部積分法

求 $\int e^x \sin x\, dx$.

**解** 令 $u=e^x$, $dv=\sin x\, dx$, 則 $du=e^x\, dx$, $v=-\cos x$, 故

$$\int e^x \sin x\, dx = -e^x \cos x + \int e^x \cos x\, dx$$

其次，對上式右邊的積分再利用分部積分法.

令 $u=e^x$, $dv=\cos x\, dx$, 則 $du=e^x\, dx$, $v=\sin x$, 故

$$\int e^x \cos x\, dx = e^x \sin x - \int e^x \sin x\, dx$$

可得 $\int e^x \sin x\, dx = -e^x \cos x + e^x \sin x - \int e^x \sin x\, dx$

$2\int e^x \sin x\, dx = -e^x \cos x + e^x \sin x$

故 $\int e^x \sin x\, dx = \dfrac{e^x}{2}(\sin x - \cos x) + C.$

**例題 6**　**解題指引** ☺　**重複利用分部積分法**

求 $\int \cos(\ln x)\, dx.$

**解**　方法 1：

令 $u = \cos(\ln x),\quad dv = dx,$

則 $du = d\cos(\ln x) = -\sin(\ln x)\dfrac{1}{x}dx,\quad v = x,$

可得 $\int \cos(\ln x)\, dx = x\cos(\ln x) + \int x\sin(\ln x)\dfrac{1}{x}dx$

$= x\cos(\ln x) + \int \sin(\ln x)\, dx$

令 $u = \sin(\ln x),\quad dv = dx,$

則 $du = \cos(\ln x)\dfrac{1}{x}dx,\quad v = x,$

可得 $\int \sin(\ln x)\, dx = x\sin(\ln x) - \int x\cos(\ln x)\dfrac{1}{x}dx$

$= x\sin(\ln x) - \int \cos(\ln x)\, dx$

因而 $\int \cos(\ln x)\, dx = x\cos(\ln x) + x\sin(\ln x) - \int \cos(\ln x)\, dx$

即, $2\int \cos(\ln x)\, dx = x[\cos(\ln x) + \sin(\ln x)]$

故 $$\int \cos(\ln x)\,dx = \frac{x}{2}[\cos(\ln x) + \sin(\ln x)] + C$$

方法 2：

令 $w = \ln x$，則 $dw = \dfrac{dx}{x}$

可得 $x = e^w,\ dx = e^w\,dw$

故 
$$\int \cos(\ln x)\,dx = \int \cos w \cdot e^w\,dw = \int e^w \cos w\,dw$$
$$= \frac{1}{2} e^w (\sin w + \cos w) + C \qquad \text{由分部積分法}$$
$$= \frac{x}{2}[\sin(\ln x) + \cos(\ln x)] + C.$$

分部積分法有時可用來求出積分的**降冪公式**，這些公式能用來將含有三角函數乘冪項的積分以較低次乘冪項的積分表示．

### 例題 7　解題指引 ☺　正弦函數乘冪的積分（利用分部積分法）

求 $\int \sin^n x\,dx$ 的降冪公式，此處 $n$ 為正整數．

**解**　令 $u = \sin^{n-1} x,\ dv = \sin x\,dx$，則

$$du = (n-1)\sin^{n-2} x \cos x\,dx,\quad v = -\cos x,$$

故 
$$\int \sin^n x\,dx = -\cos x \sin^{n-1} x + (n-1)\int \sin^{n-2} x \cos^2 x\,dx$$
$$= -\cos x \sin^{n-1} x + (n-1)\int \sin^{n-2} x\,dx - (n-1)\int \sin^n x\,dx$$

可得

$$\int \sin^n x\,dx + (n-1)\int \sin^n x\,dx = -\cos x \sin^{n-1} x + (n-1)\int \sin^{n-2} x\,dx$$

即，$\int \sin^n x\, dx = -\dfrac{1}{n}\cos x \sin^{n-1} x + \dfrac{n-1}{n}\int \sin^{n-2} x\, dx$ ($n \geq 2$ 之正整數).

**例題 8** **解題指引** ☺ 利用正弦函數乘冪的積分公式

求 $\displaystyle\int_0^{\pi/2} \sin^8 x\, dx$.

**解** 首先表為

$$\int_0^{\pi/2} \sin^n x\, dx = -\dfrac{\sin^{n-1} x \cos x}{n}\Big|_0^{\pi/2} + \dfrac{n-1}{n}\int_0^{\pi/2} \sin^{n-2} x\, dx$$

$$= \dfrac{n-1}{n}\int_0^{\pi/2} \sin^{n-2} x\, dx$$

因此，$\displaystyle\int_0^{\pi/2} \sin^8 x\, dx = \dfrac{7}{8}\int_0^{\pi/2} \sin^6 x\, dx = \dfrac{7}{8}\cdot\dfrac{5}{6}\int_0^{\pi/2} \sin^4 x\, dx$

$$= \dfrac{7}{8}\cdot\dfrac{5}{6}\cdot\dfrac{3}{4}\int_0^{\pi/2} \sin^2 x\, dx$$

$$= \dfrac{7}{8}\cdot\dfrac{5}{6}\cdot\dfrac{3}{4}\cdot\dfrac{1}{2}\int_0^{\pi/2} dx$$

$$= \dfrac{7}{8}\cdot\dfrac{5}{6}\cdot\dfrac{3}{4}\cdot\dfrac{1}{2}\cdot\dfrac{\pi}{2} = \dfrac{35}{256}\pi.$$

我們將下面公式留給讀者去證明：

$$\int \cos^n x\, dx = \dfrac{1}{n}\cos^{n-1} x \sin x + \dfrac{n-1}{n}\int \cos^{n-2} x\, dx \quad (n \geq 2 \text{ 之正整數}). \tag{8-3}$$

我們亦可利用分部積分法求反函數的積分，如下面的形式：

$$\int f^{-1}(x)\, dx$$

令 $y=f^{-1}(x)$，則 $x=f(y)$，可得

$$dx=f'(y)\,dy$$

所以，$$\int f^{-1}(x)\,dx=\int yf'(y)\,dy.$$

若令 $u=y$，$dv=f'(y)\,dy$，則 $du=dy$，$v=f(y)$，故

$$\int f^{-1}(x)\,dx=\int yf'(y)\,dy=yf(y)-\int f(y)\,dy$$

$$=xf^{-1}(x)-\int f(y)\,dy \quad (y=f^{-1}(x)). \tag{8-4}$$

**例題 9** **解題指引** ☺ 利用 (8-4) 式

求 $\int \sec^{-1} x\,dx.$

**解** 
$$\int \sec^{-1} x\,dx = x\sec^{-1} x - \int \sec y\,dy \quad (y=\sec^{-1} x)$$

$$= x\sec^{-1} x - \ln|\sec y + \tan y| + C$$

$$= x\sec^{-1} x - \ln|\sec(\sec^{-1} x) + \tan(\sec^{-1} x)| + C$$

由圖 8-1 知，

$$\sec(\sec^{-1} x)=x$$
$$\tan(\sec^{-1} x)=\sqrt{x^2-1}$$

故

$$\int \sec^{-1} x\,dx = x\sec^{-1} x - \ln|x+\sqrt{x^2-1}| + C.$$

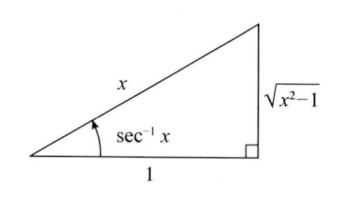

**圖 8-1**

## 習題 8-2

求 1~23 題中的積分.

1. $\int x \cos 2x \, dx$
2. $\int te^{2t} \, dt$
3. $\int_1^4 \sqrt{x} \ln x \, dx$
4. $\int x^3 e^x \, dx$
5. $\int e^{2x} \cos 3x \, dx$
6. $\int x^3 \ln x \, dx$
7. $\int \sin^{-1} x \, dx$
8. $\int (\ln x)^2 \, dx$
9. $\int x \tan^{-1} x \, dx$
10. $\int \theta \csc^2 3\theta \, d\theta$
11. $\int \sin x \ln \cos x \, dx$
12. $\int_0^1 x^3 e^{-x^2} \, dx$
13. $\int \csc^3 x \, dx$
14. $\int_0^1 \dfrac{x^3}{\sqrt{x^2+1}} \, dx$
15. $\int \sin(\ln x) \, dx$
16. $\int x^3 \cos x^2 \, dx$
17. $\int 3^x x \, dx$
18. $\int \cos \sqrt{x} \, dx$
19. $\int e^{ax} \cos bx \, dx$
20. $\int 4x \sec^2 2x \, dx$
21. $\int_0^{1/\sqrt{2}} 2x \sin^{-1}(x^2) \, dx$
22. $\int e^{-x} \cos x \, dx$
23. $\int \log_2 x \, dx$

導出 24~27 題中各積分的簡化公式，其中 $n$ 為正整數.

24. $\int x^n e^x \, dx = x^n e^x - n \int x^{n-1} e^x \, dx$
25. $\int x^n \sin x \, dx = -x^n \cos x + n \int x^{n-1} \cos x \, dx$
26. $\int (\ln x)^n \, dx = x(\ln x)^n - n \int (\ln x)^{n-1} \, dx$

27. $\int \sec^n x \, dx = \dfrac{\sec^{n-2} x \tan x}{n-1} + \dfrac{n-2}{n-1} \int \sec^{n-2} x \, dx, \quad n \neq 1$

28. (1) 試證：$\displaystyle\int_0^{\pi/2} \sin^n x \, dx = \dfrac{n-1}{n} \int_0^{\pi/2} \sin^{n-2} x \, dx$，$n$ 為正整數.

 (2) 利用此結果導出 **Wallis** 正弦公式：

$$\int_0^{\pi/2} \sin^n x \, dx = \dfrac{\pi}{2} \cdot \dfrac{1 \cdot 3 \cdot 5 \cdots (n-1)}{2 \cdot 4 \cdot 6 \cdots n} \quad (n \text{ 為正偶數})$$

$$\int_0^{\pi/2} \sin^n x \, dx = \dfrac{2 \cdot 4 \cdot 6 \cdots (n-1)}{1 \cdot 3 \cdot 5 \cdots n} \quad (n \text{ 為正奇數且 } n \geq 3)$$

29. 利用上題的 **Wallis** 公式計算：

 (1) $\displaystyle\int_0^{\pi/2} \sin^3 x \, dx$  (2) $\displaystyle\int_0^{\pi/2} \sin^4 x \, dx$

30. 導出 **Wallis** 餘弦公式：

$$\int_0^{\pi/2} \cos^n x \, dx = \dfrac{2 \cdot 4 \cdot 6 \cdots (n-1)}{1 \cdot 3 \cdot 5 \cdots n} \quad (n \text{ 為正奇數且 } n \geq 3)$$

$$\int_0^{\pi/2} \cos^n x \, dx = \dfrac{\pi}{2} \cdot \dfrac{1 \cdot 3 \cdot 5 \cdots (n-1)}{2 \cdot 4 \cdot 6 \cdots n} \quad (n \text{ 為正偶數})$$

## ▶▶ 8-3 三角函數乘冪的積分

在本節裡，我們將利用三角恆等式去求被積分函數含有三角函數乘冪的積分.

$\int \sin^m x \cos^n x \, dx$ 型：

(1) 若 $m$ 為正奇數，則保留一個因子 $\sin x$，並利用 $\sin^2 x = 1 - \cos^2 x$，可得

$$\int \sin^m x \cos^n x \, dx = \int \sin^{m-1} x \cos^n x \sin x \, dx$$

$$= \int (1-\cos^2 x)^{(m-1)/2} \cos^n x \sin x \, dx$$

然後以 $u = \cos x$ 代換.

(2) 若 $n$ 為正奇數，則保留一個因子 $\cos x$，並利用 $\cos^2 x = 1 - \sin^2 x$，可得

$$\int \sin^m x \cos^n x \, dx = \int \sin^m x \cos^{n-1} x \cos x \, dx$$

$$= \int \sin^m x (1 - \sin^2 x)^{(n-1)/2} \cos x \, dx$$

然後以 $u = \sin x$ 代換.

(3) 若 $m$ 與 $n$ 皆為正偶數，則利用半角公式

$$\sin^2 x = \frac{1}{2}(1 - \cos 2x), \quad \cos^2 x = \frac{1}{2}(1 + \cos 2x)$$

有時候，利用公式 $\sin x \cos x = \dfrac{1}{2} \sin 2x$ 是很有幫助的.

**例題 1** **解題指引** ☺ 作代換 $u = \cos x$

求 $\int \sin^3 x \cos^2 x \, dx$.

**解** 令 $u = \cos x$，則 $du = -\sin x \, dx$，並將 $\sin^3 x$ 寫成 $\sin^3 x = \sin^2 x \sin x$. 於是，

$$\int \sin^3 x \cos^2 x \, dx = \int \sin^2 x \cos^2 x \sin x \, dx$$

$$= \int (1 - \cos^2 x) \cos^2 x \sin x \, dx$$

$$= \int (1 - u^2) u^2 (-du)$$

$$= \int (u^4 - u^2)\, du = \frac{1}{5} u^5 - \frac{1}{3} u^3 + C$$

$$= \frac{1}{5} \cos^5 x - \frac{1}{3} \cos^3 x + C.$$

**例題 2** **解題指引** ☺ 作代換 $u = \sin x$

求 $\int \sin^2 x \cos^5 x\, dx$.

**解** 令 $u = \sin x$，則 $du = \cos x\, dx$，於是，

$$\int \sin^2 x \cos^5 x\, dx = \int \sin^2 x (1 - \sin^2 x)^2 \cos x\, dx = \int u^2 (1 - u^2)^2\, du$$

$$= \int (u^2 - 2u^4 + u^6)\, du = \frac{1}{3} u^3 - \frac{2}{5} u^5 + \frac{1}{7} u^7 + C$$

$$= \frac{1}{3} \sin^3 x - \frac{2}{5} \sin^5 x + \frac{1}{7} \sin^7 x + C.$$

$\int \tan^m x \sec^n x\, dx$ 型：

(1) 若 $n$ 為正偶數，則保留一個因子 $\sec^2 x$，並利用 $\sec^2 x = 1 + \tan^2 x$，可得

$$\int \tan^m x \sec^n x\, dx = \int \tan^m x \sec^{n-2} x \sec^2 x\, dx$$

$$= \int \tan^m x (1 + \tan^2 x)^{(n-2)/2} \sec^2 x\, dx$$

然後以 $u = \tan x$ 代換。

(2) 若 $m$ 為正奇數，則保留一個因子 $\sec x \tan x$，並利用 $\tan^2 x = \sec^2 x - 1$，可得

$$\int \tan^m x \sec^n x\, dx = \int \tan^{m-1} x \sec^{n-1} x \sec x \tan x\, dx$$

$$= \int (\sec^2 x - 1)^{(m-1)/2} \sec^{n-1} x \sec x \tan x\, dx$$

然後以 $u=\sec x$ 代換.

(3) 若 $m$ 為正偶數且 $n$ 為正奇數，則將被積分函數化成 $\sec x$ 之乘冪的和. $\sec x$ 的乘冪需利用分部積分法.

**例題 3** 解題指引☺ 作代換 $u=\tan x$

求 $\displaystyle\int \tan^6 x \sec^4 x\, dx.$

**解** 令 $u=\tan x$，則 $du=\sec^2 x\, dx$，故

$$\int \tan^6 x \sec^4 x\, dx = \int \tan^6 x \sec^2 x \sec^2 x\, dx$$

$$= \int \tan^6 x(1+\tan^2 x)\sec^2 x\, dx$$

$$= \int u^6(1+u^2)\, du$$

$$= \int (u^6+u^8)\, du$$

$$= \frac{1}{7}u^7 + \frac{1}{9}u^9 + C$$

$$= \frac{1}{7}\tan^7 x + \frac{1}{9}\tan^9 x + C.$$

**例題 4** 解題指引☺ 作代換 $u=\sec x$

求 $\displaystyle\int_0^{\pi/3} \tan^5 x \sec^3 x\, dx.$

**解** 令 $u=\sec x$，則 $du=\sec x \tan x\, dx$.

當 $x=0$ 時，$u=1$；當 $x=\dfrac{\pi}{3}$ 時，$u=2$.

所以，

$$\int_0^{\pi/3} \tan^5 x \sec^3 x \, dx = \int_0^{\pi/3} (\sec^2 x - 1)^2 \sec^2 x \sec x \tan x \, dx$$

$$= \int_1^2 (u^2 - 1)^2 u^2 \, du$$

$$= \int_1^2 (u^6 - 2u^4 + u^2) \, du$$

$$= \left(\frac{1}{7} u^7 - \frac{2}{5} u^5 + \frac{1}{3} u^3\right)\bigg|_1^2$$

$$= \left(\frac{128}{7} - \frac{64}{5} + \frac{8}{3}\right) - \left(\frac{1}{7} - \frac{2}{5} + \frac{1}{3}\right)$$

$$= \frac{848}{105}.$$

**例題 5** **解題指引** ☺ 利用分部積分法

求 $\int \sec^3 x \, dx$.

**解** 令 $u = \sec x$, $dv = \sec^2 x \, dx$, 則 $du = \sec x \tan x \, dx$, $v = \tan x$,

可得 $\int \sec^3 x \, dx = \sec x \tan x - \int \sec x \tan^2 x \, dx$

$$= \sec x \tan x - \int \sec x (\sec^2 x - 1) \, dx$$

$$= \sec x \tan x - \int \sec^3 x \, dx + \int \sec x \, dx$$

即, $2 \int \sec^3 x \, dx = \sec x \tan x + \int \sec x \, dx$

故 $\int \sec^3 x \, dx = \frac{1}{2} (\sec x \tan x + \ln |\sec x + \tan x|) + C$

形如 $\int \cot^m x \csc^n x \, dx$ 的積分可用類似的方法計算。

**例題 6**　**解題指引** ☺ 作代換 $u = \cot x$

求 $\displaystyle\int \cot^{3/2} x \csc^4 x \, dx$.

**解**
$$\int \cot^{3/2} x \csc^4 x \, dx = \int \cot^{3/2} x \csc^2 x \csc^2 x \, dx$$
$$= -\int \cot^{3/2} x (1 + \cot^2 x) \, d(\cot x)$$
$$= -\int (\cot^{3/2} x + \cot^{7/2} x) \, d(\cot x)$$
$$= -\frac{2}{5} \cot^{5/2} x - \frac{2}{9} \cot^{9/2} x + C.$$

$\displaystyle\int \tan^n x \, dx$ 與 $\displaystyle\int \cot^n x \, dx$ 型 (其中正整數 $n \geq 2$)：

$$\int \tan^n x \, dx = \int \tan^{n-2} x \tan^2 x \, dx = \int \tan^{n-2} x (\sec^2 x - 1) \, dx$$
$$= \int \tan^{n-2} x \sec^2 x \, dx - \int \tan^{n-2} x \, dx$$
$$= \int \tan^{n-2} x \, d(\tan x) - \int \tan^{n-2} x \, dx$$
$$= \frac{\tan^{n-1} x}{n-1} - \int \tan^{n-2} x \, dx \quad (n \geq 2)$$

同理，

$$\int \cot^n x \, dx = -\frac{\cot^{n-1} x}{n-1} - \int \cot^{n-2} x \, dx \quad (n \geq 2)$$

以上兩公式分別稱為 $\displaystyle\int \tan^n x \, dx$ 與 $\displaystyle\int \cot^n x \, dx$ 的降冪公式.

**例題 7** 解題指引☺ 利用 $\int \tan^n x \, dx$ 的降冪公式

求 $\int \tan^5 x \, dx$.

**解**
$$\int \tan^5 x \, dx = \frac{\tan^4 x}{4} - \int \tan^3 x \, dx$$
$$= \frac{\tan^4 x}{4} - \left(\frac{\tan^2 x}{2} - \int \tan x \, dx\right)$$
$$= \frac{\tan^4 x}{4} - \frac{\tan^2 x}{2} + \ln|\sec x| + C.$$

對於形如 (1) $\int \sin mx \cos nx \, dx$、(2) $\int \sin mx \sin nx \, dx$ 與 (3) $\int \cos mx \cos nx \, dx$ 等的積分，我們可以利用恆等式

$$\sin \alpha \cos \beta = \frac{1}{2}[\sin(\alpha+\beta) + \sin(\alpha-\beta)]$$

$$\sin \alpha \sin \beta = \frac{1}{2}[\cos(\alpha-\beta) - \cos(\alpha+\beta)]$$

$$\cos \alpha \cos \beta = \frac{1}{2}[\cos(\alpha+\beta) + \cos(\alpha-\beta)].$$

**例題 8** 解題指引☺ 利用積化和的公式

若 $m$ 與 $n$ 皆為正整數，證明：

$$\int_{-\pi}^{\pi} \sin mx \sin nx \, dx = \begin{cases} 0, & \text{若 } n \neq m \\ \pi, & \text{若 } n = m \end{cases}.$$

**解** 若 $m \neq n$,

$$\int_{-\pi}^{\pi} \sin mx \sin nx\, dx = -\frac{1}{2}\int_{-\pi}^{\pi}[\cos(m+n)x - \cos(m-n)x]\,dx$$

$$= -\frac{1}{2}\left[\frac{1}{m+n}\sin(m+n)x - \frac{1}{m-n}\sin(m-n)x\right]\Bigg|_{-\pi}^{\pi}$$

$$= 0$$

若 $m = n$,

$$\int_{-\pi}^{\pi} \sin mx \sin nx\, dx = -\frac{1}{2}\int_{-\pi}^{\pi}(\cos 2mx - 1)\,dx$$

$$= -\frac{1}{2}\left(\frac{1}{2m}\sin 2mx - x\right)\Bigg|_{-\pi}^{\pi}$$

$$= -\frac{1}{2}(-2\pi) = \pi.$$

## 習題 8-3

求 1～22 題中的積分.

1. $\displaystyle\int \sin^2 x \cos^3 x\, dx$
2. $\displaystyle\int \cos^3 2x\, dx$
3. $\displaystyle\int \sin^6 x\, dx$

4. $\displaystyle\int \cos^7 x\, dx$
5. $\displaystyle\int_0^{\pi/4} \sqrt{1+\cos 4x}\, dx$
6. $\displaystyle\int \sin^3 x \cos^2 x\, dx$

7. $\displaystyle\int \sin^5 x \cos^3 x\, dx$
8. $\displaystyle\int \sin^4 x \cos^2 x\, dx$
9. $\displaystyle\int \frac{\cos^3 x}{\sin^2 x}\, dx$

10. $\displaystyle\int \tan^3 x \sec^4 x\, dx$
11. $\displaystyle\int (\tan x + \cot x)^2\, dx$
12. $\displaystyle\int \cot^3 x \csc^3 x\, dx$

13. $\displaystyle\int \tan^4 x \sec^4 x\, dx$
14. $\displaystyle\int \tan^{5/2} x \sec^4 x\, dx$
15. $\displaystyle\int \tan^3 x \sqrt{\sec x}\, dx$

16. $\int \tan^6 x \sec^4 x\, dx$  17. $\int \tan^3 x\, dx$  18. $\int \dfrac{\sec x}{\cot^5 x}\, dx$

19. $\int \cos 2x \cos x\, dx$  20. $\int \sin 4x \cos 5x\, dx$  21. $\int \sin 2x \cos \dfrac{5x}{2}\, dx$

22. $\int_0^3 \cos \dfrac{2\pi x}{3} \cos \dfrac{5\pi x}{3}\, dx$

## ▶▶ 8-4 三角代換法

若被積分函數含有 $\sqrt{a^2-x^2}$、$\sqrt{a^2+x^2}$ 或 $\sqrt{x^2-a^2}$，此處 $a>0$，則利用下表列出的三角代換可消去根號.

| 式　子 | 三角代換 | 恆等式 |
| --- | --- | --- |
| $\sqrt{a^2-x^2}$ | $x=a\sin\theta,\ -\dfrac{\pi}{2}\le\theta\le\dfrac{\pi}{2}$ | $1-\sin^2\theta=\cos^2\theta$ |
| $\sqrt{a^2+x^2}$ | $x=a\tan\theta,\ -\dfrac{\pi}{2}<\theta<\dfrac{\pi}{2}$ | $1+\tan^2\theta=\sec^2\theta$ |
| $\sqrt{x^2-a^2}$ | $x=a\sec\theta,\ 0\le\theta<\dfrac{\pi}{2}$ 或 $\pi\le\theta<\dfrac{3\pi}{2}$ | $\sec^2\theta-1=\tan^2\theta$ |

**例題 1**　**解題指引** ☺　作代換 $x=a\sin\theta$

求 $\int \sqrt{25-x^2}\, dx$.

**解**　令 $x=5\sin\theta,\ -\dfrac{\pi}{2}\le\theta\le\dfrac{\pi}{2}$，則

$$\sqrt{25-x^2}=\sqrt{25-25\sin^2\theta}=\sqrt{25\cos^2\theta}=5\,|\cos\theta|=5\cos\theta$$

又 $dx=5\cos\theta\, d\theta$，可得

$$\int \sqrt{25-x^2}\, dx = \int (5\cos\theta)(5\cos\theta)\, d\theta = 25\int \cos^2\theta\, d\theta$$

$$= 25\int \frac{1+\cos 2\theta}{2}\, d\theta = 25\left(\frac{\theta}{2}+\frac{1}{4}\sin 2\theta\right)+C$$

$$= \frac{25}{2}(\theta+\sin\theta\cos\theta)+C.$$

現在，需要還原到原積分變數 $x$，我們可以利用一個簡單的幾何方法。因 $\sin\theta = \dfrac{x}{5}$，故可作出銳角 $\theta$ 使其對邊是 $x$，並且斜邊是 5 的直角三角形，如圖 8-2 所示，參考該三角形，可知

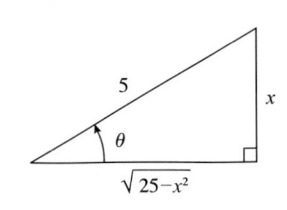

圖 8-2

$$\cos\theta = \frac{\sqrt{25-x^2}}{5}$$

故

$$\int \sqrt{25-x^2}\, dx = \frac{25}{2}\left[\sin^{-1}\left(\frac{x}{5}\right)+\left(\frac{x}{5}\right)\left(\frac{\sqrt{25-x^2}}{5}\right)\right]+C$$

$$= \frac{25}{2}\sin^{-1}\left(\frac{x}{5}\right)+\frac{1}{2}x\sqrt{25-x^2}+C.$$

利用上題，可導出一般公式如下：

$$\int \sqrt{a^2-x^2}\, dx = \frac{a^2}{2}\sin^{-1}\left(\frac{x}{a}\right)+\frac{1}{2}x\sqrt{a^2-x^2}+C. \tag{8-5}$$

**例題 2** **解題指引** ☺ 作代換 $x = a\sin\theta$

(1) 試證：$\displaystyle\int \frac{x^2}{\sqrt{a^2-x^2}}\, dx = \frac{a^2}{2}\sin^{-1}\left(\frac{x}{a}\right)-\frac{x}{2}\sqrt{a^2-x^2}+C\ (a>0)$.

(2) 利用 (1) 的結果求 $\displaystyle\int \frac{\sin^2 x\cos x}{\sqrt{25-16\sin^2 x}}\, dx$.

**解** (1) 令 $x = a\sin\theta$, $-\dfrac{\pi}{2} < \theta < \dfrac{\pi}{2}$, 則

$$\sqrt{a^2-x^2} = \sqrt{a^2-a^2\sin^2\theta} = a\,|\cos\theta| = a\cos\theta,\ dx = a\cos\theta\,d\theta$$

故 $\displaystyle\int \dfrac{x^2}{\sqrt{a^2-x^2}}\,dx = \int \dfrac{a^2\sin^2\theta}{a\cos\theta}\cdot a\cos\theta\,d\theta = a^2\int \sin^2\theta\,d\theta$

$$= a^2 \int \dfrac{1-\cos 2\theta}{2}\,d\theta = a^2\left(\dfrac{\theta}{2} - \dfrac{1}{4}\sin 2\theta\right) + C$$

$$= a^2\left(\dfrac{\theta}{2} - \dfrac{1}{2}\sin\theta\cos\theta\right) + C.$$

作一直三角形如圖 8-3 所示,
參考該三角形, 可知

$$\cos\theta = \dfrac{\sqrt{a^2-x^2}}{a}$$

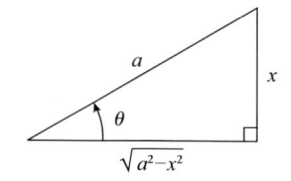

於是,

**圖 8-3**

$$\int \dfrac{x^2}{\sqrt{a^2-x^2}}\,dx = a^2\left(\dfrac{1}{2}\sin^{-1}\left(\dfrac{x}{a}\right) - \dfrac{1}{2}\dfrac{x}{a}\cdot\dfrac{\sqrt{a^2-x^2}}{a}\right) + C$$

$$= \dfrac{a^2}{2}\sin^{-1}\left(\dfrac{x}{a}\right) - \dfrac{x}{2}\sqrt{a^2-x^2} + C.$$

(2) 令 $u = 4\sin x$, 則 $du = 4\cos x\,dx$.

故

$$\int \dfrac{\sin^2 x\cos x}{\sqrt{25-16\sin^2 x}}\,dx = \int \dfrac{\left(\dfrac{u}{4}\right)^2 \dfrac{1}{4}\,du}{\sqrt{5^2-u^2}} = \dfrac{1}{64}\int \dfrac{u^2}{\sqrt{5^2-u^2}}\,du$$

$$= \dfrac{1}{64}\left[\dfrac{25}{2}\sin^{-1}\left(\dfrac{u}{5}\right) - \dfrac{u}{2}\sqrt{25-u^2}\right] + C$$

$$= \dfrac{25}{128}\sin^{-1}\left(\dfrac{4\sin x}{5}\right) - \dfrac{\sin x}{32}\sqrt{25-16\sin^2 x} + C.\ \blacktriangle$$

## 例題 3　解題指引 ☺　作代換 $x = a \sec\theta$

求 $\displaystyle\int \frac{dx}{\sqrt{4x^2-9}}$.

**解**　令 $x = \dfrac{3}{2}\sec\theta$，$0 < \theta < \dfrac{\pi}{2}$，則 $dx = \dfrac{3}{2}\sec\theta\tan\theta\,d\theta$.

$$\sqrt{4x^2-9} = \sqrt{9\sec^2\theta - 9} = 3|\tan\theta| = 3\tan\theta$$

於是，

$$\int\frac{dx}{\sqrt{4x^2-9}} = \int\frac{\dfrac{3}{2}\sec\theta\tan\theta}{3\tan\theta}d\theta = \frac{1}{2}\int\sec\theta\,d\theta$$

$$= \frac{1}{2}\ln|\sec\theta + \tan\theta| + C'$$

$$= \frac{1}{2}\ln\left|\frac{2x}{3} + \frac{\sqrt{4x^2-9}}{3}\right| + C'$$

$$= \frac{1}{2}\ln\left|2x + \sqrt{4x^2-9}\right| + C$$

此處 $C = -\dfrac{1}{2}\ln 3 + C'$.（圖 8-4）

**圖 8-4**

## 習題 8-4

求 1～14 題中的積分.

1. $\displaystyle\int\frac{\sqrt{16-x^2}}{x}dx$
2. $\displaystyle\int\frac{dx}{x^2\sqrt{16-x^2}}$
3. $\displaystyle\int\frac{x^2}{\sqrt{4-x^2}}dx$
4. $\displaystyle\int_0^5\frac{dx}{\sqrt{25+x^2}}$
5. $\displaystyle\int\frac{x^2}{\sqrt{4+x^2}}dx$
6. $\displaystyle\int\frac{dx}{\sqrt{4x^2-9}}$

7. $\displaystyle\int \frac{dx}{x\sqrt{x^2+4}}$  8. $\displaystyle\int \frac{\sqrt{x^2-9}}{x}\,dx$  9. $\displaystyle\int \sqrt{4-(x+2)^2}\,dx$

10. $\displaystyle\int \frac{dx}{(4-x^2)^2}$  11. $\displaystyle\int \frac{dx}{(36+x^2)^2}$  12. $\displaystyle\int \frac{x^2}{(1-9x^2)^{3/2}}\,dx$

13. $\displaystyle\int e^x\sqrt{1-e^{2x}}\,dx$  14. $\displaystyle\int \frac{e^x}{\sqrt{e^{2x}-e^{-2x}}}\,dx$

15. 以三角代換或代換 $u=x^2+4$ 可計算積分 $\displaystyle\int \frac{x}{x^2+4}\,dx$. 利用此兩種方法求之並說明所得結果是相同的.

## ▶▶ 8-5 配方法

若被積分函數中含有一個二次式 $ax^2+bx+c$, $a\neq 0$, $b\neq 0$, 而無法利用前幾節的方法完成積分, 則可以利用配方法, 配成平方和或平方差, 然後可利用積分的基本公式或三角代換完成積分.

**例題 1** 解題指引☺ 分母配成平方和

求 $\displaystyle\int \frac{2x+6}{x^2+4x+8}\,dx$.

**解** 配方可得

$$x^2+4x+8=(x+2)^2+4$$

令 $u=x+2$, 則 $x=u-2$, $dx=du$, 故

$$\int \frac{2x+6}{x^2+4x+8}\,dx = \int \frac{2u+2}{u^2+4}\,du = \int \frac{2u}{u^2+4}\,du + \int \frac{2}{u^2+2^2}\,du$$

$$= \ln(u^2+4) + \tan^{-1}\frac{u}{2} + C$$

第八章 積分的方法　8-29

$$= \ln(x^2+4x+8) + \tan^{-1}\left(\frac{x+2}{2}\right) + C.$$

**例題 2**　**解題指引** ☺ 　根號內配成平方差

求 $\int \dfrac{x}{\sqrt{3-2x-x^2}}\,dx.$

**解**　$\displaystyle\int \dfrac{x}{\sqrt{3-2x-x^2}}\,dx = \int \dfrac{x}{\sqrt{4-(x+1)^2}}\,dx$

令 $x+1 = 2\sin\theta,\ -\dfrac{\pi}{2} < \theta < \dfrac{\pi}{2},$ 則 $dx = 2\cos\theta\,d\theta.$

所以，

$$\int \dfrac{x}{\sqrt{3-2x-x^2}}\,dx = \int \dfrac{2\sin\theta - 1}{2\cos\theta}\,2\cos\theta\,d\theta$$

$$= \int (2\sin\theta - 1)\,d\theta = -2\cos\theta - \theta + C$$

由圖 8-5 可知，$\cos\theta = \dfrac{\sqrt{3-2x-x^2}}{2}$，故

$$\int \dfrac{x}{\sqrt{3-2x-x^2}}\,dx$$

$$= -\sqrt{3-2x-x^2} - \sin^{-1}\left(\dfrac{x+1}{2}\right) + C.$$

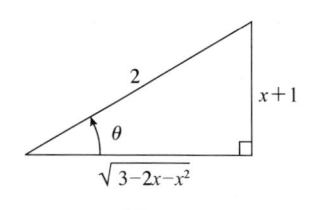

圖 8-5

**例題 3**　**解題指引** ☺ 　根號內配成平方和

求 $\displaystyle\int_4^7 \dfrac{dx}{\sqrt{x^2-8x+25}}.$

**解**　$\displaystyle\int_4^7 \dfrac{dx}{\sqrt{x^2-8x+25}} = \int_4^7 \dfrac{x}{\sqrt{(x-4)^2+9}}$

令 $x-4 = 3\tan\theta$，$0 \leq \theta < \dfrac{\pi}{2}$，則 $dx = 3\sec^2\theta\, d\theta$. 所以，

$$\int_4^7 \frac{dx}{\sqrt{x^2-8x+25}} = \int_0^{\pi/4} \frac{3\sec^2\theta}{3\sec\theta}\, d\theta = \int_0^{\pi/4} \sec\theta\, d\theta$$

$$= \ln|\sec\theta + \tan\theta|\Big|_0^{\pi/4} = \ln(1+\sqrt{2}).$$

## 習題 8-5

求下列各積分.

1. $\displaystyle\int \frac{dx}{x^2+6x+10}$

2. $\displaystyle\int \frac{x}{x^2-4x+8}\, dx$

3. $\displaystyle\int_1^2 \sqrt{3+2x-x^2}\, dx$

4. $\displaystyle\int_4^7 \frac{dx}{\sqrt{x^2-8x+25}}$

5. $\displaystyle\int_{-1}^0 \sqrt{x^2-2x}\, dx$

6. $\displaystyle\int \frac{x}{\sqrt{x^2-2x}}\, dx$

7. $\displaystyle\int_2^4 \frac{2}{x^2-6x+10}\, dx$

8. $\displaystyle\int \frac{dx}{\sqrt{-x^2+4x-3}}$

9. $\displaystyle\int \frac{\sqrt{x+1}-\sqrt{x-1}}{\sqrt{x+1}+\sqrt{x-1}}\, dx$

## ▶▶ 8-6 部分分式法

在代數裡，我們學得將兩個或更多的分式合併為一個分式. 例如,

$$\frac{1}{x} + \frac{2}{x-1} + \frac{3}{x+2} = \frac{(x-1)(x+2)+2x(x+2)+3x(x-1)}{x(x-1)(x+2)}$$

$$= \frac{6x^2+2x-2}{x^3+x^2-2x}$$

然而，上式的左邊比右邊容易積分. 於是，若我們知道如何從上式的右邊開始而獲得左

邊，則將是很有幫助的．處理這個的方法稱為**部分分式法**．

若多項式 $P(x)$ 的次數小於多項式 $Q(x)$ 的次數，則有理函數 $\dfrac{P(x)}{Q(x)}$ 稱為**真有理函數**；否則，它稱為**假有理函數**．在理論上，實係數多項式恆可分解成實係數的一次因式與實係數的二次質因式之乘積．因此，若 $\dfrac{P(x)}{Q(x)}$ 為真有理函數，則

$$\dfrac{P(x)}{Q(x)} = F_1(x) + F_2(x) + \cdots + F_k(x)$$

此處每一 $F_i(x)$ 的形式為下列其中之一：

$$\dfrac{A}{(ax+b)^m} \quad \text{或} \quad \dfrac{Ax+B}{(ax^2+bx+c)^n}$$

其中 $m$ 與 $n$ 皆為正整數，而 $ax^2+bx+c$ 為二次質因式，換句話說，$ax^2+bx+c=0$ 沒有實根，即，$b^2-4ac<0$．和 $F_1(x)+F_2(x)+\cdots+F_k(x)$ 稱為 $\dfrac{P(x)}{Q(x)}$ 的**部分分式分解**，而每一 $F_i(x)$ 稱為**部分分式**．

若 $\dfrac{P(x)}{Q(x)}$ 為真有理函數，則可化成部分分式分解的形式，方法如下：

1. 先將 $Q(x)$ 完完全全地分解為一次因式 $px+q$ 與二次質因式 $ax^2+bx+c$ 的乘積，然後集中所有的重複因式，因此，$Q(x)$ 表為形如 $(px+q)^m$ 與 $(ax^2+bx+c)^n$ 之不同因式的乘積，其中 $m$ 與 $n$ 皆為正整數．
2. 再應用下列的規則：

   **規則 1.** 對於形如 $(px+q)^m$ 的每一個因式，此處 $m \geq 1$，部分分式分解含有 $m$ 個部分分式的和，其形式為

   $$\dfrac{A_1}{px+q} + \dfrac{A_2}{(px+q)^2} + \cdots + \dfrac{A_m}{(px+q)^m}$$

   其中 $A_1, A_2, \cdots, A_m$ 皆為待定常數．

   **規則 2.** 對於形如 $(ax^2+bx+c)^n$，此處 $n \geq 1$，且 $b^2-4ac<0$，部分分式分解含有 $n$ 個部分分式的和，其形式為

$$\frac{A_1x+B_1}{ax^2+bx+c}+\frac{A_2x+B_2}{(ax^2+bx+c)^2}+\cdots+\frac{A_nx+B_n}{(ax^2+bx+c)^n}$$

其中 $A_1$, $A_2$, $\cdots$, $A_n$ 皆為待定係數；$B_1$, $B_2$, $\cdots$, $B_n$ 皆為待定常數.

**例題 1**　**解題指引** ☺　利用部分分式法

計算 $\displaystyle\int \frac{dx}{x^2-a^2}$，此處 $a \neq 0$.

**解**　令 $\dfrac{1}{x^2-a^2}=\dfrac{A}{x-a}+\dfrac{B}{x+a}$，則以 $(x-a)(x+a)$ 乘等號的兩邊可得

$$1=A(x+a)+B(x-a)=(A+B)x+(A-B)a \cdots\cdots(*)$$

可知 $\begin{cases} A+B=0 \\ A-B=\dfrac{1}{a} \end{cases}$

解得 $A=\dfrac{1}{2a}$, $B=-\dfrac{1}{2a}$. 於是，

$$\frac{1}{x^2-a^2}=\frac{\frac{1}{2a}}{x-a}+\frac{-\frac{1}{2a}}{x+a}$$

所以，

$$\int \frac{dx}{x^2-a^2}=\frac{1}{2a}\int \frac{dx}{x-a}-\frac{1}{2a}\int \frac{dx}{x+a}$$

$$=\frac{1}{2a}\ln|x-a|-\frac{1}{2a}\ln|x+a|$$

$$=\frac{1}{2a}\ln\left|\frac{x-a}{x+a}\right|+C.$$

在例題 1 中，因式全部為一次式且不重複，利用使各因式為零的值代 $x$，可求出 $A$ 與 $B$ 的值. 若在 (＊) 式中令 $x=a$，可得 $1=2aA$ 或 $A=\dfrac{1}{2a}$. 在 (＊) 式中令

$x=-a$，可得 $1=-2aB$ 或 $B=-\dfrac{1}{2a}$．

讀者可利用例題 1 的結果，若 $u$ 為 $x$ 的可微分函數可導出下列的積分公式：

$$\int \frac{du}{u^2-a^2} = \frac{1}{2a} \ln \left| \frac{u-a}{u+a} \right| + C \tag{8-6}$$

$$\int \frac{du}{a^2-u^2} = \frac{1}{2a} \ln \left| \frac{u+a}{u-a} \right| + C \tag{8-7}$$

**例題 2** 解題指引 ☺ 令 $u=e^x$ 作 $u$-代換

計算 $\displaystyle\int \dfrac{e^x}{e^{2x}-4}\, dx$．

**解** 令 $u=e^x$，則 $du=e^x\, dx$，可得

$$\int \frac{e^x}{e^{2x}-4}\, dx = \int \frac{du}{u^2-4} = \frac{1}{4} \ln \left| \frac{u-2}{u+2} \right| + C$$

$$= \frac{1}{4} \ln \left| \frac{e^x-2}{e^x+2} \right| + C.$$

**例題 3** 解題指引 ☺ 利用 (8-6) 式，視 $u=\cos x$

計算 $\displaystyle\int \dfrac{\sin x}{1+\sin^2 x}\, dx$．

**解** $\displaystyle\int \dfrac{\sin x}{1+\sin^2 x}\, dx = -\int \dfrac{d\cos x}{1+1-\cos^2 x} = -\int \dfrac{d\cos x}{2-\cos^2 x}$

$$= -\int \frac{d\cos x}{(\sqrt{2})^2 - \cos^2 x} = \int \frac{d\cos x}{\cos^2 x - (\sqrt{2})^2}$$

$$= \frac{1}{2\sqrt{2}} \ln \left| \frac{\cos x - \sqrt{2}}{\cos x + \sqrt{2}} \right| + C.$$

**例題 4** **解題指引** ☺ 分母分解成不重複的一次因式

計算 $\displaystyle\int \frac{x^2+2x-1}{2x^3+3x^2-2x}\,dx$.

**解** 因 $2x^3+3x^2-2x = x(2x^2+3x-2) = x(2x-1)(x+2)$

故令 $\displaystyle\frac{x^2+2x-1}{2x^3+3x^2-2x} = \frac{A}{x} + \frac{B}{2x-1} + \frac{C}{x+2}$

可得 $x^2+2x-1 = A(2x-1)(x+2) + Bx(x+2) + Cx(2x-1)$ ……………(∗)

以 $x=0$ 代入 (∗) 式，可得 $-1 = -2A$，即 $A = \dfrac{1}{2}$.

以 $x=\dfrac{1}{2}$ 代入 (∗) 式，可得 $\dfrac{1}{4} = \dfrac{5}{4}B$，即 $B = \dfrac{1}{5}$.

以 $x=-2$ 代入 (∗) 式，可得 $-1 = 10C$，即 $C = -\dfrac{1}{10}$.

於是，$\displaystyle\frac{x^2+2x-1}{2x^3+3x^2-2x} = \frac{\frac{1}{2}}{x} + \frac{\frac{1}{5}}{2x-1} + \frac{-\frac{1}{10}}{x+2}$

所以，

$\displaystyle\int \frac{x^2+2x-1}{2x^3+3x^2-2x}\,dx = \frac{1}{2}\int \frac{dx}{x} + \frac{1}{5}\int \frac{dx}{2x-1} - \frac{1}{10}\int \frac{dx}{x+2}$

$\displaystyle\qquad = \frac{1}{2}\ln|x| + \frac{1}{10}\ln|2x-1| - \frac{1}{10}\ln|x+2| + K$

此處 $K$ 為任意常數.

**例題 5** **解題指引** ☺ 分母含有重複的一次因式

求 $\displaystyle\int \frac{x^2-6x+1}{(x+1)(x-1)^2}\,dx$.

**解** 令 $\dfrac{x^2-6x+1}{(x+1)(x-1)^2} = \dfrac{A}{x+1} + \dfrac{B}{x-1} + \dfrac{C}{(x-1)^2}$

則 $x^2-6x+1 = A(x-1)^2 + B(x+1)(x-1) + C(x+1)$
$\qquad\qquad = (A+B)x^2 + (-2A+C)x + (A-B+C)$

可知
$$\begin{cases} A+B = 1 \\ -2A\quad +C = -6 \\ A-B+C = 1 \end{cases}$$

解得 $A=2$，$B=-1$，$C=-2$. 所以，

$$\int \dfrac{x^2-6x+1}{(x+1)(x-1)^2}\,dx = \int \dfrac{2}{x+1}\,dx + \int \dfrac{-1}{x-1}\,dx + \int \dfrac{-2}{(x-1)^2}\,dx$$
$$= 2\ln|x+1| - \ln|x-1| + \dfrac{2}{x-1} + K.$$

**例題 6** **解題指引** ☺ 分母僅含有重複的一次因式

計算 $\displaystyle\int \dfrac{x^2}{(x+2)^3}\,dx$.

**解** 方法1：令 $\dfrac{x^2}{(x+2)^3} = \dfrac{A}{x+2} + \dfrac{B}{(x+2)^2} + \dfrac{C}{(x+2)^3}$

則 $x^2 = A(x+2)^2 + B(x+2) + C$
$\qquad = Ax^2 + (4A+B)x + (4A+2B+C)$

可知
$$\begin{cases} A = 1 \\ 4A+B = 0 \\ 4A+2B+C = 0 \end{cases}$$

解得 $A=1$，$B=-4$，$C=4$. 於是，

$$\dfrac{x^2}{(x+2)^3} = \dfrac{1}{x+2} + \dfrac{-4}{(x+2)^2} + \dfrac{4}{(x+2)^3}$$

所以，

$$\int \frac{x^2}{(x+2)^3} dx - \int \frac{dx}{x+2} - 4\int \frac{dx}{(x+2)^2} + 4\int \frac{dx}{(x+2)^3}$$

$$= \ln|x+2| + \frac{4}{x+2} - \frac{2}{(x+2)^2} + K$$

方法 2：令 $u = x+2$，則 $x = u-2$，可得

$$\frac{x^2}{(x+2)^3} = \frac{(u-2)^2}{u^3} = \frac{u^2 - 4u + 4}{u^3} = \frac{1}{u} - \frac{4}{u^2} + \frac{4}{u^3}$$

$$= \frac{1}{x+2} - \frac{4}{(x+2)^2} + \frac{4}{(x+2)^3}$$

所以，

$$\int \frac{x^2}{(x+2)^3} dx = \int \frac{dx}{x+2} - 4\int \frac{dx}{(x+2)^2} + 4\int \frac{dx}{(x+2)^3}$$

$$= \ln|x+2| + \frac{4}{x+2} - \frac{2}{(x+2)^2} + K.$$

**例題 7** **解題指引** ☺ 分母含有不重複的二次質因式

計算 $\int \frac{x^2 + 3x + 2}{x^3 + 2x^2 + 2x} dx$.

**解** 令

$$\frac{x^2 + 3x + 2}{x^3 + 2x^2 + 2x} = \frac{A}{x} + \frac{Bx + C}{x^2 + 2x + 2},$$

則

$$x^2 + 3x + 2 = A(x^2 + 2x + 2) + x(Bx + C)$$
$$= (A+B)x^2 + (2A+C)x + 2A$$

可知

$$\begin{cases} A + B = 1 \\ 2A + C = 3 \\ 2A \phantom{+C} = 2 \end{cases}$$

解得 $A = 1$，$B = 0$，$C = 1$. 所以，

$$\int \frac{x^2+3x+2}{x^3+2x^2+2x}\,dx = \int \frac{1}{x}\,dx + \int \frac{1}{x^2+2x+2}\,dx$$

$$= \ln|x| + \int \frac{dx}{1+(x+1)^2}$$

$$= \ln|x| + \tan^{-1}(x+1) + C.$$

**例題 8** **解題指引** ☺ 分母僅含有重複的二次質因式

計算 $\displaystyle\int \frac{5x^3-3x^2+7x-3}{(x^2+1)^2}\,dx.$

**解** 因

$$\frac{5x^3-3x^2+7x-3}{x^2+1} = 5x-3+\frac{2x}{x^2+1}$$

可得

$$\frac{5x^3-3x^2+7x-3}{(x^2+1)^2} = \frac{5x-3}{x^2+1} + \frac{2x}{(x^2+1)^2}$$

故 $\displaystyle\int \frac{5x^3-3x^2+7x-3}{(x^2+1)^2}\,dx = \int \left[\frac{5x-3}{x^2+1} + \frac{2x}{(x^2+1)^2}\right]dx$

$$= \int \frac{5x}{x^2+1}\,dx - 3\int \frac{dx}{x^2+1} + \int \frac{2x}{(x^2+1)^2}\,dx$$

$$= \frac{5}{2}\ln(x^2+1) - 3\tan^{-1}x - \frac{1}{x^2+1} + C.$$

**例題 9** **解題指引** ☺ 假有理函數的積分

計算 $\displaystyle\int \frac{3x^4+3x^3-5x^2+x+1}{x^2+x-2}\,dx.$

**解** 因被積分函數是假有理函數，故我們無法直接利用部分分式分解．然而，我們可利用長除法將被積分函數化成

$$\frac{3x^4+3x^3-5x^2+x+1}{x^2+x-2} = 3x^2+1+\frac{3}{x^2+x-2}$$

於是，

$$\int \frac{3x^4+3x^3-5x^2+x+1}{x^2+x-2}\,dx = \int (3x^2+1)\,dx + \int \frac{3}{x^2+x-2}\,dx$$

$$= x^3+x+3\int \frac{dx}{\left(x+\frac{1}{2}\right)^2-\left(\frac{3}{2}\right)^2}$$

$$= x^3+x+\frac{3}{2\left(\frac{3}{2}\right)}\ln\left|\frac{x+\frac{1}{2}-\frac{3}{2}}{x+\frac{1}{2}+\frac{3}{2}}\right|+C$$

$$= x^3+x+\ln\left|\frac{x-1}{x+2}\right|+C.$$

**例題 10** 　**解題指引** ☺ 分子與分母同乘某式子化成有理函數

計算 $\displaystyle\int \frac{dx}{1+e^x}$．

**解** $\displaystyle\int \frac{dx}{1+e^x}=\int \frac{e^x}{e^x(1+e^x)}\,dx$

令 $u=e^x$，則 $du=e^x\,dx$，可得

$$\int \frac{e^x}{e^x(1+e^x)}\,dx = \int \frac{du}{u(1+u)}$$

因

$$\int \frac{du}{u(1+u)} = \int \left(\frac{1}{u}+\frac{-1}{1+u}\right)du = \int \frac{du}{u}-\int \frac{du}{1+u}$$

$$= \ln|u|-\ln|1+u|+C$$

$$= \ln\left|\frac{u}{1+u}\right|+C$$

故 $\displaystyle\int \frac{dx}{1+e^x} = \ln\left|\frac{e^x}{1+e^x}\right| + C = \ln\frac{e^x}{1+e^x} + C.$

**例題 11** 　**解題指引** ☺ 　化成有理函數

計算 $\displaystyle\int \frac{\sec^2\theta}{\tan^3\theta - \tan^2\theta}\, d\theta.$

**解** 令 $x = \tan\theta$，則 $dx = \sec^2\theta\, d\theta$，可得

$$\int \frac{\sec^2\theta}{\tan^3\theta - \tan^2\theta}\, d\theta = \int \frac{dx}{x^3 - x^2}$$

因 $\displaystyle\int \frac{dx}{x^3 - x^2} = \int \frac{dx}{x^2(x-1)} = \int \left(\frac{-1}{x} + \frac{-1}{x^2} + \frac{1}{x-1}\right) dx$

$$= -\ln|x| + \frac{1}{x} + \ln|x-1| + C$$

$$= \frac{1}{x} + \ln\left|\frac{x-1}{x}\right| + C$$

故 $\displaystyle\int \frac{\sec^2\theta}{\tan^3\theta - \tan^2\theta}\, d\theta = \frac{1}{\tan\theta} + \ln\left|\frac{\tan\theta - 1}{\tan\theta}\right| + C$

$$= \cot\theta + \ln|1 - \cot\theta| + C.$$

## 習題 8-6

求下列各積分.

1. $\displaystyle\int \frac{7x-2}{x^2-x-2}\, dx$ 　　2. $\displaystyle\int \frac{x^2+1}{x^3-x}\, dx$ 　　3. $\displaystyle\int \frac{dx}{x^3+x^2-2x}$

4. $\displaystyle\int \frac{x^2+1}{(3x+2)^3}\, dx$ 　　5. $\displaystyle\int \frac{2x^3+3x^2+2x+2}{x^3(x+1)}\, dx$

6. $\int_0^{1/2} \dfrac{3x^2+2x+1}{x^3-2x^2-x+2} dx$

7. $\int \dfrac{5x^2+11x+17}{x^3+5x^2+4x+20} dx$

8. $\int \dfrac{x^4+2x^2+3}{x^3-4x} dx$

9. $\int \dfrac{x^5}{(x^2+4)^2} dx$

10. $\int \dfrac{dx}{e^x-e^{-x}}$

11. $\int \dfrac{3x^2-1}{(x-2)^4} dx$

12. $\int \dfrac{x^2}{(x^2+4)^2} dx$

13. $\int \dfrac{\sin x \cos^2 x}{5+\cos^2 x} dx$

14. $\int \dfrac{e^{2x}}{e^{2x}+3e^x+2} dx$

15. $\int \dfrac{\sin x}{\cos^2 x + \cos x - 2} dx$

## ▶▶ 8-7 其他的代換

我們已利用變數變換法去求定積分或不定積分. 在本節中, 我們將考慮其他很有用的代換方法, 某些函數利用適當的代換可以變成有理函數, 所以, 可以用前一節的方法求積分. 尤其, 當被積分函數含有形如 $\sqrt[n]{f(x)}$ 的式子, 則代換 $u=\sqrt[n]{f(x)}$ [或 $u^n=f(x)$] 可以用來化簡計算. 更廣泛地, 若被積分函數含有 $\sqrt[n_1]{ax+b}$, $\sqrt[n_2]{ax+b}$, …, $\sqrt[n_k]{ax+b}$ 等項, 則令 $u=\sqrt[n]{ax+b}$, 此處 $n$ 為 $n_1, n_2, …, n_k$ 的最小公倍數.

**例題 1** **解題指引** ☺ 將單一根式作代換

計算 $\int \dfrac{\sqrt{x+4}}{x} dx$.

**解** 令 $u=\sqrt{x+4}$, 則 $u^2=x+4$, 可得 $x=u^2-4$, $dx=2u\,du$. 所以,

$$\int \dfrac{\sqrt{x+4}}{x} dx = \int \dfrac{u}{u^2-4} 2u\,du = 2\int \dfrac{u^2}{u^2-4} du$$

$$= 2\int \left(1+\dfrac{4}{u^2-4}\right) du = 2\int du + 8\int \dfrac{du}{u^2-4}$$

$$= 2u + 2\ln\left|\frac{u-2}{u+2}\right| + C$$

$$= 2\left(\sqrt{x+4} + \ln\left|\frac{\sqrt{x+4}-2}{\sqrt{x+4}+2}\right|\right) + C.$$

若被積分函數是表成 $\sin x$ 及 $\cos x$ 的有理函數，則代換 $z = \tan\dfrac{x}{2}$，$-\dfrac{\pi}{2} < \dfrac{x}{2} < \dfrac{\pi}{2}$，可將它轉換成 $z$ 的有理函數，我們從圖 8-6 可知：

$$\sin\frac{x}{2} = \frac{z}{\sqrt{1+z^2}}, \quad \cos\frac{x}{2} = \frac{1}{\sqrt{1+z^2}}$$

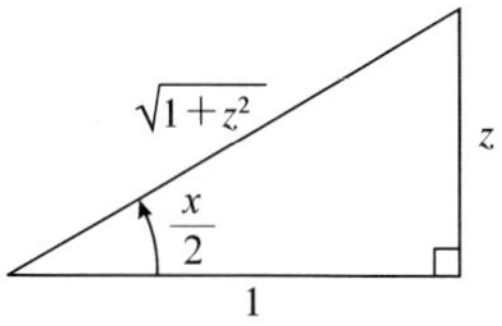

利用二倍角公式可得

$$\sin x = \sin 2\left(\frac{x}{2}\right) = 2\sin\frac{x}{2}\cos\frac{x}{2}$$

$$= 2\left(\frac{z}{\sqrt{1+z^2}}\right)\left(\frac{1}{\sqrt{1+z^2}}\right) = \frac{2z}{1+z^2}$$

$$\cos x = \cos 2\left(\frac{x}{2}\right) = 2\cos^2\frac{x}{2} - 1 = \frac{2}{1+z^2} - 1 = \frac{1-z^2}{1+z^2}$$

圖 8-6

又 $\dfrac{x}{2} = \tan^{-1} z$，可得 $dx = \dfrac{2}{1+z^2}\,dz$，

故以 $\sin x = \dfrac{2z}{1+z^2}$、$\cos x = \dfrac{1-z^2}{1+z^2}$、$dx = \dfrac{2}{1+z^2}\,dz$ 分別代換 $\sin x$、$\cos x$ 及 $dx$，

可得出一不定積分，且被積分函數為 $z$ 的一個有理函數．

**例題 2** **解題指引** ☺ 作代換 $z = \tan\left(\dfrac{x}{2}\right)$

求 $\displaystyle\int \frac{dx}{\cos x - \sin x + 1}$．

**解** 令 $z = \tan\dfrac{x}{2}$，$-\dfrac{\pi}{2} < \dfrac{x}{2} < \dfrac{\pi}{2}$，則

$$\int \frac{dx}{\cos x - \sin x + 1} = \int \frac{\frac{2}{1+z^2}dz}{\frac{1-z^2}{1+z^2} - \frac{2z}{1+z^2} + 1} = \int \frac{\frac{2}{1+z^2}dz}{\frac{1-z^2-2z+1+z^2}{1+z^2}}$$

$$= \int \frac{dz}{1-z} = -\ln|1-z| + C = -\ln\left|1-\tan\frac{x}{2}\right| + C.$$

**例題 3**　**解題指引** ☺　化成含 $\sin x$ 及 $\cos x$ 的形式

求 $\displaystyle\int \frac{\sec x}{2\tan x + \sec x - 1} dx.$

**解** 
$$\int \frac{\sec x}{2\tan x + \sec x - 1} dx = \int \frac{\frac{1}{\cos x}}{\frac{2\sin x}{\cos x} + \frac{1}{\cos x} - 1} dx$$

$$= \int \frac{1}{2\sin x - \cos x + 1} dx$$

令 $z = \tan\dfrac{x}{2},\ -\dfrac{\pi}{2} < \dfrac{x}{2} < \dfrac{\pi}{2}$，則

$$\int \frac{dx}{2\sin x - \cos x + 1} = \int \frac{\frac{2dz}{1+z^2}}{2 \cdot \frac{2z}{1+z^2} - \frac{1-z^2}{1+z^2} + 1} = \int \frac{dz}{z(z+2)}$$

$$= \frac{1}{2}\int \left(\frac{1}{z} - \frac{1}{z+2}\right) dz = \frac{1}{2}\ln\left|\frac{z}{z+2}\right| + C$$

$$= \frac{1}{2}\ln\left|\frac{\tan\dfrac{x}{2}}{\tan\dfrac{x}{2} + 2}\right| + C.$$

## 習題 8-7

求 1～16 題中的積分.

1. $\displaystyle\int x^2\sqrt{2x+1}\,dx$
2. $\displaystyle\int x\sqrt[3]{x+9}\,dx$
3. $\displaystyle\int \frac{5x}{(x+3)^{2/3}}\,dx$
4. $\displaystyle\int \sqrt{x}\,e^{\sqrt{x}}\,dx$
5. $\displaystyle\int \frac{\sqrt{x}}{1+\sqrt[3]{x}}\,dx$
6. $\displaystyle\int_4^9 \frac{dx}{\sqrt{x}+4}$
7. $\displaystyle\int_0^{25} \frac{dx}{\sqrt{4+\sqrt{x}}}$
8. $\displaystyle\int \frac{dx}{(x+1)\sqrt{x-2}}$
9. $\displaystyle\int \sqrt{1+e^x}\,dx$
10. $\displaystyle\int \frac{dx}{2+\cos x}$
11. $\displaystyle\int \frac{dx}{4\sin x - 3\cos x}$
12. $\displaystyle\int \frac{dx}{\tan x + \sin x}$
13. $\displaystyle\int \frac{\sec x}{4-3\tan x}\,dx$
14. $\displaystyle\int \frac{dx}{\sin x - \sqrt{3}\cos x}$
15. $\displaystyle\int \frac{dx}{5-4\cos x}$
16. $\displaystyle\int_{\pi/3}^{\pi/2} \frac{dx}{1+\sin x - \cos x}$

## ▶▶ 8-8 積分近似值的求法

為了利用微積分基本定理計算 $\displaystyle\int_a^b f(x)\,dx$，必須先求出 $f$ 的反導函數. 可是，有時很難或甚至無法求出反導函數. 例如，我們根本無法正確地計算下列的積分：

$$\int_0^1 e^{x^2}\,dx\,, \qquad \int_0^1 \sqrt{1+x^3}\,dx$$

因此，我們有必要求定積分的近似值.

因定積分定義為黎曼和的極限，故任一黎曼和可用來作為定積分的近似值。尤其，假如我們將 $[a, b]$ 分割成 $n$ 等分，即，$\Delta x = \dfrac{b-a}{n}$，則

$$\int_a^b f(x)\,dx \approx \sum_{i=1}^n f(x_i^*)\,\Delta x$$

此處 $x_i^*$ 為該分割的第 $i$ 個子區間 $[x_{i-1}, x_i]$ 中任一點。若取 $x_i^*$ 為 $[x_{i-1}, x_i]$ 的左端點，即，$x_i^* = x_{i-1}$，則

$$\int_a^b f(x)\,dx \approx \sum_{i=1}^n f(x_{i-1})\,\Delta x \tag{8-8}$$

若取 $x_i^*$ 為 $[x_{i-1}, x_i]$ 的右端點，即，$x_i^* = x_i$，則

$$\int_a^b f(x)\,dx \approx \sum_{i=1}^n f(x_i)\,\Delta x \tag{8-9}$$

通常，將 (8-8) 式與 (8-9) 式等兩個近似值平均，可得到更精確的近似值，即，

$$\int_a^b f(x)\,dx \approx \dfrac{1}{2}\left[\sum_{i=1}^n f(x_{i-1})\,\Delta x + \sum_{i=1}^n f(x_i)\,\Delta x\right]$$

$$= \dfrac{\Delta x}{2}\left[(f(x_0)+f(x_1)) + (f(x_1)+f(x_2)) + \cdots + (f(x_{n-1})+f(x_n))\right]$$

$$= \dfrac{\Delta x}{2}\left[f(x_0) + 2f(x_1) + 2f(x_2) + \cdots + 2f(x_{n-1}) + f(x_n)\right]$$

$$= \dfrac{b-a}{2n}\left[f(x_0) + 2f(x_1) + 2f(x_2) + \cdots + 2f(x_{n-1}) + f(x_n)\right].$$

## 定理 8-1　梯形法則 ↻

若函數 $f$ 在 $[a, b]$ 為連續且 $a = x_0,\ x_1,\ x_2,\ \cdots,\ x_n = b$ 將 $[a, b]$ 作一正規分割，則

$$\int_a^b f(x)\,dx \approx \dfrac{b-a}{2n}\left[f(x_0) + 2f(x_1) + 2f(x_2) + \cdots + 2f(x_{n-1}) + f(x_n)\right].$$

**圖 8-7**

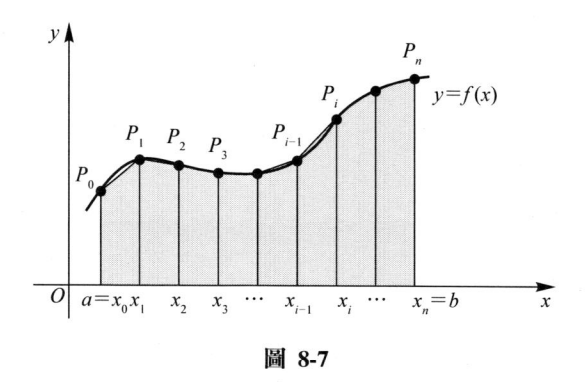

"梯形法則"的名稱可由圖 8-7 得知,該圖說明了 $f(x) \geq 0$ 的情形,在第 $i$ 個子區間上方的梯形面積為

$$\Delta x \left[ \frac{f(x_{i-1})+f(x_i)}{2} \right] = \frac{\Delta x}{2} [f(x_{i-1})+f(x_i)]$$

且若將這些梯形的面積全部相加,即得到梯形法則的結果.

### 例題 1　解題指引 ☺ 利用梯形法則

利用梯形法則及 $n=10$,計算 $\int_1^2 \frac{1}{x} dx$ 的近似值.

**解**

$$\int_1^2 \frac{1}{x} dx \approx \frac{1}{20} [f(1)+2f(1.1)+2f(1.2)+2f(1.3)+2f(1.4)+2f(1.5)$$
$$+2f(1.6)+2f(1.7)+2f(1.8)+2f(1.9)+f(2)]$$

$$= \frac{1}{20} \left( 1 + \frac{2}{1.1} + \frac{2}{1.2} + \frac{2}{1.3} + \frac{2}{1.4} + \frac{2}{1.5} + \frac{2}{1.6} \right.$$
$$\left. + \frac{2}{1.7} + \frac{2}{1.8} + \frac{2}{1.9} + \frac{1}{2} \right)$$

$$\approx 0.6938.$$

依微積分基本定理,

$$\int_1^2 \frac{1}{x}\,dx = \ln x \Big|_1^2 = \ln 2 \approx 0.69315$$

為了利用梯形法則獲得更精確的近似值，需要用很大的 $n$.

為了計算曲線下方面積的近似值，計算定積分近似值的另一法則是利用拋物線而不是梯形. 同前，我們將 $[a, b]$ 作一正規分割，其中 $h = \Delta x = \dfrac{b-a}{n}$，但假設 $n$ 為偶數. 於是，在每一連續成對的子區間上，我們用一拋物線近似曲線 $y = f(x) \geq 0$，如圖 8-8 所示. 若 $y_i = f(x_i)$，則 $P_i(x_i, y_i)$ 為在該曲線上位於 $x_i$ 上方的點，典型的拋物線通過連續三個點 $P_i$、$P_{i+1}$ 與 $P_{i+2}$.

為了簡化計算，我們首先考慮 $x_0 = -h$、$x_1 = 0$ 與 $x_2 = h$ 的情形 (圖 8-9). 我們知道通過 $P_0$、$P_1$ 與 $P_2$ 等三點的拋物線方程式為 $y = ax^2 + bx + c$，故在此拋物線下方由 $x = -h$ 到 $x = h$ 的面積為

$$\int_{-h}^{h}(ax^2+bx+c)\,dx = \left(\frac{a}{3}x^3 + \frac{b}{2}x^2 + cx\right)\Big|_{-h}^{h} = \frac{h}{3}(2ah^2+6c)$$

因該拋物線通過 $P_0(-h, y_0)$、$P_1(0, y_1)$ 與 $P_2(h, y_2)$，可得

$$y_0 = ah^2 - bh + c$$
$$y_1 = c$$
$$y_2 = ah^2 + bh + c$$

所以 $$y_0 + 4y_1 + y_2 = 2ah^2 + 6c$$

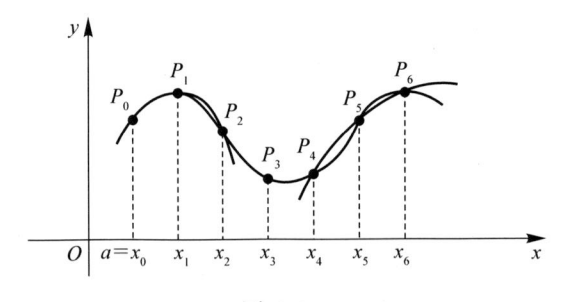

圖 8-8

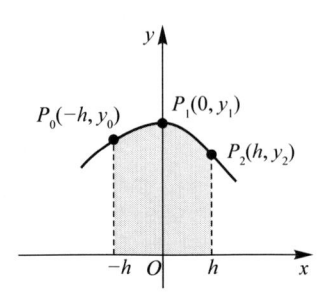

圖 8-9

於是，我們將拋物線下方的面積改寫成

$$\frac{h}{3}(y_0+4y_1+y_2)$$

若將此拋物線沿著水平方向平移，則在它下方的面積保持不變．這表示在通過 $P_0$、$P_1$ 與 $P_2$ 的拋物線下方由 $x=x_0$ 到 $x=x_2$ 的面積仍為

$$\frac{h}{3}(y_0+4y_1+y_2)$$

同理，在通過 $P_2$、$P_3$ 與 $P_4$ 的拋物線下方由 $x=x_2$ 到 $x=x_4$ 的面積為

$$\frac{h}{3}(y_2+4y_3+y_4)$$

若我們以此方法計算在所有拋物線下方的面積，並全部相加，則可得

$$\int_a^b f(x)\,dx \approx \frac{h}{3}(y_0+4y_1+y_2)+\frac{h}{3}(y_2+4y_3+y_4)+\cdots+\frac{h}{3}(y_{n-2}+4y_{n-1}+y_n)$$

$$=\frac{h}{3}(y_0+4y_1+2y_2+4y_3+2y_4+\cdots+2y_{n-2}+4y_{n-1}+y_n)$$

雖然我們是對 $f(x) \geq 0$ 的情形導出此近似公式，但是對任意連續函數 $f$ 而言，它是一個合理的近似公式，並稱為**辛普森法則**，以英國數學家辛普森 (1710～1761) 命名，注意係數的形式：1, 4, 2, 4, 2, 4, 2, …, 4, 2, 4, 1.

## 定理 8-2　辛普森法則

若函數 $f$ 在 $[a, b]$ 為連續，$n$ 為正偶數，且 $a=x_0, x_1, x_2, \cdots, x_n=b$ 將 $[a, b]$ 作一正規分割，則

$$\int_a^b f(x)\,dx \approx \frac{b-a}{3n}[f(x_0)+4f(x_1)+2f(x_2)+4f(x_3)+\cdots+2f(x_{n-2})+4f(x_{n-1})+f(x_n)].$$

## 例題 2　利用辛普森法則

利用辛普森法則，取 $n=10$，求 $\int_0^1 e^{x^2}\,dx$ 的近似值．

**解** 因 $a=0$，$b=1$，且 $n=10$，可得 $h=0.1$，故

$$\int_0^1 e^{x^2}\,dx \approx \frac{1}{30}[f(0)+4f(0.1)+2f(0.2)+\cdots+2f(0.8)+4f(0.9)+f(1)]$$

$$=\frac{1}{30}(e^0+4e^{0.01}+2e^{0.04}+4e^{0.09}+2e^{0.16}+4e^{0.25}+2e^{0.36}$$

$$+4e^{0.49}+2e^{0.64}+4e^{0.81}+e^1)$$

$$\approx 1.462681.$$

## 習題 8-8

利用 (1) 梯形法則；(2) 辛普森法則，計算下列各定積分的近似值到小數第三位，其中 $n$ 為所給的值．

1. $\int_0^3 \dfrac{1}{1+x}\,dx$；$n=8$
2. $\int_0^1 \dfrac{1}{\sqrt{1+x^2}}\,dx$；$n=4$
3. $\int_2^3 \sqrt{1+x^3}\,dx$；$n=4$
4. $\int_0^2 \dfrac{1}{4+x^2}\,dx$；$n=10$
5. $\int_0^\pi \sqrt{\sin x}\,dx$；$n=6$
6. $\int_4^{5.2} \ln x\,dx$；$n=6$

# 習題答案

## 第 8 章　積分的方法

### 習題 8-1

1. $-\sqrt{4-x^2}+2\sin^{-1}\left(\dfrac{x}{2}\right)+C$　2. $x-\dfrac{1}{\sqrt{2}}\tan^{-1}\left(\dfrac{\tan x}{\sqrt{2}}\right)+C$

3. $\dfrac{\pi}{6}$　4. $2(e^2-e)$　5. $\dfrac{\pi}{12}$　6. $\pi$　7. $\ln 10$　8. $\dfrac{1}{2}\ln|\sec x^2+\tan x^2|+C$

9. $\ln 2$　10. $\dfrac{1}{5}(\ln(\ln x))^5+C$　11. $\ln\left|\dfrac{\pi}{4}+\sin^{-1}x\right|+C$

12. $\ln|\sec^{-1}x|+C$　13. $2\ln(\sqrt{x}+1)+C$　14. $\dfrac{2^{\ln x}}{\ln 2}+C$

15. $\ln|\csc(e^x+1)-\cot(e^x+1)|+C$　16. $-\dfrac{1}{3}\sin(1-x^3)+C$

17. $-\dfrac{1}{4(x^2-4x+3)^2}+C$　18. $\dfrac{1}{2}(\ln\sin x)^2+C$

19. $\begin{cases}\dfrac{(\ln x)^{n+1}}{n+1}+C,\ \text{若}\ n\neq -1 \\ \ln|\ln x|+C,\ \text{若}\ n=-1\end{cases}$　20. $2\sqrt{e^x-1}+C$　21. $\ln(2+\sqrt{3})$

22. $\ln|\sin(3+\ln x)|+C$　23. $\dfrac{1}{12}(4-\sqrt{2})$　24. $\sqrt{1+\sin^2 x}+C$

25. $\sin^{-1}(2\ln x)+C$　26. $\sin^{-1}\left(\dfrac{\sin x}{2}\right)+C$　27. $\dfrac{1}{8}\ln[1+4(\ln^2 x)]+C$

28. $\dfrac{4^{e^x}}{\ln 4}+C$　29. $2$　30. $-\dfrac{3^{1/x}}{\ln 3}+C$　31. $\dfrac{2^{\tan x}}{\ln 2}+C$

32. $\dfrac{2}{3}(2+\cosh x)^{3/2}+C$　33. $e^{\sinh x}+C$

習題　8-2

1. $\dfrac{x}{2}\sin 2x + \dfrac{1}{4}\cos 2x + C$　2. $\dfrac{1}{4}(2t-1)e^{2t} + C$

3. $4\left(\dfrac{8}{3}\ln 2 - \dfrac{7}{9}\right)$　4. $(x^3 - 3x^2 + 6x - 6)e^x + C$

5. $\dfrac{e^{2x}(3\sin 3x + 2\cos 3x)}{13} + C$　6. $\dfrac{x^4}{4}\ln x - \dfrac{1}{16}x^4 + C$

7. $x\sin^{-1}x + \sqrt{1-x^2} + C$　8. $x[2 - 2\ln x + (\ln x)^2] + C$

9. $\dfrac{1}{2}(x^2+1)\tan^{-1}x - \dfrac{1}{2}x + C$　10. $-\dfrac{\theta}{3}\cot 3\theta + \dfrac{1}{9}\ln|\sin 3\theta| + C$

11. $-\cos x \ln \cos x + \cos x + C$　12. $\dfrac{e-2}{2e}$

13. $-\dfrac{1}{2}\csc x \cot x + \dfrac{1}{2}\ln|\csc x - \cot x| + C$　14. $\dfrac{2-\sqrt{2}}{3}$

15. $\dfrac{x}{2}(\sin \ln x - \cos \ln x) + C$　16. $\dfrac{1}{2}(x^2 \sin x^2 + \cos x^2) + C$

17. $\dfrac{3^x}{(\ln 3)^2}(x\ln 3 - 1) + C$　18. $2\sqrt{x}\sin\sqrt{x} + 2\cos\sqrt{x} + C$

19. $\dfrac{e^{ax}}{a^2+b^2}(b\sin bx + a\cos bx) + C$　20. $2x\tan 2x - \ln|\sec 2x| + C$

21. $\dfrac{\pi + 6\sqrt{3} - 12}{12}$　22. $\dfrac{e^{-x}}{2}(\sin x - \cos x) + C$　23. $x\log_2 x - \dfrac{x}{\ln 2} + C$

24. 略　25. 略　26. 略　27. 略　28. 略　29. (1) $\dfrac{2}{3}$　(2) $\dfrac{3}{16}\pi$　30. 略

習題　8-3

1. $\dfrac{\sin^3 x}{3} - \dfrac{\sin^5 x}{5} + C$　2. $\dfrac{\sin 2x}{2} - \dfrac{\sin^3 2x}{6} + C$

3. $\dfrac{1}{8}\left(\dfrac{5x}{2} - 2\sin 2x + \dfrac{3}{8}\sin 4x + \dfrac{1}{6}\sin^3 2x\right) + C$

4. $\sin x - \sin^3 x + \dfrac{3}{5}\sin^5 x - \dfrac{1}{7}\sin^7 x + C$　5. $\dfrac{\sqrt{2}}{2}$　6. $\dfrac{1}{5}\cos^5 x - \dfrac{1}{3}\cos^3 x + C$

7. $\dfrac{\sin^6 x}{6} - \dfrac{\sin^8 x}{8} + C$  8. $\dfrac{1}{8}\left(\dfrac{x}{2} - \dfrac{1}{8}\sin 4x - \dfrac{1}{6}\sin^3 2x\right) + C$

9. $-\csc x - \sin x + C$  10. $\dfrac{\tan^4 x}{4} + \dfrac{\tan^6 x}{6} + C$  11. $\tan x - \cot x + C$

12. $\dfrac{\csc^3 x}{3} - \dfrac{\csc^5 x}{5} + C$  13. $\dfrac{\tan^5 x}{5} + \dfrac{\tan^7 x}{7} + C$

14. $\dfrac{2}{7}\tan^{7/2} x + \dfrac{2}{11}\tan^{11/2} x + C$  15. $\dfrac{2}{5}\sec^{5/2} x - 2\sec^{1/2} x + C$

16. $\dfrac{1}{7}\tan^7 x + \dfrac{1}{9}\tan^9 x + C$  17. $\dfrac{1}{2}\tan^2 x - \ln|\sec x| + C$

18. $\dfrac{\sec^5 x}{5} - \dfrac{2}{3}\sec^3 x + \sec x + C$  19. $\dfrac{1}{6}(3\sin x + \sin 3x) + C$

20. $\dfrac{1}{2}\left(\cos x - \dfrac{1}{9}\cos 9x\right) + C$  21. $\dfrac{1}{9}\left(9\cos\dfrac{x}{2} - \cos\dfrac{9}{2}x\right) + C$  22. $0$

## 習題 8-4

1. $4\ln\left|\dfrac{4 - \sqrt{16 - x^2}}{x}\right| + \sqrt{16 - x^2} + C$  2. $-\dfrac{\sqrt{16 - x^2}}{16x} + C$

3. $2\left(\sin^{-1}\dfrac{x}{2} - \dfrac{x\sqrt{4 - x^2}}{4}\right) + C$  4. $\ln(1 + \sqrt{2})$

5. $\dfrac{x}{2}\sqrt{4 + x^2} - 2\ln|x + \sqrt{4 + x^2}| + C$  6. $\dfrac{1}{2}\ln|2x + \sqrt{4x^2 - 9}| + C$

7. $\dfrac{1}{2}\ln\left|\dfrac{\sqrt{x^2 + 4} - 2}{x}\right| + C$  8. $\sqrt{x^2 - 9} - 3\sec^{-1}\dfrac{x}{3} + C$

9. $2\sin^{-1}\left(\dfrac{x + 2}{2}\right) + \dfrac{x + 2}{2}\sqrt{-x^2 - 4x} + C$  10. $\dfrac{1}{32}\left(\dfrac{4x}{4 - x^2} + \ln\left|\dfrac{2 + x}{2 - x}\right|\right) + C$

11. $\dfrac{1}{432}\left(\tan^{-1}\dfrac{x}{6} + \dfrac{6x}{x^2 + 36}\right) + C$  12. $\dfrac{1}{27}\left(\dfrac{3x}{\sqrt{1 - 9x^2}} - \sin^{-1} 3x\right) + C$

13. $\dfrac{1}{2}(\sin^{-1} e^x + e^x\sqrt{1 - e^{2x}}) + C$  14. $\dfrac{1}{2}\ln(e^{2x} + \sqrt{e^{4x} - 1}) + C$

15. $\dfrac{1}{2}\ln(x^2+4)+C$

**習題 8-5**

1. $\tan^{-1}(x+3)+C$   2. $\dfrac{1}{2}\ln(x^2-4x+8)+\tan^{-1}\left(\dfrac{x-2}{2}\right)+C$

3. $\dfrac{\pi}{3}+\dfrac{\sqrt{3}}{2}$   4. $\ln(1+\sqrt{2})$   5. $\sqrt{3}+\dfrac{1}{2}\ln(2-\sqrt{3})$

6. $\sqrt{x^2-2x}+\ln|x-1+\sqrt{x^2-2x}|+C$   7. $\pi$   8. $\sin^{-1}(x-2)+C$

9. $\dfrac{x^2}{2}-\dfrac{1}{2}x\sqrt{x^2-1}+\dfrac{1}{2}\ln|x+\sqrt{x^2-1}|)+C$

**習題 8-6**

1. $\ln|(x-2)^4(x+1)^3|+C$   2. $\ln\left|\dfrac{x^2-1}{x}\right|+K$   3. $\dfrac{1}{6}\ln\left|\dfrac{(x+2)(x-1)^2}{x^3}\right|+K$

4. $\dfrac{1}{27}\left[\ln|3x+2|+\dfrac{4}{3x+2}-\dfrac{13}{2(3x+2)^2}\right]+C$   5. $-\dfrac{1}{x^2}+\ln\left|\dfrac{x^3}{x+1}\right|+K$

6. $6\ln 3-\dfrac{26}{3}\ln 2$   7. $\ln(x^2+4)+\dfrac{1}{2}\tan^{-1}\dfrac{x}{2}+3\ln|x+5|+K$

8. $\dfrac{x^2}{2}-\dfrac{3}{4}\ln|x|+\dfrac{27}{8}\ln|x-2|+\dfrac{27}{8}\ln|x+2|+K$

9. $\dfrac{x^2}{2}-4\ln(x^2+4)-\dfrac{8}{x^2+4}+C$   10. $\dfrac{1}{2}\ln\left|\dfrac{e^x-1}{e^x+1}\right|+C$

11. $-\dfrac{3}{x-2}-\dfrac{6}{(x-2)^2}-\dfrac{11}{3(x-2)^3}+C$   12. $\dfrac{1}{4}\tan^{-1}\dfrac{x}{2}-\dfrac{x}{2(x^2+4)}+K$

13. $-\cos x+\sqrt{5}\tan^{-1}\left(\dfrac{\cos x}{\sqrt{5}}\right)+C$   14. $\ln\left[\dfrac{(e^x+2)^2}{e^x+1}\right]+C$

15. $-\dfrac{1}{3}\ln\left|\dfrac{\cos x-1}{\cos x+2}\right|+C$

## 習題 8-7

1. $\dfrac{1}{28}(2x+1)^{7/2} - \dfrac{1}{10}(2x+1)^{5/2} + \dfrac{1}{12}(2x+1)^{3/2} + C$

2. $\dfrac{3}{7}(x+9)^{7/3} - \dfrac{27}{4}(x+9)^{4/3} + C$  
3. $\dfrac{15}{4}(x+3)^{4/3} - 45(x+3)^{1/3} + C$

4. $2xe^{\sqrt{x}} - 4\sqrt{x}\, e^{\sqrt{x}} + 4e^{\sqrt{x}} + C$  
5. $6\left(\dfrac{x\sqrt[6]{x}}{7} - \dfrac{\sqrt[6]{x^5}}{5} + \dfrac{\sqrt{x}}{3} - \sqrt[6]{x} + \tan^{-1}\sqrt[6]{x}\right) + C$

6. $2\left(1 + 4\ln\dfrac{6}{7}\right)$  
7. $\dfrac{28}{3}$  
8. $\dfrac{2}{\sqrt{3}}\tan^{-1}\sqrt{\dfrac{x-2}{3}} + C$

9. $2\sqrt{1+e^x} + \ln\left|\dfrac{\sqrt{1+e^x}-1}{\sqrt{1+e^x}+1}\right| + C$  
10. $\dfrac{2}{\sqrt{3}}\tan^{-1}\left(\dfrac{\tan\dfrac{x}{2}}{\sqrt{3}}\right) + C$

11. $\dfrac{1}{5}\ln\left|\dfrac{3\tan\left(\dfrac{x}{2}\right)-1}{\tan\left(\dfrac{x}{2}\right)+3}\right| + C$  
12. $\dfrac{1}{2}\left(\ln\left|\tan\dfrac{x}{2}\right| - \dfrac{1}{2}\tan^2\dfrac{x}{2}\right) + C$

13. $\dfrac{1}{5}\ln\left|\tan\dfrac{x}{2}+2\right| - \dfrac{1}{5}\ln\left|2\tan\dfrac{x}{2}-1\right| + C$  
14. $\dfrac{1}{2}\ln\left|\dfrac{\sqrt{3}\tan\left(\dfrac{x}{2}\right)-1}{\sqrt{3}\tan\left(\dfrac{x}{2}\right)+3}\right| + C$

15. $\dfrac{2}{3}\tan^{-1}\left(3\tan\dfrac{x}{2}\right) + C$  
16. $\ln\left(\dfrac{\sqrt{3}+1}{2}\right)$

## 習題 8-8

1. (1) 1.397  (2) 1.387  2. (1) 0.880  (2) 0.881  3. (1) 4.103  (2) 4.100
4. (1) 0.393  (2) 0.393  5. (1) 2.238  (2) 2.335  6. (1) 1.828  (2) 1.828